普通高等教育计算机系列教材

计算机应用基础教程
（Windows 10+Office 2019）
（第5版）

陈 娟 卢东方 主 编
杜松江 许建国 汪 莉 副主编

電子工業出版社
Publishing House of Electronics Industry
北京 • BEIJING

内容简介

本书主要介绍Windows 10操作系统的操作与应用，Word 2019的工作界面及基本操作，Word 2019文档的编辑与排版，Excel 2019电子表格数据处理的基本知识及应用，PowerPoint 2019演示文稿的基本使用方法及制作，新一代信息技术概述，计算机网络、信息安全及信息检索，微型计算机硬件系统的基本组成、典型主板结构和外部接口等。本书内容实用、论述清晰、案例充足，便于自学。

本书由高校一线教师编写，包括理论和上机两部分内容，并配有电子教案，便于教师组织教学，特别适合作为高等院校、高职高专院校计算机应用基础课程的教材，也适合计算机应用培训班和一般计算机用户使用。

图书在版编目（CIP）数据

计算机应用基础教程：Windows 10+Office 2019 / 陈娟，卢东方主编. —5版. —北京：电子工业出版社，2023.8

普通高等教育计算机系列教材

ISBN 978-7-121-46262-7

Ⅰ.①计… Ⅱ.①陈… ②卢… Ⅲ.①Windows操作系统－高等学校－教材②办公自动化－应用软件－高等学校－教材③Office 2019 Ⅳ.①TP316.7 ②TP317.1

中国国家版本馆CIP数据核字（2023）第167680号

责任编辑：杨永毅　　　　特约编辑：田学清
印　　刷：三河市良远印务有限公司
装　　订：三河市良远印务有限公司
出版发行：电子工业出版社
　　　　　北京市海淀区万寿路173信箱　　邮编：100036
开　　本：787×1 092　1/16　印张：19　字数：499千字
版　　次：2008年8月第1版
　　　　　2023年8月第5版
印　　次：2023年8月第1次印刷
印　　数：6 500册　定价：66.80元

凡所购买电子工业出版社图书有缺损问题，请向购买书店调换。若书店售缺，请与本社发行部联系，联系及邮购电话：（010）88254888，88258888。

质量投诉请发邮件至zlts@phei.com.cn，盗版侵权举报请发邮件至dbqq@phei.com.cn。

本书咨询联系方式：（010）88254570，xujj@phei.com.cn。

前 言

本书深入学习贯彻党的二十大精神，深入实施科教兴国战略、人才强国战略、创新驱动发展战略。本书中的很多案例围绕信息技术领域的新技术、新产业，案例内容积极向上，学生在学习过程中，可以充分认识到我国发展独立性、自主性和安全性的重要性，激发爱国情怀。

随着微型计算机 Windows 操作系统的发展与推广，以及办公软件 MS Office 的更新应用和全国计算机等级考试大纲内容的几次调整，《计算机应用基础教程》一书自 2008 年 8 月第一次出版以来也进行了三次修订，这次是第四次修订，将 Windows 7 调整为 Windows 10，办公软件 MS Office 2010 调整为 MS Office 2019。考虑到授课学时的大幅度减少，本次修订删除了第 4 版中的 3 章内容，增加了新一代信息技术概述，更新了主体内容，精减了过时知识，突显了办公软件的实际应用，增强了对微型计算机主板结构、系统组成及微型计算机相关部件的介绍。

第 4 版教程有配套的上机实践指导，即《计算机应用基础实践教程》，第 5 版教程无配套图书，精减后的 12 个上机实验均附在教程的后面，可供读者自学练习。

全书内容共分为 7 章。

第 1 章介绍计算机的发展概况，微型计算机系统的主要技术指标，硬件系统的基本组成，系统软件和应用软件的概念，典型主板结构，包括对主板上几大部件、各类插槽及外部接口的实际应用介绍，还介绍了 CPU 与主板搭配选型的方法等。

第 2 章详细介绍操作系统的定义、分类、主要功能，还介绍了经典的操作系统及 Windows 10 的版本，重点讲解了 Windows 10 操作系统桌面小工具的操作，包括屏幕如何设置，文件和文件夹的管理，以及控制面板的设置与应用等。

第 3 章介绍 Word 2019 文档的编辑与排版，主要讲解 Word 2019 的工作界面及基本操作，使用 Word 2019 编辑文本，包括输入、复制、移动和删除、查找和替换、撤销和恢复文本等，内容还涉及设置文本格式、表格的应用、图文混排、页面设置与文档的保护及打印等。

第 4 章介绍 Excel 2019 电子表格数据处理的基本知识、数据输入与编辑、工作表的格式设置、公式和函数、数据分析与管理、创建图表及图表工具、工作表的预览与打印操作等。

第 5 章介绍演示文稿软件 PowerPoint 2019 的基本使用方法，主要包括幻灯片的插入及其版式设置、文本编辑方法、插入图片与绘制图形、插入表格、插入视频与音频、幻灯片切换与顺序调整、幻灯片放映及打印等。

第 6 章介绍计算机网络与信息安全，主要内容包括计算机网络的定义、基本功能、分类等基本概念，还包括网络系统的硬件系统和软件系统、网络的体系结构、Internet 基础及应用、信息检索及网络安全等。

第 7 章概述是新一代信息技术，主要介绍云计算的概念、特点、分类和应用，大数据的概念、发展趋势、特点和应用，物联网的概念、结构与特点、关键技术和应用，人工智能的概念、特点、研究方法和应用。

本书由荆州学院的一线教师编写，由陈娟和卢东方担任主编，负责大纲的制定与统稿。汪莉编写第 1 章及附录 A.1，卢东方编写第 2 章及附录 A.2，汪利琴编写第 3 章和附录 A.3

至附录 A.5，杜松江编写第 4 章、第 5 章和附录 A.6 至附录 A.9，陈娟编写第 6 章及附录 A.10 和附录 A.11，许建国编写第 7 章及附录 A.12。李华贵教授担任本书主审并组织编写。

为了方便教师教学，本书配有电子教学课件及相关资源，请有此需要的教师登录华信教育资源网（www.hxedu.com.cn）注册后免费下载，如有问题可在网站留言板留言，或与电子工业出版社联系（E-mail：hxedu@phei.com.cn）。

由于编者的学识、水平有限，本书疏漏和不当之处在所难免，敬请读者不吝指正，以便在今后的修订中加以改善。

编　者

2023 年 5 月

目录

Contents

微型计算机系统概论

素质目标

1. 养成独立思考、主动探究的良好习惯。
2. 培养勇于开拓、敢于创新的精神。

本章主要内容

🕮 计算机的发展概况。
🕮 微型计算机硬件系统的基本组成。
🕮 微型计算机主板结构及接口的介绍。
🕮 微型计算机系统软件、应用软件及程序设计语言的概念。

本章对微型计算机系统的组成进行了较详细的讨论。通过对本章的学习，读者应该掌握微型计算机系统硬件的基本结构、主板结构及软件的概念，初步具备维护微型计算机的基本能力。

1.1 计算机的发展概况

1. 计算机的发展阶段

世界上第一台通用计算机于 1946 年 2 月 14 日在美国诞生，命名为电子数字积分计算机（Electronic Numerical Integrator And Computer，ENIAC）。ENIAC 采用的电子元件是电子管（真空管），并使用机器语言编程，主要应用于军事和科学研究。

1951 年至 1958 年——电子管数字计算机时代。

1959 年至 1964 年——晶体管数字计算机时代。

1965 年至 1970 年——集成电路数字计算机时代。

1971 年至今——大规模、超大规模集成电路数字计算机时代。

2. 中国高性能计算机的快速发展

中国高性能计算机的发展十分迅速，1983 年，“银河”亿次巨型计算机研究成功，使我国成为世界上少数几个拥有巨型计算机的国家之一。后来，“银河 - III”百亿次并行巨型计算机系统问世，曙光公司推出每秒 3000 亿次浮点运算的曙光 3000 超级服务器，“天河 1 号”落户国家超级计算天津中心。

2016 年，在国际超级计算机大会（ISC）上公布了新一期世界计算机 500 强榜单，我国的超级计算机“神威・太湖之光”登顶，领先占世界榜首 3 年的中国“天河 2 号”计算机。

“神威・太湖之光”实现了核心处理器的全国产化，采用国产核心处理器“神威 26010”，面积约 25 平方厘米，集成了 260 个运算核心，内置数十亿个晶体管，计算速度是“天河 2 号”的两倍多。

“神威・太湖之光”超级计算机由国家并行计算机工程技术研究中心研制，如图 1-1 所示。

图 1-1　“神威・太湖之光”计算机

3. 微处理器及微型计算机的发展

微型计算机中的核心部件是微处理器（Microprocessor，μP）芯片，即微处理器。以微处理器为核心，配上由大规模集成电路制作的存储器、输入 / 输出接口电路及系统总线等所组成的计算机，称为微型计算机（Micro Computer），简称微机（MC 或 μC）。

微型计算机的发展大体分为以下六代。

1）第一代微型计算机的发展时代（1971 年至 1973 年）

1971 年至今是大规模、超大规模集成电路数字计算机时代，1971 年 Intel 公司推出了型号为 Intel 4004 的 4 位字长微处理器，因此，世界上首台 4 位微型计算机 MCS-4 问世。

2）第二代微型计算机的发展时代（1974 年至 1977 年）

第二代微型计算机是指以 8 位字长微处理器为核心所构成的计算机。微处理器的指令系统比较完善，软件系统使用了操作系统，可以采用汇编语言、高级语言编程，平均指令执行时间为 1μS ～ 2μS。

3）第三代微型计算机的发展时代（1978 年至 1984 年）

第三代微型计算机是指以 16 位字长微处理器为核心所构成的计算机，典型的微处理器有 Intel 公司推出的 Intel8086/8088、Intel80286。80286 微型计算机是其代表产品。

4）第四代微型计算机的发展时代（1985 年至 1992 年）

1985 年，Intel 公司推出了 386 微型计算机。

1989 年，Intel 公司推出了 32 位字长的 Intel80486 微处理器，相应推出了 486 微型计算机。

5）第五代微型计算机的发展时代（1993 年至 2002 年）

1993 年 3 月，Intel 公司推出了第五代微处理器 Pentium（奔腾）586，简称 P5，并推出了 IA-32 结构的 Pentium 系列微型计算机，包括 Pentium Pro、Pentium 2、Pentium 3、

Pentium 4 等。

6）第六代微型计算机的发展时代（2003 年至今）

第六代微型计算机一般是指以 64 位字长微处理器为核心所构成的个人计算机，是酷睿（Core）等系列微处理器时代。

多核技术是在一个集成电路芯片上制作两个或两个以上处理器执行核心，用于提升 IA-32 结构微处理器硬件的多线程能力。

目前利用单芯片多处理器技术生产双核、4 核、8 核等微处理器芯片，CPU（Central Processor Unit，中央处理单元）中包含更多的线程、多级高速缓存，以及与处理器无缝融合“核心显卡”的应用，CPU 芯片的功能不断增加，运行速度不断提高，性能明显提升。

1.2　微型计算机系统的主要技术指标

评价计算机性能的指标有许多，主要指标有下面几项。

1. 字长

字长是指 CPU 内部一次能并行处理二进制数的位数，字长取决于 CPU 内部寄存器、运算器和数据总线的位数。字长越长，一个字能表示数据的精度就越高，处理速度也越快。为了更灵活地表达和处理信息，计算机通常以字节（Byte）为基本单位，用大写字母 B 表示，一个字节等于 8 个二进制位（bit）。一般机器的字长都是字节的 1 倍、2 倍、4 倍、8 倍等，也就是说，微型计算机的机器字长有 8 位、16 位、32 位、64 位等几种。

2. 主频

主频即时钟频率，是指计算机的 CPU 在单位时间内发出的脉冲数目，它在很大程度上决定了计算机的运行速度。目前，随着 CPU 主频的增加，常用单位由 GHz 取代了 MHz。

在微型计算机的配置中常看到 P4 2.4G 字样，2.4G 就表示 CPU 主频是 2.4GHz。

3. 主存容量

主存容量是指一个主存储器能存储的全部信息量。通常，以字节表示存储容量的计算机称为字节编址计算机。主存容量的基本单位是字节，通常用 KB（千字节）、MB（兆字节）、GB（吉字节）来描述微型计算机的主存容量；若容量更大一些，如硬盘，则用 TB（太字节）来表示；再大的容量则用 PB（皮字节）来衡量。它们之间的关系如表 1-1 所示。

表 1-1　K、M、G、T、P 之间的关系

单　位	通常比例	实际比例
K（Kilo，千）	10^3	2^{10}=1024B=1KB
M（Mega，兆）	10^6	2^{20}=1024KB=1MB
G（Giga，吉）	10^9	2^{30}=1024MB=1GB
T（Tera，太）	10^{12}	2^{40}=1024GB=1TB
P（Peta，皮）	10^{15}	2^{50}=1024TB=1PB

4. 运算速度

运算速度是一个综合性指标，与许多因素有关，如计算机的微处理器、内存的频率及容量、显卡等。对运算速度的衡量有不同的方法，在此不再赘述。

5. 外存储器容量

微型计算机必须配有外存储器，如机械硬盘或固态硬盘。目前，机械硬盘的最大容量为 3TB，固态硬盘的最大容量为 2TB。在市场上，500GB、1TB 容量的机械硬盘比较常见，128GB、256GB 容量的固态硬盘也比较常见。

1.3 微型计算机硬件系统

1.3.1 微型计算机硬件系统的基本组成

冯•诺依曼体系结构的计算机硬件系统包括五大部件：输入设备、运算器、控制器、存储器及输出设备。当代微型计算机硬件系统也遵循冯•诺依曼体系结构，其基本组成分为：微处理器（包括运算器和控制器）、存储器（分为 ROM 和 RAM）、常用的输入设备和输出设备及其接口电路，如图 1-2 所示。

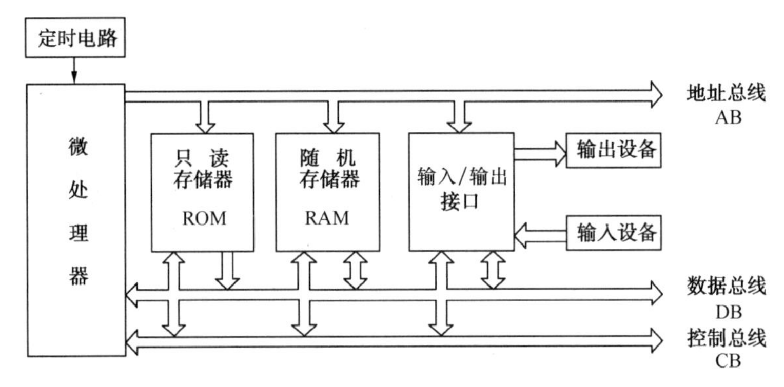

图 1-2　微型计算机硬件系统的基本组成

1. 微处理器

微处理器是采用大规模、超大规模集成电路技术将算术逻辑部件（Arithmetic Logic Unit，ALU）、控制部件（Control Unit，CU）和寄存器组（Registers，R）三个基本部分及内部总线集成在一块半导体芯片上构成的电子器件，它包含组成 CPU 的主要部件运算器和控制器，因此通常又称为 CPU。微处理器是微型计算机的核心部件，它的性能决定整个微型计算机的各项关键指标。

处理器的核心数一般指的就是物理核心数，也称之为内核数，是处理各种数据的中心计算单元。多核心的处理器能够有效实现 CPU 的多任务功能，减少 CPU 的占用率，大大提高系统的运行速度。

表 1-2 列举了几种处理器的参数。

表 1-2　几种处理器的参数

处　理　器	内　核　数	线　程　数	基本频率	热设计功耗（TDP）	高速缓存	内存类型
Intel Core i3-8300T	4	4	3.20 GHz	35 W	8 MB	DDR4-2400 MHz
Intel Core i5-8400	6	6	2.80 GHz	65 W	9 MB	DDR4-2666 MHz
Intel Core i7-8700K	6	12	3.70 GHz	95 W	12 MB	DDR4-2666 MHz

2. 存储器

微型计算机主板上的存储器是用于存放程序与数据的半导体器件，称为半导体存储器。按照读写方式，存储器可分为 RAM 和 ROM 两种。

RAM[Random Access Memory，随机存储器（读 / 写存储器）] 也称为内存，属于内存储器的一部分，在工作过程中，CPU 根据需要可以随时对其内容进行读出或写入操作。RAM 分为静态存储器 SRAM 和动态存储器 DRAM 两种。

内存用来存放操作系统、应用程序、用户程序及各种临时文档、数据等，可以存储当前正在执行的程序和处理的数据等。

在特定的条件下才能将程序代码或数据表写入 ROM（Read Only Memory，只读存储器）中。一旦写入，在 ROM 中存储的内容就只能读出。不能使用写 RAM 的方式随意写入新信息，断电后，在 ROM 中存储的信息仍保留不变，微型计算机中的 ROM 常用来存放初始导引程序、监控程序、操作系统中的基本输入 / 输出管理程序等。

3. 输入 / 输出（I/O）接口和设备

输入 / 输出接口（Interface）是 CPU 与输入 / 输出设备之间的连接电路，是外部设备连通处理器的必经之路。输入设备有键盘、扫描仪等，输出设备有打印机、显示器、音箱等。不同的输入 / 输出设备有不同的输入 / 输出接口电路，例如，显示器有显卡作为接口，键盘有键盘接口电路等。

4. 总线

这里的总线（Bus）包括地址总线、数据总线和控制总线三种。总线将多个功能部件连接起来，并提供传送信息的公共通道，能由多个功能部件分时共享。在总线上能同时传送二进制信息的位数称为总线的宽度。

CPU 通过三种总线连接存储器和输入 / 输出接口等。

（1）地址总线（Address Bus，AB）。CPU 利用地址总线发出地址信息，用于对存储器和输入 / 输出接口进行寻址访问。

（2）数据总线（Data Bus，DB）。数据总线是 CPU 和存储器、CPU 和输入 / 输出接口之间传送信息的数据通路，数据总线为双向传输总线，可由 CPU 传输信息给存储器或输入 / 输出接口，或者反方向传输。数据总线的宽度越宽，CPU 传输数据的速度越快。

（3）控制总线（Control Bus，CB）。CPU 的控制总线按照传输方向分为两种：一种是由

CPU 发出控制信号，用于对其他部件进行读操作控制、写操作控制等；另一种是由其他部件发向 CPU 的，实现对 CPU 的控制。

1.3.2 微型计算机的主板

从基本结构上看，微型计算机由 CPU、存储器、输入接口和输出接口及总线组成，它们也称为主板或系统板。微型计算机系统则由主板、显示器、键盘、外存储器等外部设备及软件系统等组成。

主板提供了一个平台，将计算机众多的部件连接成一个整体。微处理器就像大脑一样负责计算机系统所有的运算、处理及控制工作，而主板就像脊柱一样，连接内存储器、外存储器、适配卡、键盘、显示器、鼠标及打印机等，以便 CPU 指挥与控制全机有条不紊地工作。

一个实际的 M-ATX 主板如图 1-3 所示。参看该图，主板上主要的部件有 CPU 插槽、CPU、芯片组（北桥芯片和南桥芯片）、PCI 插槽、内存条插槽、BIOS 芯片、CMOS 芯片、CMOS 电池、音效芯片、CPU 供电，以及用于与外部设备传输数据的多种接口等。

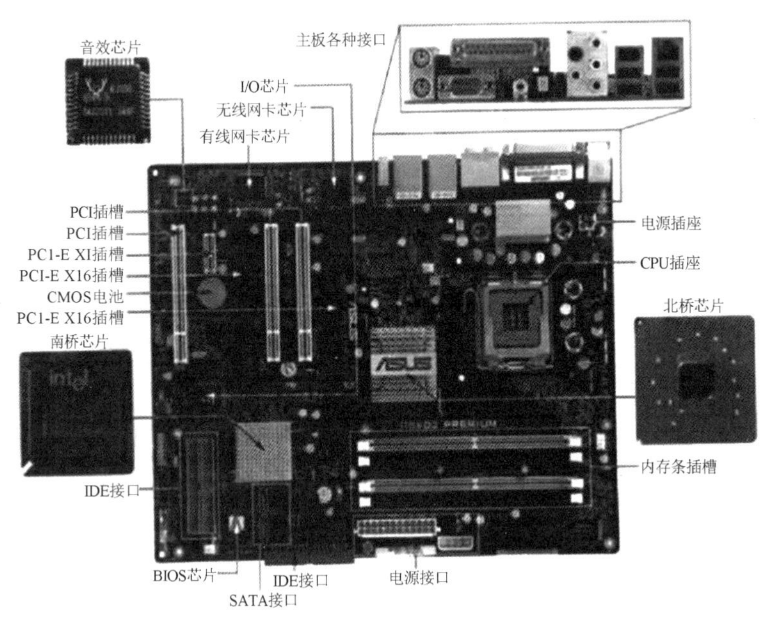

图 1-3 M-ATX 主板

1. 主板的分类

通常所说的主板板型，是指主板上各元器件的布局排列方式和部件数量，有以下几种分类。

1）按结构分类

- AT、Baby-AT 主板是多年前使用的老主板，现在已经被淘汰。
- ATX（Advanced Technology Extended）主板是目前市场上常见的主板，是 AT 主板的扩充，扩展插槽较多，PCI 插槽数量为 4～6 个，广泛应用于家用计算机。
- Micro-ATX 主板又称 Mini-ATX（M-ATX）主板，是 ATX 主板的简化版，就是常说的“小板”，扩展插槽较少，PCI 插槽数量为 3 个或 3 个以下，多用于品牌机并配备小型机箱。
- LPX、NLX 和 Flex ATX 主板则是 ATX 主板的变种，多见于国外的品牌机中。

- BTX 主板具有安装更加简便、机械性能更优化的特点，而且，BTX 主板提供了很好的兼容性。
- EATX 和 WATX 主板常用于服务器 / 工作站。

2）按印制电路板（Printed Circuit Board，PCB）分层分类

计算机主板是以一种很复杂的PCB为载体的，PCB实际是由几层树脂材料黏合在一起的，采用铜箔走线作为连接线。PCB 常见的有 4 层板和 6 层板，中间一般有两层，分别是接地层和电源层。一般，上下表面层布线稀少的为 6 层板，上下表面层布线稠密的为 4 层板。

3）按 CPU 接口类型分类

主板与 CPU 是同步发展的，根据 CPU 的接口形式不同，主板可以简单地分为插槽式主板和插座式主板两类。

（1）插槽式主板。

插槽（Slot）式主板与CPU的接口形式是插槽式，由242针组成，主要用于早期的系列机中。

（2）插座式主板。

插座（Socket）式主板与 CPU 的接口形式是插座式，常见的插座式主板有 Socket 370、462、423、478、754、775、939、940 等，随着 CPU 功能的增强，针脚数量相应增加。插座式主板分为针脚式和触点式两种，针脚式 Socket 478 插座如图 1-4 所示。

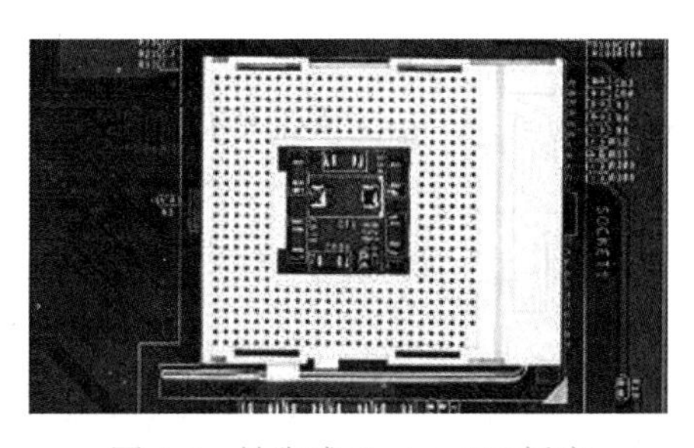

图 1-4 针脚式 Socket 478 插座

4）按厂家或品牌分类

主要的主板品牌包括华硕（ASUS）、技嘉（GIGABYTE）、微星（MSI）、昂达（ONDA）、七彩虹（Colorful）、映泰（BIOSTAR）、捷波（JETWAY）、英特尔（INTEL）、精英（ECS）、富士康（FOXCONN）等。

2. 主板上的主要部件

首先介绍芯片组，主板上的芯片组是指北桥芯片（North Bridge）和南桥芯片（South Bridge）。

1）北桥芯片

如图 1-5 所示是北桥芯片中的一例，北桥芯片主要负责 CPU 与内存之间的数据交换，并控制 AGP、PCI 数据在其内部传输，是主板性能的主要决定因素之一。随着集成度技术的提高，北桥芯片集成了不少其他功能，例如，有些产品内部整合了内存控制器、图形处理器的功能等。现在主流的北桥芯片有 VIA、NVIDIA 及 SIS 等。

由于北桥芯片与 CPU 之间的通信最密切，相对南桥芯片，北桥芯片传输的数据量更大，传输与处理数据的速度更快，应该缩短传输距离，提高通信性能，因此，北桥芯片位于主板上离 CPU 最近的地方。又因为北桥芯片的数据处理量非常大，发热量就大，所以现在的北

桥芯片一般都覆盖散热片来加强散热，或者采用风扇散热。

2）南桥芯片

南桥芯片例图如图 1-6 所示，南桥芯片负责 CPU 与外部设备之间数据的输入 / 输出操作。南桥芯片的一侧连接 PCI（Peripheral Component Interconnect，周边元件扩展接口）总线，PCI 总线是由 CPU 控制的；另一侧通过各种专用总线连接外部设备，其中多数输入 / 输出设备是低速设备，传输的信号相对来说比较稳定。因此不同芯片组中的南桥芯片可能是一样的，不同的只是北桥芯片。在主板芯片组中，北桥芯片的数量要远远多于南桥芯片。

图 1-5　北桥芯片例图

图 1-6　南桥芯片例图

3）BIOS 芯片

BIOS（Basic Input Output System，基本输入 / 输出系统）芯片是一片大规模的集成芯片，也是一个可擦除、可编程的存储芯片，一般由 EPROM（可擦写编程只读存储器）或 EEPROM（电可擦写编程只读存储器）结构的芯片构成，其中保存着计算机最重要的基本输入 / 输出的程序、系统设置信息、开机上电自检程序和系统启动自举程序等，如图 1-7 所示。

BIOS 芯片提供了从硬件到操作系统之间的平台，是主板上硬件的“大管家”。

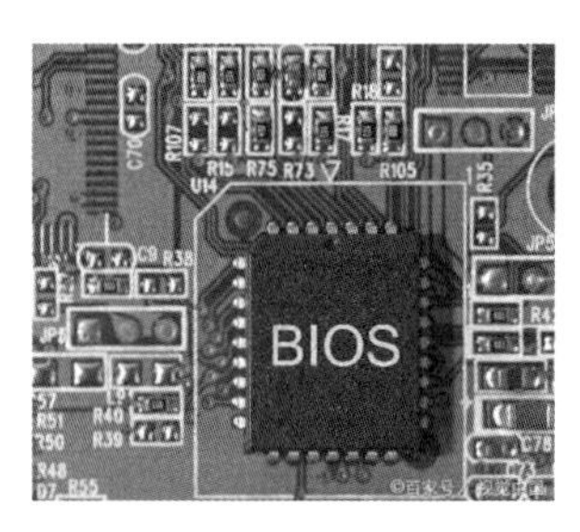

图 1-7　BIOS 芯片

BIOS 芯片的主要功能是为计算机提供底层的、最直接的硬件设置和控制。BIOS 设置程序是储存在 BIOS 芯片中的，只有在开机时才可以进行设置。CMOS（Complementary Metal Oxide Semiconductor，互补金属氧化物半导体）芯片主要用于存储 BIOS 设置程序设置的参数与数据，而 BIOS 设置程序主要对计算机的 BIOS 进行管理和设置，使系统运行在最好状态下，使用 BIOS 设置程序还可以排除系统故障，或者诊断系统问题。

BIOS 与一般的软件程序是有区别的，且它与硬件的联系是相当紧密的，形象地说，它应该是连接硬件设备与软件程序的一座“桥梁”，负责解决硬件的即时要求。BIOS 芯片或许是主板上唯一贴有标签的芯片，一般它是一块 32 针脚的集成电路，上面印有“BIOS”字样。P5 以前的 BIOS 多采用可重写的 EPROM 芯片，上面的标签起保护作用，紫外线照射会使 EPROM 内容丢失，不能随便撕下。P5 以后的 BIOS 多采用 EEPROM 芯片，通过跳线开关和系统配置的驱动程序可以对 EEPROM 进行重写，方便地实现 BIOS 升级。计算机用户在使用计算机的过程中都会接触 BIOS，它在计算机系统中起着非常重要的作用。一块主板的性能优越与否，在很大程度上取决于主板上的 BIOS 管理功能是否先进。

4）CMOS 芯片及其备用电池

CMOS 芯片是一种低耗电的 RAM 芯片，微型计算机主板上的 CMOS RAM 芯片用来保存当前系统的硬件配置和用户对某些参数的设定。

CMOS 芯片可由主板上的备用电池供电，即使系统断电，信息也不会丢失。

由于备用电池本身电量少，为了尽可能减少传输时的损耗，因此 CMOS 芯片往往与备用电池距离很近，如图 1-8 所示，备用电池附近贴片焊的 8 针脚芯片就是 CMOS RAM 芯片。

关于备用电池型号的识别，以 CR2032 为例，20 表示电池的直径是 20mm，32 表示电池的高度是 3.2mm。

5）时钟芯片与晶体振荡器

晶体振荡器（简称晶振）配合谐振电容产生固定频率的时钟信号，如 14.318MHz。固定频率的时钟信号精确且稳定可靠，晶体振荡器产生的时钟信号输出给时钟芯片，时钟芯片将时钟信号进行降频或倍频，从而为主板提供各种频率的时钟信号。

一般在晶体振荡器旁边的芯片就是时钟芯片，如图 1-9 所示。

图 1-8　CMOS 芯片及其备用电池

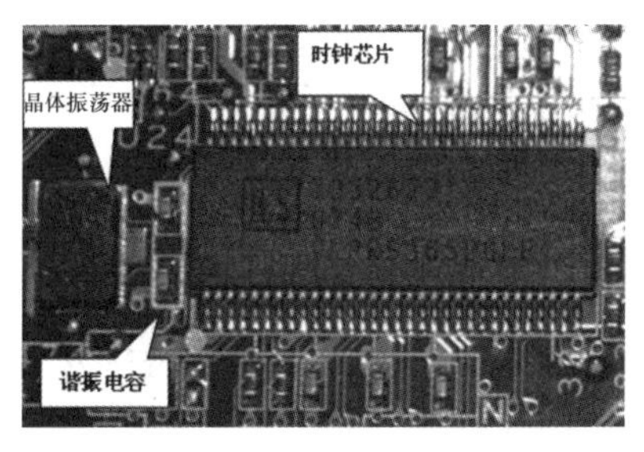

图 1-9　时钟芯片与晶体振荡器

3. 主板中的插槽

1）CPU 插槽及其供电

主板上一定有一个插槽用来固定 CPU，不同的主板通常有不同的 CPU 插槽造型，以支持不同的 CPU，如图 1-4 所示为针脚式 Socket 478 插座。

为了给 CPU 提供更加稳定、可靠的电源，主板上均有一个接口单独为 CPU 供电，早期的 CPU 耗电量有限，使用 4P（或称 4Pin）供电插口，如图 1-10 所示，后来发展到 6P、8P，还有 4+4P（2 组 4P 接口）及 24P 等。

图 1-10　CPU 的 4P 供电插口

2）PCI 插槽

扩展插槽是主板上用于固定扩展卡，并将扩展卡连接到系统总线上的一种总线结构，也叫作扩展槽或扩充插槽。扩展插槽的种类较多，大多数已经被淘汰了，现在通用的是 PCI 插槽及 PCI 扩展插槽（PCI Express，PCI-E），参见图 1-3。笔记本电脑专用的是 PCMCIA 插槽。

PCI 插槽是基于 PCI 局部总线的扩展插槽，其颜色一般为乳白色，数据位为 32 位或 64 位，工作频率为 33MHz，最大数据传输速率为 133Mb/s（32 位）和 266Mb/s（64 位）。PCI 插槽是主板的主要扩展插槽，通过插接不同的扩展卡可以获得目前计算机能实现的几乎所有外接功能。例如，可插接显卡、声卡、网卡、IEEE1394 卡、IDE 接口卡、视频采集卡等。

3）PCI 扩展插槽

PCI 扩展插槽是一种新的总线和接口标准，它原来的名称为“3GIO”，意思是它代表着下一代输入 / 输出接口标准。它的主要优势是数据传输速率高，目前最高可达到 10Gb/s 以上。PCI 扩展插槽也有多种规格，从 PCI-E 1x 到 PCI-E 16x。

4）独立显卡插槽

“独显”全称为“独立显卡”，独立显卡是指独立的板卡存在，需要插在主板的相应接口上。现在，独立显卡一般插在 PCI 扩展插槽里。

“集显”全称为“集成显卡”，集成显卡是指芯片组集成了显示芯片，使用这种芯片组的主板不需要独立显卡就可以实现普通的显示功能，能满足一般家庭机应用的需求。

“核显”全称为“核芯显卡”，将集成显卡集成到 CPU 内部。

5）内存条插槽

（1）按照内存条上金手指的连接分类。

内存条分为单列直插式存储模块（Single Inline Memory Module，SIMM）和双列直插式存储模块（Dual Inline Memory Modules，DIMM）两种结构。

内存条通过金手指与主板连接，内存条上的金手指是一种导电的触片，触片被称为针脚（Pin），内存条正反两面都带有金手指。SIMM 的金手指都提供相同的信号，只能传输 8 位、16 位及 32 位数据，DIMM 的金手指都独立传输信号，提供 64 位的数据通道。现在 SIMM 技术已经被 DIMM 技术取代。

（2）按内存条的工作方式分类。

内存条又分为 FPAEDODRAM、SDRAM、DDR、RDRAM 等，常见的 DDR（Double Date Rate，双倍速率）又分为 DDR、DDR2（第 2 代 DDR）和 DDR3（第 3 代 DDR）等不同代产品。如图 1-11 所示是 DDR、DDR2、DDR3 三种内存条实物图。

DDR DIMM 采用 184 针，金手指每面有 92 针，金手指上只有一个卡口。

DDR2 DIMM 采用 240 针，金手指每面有 120 针，金手指上也只有一个卡口，但是卡口的位置与 DDR DIMM 有一些不同，可以避免插错。因此在一些同时具有 DDR DIMM 和 DDR2 DIMM 的主板上，不会出现将内存条插错插槽的问题。

DDR3 DIMM 采用 240 针，金手指每面有 120 针，金手指上也只有一个卡口，但是与 DDR2 卡口的位置有一定差距，因此也不会插错。

注意内存条插槽的表示法，例如，4×DDR3 DIMM，表示主板上有 4 个 DIMM 内存条插槽，是 DDR3 内存条规格，最多可以插 4 个内存条，如图 1-12 所示。

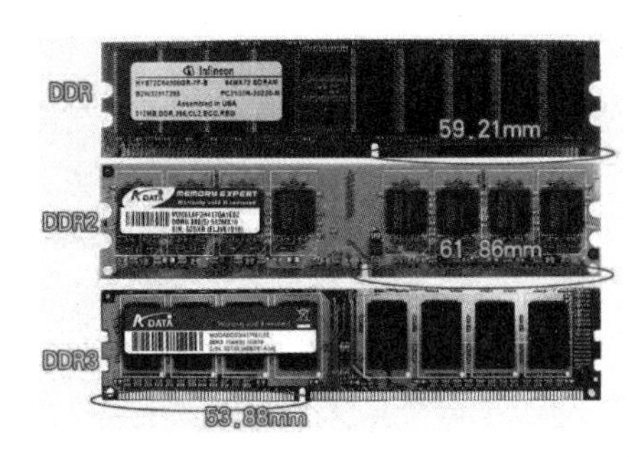

图 1-11　DDR、DDR2、DDR3 三种内存条

图 1-12　4×DDR3 DIMM 内存条插槽

（3）笔记本电脑的内存条插槽。

笔记本电脑的内存条和台式机的内存条有以下几种不同。

①尺寸不同。

当前主流内存条为 DDR，台式机的内存条长度一般为 13.3cm，笔记本电脑的内存条长度则只有 6.75cm，而且笔记本电脑的内存条的 PCB 薄很多。

②接口（针脚）不同。

台式机的内存条基本使用 168 针、184 针、240 针接口。笔记本电脑的内存条一般采用 144 针、200 针、204 针接口。

笔记本电脑的内存条发展到了第 4 代（DDR4），标准电压降为 1.3V，容量有 4GB、8GB 和 16GB，接口增加到了 284 针。

③安装方法不同。

由于对应的主机不同，笔记本电脑的内存条一般水平安装（见图 1-13），而台式机的内存条一般垂直安装。

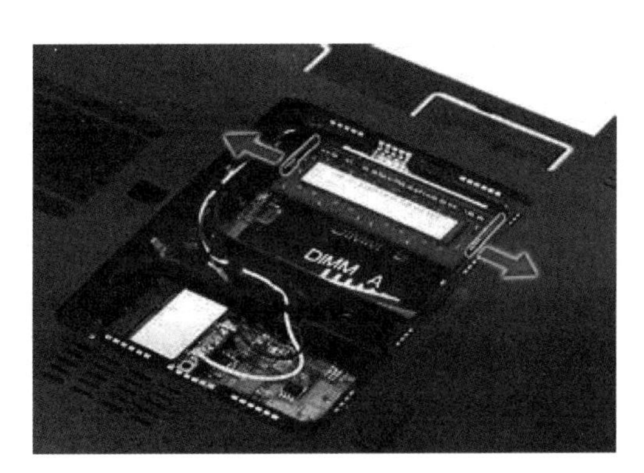

图 1-13　笔记本电脑内存条的水平安装图

④内存条插槽数量不同。

台式机一般有 2 个或 4 个内存条插槽，大部分笔记本电脑有 2 个内存条插槽。

随着计算机软、硬件技术不断更新，内存条已成为计算机内部存储器的全部。我们通常所说的计算机内存的大小是指内存条能存储二进制数的总和。注意，内存都以字节为单位。

（4）更换笔记本电脑的内存条的注意事项。

第一：笔记本电脑的内存条不能随便更换，最好购买同型号的内存条，如品牌相同、型号相同。

第二：安装内存条前先断电，再打开机箱，使用毛刷清理内存条插槽内的积尘，使用橡皮擦拭内存条的金手指，清除氧化，保证接触良好。

第三：将内存条插入插槽，两侧的内存卡要把内存条牢牢卡住。

第四：一般开机正常时都会有短促的“嘀”声，如果出现长“嘀”声或连续“嘀”声等，说明内存条没有安装好，或者其他插件导致内存条接触不良，反复拔插内存条，故障一般会消除。

6）电源输入插槽（ATX Power Connector）

电源输入插槽是指由计算机的电源部件将220V的交流电转变成几组稳定的低压直流电，通过不同颜色的几组输出导线连接到主板上的直流电源输入插槽，如图 1-14 所示。从图 1-14 可以看到，一扎来自电源部件的几组直流电源线插在电源插槽中，在相邻的地方排列有用于滤除交流成分的电容和电感，以确保主板上所用直流电压的稳定性。

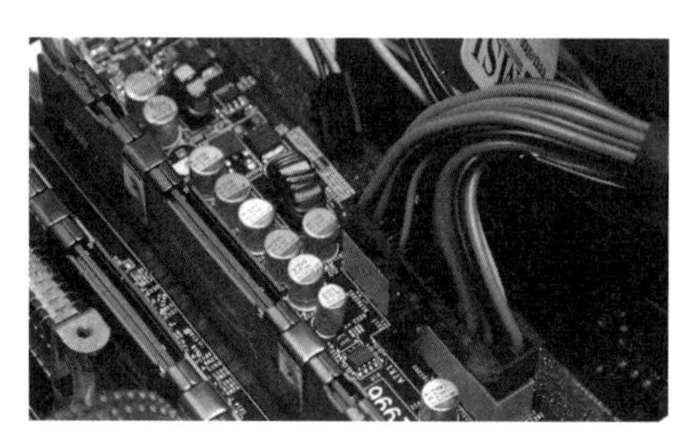

图 1-14　直流电源输入插槽

4. 主板上的外部接口

1）机箱后面板接口（见图 1-15）

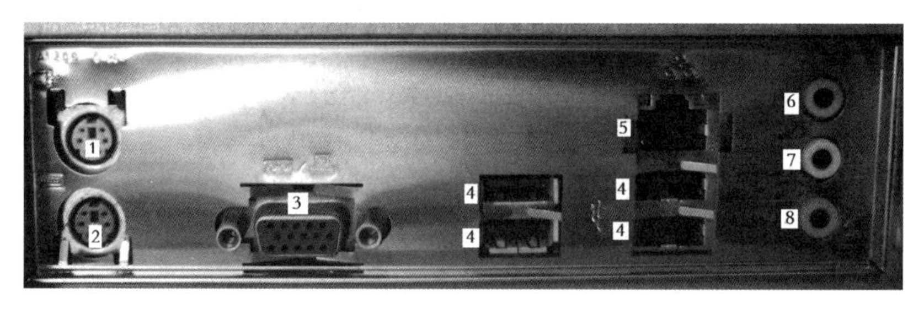

图 1-15　机箱后面板接口

主板上的外部接口都集成在主板的后半部分，主板还按照统一的规范，使用不同的颜色区别不同的接口。

- 鼠标接口：一个圆形的 PS/2 接口（绿色）。
- 键盘接口：一个圆形的 PS/2 接口（紫色）。

注意，现在的键盘和鼠标都是按照 USB 接口设计的，这样它们可以很方便地与 USB 接口连接。

- 串行通信接口（COM）：即 RS-232 串行通信接口，9 针接口，开始时为 25 针接口，有些主板没有这个串行通信接口，例如，许多笔记本电脑是没有串行通信接口的。
- 打印接口（LPT）：用于连接并行打印机。
- 显示器接口（VGA）：用于连接显示器。

- 多个扁平状的 USB 接口：用于与具备 USB 接口的外部设备直接连接，如键盘、鼠标、U 盘、打印机等。
- 网络接口（RJ-45）：用于连接局域网或宽带上网设备。
- 麦克风接口（Mic，粉红色）：用于外接麦克风，输入接口。
- 音频输出接口（草绿色）：用来连接外部的耳机和音箱。
- 音频输入接口（浅蓝色）：用于将 CD 机、MP3、录像机等外部音频信号输入计算机中。

2）机箱前面板

- 电源开关（Power）：按动电源开关，可以打开或关闭计算机。
- 电源指示灯（Power LED）：指示灯亮表示计算机已经接通电源。
- 硬盘指示灯（HD LED）：指示灯亮表示计算机正在读写硬盘。
- 复位按钮（Reset）：按此按钮将强制计算机重新启动，一般只有在计算机已经“死机”时才使用。

3）主板上的其他接口（参见图 1-3）

- 有的主板具有 4 个 SATA 串行通信接口，用于连接外存储器，例如，固态硬盘可以同时连接几个物理硬盘。有的主板标识为 eSATA，即外部的 SATA 串行通信接口。
- 两个 IDE 接口，一般 IDE1 接口连接硬盘，IDE2 接口连接光驱或刻录机。
- 有的主板还具备 IEEE 1394 接口，该接口具有良好的物理特性和高速数据传输能力，非常适合数字视音频数据传输。

5. CPU 和主板的搭配方法

1）注意事项

首先，CPU 的性能直接决定整机的定位，并且从各类硬件配置单来看，CPU 是排在整个配置单的首位的，选择 CPU 是非常重要的事项。

其次，在选择主板的时候，不要为没必要的硬件开销。如果你仅仅是普通办公，那么选择 i3 或 Ryzen 3 的处理器，再搭配入门级的主板即可。不要以为大主板的性能强、小主板（M-ATX）的性能差，其实，大主板和小主板的差距仅仅是在规格上，如输入 / 输出接口数、硬盘接口数、PCI 插槽数、内存条插槽数等有差距。可能小主板既能满足需求，又有开销合理的优势。

2）方法

CPU 和主板的搭配通常有两种方法：一种方法是先确定 CPU 型号，然后选择主板；另一种方法是先确定主板，然后选择 CPU 型号。

第一种方法：先确定 CPU 型号及插槽类型，比如选择 Intel Core i5-7500 CPU，插槽类型为 LGA1151。然后打开百度或中关村在线的产品库，寻找具有 LGA1151 接口的主板。

第二种方法：先确定主板，市面上的主板厂商颇多，去官网进行该主板的查询，查看它支持的 CPU 型号、内存频率及各类接口和板型大小等关键参数。

3）实例

Intel Core i5 750 CPU：+P43（无集成显卡）主板，或+P45（无集成显卡）主板，或+P55（无集成显卡）主板。

AMD 速龙 II X4 620 CPU：+768（带集成显卡）主板，或 +770（无集成显卡）主板。

1.4 微型计算机软件系统

1.4.1 系统软件和应用软件

计算机软件（Software）一般包括系统软件和应用软件两种。

系统软件为计算机使用提供最基本的功能，但是并不针对某一特定应用领域。应用软件则与之恰好相反，不同的应用软件根据用户和所服务的领域提供不同的功能。

用户、软件及硬件的关系如图 1-16 所示。

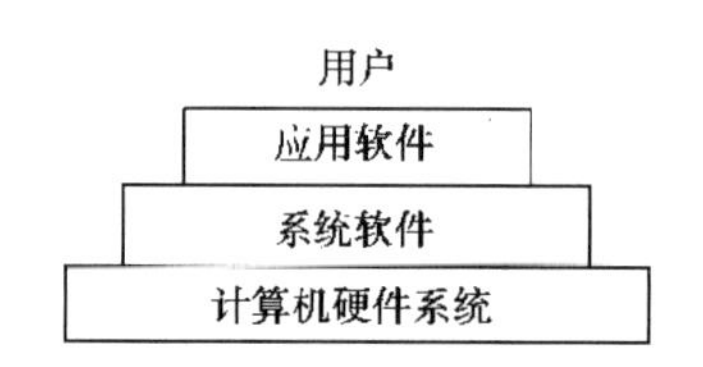

图 1-16　用户、软件及硬件的关系示意图

软件是用户与硬件之间的桥梁，用户主要通过软件与计算机进行交流。为了方便用户，使计算机系统具有较高的整体效用，在设计计算机系统时，必须考虑软件与硬件的结合，以及用户的要求和软件的要求。

1. 系统软件

系统软件是为了方便用户使用、维护和管理计算机资源的程序及其文档。系统软件包括操作系统、语言处理程序、数据库管理系统、设备驱动程序、工具类程序等，其中最重要的是操作系统。

1）操作系统

操作系统（Operating System，OS）是配置在计算机硬件上的第一层软件，是管理计算机全部硬件与软件资源，并为用户提供操作界面的系统软件的集合，同时也是计算机系统的内核与基石。

计算机系统的资源可分为设备资源和信息资源两大类。设备资源指的是组成计算机的硬件，如中央处理器、主存储器、外存储器、打印机、显示器、键盘输入设备等。信息资源指的是存放于计算机内的各种数据，如文件、程序库、知识库、系统软件和应用软件等。

操作系统的主要功能是资源管理、程序控制和人机交互管理，具体分为处理器管理、存储器管理、设备管理、文件管理、网络管理及使用者界面管理等。

在 20 世纪 80 年代，第一个磁盘操作系统（Disk Operating System，DOS）是一种单用户的操作系统，通常只有一个用户的一个应用程序在机器上执行。磁盘操作系统比较简单，允许程序员访问任意资源，可以直接执行输入指令和输出指令，方便计算机接口的开发与应用。磁盘操作系统主要应用在 16 位 IBM PC 系列机和兼容机上，随着微型计算机的发展，操作系统不断提升与更新，发展到多任务操作系统及网络操作系统等。

操作系统的形态与版本多样，不同计算机安装的操作系统可以从简单到复杂，从手机的嵌入式系统到超级计算机的大型操作系统。

32 位 PC 主要使用 Windows 操作系统或 Linux 操作系统。Windows 操作系统版本多，更新很快，包括 Windows 98、Windows 2000、Windows XP、Windows 7、Windows 8、Windows10 等。

操作系统按照应用领域划分主要有三种：桌面操作系统、服务器操作系统和嵌入式操作系统。

2）语言处理程序

语言处理程序一般是由汇编语言程序、编译程序、解释程序和相应的操作程序等组成。

3）数据库管理系统

数据库是为了实现一定的目的，按照某种规则组织起来的数据的集合。数据库管理系统是用户与数据库之间的桥梁，为用户提供完整的操作命令。例如，如何建立、修改和查询数据库中的信息，如何对数据库中的信息进行统计和排序等处理。数据库管理系统是对数据库进行有效管理和操作的一种系统软件。当前微型计算机中比较流行的数据库管理系统有 DB2、Sybase、Oracle、SQL Server 等。

4）设备驱动程序

在微型计算机系统中，外部设备有键盘、打印机、显示器及网络等。计算机如何对这些外部设备进行输入、输出操作呢？那就需要有设备驱动程序，设备驱动程序是操作系统中用于控制特定设备的软件组件，只有安装并配置了设备驱动程序之后，计算机才能使用外部设备。设备驱动程序可以被静态地编译进系统，即当计算机启动时，包含在操作系统中的设备驱动程序被自动加载，供用户随时使用，或者通过动态内核链接工具 KID 在需要时加载。

5）工具类程序

用户借助工具类程序可以方便地使用计算机，以及对计算机进行维护和管理等，主要的工具类程序有测试程序、诊断程序及编辑程序等。

2. 应用软件

应用软件是为了某种特定的用途而开发的各种软件及其有关资料，应用软件必须在系统软件的环境下运行才能被用户使用。

应用软件是和系统软件相对应的，是用户可以使用的各种程序设计语言，以及用各种程序设计语言编制的应用程序的集合。应用软件分为应用软件包和用户程序两种，应用软件包是利用计算机解决某类问题而设计的程序的集合，多供用户使用。

应用软件包括办公室软件、互联网软件、多媒体软件、实时工业控制软件、分析软件、商务软件等。

1.4.2　程序设计语言

程序设计语言是用来开发计算机应用软件的编程语言，按照编程语言发展的先后，可分为机器语言、汇编语言和高级语言三种。

1. 机器语言

机器指令（Machine Instruction）是使用二进制数（0 和 1）按照一定的规则编排的指令。机器指令由操作码和操作数组成，它是面向机器（计算机）的，也称为硬指令。一条机器指令的执行使计算机完成一个特定操作。每种处理器都规定了自己特有的、一定数量的机器指令，这些指令的集合称为该计算机的指令系统。

机器指令的有序集合构成了特定程序，称为机器语言程序，这种由二进制代码指令表达的计算机语言被称为机器语言。

2. 汇编语言

汇编语言是对机器语言的一种提升，人们用助记符表示机器指令的操作码，用变量代替操作数的存放地址，还可以在指令前加上标号，用来代表该指令的存放地址等。这种用符号书写的，主要操作与机器指令基本上一一对应，并遵循一定语法规则的计算机语言就是汇编语言（Assembly Language）。用汇编语言书写的程序称为汇编语言源程序。汇编语言是为了方便程序员编程而设计的一种符号语言，用它编写的汇编语言源程序必须经过（宏）汇编程序汇编，生成目标程序（.OBJ），再经过连接程序连接才能生成可执行的程序，最后被计算机识别并执行。

3. 高级语言

高级语言与汇编语言相比，不但将许多相关的机器指令合为单条指令，并且去掉了与具体操作有关但与完成工作无关的细节，如使用堆栈、寄存器等，这样就大大简化了程序中的指令。用高级语言编写的源程序不能直接被计算机识别，必须转换为可执行的程序，转换方式分为解释与编译两种。目前主要使用编译转换方式，即在源程序执行之前，必须使源程序经过编译程序编译，生成可执行的程序。

习题一

1. 填空题

（1）冯·诺依曼体系结构的计算机硬件系统的五大部件包括（　　）、（　　）、（　　）、（　　）及（　　）。

（2）CMOS 芯片可由主板上的备用（　　）供电，即使系统断电，信息也不会丢失。

（3）主板上的芯片组是指（　　）芯片和（　　）芯片。

（4）操作系统的六个管理是指处理器管理、存储器管理、设备管理、（　　）、（　　）及（　　）等。

（5）微型计算机主板上有 CPU 插槽、PCI 插槽、（　　）插槽、（　　）插槽及（　　）插槽等。

2. 思考题

（1）根据冯·诺依曼体系结构的计算机的设计思想，计算机由哪五部分组成？

（2）微型计算机硬件系统的基本组成有哪些？

（3）什么叫 ATX 主板？

（4）在主板上，南桥芯片的主要功能有哪些？

（5）内存储器的作用是什么？

（6）BIOS 芯片有什么作用？

（7）按照内存条上金手指的连接分类，内存条分为哪两种结构？目前常用的是哪种结构？

（8）在主板上有哪些接口？与主板外部连接的接口有哪些？

（9）CPU 和主板的搭配有哪两种方法？

（10）更换笔记本电脑的内存条的注意事项有哪些？

（11）台式机和笔记本电脑的内存条有哪几点区别？

（12）系统程序包括哪些？

Windows 10 操作系统

素质目标

1. 培养较强的动手实践能力和自主创新能力。
2. 具备良好的职业道德、爱岗敬业精神和责任意识。

本章主要内容

🕮 操作系统概述。
🕮 熟悉 Windows 10 操作系统桌面的组成。
🕮 了解账户、日期、屏幕、桌面图标及桌面图标的设置方法。
🕮 熟悉软件管理及窗口的基本操作。
🕮 熟悉文件和文件夹的基本操作。

2.1 操作系统概述

2.1.1 操作系统的定义

操作系统是管理和控制计算机硬件资源与软件资源的计算机程序，是直接运行在裸机上的最基本的系统软件，任何其他软件都必须在操作系统的支持下才能运行。

操作系统合理组织计算机的工作流程，协调各个部件有效工作，为用户提供一个良好的运行环境。操作系统被改造和扩充过的计算机不但功能更强，使用也更方便，用户可以直接调用操作系统提供的许多功能来使用各种软、硬件，而无须了解这些软、硬件的使用细节和它们各自的工作原理。以 U 盘为例，操作系统不关注使用的 U 盘的具体品牌和型号，用户不需要了解操作系统是如何识别这个插入的设备并进行驱动的，只需要将 U 盘插入计算机的任意一个 USB 接口即可。插入 U 盘后，用户只关注增、删、读文件，至于 U 盘中的文件具体是如何存放的，以及文件存放在 U 盘中的什么位置都不必关注。操作系统帮我们完成了操作 U 盘的一系列复杂的底层工作，让我们对计算机的操作变得非常简单。简而言之，一台易操作的计算机必须有操作系统。

需要注意的是，操作系统本质上依然是一个计算机软件系统，虽然它体积非常大、结构非常复杂、功能非常强大。

2.1.2 操作系统的发展历史

从 1946 年诞生第一台通用计算机以来，每代计算机的进化都以减少成本、缩小体积、降低功耗、增大容量和提高性能为目标，随着计算机硬件的发展，操作系统的形成和发展也加速了。

1. 早期的操作系统

最初的计算机并没有操作系统，人们通过各种操作按钮来控制计算机，后来出现了汇编语言，操作人员通过有孔的纸带将程序输入计算机进行编译。这些将语言内置的计算机只能由操作人员自己编写程序来运行，不利于设备、程序的共用。为了解决这种问题，就出现了操作系统，这样就很好地实现了程序的共用，以及对计算机硬件资源的管理。

随着计算技术和大规模集成电路的发展，微型计算机迅速发展起来。从 20 世纪 70 年代中期开始出现了计算机操作系统。1976 年，美国 DIGITAL RESEARCH 软件公司研制出 8 位的 CP/M（Control Program/Monitor，控制程序或监控程序）操作系统。这个操作系统允许用户通过控制台的键盘对系统进行控制和管理，主要功能是对文件信息进行管理，以实现硬盘文件或其他设备文件的自动存取。此后出现的一些 8 位操作系统多采用 CP/M 操作系统。

2. 磁盘操作系统

计算机操作系统的发展经历了两个阶段。第一个阶段为单用户、单任务的操作系统，继 CP/M 操作系统之后，还出现了 C-DOS、M-DOS、TRS-DOS、S-DOS 和 MS-DOS 等磁盘操作系统。

其中值得一提的是 MS-DOS，它是在 IBM PC 及其兼容机上运行的操作系统，起源于 SCP86-DOS，是 1980 年基于 8086 微处理器设计的单用户操作系统。后来，微软公司获得了该操作系统的专利权，将其配备在 IBM PC 上，并命名为 PC-DOS。1981 年，微软公司的 MS-DOS 1.0 与 IBM PC 面世，这是第一个实际应用的 16 位操作系统，微型计算机进入一个新纪元。1987 年，微软公司发布 MS-DOS 3.3，这是非常成熟可靠的 DOS 版本，微软公司取得个人操作系统的霸主地位。

自 1981 年问世至今，磁盘操作系统经历了 7 次大的版本升级，从 1.0 版到现在的 7.0 版，不断地改进和完善。但是，磁盘操作系统的单用户、单任务、字符界面和 16 位的大格局没有改变，因此它对于内存的管理也局限在 640KB 范围内。

3. 操作系统新时代

计算机操作系统发展的第二个阶段是多用户、多道作业和分时系统，典型代表有 UNIX、XENIX、OS/2 及 Windows 等操作系统。分时的多用户、多任务、树状结构的文件系统，以及重定向和管道是 UNIX 操作系统的三大特点。

OS/2 操作系统采用图形界面，它本身是一个 32 位操作系统，不仅可以处理 32 位 OS/2

操作系统的应用软件，而且可以运行16位磁盘操作系统和Windows软件。它将多任务管理、图形窗口管理、通信管理和数据库管理融为一体。

Windows系统是Microsoft公司在1985年11月发布的第一代窗口式多任务系统，它使PC开始进入所谓的图形用户界面时代。Windows 1.x是一个具有多窗口、多任务功能的操作系统，但由于当时的硬件平台PC/XT的运行速度很慢，因此Windows 1.x并未十分流行。1987年年底，Microsoft公司又推出了MS-Windows 2.x，它具有窗口重叠功能，窗口大小也可以调整，并且可以把扩展内存和扩充内存作为磁盘高速缓存，从而提高了整台计算机的性能，还提供了众多应用程序。

从微软公司1985年推出Windows 1.0以来，Windows系统从最初运行在磁盘操作系统下的Windows 3.x到现在风靡全球的Windows 9x、Windows Me、Windows 2000、Windows NT、Windows XP、Windows 7、Windows 10、Windows 11，它几乎成为操作系统的代名词。Windows的图形用户界面急剧降低了操作系统的使用难度，加速了PC的普及。

4. 当前操作系统

当前，大型机与嵌入式系统使用多样化的操作系统，在服务器方面，Linux、UNIX和Windows Server占据了大部分市场份额；在超级计算机方面，Linux取代UNIX成为第一大操作系统。随着智能手机的发展，Android和iOS已经成为目前最流行的两大手机操作系统。

2.1.3 操作系统的分类

操作系统的种类相当多，各种设备安装的操作系统从简单到复杂可分为智能卡操作系统、实时操作系统、传感器节点操作系统、嵌入式操作系统、个人计算机操作系统、多处理器操作系统、网络操作系统和大型机操作系统；根据应用领域可分为桌面操作系统、服务器操作系统、嵌入式操作系统；根据支持用户数可分为单用户操作系统（如MS-DOS、OS/2、Windows）、多用户操作系统（如UNIX、Linux、MVS）；根据源码开放程度可分为开源操作系统（如Linux、FreeBSD）和闭源操作系统（如macOS、Windows）；根据硬件结构可分为网络操作系统（如Netware、Windows NT、OS/2 Warp）、多媒体操作系统（如Amiga）和分布式操作系统等；根据操作系统环境可分为批处理操作系统（如MVX、DOS/VSE）、分时操作系统（如Linux、UNIX、XENIX、macOS）、实时操作系统（如iEMX、VRTX、RTOS）；根据存储器寻址宽度可分为8位、16位、32位、64位、128位操作系统。早期的操作系统一般只支持8位和16位存储器寻址宽度，现代的操作系统，如Linux和Windows 7/10都支持32位和64位存储器寻址宽度。

下面我们根据应用领域来具体介绍操作系统的划分。

1. 桌面操作系统

桌面操作系统主要用于个人计算机。个人计算机市场从硬件上来说主要分为两大阵营：PC与Mac；从软件上来说主要分为两大类，分别为类UNIX操作系统和Windows操作系统。

UNIX操作系统和类UNIX操作系统包括macOS和Linux发行版（如Debian、Ubuntu、Linux Mint、openSUSE、Fedora等），Windows操作系统包括Windows XP、Windows 7、Windows 8、Windows 10等。

2. 服务器操作系统

服务器操作系统一般指的是安装在服务器上的操作系统，如 Web 服务器、应用服务器和数据库服务器等。服务器操作系统主要集中在以下三个系列。

① UNIX 系列：SUN Solaris、IBM AIX、HP-UX、FreeBSD 等。

② Linux 系列：RedHat Linux、CentOS、Debian、Ubuntu 等。

③ Windows 系列：Windows Server 2003、Windows Server 2008、Windows Server 2008 R2 等。

3. 嵌入式操作系统

嵌入式操作系统是应用在嵌入式系统的操作系统。嵌入式系统广泛应用在生活的各个方面，涵盖范围从便携设备到大型固定设施，如数码相机、手机、平板电脑、家用电器、医疗设备、交通灯、航空电子设备和工厂控制设备等，越来越多的嵌入式系统安装有实时操作系统。

嵌入式领域常用的操作系统有嵌入式 Linux、Windows Embedded、VxWorks 等，以及广泛使用在智能手机或平板电脑等消费电子产品的操作系统，如 Android、iOS 和 Symbian 等。

2.1.4 经典的操作系统

1. UNIX

UNIX 是一个强大的多用户、多任务操作系统，支持多种处理器架构，按照操作系统环境分类，属于分时操作系统。UNIX 最早由 Ken Thompson 和 Dennis Ritchie 于 1969 年在美国 AT&T 公司的贝尔实验室开发。UNIX 是常使用命令运行、极具灵活性的操作系统，是没有图形用户界面（Graphical User Interface，GUI）的，随着时代的发展，排版、制图、多媒体应用越来越普遍，这些需求都需要用到图形用户界面。为此，MIT 在 1984 年开发出了 X Window System，X 在字母表中是 W（indows）的下一个字母，寓意“下一代 GUI”。目前，几乎所有的发行版都采用 X Window System 作为自己的图形用户界面，如图 2-1 所示。

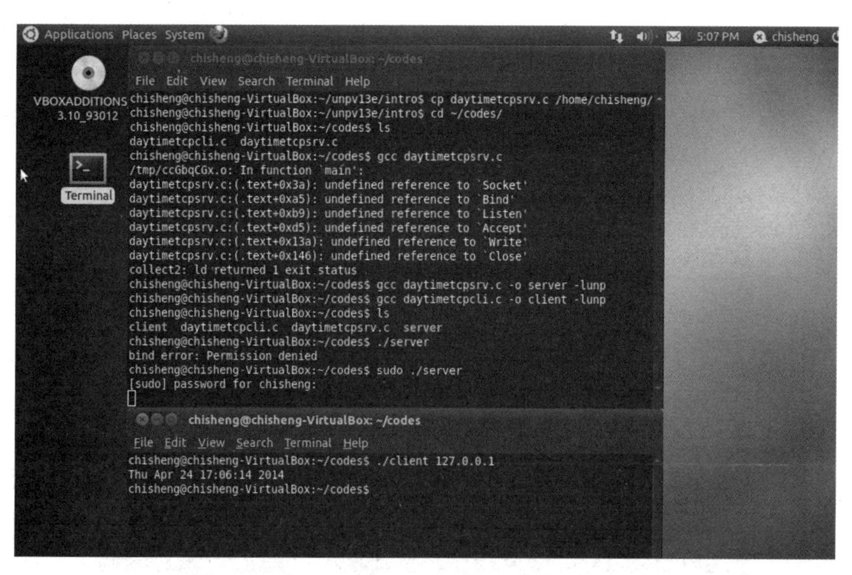

图 2-1 采用 X Window System 的图形用户界面

2. Linux

Linux是UNIX的一种克隆系统，诞生于1991年10月5日，借助Internet，以及通过全世界各地计算机爱好者的共同努力，它已成为世界上使用最多的一种类UNIX操作系统，并且使用人数还在迅猛增长。

Linux有各类发行版，通常有GNU/Linux，如Debian（及其衍生系统RedHat、CentOS、Ubuntu、Linux Mint）、Fedora、openSUSE等。Linux发行版作为个人计算机操作系统或服务器操作系统，在服务器上已成为主流的操作系统。Linux在嵌入式方面也得到广泛应用，基于Linux内核的Android操作系统已经成为当今全球最流行的智能手机操作系统。Linux系统桌面如图2-2所示。

图2-2　Linux系统桌面

3. macOS

macOS是苹果公司为Mac系列产品开发的专属操作系统。macOS是基于UNIX系统的，是全世界第一个采用面向对象的、全面的操作系统。它是由史蒂夫·乔布斯（Steve Jobs）于1985年被迫离开苹果公司后成立的NeXT软件公司开发的。后来苹果公司收购了NeXT公司，史蒂夫·乔布斯重新担任苹果公司CEO，Mac开始使用的macOS系统得以整合到NeXT公司开发的OPENSTEP系统上。macOS通过C、C++和Objective-C语言编程，采用闭源编码。macOS系统桌面如图2-3所示。

图2-3　macOS系统桌面

4. Windows

微软公司推出的视窗操作系统名为 Windows。随着计算机硬件和软件系统的不断升级，Windows 也在不断升级，从 16 位、32 位到 64 位操作系统，从最初的 Windows 1.0 到大家熟知的 Windows 95、Windows NT、Windows 97、Windows 98、Windows 2000、Windows Me、Windows XP、Windows Server、Windows Vista、Windows 7、Windows 8、Windows 10、Windows 11，各种版本持续更新，微软公司一直致力于 Windows 的开发和完善。Windows 系统桌面如图 2-4 所示。

图 2-4　Windows 系统桌面

5. iOS

iOS 是由苹果公司开发的手持设备操作系统。苹果公司最早于 2007 年 1 月 9 日的 Macworld 大会上公布这个系统，最初是设计给 iPhone 使用的，后来陆续套用到 iPod Touch、iPad 及 Apple TV 等产品上。iOS 与 macOS 一样，都是以 Darwin 为基础的，属于类 UNIX 的商业操作系统。原本这个系统名为 iPhone OS，直到 2010 年 6 月 7 日，在全球开发者大会（Worldwide Developers Conference，WWDC）上将其改名为 iOS。iOS 系统界面如图 2-5 所示。

图 2-5　iOS 系统界面

6. Android

Android 是一种基于 Linux 的自由及开放源代码的操作系统，由 Google 公司和开放手机联盟领导及开发，主要应用于移动设备，如智能手机和平板电脑。Android 最初由 Andy Rubin 开发，主要支持手机操作。2005 年 8 月被 Google 公司收购注资。2007 年 11 月，Google 公司与 84 家硬件制造商、软件开发商及电信运营商组建开放手机联盟，共同研发改良 Android。随后 Google 公司以 Apache 开源许可证的授权方式，发布了 Android 的源代码。第一部 Android 智能手机发布于 2008 年 10 月。Android 逐渐应用到平板电脑及其他领域，如电视机、数码相机、游戏机等。Android 系统界面如图 2-6 所示。

图 2-6　Android 系统界面

2.1.5　Windows 10 的版本

Windows 10 简称 Win10，和之前的 Windows 版本一样，Windows 10 也有多个不同的子版本，家庭版、专业版、教育版、企业版、移动版、企业移动版和物联网版这七个版本的每个子版本又有 32 位和 64 位的区别。这些版本的核心功能都是一样的，比如自动升级、Cortana 虚拟语音助手、虚拟桌面、Edge 浏览器等。

Windows 10 家庭版相当于 Windows 8.1 的核心版，是入门级系统版本。

Windows 10 家庭版特定国家版相当于 Windows 8.1 的 OEM 中文版，是入门级系统版本，不能通过语言包修改语言，这个版本多为 OEM 厂商预装版本，比如笔记本电脑和品牌台式机一般出厂都预装这个中文版本。

Windows 10 专业版面向使用 PC、平板电脑和二合一设备的企业用户。除了具有 Windows 10 家庭版的功能，Windows 10 专业版还使用户能管理设备和应用，保护敏感的企业数据，支持远程和移动办公，使用云计算技术。另外，Windows 10 专业版还带有 Windows

Update for Business，微软公司承诺该功能可以降低管理成本，控制更新部署，让用户更快地获得安全补丁软件。

Windows 10 企业版以专业版为基础，增添了大中型企业用来防范针对设备、身份、应用和敏感企业信息的现代安全威胁的先进功能，供微软公司的批量许可（Volume Licensing）用户使用，用户能选择部署新技术的节奏，其中包括使用 Windows Update for Business 的选项。作为部署选项，Windows 10 企业版将提供长期服务分支（Long Term Servicing Branch）。

Windows 10 教育版以企业版为基础，面向学校职员、教师和学生。Windows 10 教育版将通过面向教育机构的批量许可计划提供给用户，学校将能够升级 Windows 10 家庭版和 Windows 10 专业版设备。

Windows 10 移动版面向尺寸较小、配置触控屏的移动设备，如智能手机和小尺寸平板电脑，集成有与 Windows 10 家庭版相同的通用 Windows 应用和针对触控操作优化的 Office。部分新设备可以使用 Continuum 功能，因此连接外置大尺寸显示屏时，用户可以把智能手机用作个人计算机。

Windows 10 企业移动版以移动版为基础，面向企业用户。Windows 10 企业移动版将提供给批量许可用户使用，增添了企业管理更新，以及及时获得更新和安全补丁软件的方式。

Windows 10 物联网版将应用于销售终端、ATM 或其他嵌入式设备等低成本的物联网设备。

2.2　操作系统的主要功能

计算机系统的资源可分为设备资源和信息资源两大类。设备资源指的是组成计算机的硬件设备，如中央处理器（CPU）、内存（主存储器）、硬盘（磁盘存储器）、显示器、键盘、鼠标和打印机等。信息资源指的是存放于计算机内的各种数据，如文件、系统软件和应用软件等。

操作系统位于底层硬件与用户之间，是两者沟通的桥梁，如图 2-7 所示。用户可以通过操作系统的用户界面输入命令。操作系统则对命令进行解释，驱动硬件设备，实现用户要求。以现代观点来看，一个标准个人计算机的操作系统应该提供处理器管理、内存管理、设备管理、文件管理等功能，它们相互配合，共同完成操作系统既定的全部职能。

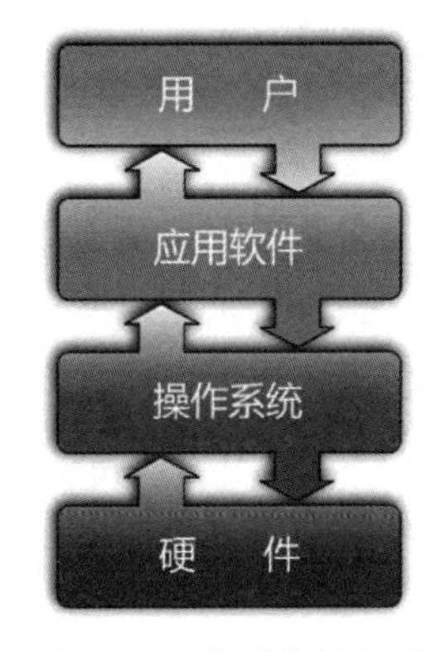

图 2-7　操作系统的位置

1. 处理器管理

处理器是完成运算和控制的设备。处理器管理最基本的功能是处理中断事件。处理器只能发现中断事件并产生中断，不能进行处理。配置了操作系统后，处理器就可以对各种事件进行处理。处理器管理的另一功能是处理器调度。计算机的处理器可能有一个，也可能有多个，操作系统会针对不同情况采取不同的调度策略，这也叫作进程管理。

2. 内存管理

操作系统存储管理的功能实现对内存的组织、分配、回收、保护与虚拟（扩充）。内存管理的方式有很多种，在不同的管理方式下，操作系统对内存的组织、分配、回收、保护、虚拟及地址映射的方式存在很大差异。

内存是一个紧俏资源，它一方面要为系统进程及各个用户进程提供运行所需要的内存空间，另一方面还要保证各用户进程之间互不影响。此外，内存还要保证用户进程不能破坏系统进程，提供内存保护，使用有限的内存运行比其容量大得多的作业，并且使尽可能多的进程进入内存并发执行。操作系统都会采用虚拟内存来扩展内存的功能并提高进程的并发度，虚拟内存的本质是在硬盘中单独开辟出一块空间用来暂存内存存放不下的进程。

3. 设备管理

外部设备简称外设，是指连接在计算机主机以外的硬件设备，完成用户提出的输入/输出请求，为用户进程分配所需的输入/输出设备，并完成指定的输入/输出操作。

为了提高 CPU 和输入/输出设备的利用率，提高输入/输出速度，方便用户使用输入/输出设备，设备管理具有缓冲管理、设备分配和处理及虚拟设备等功能。

在外部设备和 CPU 之间引入缓存，可以有效地缓和 CPU 与输入/输出设备速度不匹配的矛盾，提高 CPU 的利用率，进而提高系统吞吐量。

由于计算机的外部设备五花八门，性能各异，因此设备管理是操作系统中最烦琐的部分。为了统一地管理各类设备，操作系统的设备管理程序应能统一处理各类设备的操作，包括以后可能会加入的新设备，这就需要引入虚拟设备的概念，使操作系统与有统一的数据结构和表示方式的虚拟设备打交道，当要进行输入/输出操作时，由虚拟设备与实际的输入/输出设备连接。前面介绍过的 USB 接口就是一种最典型的设备管理模式。

4. 文件管理

文件管理涉及文件的逻辑组织和物理组织、目录结构和管理等。从操作系统的角度来看，文件系统是系统对文件存储器的存储空间进行分配、维护、回收，同时负责文件的索引、共享和权限保护。这一系列操作对用户来说无疑是无比烦琐和复杂的，于是，操作系统为用户提供了一个方便、快捷、可共享，又有保护的文件使用环境。用户可以方便地以“按名存取”的方式来操作文件，只要给出文件名即可实现对文件的存取，物理实现过程则交由操作系统完成。

为了方便不同用户对各自文件的自主管理，也为了方便用户对文件的快速查询，操作系统通常采用树状结构对文件进行管理和控制。

文件存储介质是存储器，存储器分为内存储器、外存储器和移动存储器。内存储器容量小，运行速度快，不易扩展；外存储器容量大，运行速度慢，易于扩展；移动存储器容量不定，运行速度更慢，小巧便携，即插即用，移动存储器实际是外存储器的一种。内存储器负责应用程序和 CPU 的交互，用户不能直接使用，文件都存储在外存储器中。

5. 用户界面

操作系统是计算机与用户之间的桥梁，最终是用户在使用计算机，因此它必须为用户提供一个良好的用户界面。用户界面可以简单地分为命令界面和图形界面两种。Windows 操作系统主要使用图形界面，用图形、动画直观地表示各种软硬件和操作，将原本复杂的操作系统控制指令变成简单的鼠标操作，图形界面的呈现会使计算机硬件的处理能力产生一定的负荷，影响其性能；命令界面主要是用户通过系统命令与计算机进行交互，操作风险较大，难度较高，但其功能更强大，计算机硬件不会产生工作之外的消耗。

2.3 Windows 10 操作系统的桌面

Windows 10 及其后续版本的操作模式与早期版本相比发生了较大变化，故本书选择以 Windows 10 操作系统为蓝本进行介绍。Windows 10 操作系统的整体风格是扁平化模式，几乎完全摒弃了前代操作系统中窗口和其组件的 3D 显示效果，整个界面看起来更整洁、干净。

安装有 Windows 10 操作系统的计算机，用户登录系统后，首先展现在其面前的就是桌面。Windows 10 操作系统的桌面主要由背景、图标、窗口、“开始”按钮和任务栏等几部分组成。

2.3.1 背景

用户对 Windows 操作系统的操作都是在桌面中完成的，进入 Windows 操作系统首先看到的就是桌面。桌面背景默认是 Windows 桌面背景，带有 Windows 的标志性图案，如图 2-8 所示。可以根据个人偏好将自己喜欢的图片设置为桌面背景，如图 2-9 所示。

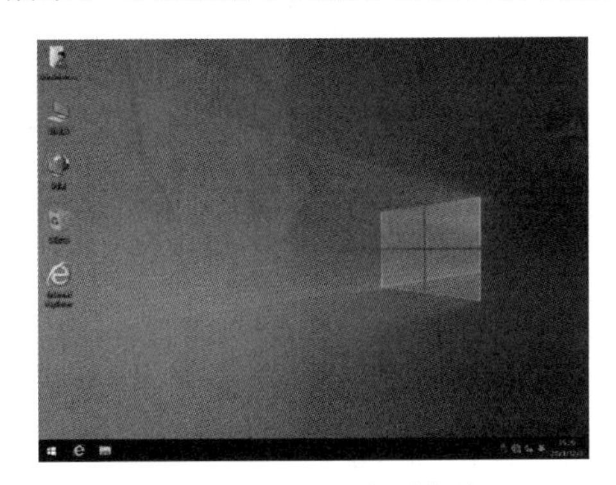

图 2-8 默认的桌面背景

图 2-9 自定义的桌面背景

2.3.2 图标

在 Windows 操作系统中，所有的文件、文件夹和应用程序等都用不同的图标表示。桌面图标由文字和图片组成，主要包括常用图标和快捷方式图标两类。常用图标由系统提供（如计算机、网络、回收站、文件夹的图标等，Windows 10 默认只保留回收站的图标），快捷方式图标随关联软件的不同而各有不同，每个快捷方式图标的左下角都有一个蓝色箭头标志，如图 2-10 所示。

在图 2-10 中，回收站的图标即系统图标，其余的图标均为快捷方式图标，分别对应不同的应用程序。用鼠标双击任一图标，可以快速打开对应的文件、文件夹或应用程序。例如，用鼠标双击桌面上的回收站的图标，即可打开“回收站”窗口，如图 2-11 所示；用鼠标双击腾讯会议的快捷方式图标，即可启动“腾讯会议”登录对话框，如图 2-12 所示。

图 2-10　图标

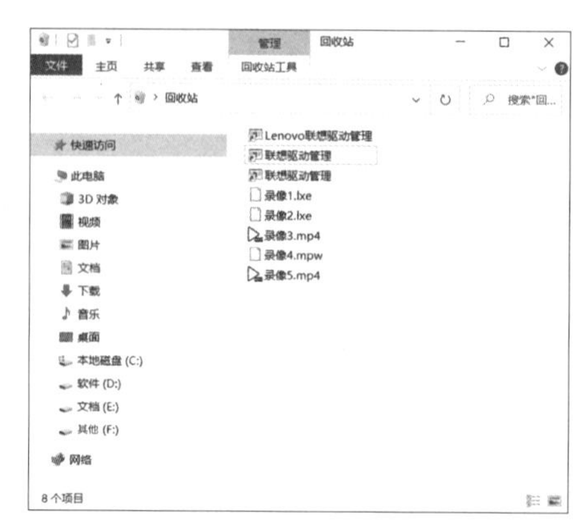

图 2-11　“回收站”窗口

图 2-12　“腾讯会议”登录对话框

2.3.3　窗口

在 Windows 操作系统中，窗口是用户界面中最重要的组成部分，用户对窗口的操作是最基本的操作，各种应用程序的窗口都遵循窗口操作的基本模式。

1. 窗口的组成元素

窗口是屏幕上与一个应用程序相对应的矩形区域，是用户与产生该窗口的应用程序之间可视化的沟通界面。当用户开始运行一个应用程序时，应用程序就创建并显示一个窗口；当用户操作窗口中的对象时，应用程序会做出相应反应。用户通过关闭窗口来终止对应应用程序的运行，通过选择相应的应用程序窗口来切换不同的应用程序。

如图 2-13 所示是“回收站”窗口的基本组成，该窗口主要由标题栏、菜单栏、地址栏、工作区和状态栏等部分组成。

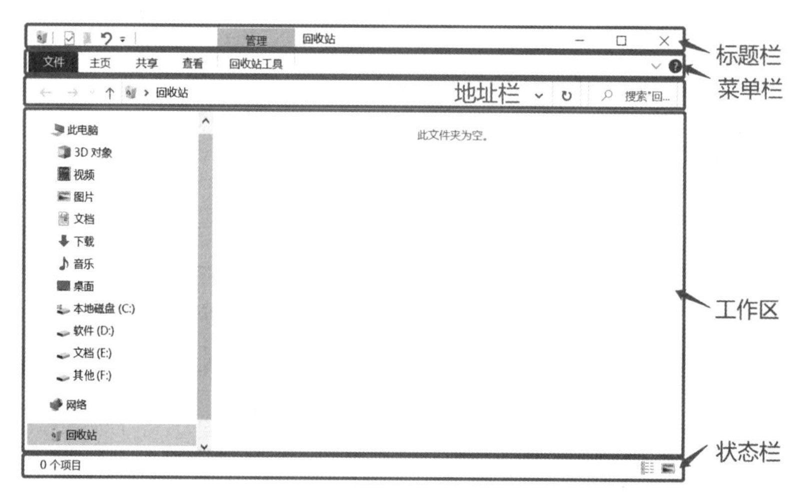

图 2-13　“回收站”窗口的基本组成

1）标题栏

标题栏位于窗口的最上方，显示了当前窗口的名称，左侧通常是应用程序的图标和名称，右侧分别为“最小化” −、“最大化” □ 和“关闭” × 三个按钮，单击相应的按钮可以执行相应的窗口操作。窗口最小化后依然处于运行状态，只是不在屏幕中显示，最小化窗口不是关闭应用程序；窗口最大化后会占满全屏，以获得最大的操作空间，并且会遮挡其他正在运行的窗口。窗口最大化之后“最大化”按钮变为“向下还原”按钮 ⧉ ，单击它即可恢复最大化之前的窗口大小。

2）菜单栏

菜单栏位于标题栏的下方，包含当前窗口或窗口内容的操作菜单。窗口对应的程序不同，菜单内容也会有所不同。

3）地址栏

地址栏位于菜单栏的下方，表示窗口当前操作的位置，并不是所有的窗口都有地址栏。

4）工作区

工作区是用户使用软件的核心区域，在窗口中的绝大部分操作都在这块区域进行。

5）状态栏

状态栏位于窗口的最下方，显示窗口当前的状态信息或简单的统计等。

2. 打开窗口和关闭窗口

打开窗口和关闭窗口是最基本的操作，实际上就是启动应用程序和关闭应用程序的过程。

1）打开窗口

在 Windows 10 中，双击应用程序的图标，即可打开窗口启动程序。在“开始”菜单列表、桌面快捷方式、快速启动栏中都可以打开应用程序的窗口。

另外，在应用程序的图标上右击，在弹出的快捷菜单中选择“打开”命令，也可以打开窗口。

2）关闭窗口

窗口使用完毕后，用户可以将其关闭。常用的关闭窗口的方式有以下几种。

① 使用“关闭”按钮：单击窗口右上角的“关闭”按钮，即可关闭当前窗口，这种关闭方式使用最广泛。

② 使用快速访问工具栏：单击快速访问工具栏最左侧的窗口图标，在弹出的快捷菜单中选择“关闭”命令，即可关闭当前窗口。

③ 使用标题栏：在标题栏上右击，在弹出的快捷菜单中选择“关闭”命令即可。

④ 使用任务栏：在任务栏上选择需要关闭的应用程序，右击，在弹出的快捷菜单中选择“关闭窗口”命令。

⑤ 使用任务管理器：在任务栏的空白处右击，在弹出的快捷菜单中选择“任务管理器”命令，就可以弹出“任务管理器”窗口，如图 2-14 所示。在“任务管理器”窗口的进程列表中选择要关闭的窗口，单击“结束任务”按钮，或者在右键菜单中选择“结

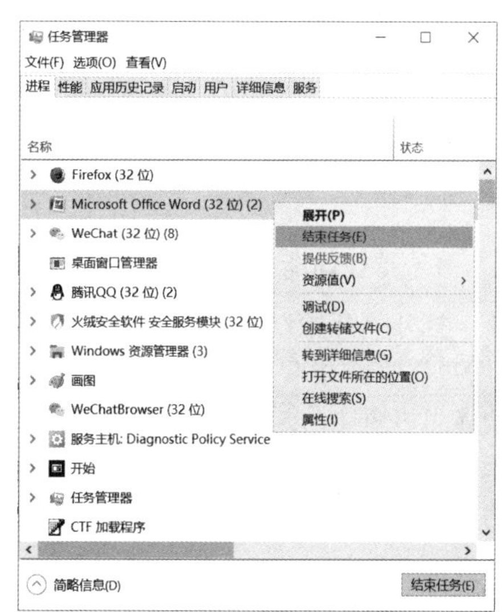

图 2-14　“任务管理器”窗口

束任务”命令都可以关闭窗口。这是一种强制终止应用程序的方式，多在应用程序出现故障不可被操作的时候使用。这种关闭方式最烦琐，但也是用户必须掌握的重要关闭方式。

3. 移动窗口的位置

当窗口没有处于最大化或最小化状态时，将鼠标指针放在需要移动位置的窗口的标题栏上，鼠标指针变为⇖形状，按住鼠标左键不放，拖曳标题栏到需要的位置，松开鼠标，即可完成窗口位置的移动。

4. 调整窗口的大小

在默认情况下，打开的窗口大小和上次关闭前的窗口大小相同。将鼠标指针移动到窗口的边缘，鼠标指针变为⇕或⇔形状时，上下或左右移动边框可分别纵向或横向改变窗口的大小。将鼠标指针移动到窗口的四个角，鼠标指针变为⇘或⇗形状时，拖曳鼠标，可以分别沿斜线方向增大或缩小窗口。

另外，单击窗口右上角的“最小化”按钮，可以使当前窗口最小化；单击“最大化”按钮，可以使当前窗口最大化。在窗口最大化时，单击“向下还原”按钮，可以还原窗口到最大化之前的大小。

5. 切换当前窗口

如果同时打开多个应用程序，屏幕中就会出现多个叠加在一起的窗口，用户有时会需要在各个窗口之间进行切换操作。只有位于屏幕最上方的窗口才是用户可以操作的窗口，在需要切换的窗口的任意位置单击，该窗口就会被激活，出现在所有窗口的最上方。

2.3.4 “开始”按钮

使用“开始”按钮，是启动系统中已安装软件的常用方式之一，在“开始”菜单中可以启动几乎所有的常用应用程序。单击桌面左下角的“开始”按钮，或者按键盘上的 Windows 键，可以弹出“开始”菜单，单击“开始”菜单之外的任意区域可以关闭“开始”菜单。“开始”菜单主要包括常规功能、应用程序列表和常用应用程序三个纵向排列的区域，如图 2-15 所示。“开始”菜单的大小可以根据个人喜好自定义，将鼠标指针移动到“开始”菜单的上边缘，当鼠标指针变成双向箭头时按住鼠标左键并上下拖动鼠标，就可以改变菜单高度，菜单宽度取决于它的列数。

1. 常规功能区域

打开“开始”菜单后，将鼠标指针停留在常规功能区域时，该区域会自动展开，并呈现“用户”、“文档”、“图片”、“设置”和“电源”这几项功能，如图 2-16 所示。通过“用户”功能可以对账号进行设置，也可以进行系统的锁定或注销，该功能中的名称为安装系统时的管理员账号名称，默认为 administrator。通过“文档”和“图片”功能可以打开文档和图片的系统默认文件夹，通过“设置”功能可以打开“Windows 设置”窗口对系统进行配置。

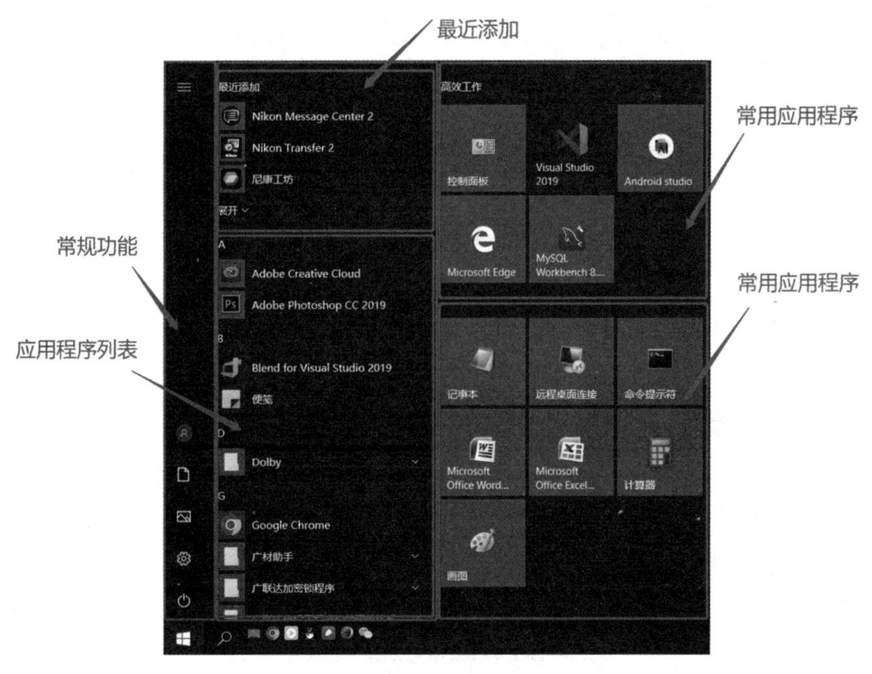

图 2-15　“开始”菜单

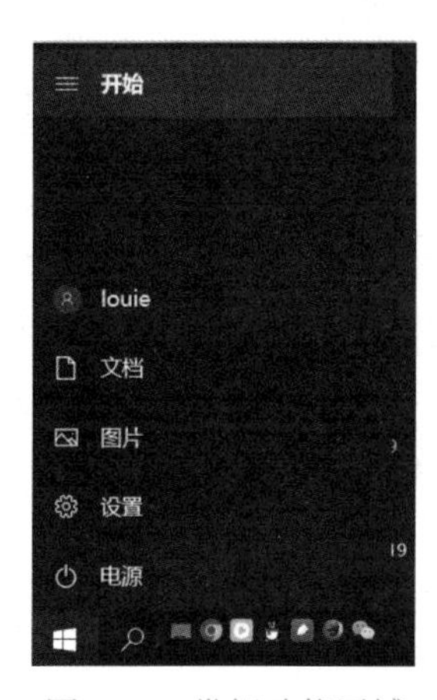

图 2-16　常规功能区域

通过“电源”功能可以执行“睡眠”、“重启”和“关机”等操作。

- “注销”选项的作用是关闭当前登录到系统的用户打开的所有软件，并释放占用的资源，使系统恢复到登录前的状态。
- “锁定”选项的作用是让系统界面跳转到登录界面，但是不关闭任何用户启动的程序，必须重新登录才能继续使用计算机。
- “睡眠”选项的作用是将计算机的内存会话与数据同时保存在物理内存及硬盘，并关闭除了内存的绝大部分硬件设备的供电，进入低功耗运行状态。按键盘上的任意键即可让计算机从睡眠状态快速恢复至全功率工作状态（通常只需几秒），桌面及运行的应用程序与进入睡眠状态之前的完全相同。若计算机较长时间（默认半小时以上）处于无人操作状态，则系统也会自动进入睡眠状态。

- “关机”选项的作用是关闭计算机，所有应用程序都会关闭，应用程序占用的资源也会释放，最后自动关闭电源。如果关机过程中有打开的未保存的文档，那么系统会进行提示，并阻止关机操作，用户可以强制关机或返回系统保存文档后再进行关机操作。
- “重启”选项的作用是先关机，然后自动启动。

尤其要注意的是，当我们需要关闭计算机的时候，只能通过“关机”按钮进行关闭，不能仅关闭显示器，或者采用拔电源这样的非法方式关机。关闭显示器仅仅是屏幕被关闭，是一种关机的假象，计算机依然处于运行状态；采用强制断电的方式关机会导致未保存的文档丢失，甚至可能会造成机械硬盘不能正确复位，对磁性介质造成永久性的损伤。除非系统出现死机、蓝屏这样的严重故障，否则应当杜绝任意方式的断电关机操作。

2. 应用程序列表区域

“开始”菜单的中间区域是应用程序列表，所有的系统程序和用户安装的应用程序都在这个列表中。列表的顶部是“最近添加”应用程序区域，新安装的应用程序可以在这里看到，默认展示三个应用程序，单击“展开”下拉按钮可以显示更多的近期安装的应用程序。列表的下部按应用程序名称的字母顺序展示所有应用程序，因为系统中的应用程序通常有很多，所以当鼠标指针停留在这个区域的时候，可以通过鼠标滚轮的上下滚动来浏览该列表，直到找到使用的应用程序。

3. 常用应用程序区域

“开始”菜单的右侧区域是常用应用程序区域。任意一个应用程序都可以被放置到此区域，并且可以根据应用程序的种类自行进行分类和命名。该区域中的所有应用程序都以图标形式展现，图标平铺在区域中，选用应用程序的时候格外方便。当需要在此区域中添加应用程序的时候，先在应用程序列表中找到要添加的应用程序，在其图标上右击，再在弹出的快捷菜单中选择“固定到‘开始’屏幕”命令即可，如图 2-17 所示。也可以直接从应用程序列表中拖曳应用程序图标到此区域。该区域中的应用程序图标能自动对齐、停靠，因此被称为“磁贴”。磁贴可以通过鼠标拖曳的方式放置到不同的程序分类中，分类的名称可以自定义，也可以调整磁贴大小，如图 2-18 所示。使用磁贴是启动应用程序最快捷的方式，只需要单击“开始”菜单中对应的磁贴即可，强烈推荐使用此功能。

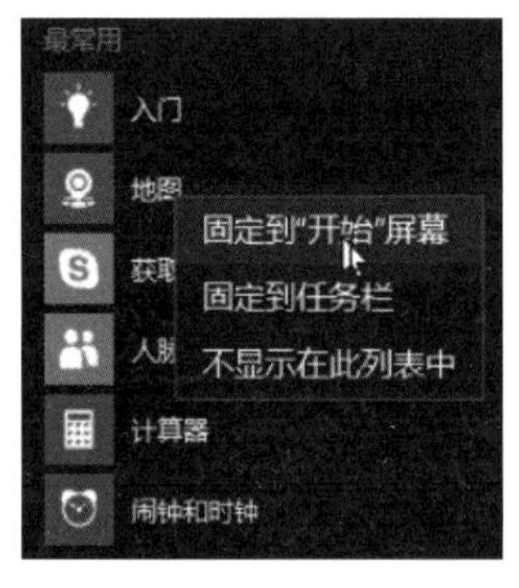

图 2-17 “固定到‘开始’屏幕”命令

图 2-18 调整磁贴大小

需要注意的是，使用这种方式进行搜索只能搜索在当前计算机中安装的软件，包括系统自带软件。这种方式默认不对文件进行搜索，除非用户允许搜索文件。当然，在文件中搜索时比对的工作量很大，会花费非常多的时间，如果要搜索文件，那么应该采用其他方式缩小搜索范围后再进行搜索。

2.3.5　任务栏

任务栏是位于桌面底部的长方形区域，主要由快速启动栏、应用程序区域、通知区域和“显示桌面”按钮等组成，如图 2-19 所示。和以前的系统相比，Windows 10 中的任务栏设计更加人性化，使用起来更加方便、灵活，功能更加强大，界面更加绚丽。

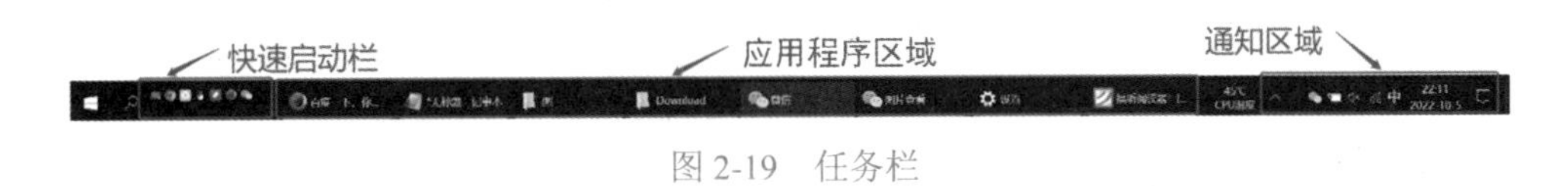

图 2-19　任务栏

1. 搜索框

搜索框位于任务栏的左侧，主要用来搜索计算机中的应用程序，它是快速查找资源的有力工具。在搜索框中输入需要查找的关键词并按回车键，即可进行搜索操作。搜索的结果会在当前窗口中显示，如搜索系统软件“命令提示符”，在搜索框中输入关键字“cmd”，按回车键即可得到搜索结果。搜索结果根据匹配的相似度自动排列在左侧列表中，右侧展示匹配到的应用程序及其操作方式，如图 2-20 所示。相较于早期的 Windows 版本，Windows 10 中的搜索功能有了质的飞跃，它能对关键字做模糊和语义匹配，而且搜索速度极快。从示例中可以看出，搜索时使用的关键字是“cmd”，匹配到的准确结果却是“命令提示符”。当我们对操作系统的认知加深后就会发现，“命令提示符”应用程序的原始名称就是“cmd.exe”，因此使用“cmd”关键字能搜索到这个应用程序。有意思的是，cmd 是单词 command 约定俗成的缩写，使用“command”或其中文含义“命令”作为关键字进行搜索也能得到同样的结果。

尽管搜索功能很好用，但 Windows 10 默认的搜索框占用的空间巨大，可以在任务栏的任意空白位置右击，在弹出的快捷菜单中选择“搜索”→“显示搜索图标”命令，将搜索框改成“搜索”按钮，功能不变，但占用的空间会大幅缩小，如图 2-21 所示。也可以使用类似方法将 Cortana 这种通常用不上的功能隐藏，以免占用空间。

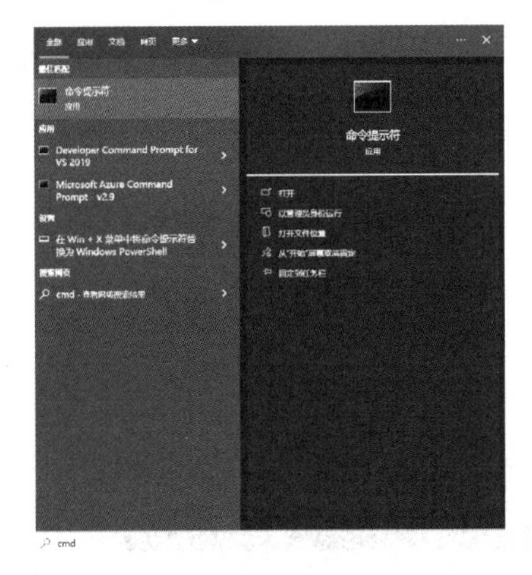

图 2-20　搜索关键字“cmd”的结果

图 2-21　修改搜索框的状态

2. 快速启动栏

快速启动栏位于桌面底部“开始”按钮的右侧，Windows 10 默认取消了快速启动栏。然而它可以帮助用户以最快的速度打开应用程序，既不需要退回桌面，也不需要使用“开始”菜单，更不需要在应用程序列表中查找。将快速启动栏添加到任务栏的具体操作步骤如下。

在任务栏的任意空白位置右击，在弹出的快捷菜单中选择“工具栏”→“新建工具栏”命令，在弹出的窗口中输入以下路径，并按回车键。

```
%userprofile%\AppData\Roaming\Microsoft\Internet Explorer\Quick Launch
```

“%userprofile%”代表当前登录系统的用户配置文件路径。

在新增的 Quick Launch 的位置上右击，在弹出的快捷菜单中取消“显示文本”和“显示标题”两个命令的勾选。

快速启动栏默认位于任务栏的右侧，不方便操作。在任务栏的空白处右击，在弹出的快捷菜单中取消“锁定任务栏”命令的勾选，此时任务栏中的所有部件都处于活动状态，可以调整其位置和大小，把快速启动栏向左拖动。为了避免栏的宽度发生改变，可以将任务栏重新锁定。

操作完毕后，可以向快速启动栏中添加常用应用的快捷方式，这样启动它的时候就不需要退回桌面或者打开“开始”菜单。

3. 应用程序区域

正在运行的应用程序被称为任务，Windows 是一种多任务操作系统，也就是说，在操作系统中可以同时运行多个应用程序，但用户一次只能操作一个应用程序。需要注意的是，应用程序有的有界面，有的没有界面，这里只讨论有界面的应用程序。

应用程序区域位于任务栏的中间，这是 Windows 操作系统中非常重要的工具，专门用来管理当前正在运行的应用程序。每个正在运行的应用程序都会占据任务栏上的块空间，并以一个有名称的按钮的形式存在。单击任务栏中应用程序区域的某个应用程序按钮，即可将这个应用程序激活，并将其显示在窗口的顶层，同时，这个应用程序按钮的颜色会增加一点灰度。单击某个打开窗口右上角的“最小化”按钮，应用程序窗口从桌面中消失，缩回应用程序区域。当我们激活另外一个应用程序时，之前激活的应用程序窗口会被遮挡。

在 Windows 10 中，任务栏的应用程序区域具备预览功能，只要将鼠标指针移动到应用程序区域的任意一个按钮上，就可以看到该应用程序的预览效果，如图 2-22 所示，这项功能在同时启动多个同种类型的应用程序的时候尤其有用，可以根据预览来决定激活哪个应用程序。

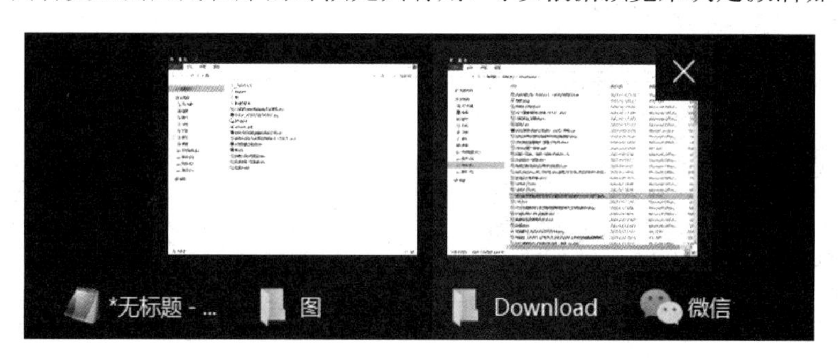

图 2-22　应用程序的预览效果

Windows 10默认开启了预览效果。按Alt+Tab组合键即可查看所有正在执行的应用程序的预览效果，如图2-23所示。桌面中间会显示各应用程序的预览小窗口，按住Alt键不放，每按一次Tab键，即可切换一次窗口，用户可以按照这种方法切换至需要激活的应用程序窗口；或者单击快速启动栏中的按钮，也可以启动预览效果，此时可以用鼠标进行点选操作。

图2-23 所有应用程序的预览效果

Windows 10支持用户将常用应用程序永久地锁定在任务栏中，即使用户不启动这个应用程序，它的图标依然驻留在任务栏中，需要启动该应用程序的时候只需单击任务栏中对应的图标即可。

将应用程序锁定到任务栏中的方法很简单，在应用程序区域需要锁定的应用程序上右击，在弹出的快捷菜单中选择“固定到任务栏”命令即可，如图2-24所示。应用程序被锁定后以一个图标的形式驻留在任务栏中，如图2-25所示，Word应用程序就被锁定在任务栏中的应用程序区域。解除锁定的方式也很简单，在应用程序区域被锁定的应用程序的图标上右击，在弹出的快捷菜单中选择“从任务栏取消固定”命令即可。

图2-24 锁定应用程序到任务栏中

图2-25 应用程序被锁定后的效果

将应用程序锁定到任务栏中的功能很实用，有很多应用程序在安装的时候会自动被锁定到任务栏中，这就让任务栏变得异常拥挤，笔者不建议使用锁定功能，快速启动栏是一个很好的替代。

当同时打开多个应用程序的时候，同种类型的应用程序会自动被合并成一个图标，当将鼠标指针移动到合并后的应用程序的图标上时，会自动显示多个应用程序的预览效果。单击某个预览图时，可以打开对应的应用程序界面。应用程序合并带来的好处是让任务栏变得简洁，同时也产生了一个弊端，合并后的多个应用程序只有一个图标，不能在应用程序区域直观地区分各应用程序，必须先预览。这种模式尽管非常美观、简洁，但增加了操作的复杂性，尤其是需要频繁在多个同种类型的应用程序间切换的时候，操作会非常枯燥，因此笔者建议各位读者取消应用程序合并功能，让正在运行的应用程序一目了然。

如果要取消应用程序合并功能，在任务栏的空白区域右击，在弹出的快捷菜单中选择“任务栏设置”命令，找到“合并任务栏按钮”，在下拉列表框中选择“从不”选项，如图2-26所示。那么应用程序区域的应用程序以图标和名称同时显示的方式呈现，方便用户快速地进行选择。

4. 通知区域

通知区域又叫“系统托盘”，位于任务栏的右侧。通知区域中是一部分当前正运行在系统后台的特殊应用程序，如网络连接、电池状态、音量控制、QQ、微信、USB设备、杀毒软件及时间日期等。通知区域中的内容实际上也是一些应用程序的快捷图标，与快速启动栏中的图标极相似，不同之处就是这些应用程序已经处于运行状态。在通知区域中的应用程序与在应用程序区域中的应用程序又有所不同，通知区域中的应用程序是在后台（不显示应用程序界面，也不在应用程序区域中出现）运行的，而不是在前台（在桌面上和应用程序区域可见）运行的。通知区域中的非系统程序可以通过在其图标上双击的方式打开；在图标上右击，在弹出的快捷菜单中选择“关闭”命令进行关闭，系统程序不可以关闭。

当通知区域中的后台程序较多时，它们会自动折叠起来，以节省空间，用户也可以自定义通知区域中的图标显示状态。打开“任务栏”设置窗口，单击“通知区域”下的两个按钮，如图2-27所示，就可以针对每个后台程序的显示进行设定，结果立即响应到当前的通知区域。

通知区域中的“人脉”“任务视图”“Windows lnk 工作区”“触摸键盘”等几乎使用不到的按钮可以通过任务栏中的右键菜单进行隐藏，需要使用时可以随时将其显示出来。

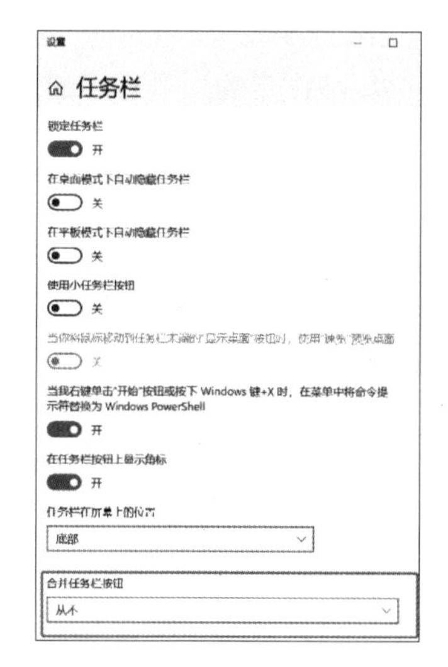

图2-26 任务栏设置

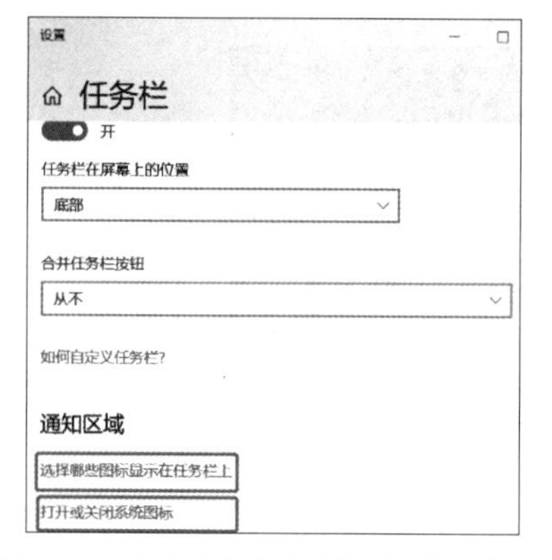

图2-27 自定义通知区域图标显示状态

5. “显示桌面”按钮

任务栏中还有“显示桌面”按钮，位于任务栏的最右侧，是一个不太明显的按钮。“显示桌面”按钮在Windows 10中表现为一条竖线，该按钮专门用于显示桌面。单击该按钮后，桌面上所有处于活动状态的应用程序会全部缩回任务栏的应用程序区域；再次单击该按钮，桌面内容会恢复之前的状态。在开启了若干应用程序遮挡了桌面，而又必须使用桌面中的文件或快捷方式时，该按钮非常有用，不需要逐一把开启的应用程序最小化后再显示桌面。如果已经在任务栏中添加了快速启动栏，那么快速启动栏中的■按钮与之功能完全相同，而且单击■按钮更方便。

2.4　屏幕设置

用户可以对桌面进行个性化设置，将桌面背景修改为自己喜欢的图片，或者将分辨率设置为适合自己的操作习惯的等。

2.4.1　设置桌面背景

无论是系统自带的图片，还是个人珍藏的图片，均可以将其设置为桌面背景。设置系统自带的图片为桌面背景的操作步骤如下。

（1）在桌面的空白处右击，在弹出的快捷菜单中选择“个性化”命令，如图 2-28 所示。

图 2-28　选择“个性化”命令

（2）打开的“背景”设置窗口的顶部是当前正在应用的背景，“背景”选项的默认值是“图片”，表示可以使用图片作为背景，如图 2-29 所示。“选择图片”区域内是系统自带的图片，可以单击进行选择。如果不想使用系统自带的图片，单击“浏览”按钮，可以打开计算机磁盘选择自己的图片。很多时候用户使用的图片的分辨率跟桌面的分辨率并不完全一致。如果图片过大，就只会显示图片左上角的一部分；如果图片太小，就不能完全覆盖桌面。在这种情况下就可以对图片进行适当调整，让图片适应桌面的分辨率。通过“选择契合度”选项，可以对图片进行设置。“选择契合度”选项包括“填充”、“适应”、“拉伸”、“平铺”、“居中”和“跨区”等六种契合度，“填充”能盖满整个桌面，但图片的清晰度较低；“适应”能保证原图的长宽比，但往往不能盖满桌面；“拉伸”能盖满桌面，如果图片长宽比与桌面长宽比差距较大，就会导致图片严重变形；“平铺”能盖满桌面，如果图片较小，就会使用多张图片进行拼接；“居中”会从图片中心开始铺满桌面，往往只能显示图片的一部分；“跨区”专用于多显示的显示。这几种方式都会在一定程度上影响图片的显示效果，如果希望图片有较好的显示效果，就需要挑选与屏幕分辨率适应的图片。

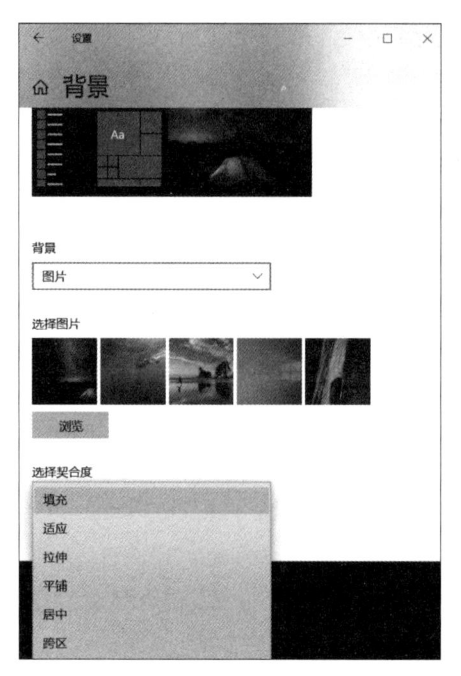

图 2-29　“背景”设置窗口

桌面背景除了使用图片，还可以使用纯色。纯色比较简单，就是单一的一种颜色，这种颜色可以在系统提供的调色盘中选取，选中后色块会被打勾进行标识，也可以自定义颜色，如图 2-30 所示。使用纯色作为背景相对单调，但其对系统资源的消耗最小。

“幻灯片放映”背景是对背景图片的扩展，我们可以先将多张背景图片集中放置到一个文件夹中，再单击“浏览”按钮选中这个文件夹，那么这个文件夹中的每张背景图片就会轮流作为桌面背景，实现幻灯片的效果。背景图片的自动切换有时间间隔，可以通过“图片切换频率”选项进行调整。用户也可以决定图片播放的次序，将“无序播放”按钮打开就是随机播放，将其关闭就是顺序播放，如图 2-31 所示。

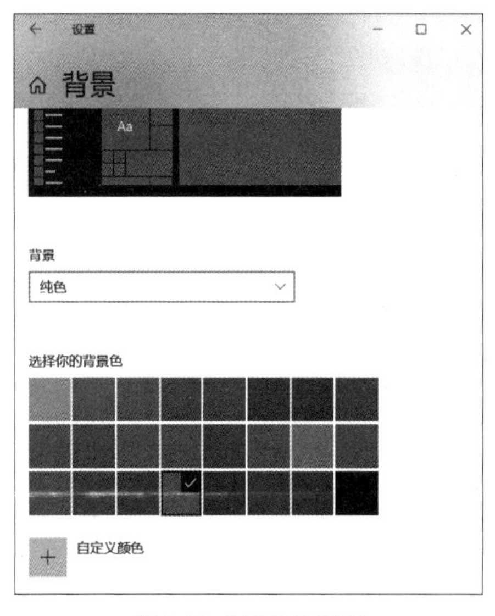

图 2-30 “纯色”背景

图 2-31 “幻灯片放映”背景

2.4.2　设置屏幕分辨率

屏幕分辨率是指屏幕上像素点的个数，单位是 px。屏幕分辨率确定计算机屏幕上显示多少信息，以水平和垂直像素来衡量。就相同大小的屏幕而言，当屏幕分辨率低时，屏幕上显示的像素少，单个像素尺寸比较大；当屏幕分辨率高时，屏幕上显示的像素多，单个像素尺寸比较小。简而言之，如果屏幕分辨率高，则图标、文字小而清晰；如果屏幕分辨率低，则图标、文字大而粗糙。分辨率的表示形式是“宽度 × 高度”，如“2560×1440”表示横向 2560 个像素点，纵向 1440 个像素点。

设置屏幕分辨率的目的是让显示的内容清晰、大小合适。屏幕分辨率的设置必须参考屏幕本身的分辨率，只有适合屏幕固有分辨率的设置才能达到最佳显示效果。设置屏幕分辨率的操作步骤如下。

在桌面空白位置右击，在弹出的快捷菜单中选择“显示设置”命令，即可弹出“显示”设置窗口，如图 2-32 所示。向下滚动鼠标滚轮到“缩放与布局”区域，在“显示分辨率”下拉列表框中可以进行分辨率的调整。

屏幕分辨率与屏幕的实际尺寸关联，如果屏幕分辨率太高，则显示的图片、文字较小；如果屏幕分辨率太低，则会丧失显示清晰度。此外，与屏幕长宽比不符的屏幕分辨率会导致图片和文字被拉伸，影响显示效果。Windows 10 系统能自动判断屏幕固有分辨率，并且为屏幕挑选了一个最合适的分辨率作为推荐分辨率，一般都不需要再调整分辨率，如图 2-33 所示。

需要注意的是，现在屏幕的分辨率都极高，如笔者的屏幕尺寸是 13 寸，但屏幕分辨率达到 2000 像素，使用推荐分辨率能实现最清晰的显示效果，但在面积不大的屏幕上使用高分辨率设置会让内容的显示尺寸变得极小，这样就造成内容清晰但看起来比较吃力。如果配置一个较低的屏幕分辨率，则确实可以放大内容的显示尺寸，但又会让显示效果变得模糊，这样就发挥不了高分辨率屏幕的优势。Windows 10 操作系统提供了一项设定，可以完美地解决高分辨率屏幕显示内容过小的问题，这就是“更改文本、应用等项目的大小”。通过这个设定可以在保持清晰度的同时放大内容的显示尺寸，如笔者选用的就是“150%”的设定，读者可以根据个人的实际情况进行调整，以达到最佳显示效果和应用效果。

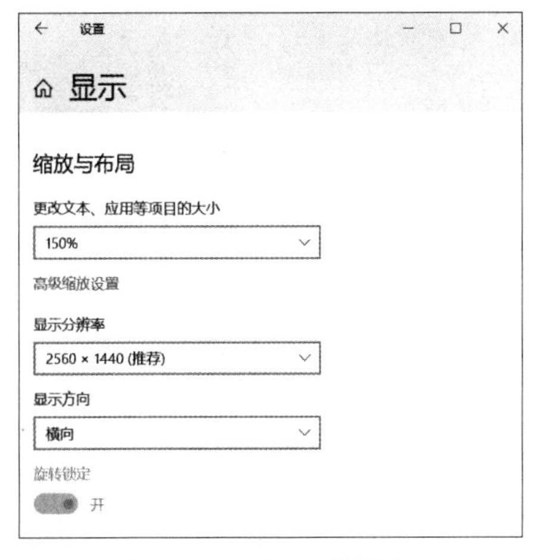

图 2-32　“显示”设置窗口

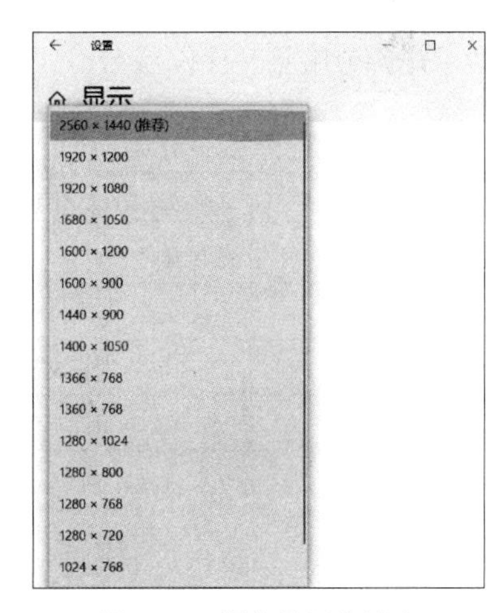

图 2-33　调整显示分辨率

2.5 文件和文件夹

在 Windows 操作系统中，文件是最小的数据组织单位。文件中可以存放文本、图像和数值数据等信息，这些文件被存放在硬盘的文件夹中。文件名是存取文件的依据，即“按名存取”。

2.5.1 文件

文件是 Windows 操作系统存取磁盘信息的基本单位，一个文件是磁盘上存储信息的一个集合，可以是文字、图片、影片或应用程序等。在一个文件夹内，每个文件都有自己唯一的名称，Windows 10 操作系统正是通过文件名来对文件进行管理的。

在 Windows 10 操作系统中，文件的命名具有以下特征。

（1）支持长文件名。

（2）文件名中允许有空格。

（3）文件名的长度最多可达 255 个字符，可以包含英文字母（不区分大小写）、汉字、数字和一些特殊符号，如 $、#、@、-、!、（、）、{、}、& 等，但是不能包含 \、/、:、*、?、“、<、>、| 等符号。

（4）文件夹没有扩展名。

（5）同一个文件夹中不允许有同名的文件夹或文件。

（6）文件可以被复制、移动和删除。

（7）文件可以被修改。文件建立后可以修改其内容并保存，一旦保存原有内容将不可恢复。

文件名的一般形式为：主文件名 [. 扩展名]，主文件名用于辨别文件的基本信息，扩展名用于说明文件的类型，用中括号括起来的部分表示可选项。若文件有扩展名，则必须用一个圆点“.”将其与主文件名分隔开。

扩展名由创建文件的应用程序自动生成，不同类型的文件显示的图标和扩展名是不同的。当我们双击一个文件的时候，系统会根据文件的扩展名自动选取合适的应用程序打开这个文件。表 2-1 所示是部分常见文件扩展名。Windows 10 操作系统默认隐藏了已知类型文件的扩展名。

表 2-1 部分常见文件扩展名

扩 展 名	文件类型	扩 展 名	文件类型
.bmp、.jpg	图片文件	.bat	批处理文件
.sys	系统文件	.doc、.docx	Word 文件
.xls、.xlsx	Excel 电子表格文件	.com、.exe	可执行文件
.ppt、.pptx	PowerPoint 演示文稿文件	.txt	文本文件

2.5.2 文件夹

在 Windows 10 操作系统中，文件夹主要用来存放文件，是存放文件的“容器”。文件夹和文件一样，都有自己的名称，系统也是根据它们的名称来存取数据的。文件夹的特点如下：

（1）文件夹中不仅可以存放文件，还可以存放子文件夹。

（2）只要存储空间允许，文件夹中可以存放任意多的内容。

（3）删除文件夹或移动文件夹，该文件夹中包含的所有内容都会相应地被删除或移动。

（4）文件夹可以被设置为共享，让网络上的其他用户也能够访问其中的数据。

使用文件夹管理文件的优点如下：

（1）可以通过文件夹分类管理文件，从而有效地避免由于文件管理混乱而导致的错误。

（2）可以通过文件夹的整体复制、移动和删除来简化一些操作。

（3）可以避免由于文件过多或版本更新而导致的同名文件冲突，同一文件夹内的文件名不能相同，不同文件夹中的文件名可以相同。

强烈建议读者使用文件夹来分类管理文件资源，不要将大量的文件都放在同一个位置，如桌面或磁盘根目录等，应该根据文件的不同用途建立文件夹分别进行存放，这样界面会比较整洁，需要查找文件的时候也比较方便。

2.5.3 文件资源管理器

文件资源管理器是 Windows 操作系统为用户提供的资源管理工具，可以用它查看计算机中的文档资源，它也是一个最典型的窗口应用。它提供的树状结构文件系统，使用户能清楚、直观地了解计算机中的文件和文件夹。在文件资源管理器中可以对文件进行各种操作，如打开、复制、移动等。以树状结构的形式显示计算机内的所有文件和文件夹，用户不必同时打开多个窗口，在一个窗口中就可以方便地浏览所有的磁盘和文件夹。

启动文件资源管理器的方法如下：右击“开始”按钮，在弹出的快捷菜单中选择“文件资源管理器”命令；或者在 Windows 10 操作系统桌面上双击“此电脑”图标。通过这两种方式都能打开资源管理器，只是默认显示路径不同。

“文件资源管理器”窗口包括标题栏、菜单栏、地址栏、左窗格、右窗格和状态栏等几部分。文件资源管理器也是窗口，其各组成部分与一般窗口大同小异，特别的是其包括文件夹窗格和文件夹内容窗格。左边的文件夹窗格以树状结构的形式显示文件夹，右边的文件夹内容窗格显示在文件夹窗格中打开的文件夹中的内容，如图 2-34 所示。

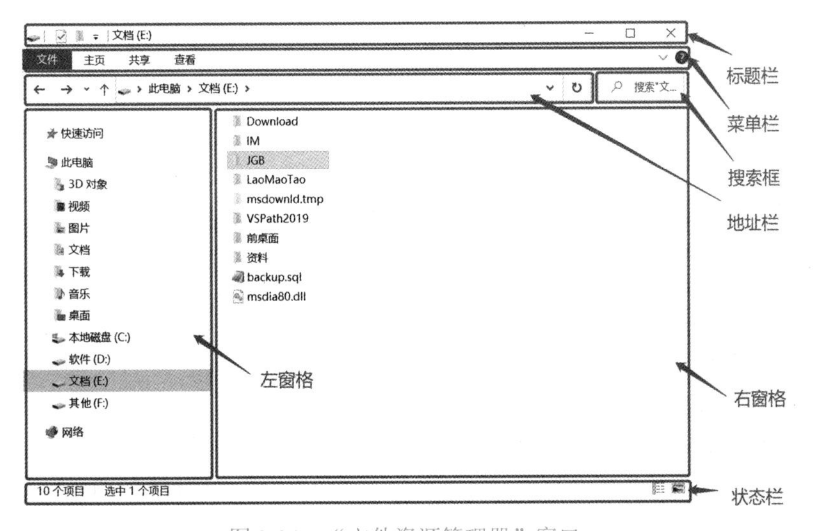

图 2-34 “文件资源管理器”窗口

1. 标题栏

Windows 10 扩展了标题栏的功能，在左侧新增了快速访问工具栏，显示当前窗口图标，以及“查看属性”、“新建文件夹”和“自定义快速访问工具栏”三个按钮。可以执行查看文件属性、新建文件夹等操作。单击“自定义快速访问工具栏”按钮 ，弹出下拉菜单，用户可以勾选菜单中的命令，并将其添加到快速访问工具栏中，如图 2-35 所示。这块区域中的按钮比较小，操作起来较为不便。

图 2-35 快速访问工具栏

2. 地址栏

地址栏用于显示当前文件夹的名称。单击进入地址栏后可以显示文件在计算机中的完整地址。通过地址栏左侧的“返回”和“前进”按钮可以按照浏览的次序回到打开过的历史位置。

3. 菜单栏

菜单栏包括“主页”、“共享”和“查看”等菜单项，单击展开后可以使用其中的命令。Windows 10 的菜单项是 Ribbon 风格，单击后即可展开，在如图 2-35 所示的界面中取消“最小化功能区”复选框的选中状态可以把菜单项永久固定在界面中。

4. 左窗格

左窗格显示各驱动器及其内部的子文件夹列表。单击选中的文件夹称为当前文件夹，此时其图标所在的行会加颜色进行标注。文件夹名称前有 › 按钮的表示该文件夹包含子文件夹且没有展开，单击 › 按钮可将文件夹展开（ › 按钮变为 ˅ 按钮）；单击 ˅ 按钮时，文件夹又恢复到折叠状态。文件夹名称前没有按钮表示该文件夹中不包含子文件夹。

5. 右窗格

右窗格显示当前文件夹包含的文件和其子文件夹，这也是我们操作文件资源的主要区域。在 Windows 10 中可以方便地改变右窗格中内容的显示形式，展开“查看”菜单，将鼠标指针移动到“布局”组中的按钮上时，右窗格中的内容会变成鼠标指针所在选项的预览效果，如图 2-36 所示，文件夹实际的效果是列表，右窗格中显示的是大图标的预览效果。如果不进行点选，鼠标指针移出后文件夹的显示效果会恢复原样，点选后就能固定下来。用户可以预览各种效果后选择适合自己的显示形式。

右窗格中内容的排序方式也可以改变，系统默认按名称升序排列，文件夹排在文件前面。单击“排序方式”按钮会弹出一个菜单，可以选择“名称”“类型”“大小”“创建日期”等多种排序形式。选中的排序方式前面会加黑点作为标记，还可以设置是升序排列还是降序排列，如图 2-37 所示。

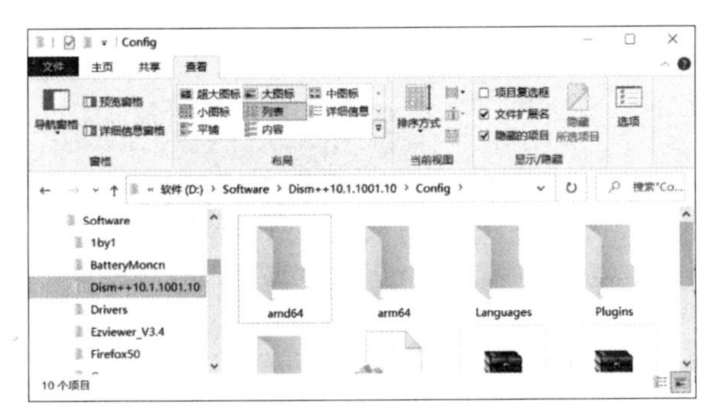

图 2-36　改变文件夹的布局

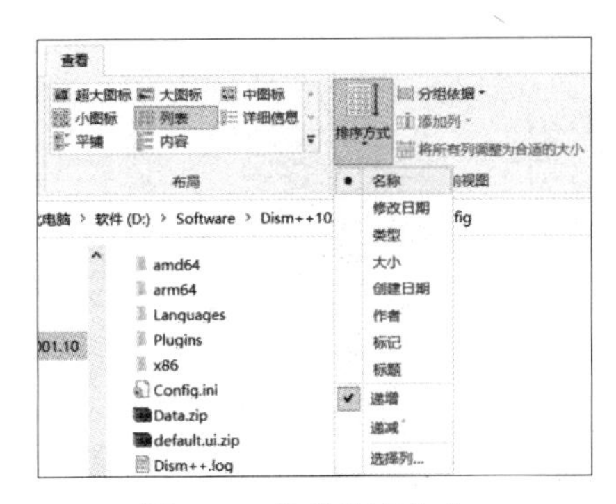

图 2-37　修改排序方式

6．左、右窗格分隔条

左、右窗格的中间有一条纵向的分隔条，当鼠标指针移动到分隔条上的时候，鼠标指针的形状会变为双向箭头，按住鼠标左键并拖动可以改变左、右窗格的大小，通常在查看嵌套层次较深的文件夹时进行此操作。

7．状态栏

状态栏位于“文件资源管理器”窗口的底部，显示当前文件夹内的内容数量或被选中的内容的大小、数量等信息。

2.5.4　管理文件和文件夹

文件资源管理器提供了对文件和文件夹进行管理的各种操作，如打开、新建、移动、复制、粘贴、删除文件等。这些操作可以方便地通过单击来完成，常规功能还可以使用工具栏中的工具按钮或快捷方式完成。文件和文件夹管理的主要操作如下。

1．选择文件（或文件夹）

1）选择单个文件（或文件夹）

相对于其他操作而言，选择单个文件（或文件夹）的操作最简单，单击需要选择的文件（或文件夹）即可。被选中的文件（或文件夹）会显示一个醒目的底色（默认为蓝色）。

也可以使用键盘进行选择，先将鼠标指针定位到需要选择的文件（或文件夹）附近，然后按上、下、左、右四个方向键，就可以根据按键切换选择对象，直到选中想要的对象为止。

2）选择多个连续的文件（或文件夹）

先选中需要的第一个文件（或文件夹），按住 Shift 键不放，再单击最后一个文件（或文件夹），即可选中这两个文件（或文件夹）之间的所有文件（或文件夹），如图 2-38 所示。

也可以使用鼠标指针圈选的方式选择连续文件（或文件夹），在右窗格中需要被选中文件（或文件夹）的边缘按住左键不放并拖动鼠标，此时出现一个矩形框（深色），矩形框触碰到的所有文件（或文件夹）都会被选中（浅色），如图 2-39 所示。

可以看出这两种选择方式的“连续”是有区别的，前一种选择方式是排列顺序的连续，后一种选择方式是排列位置的连续，这两种选择方式各有千秋。

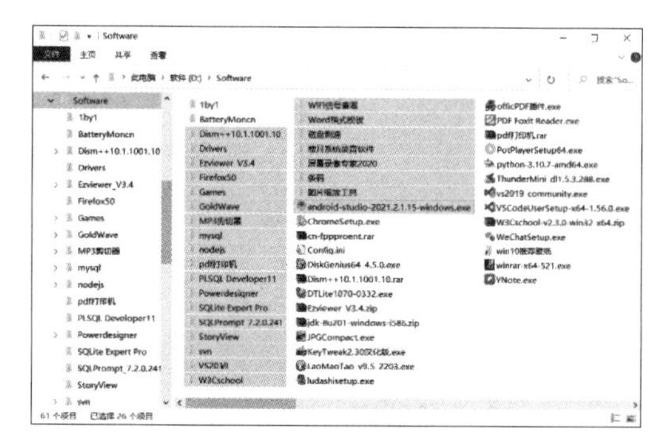

图 2-38　使用 Shift 键辅助选择文件（或文件夹）

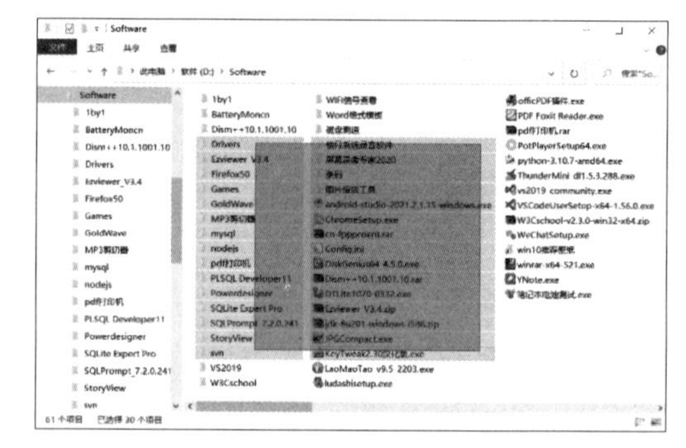

图 2-39　使用鼠标指针圈选的方式选择文件（或文件夹）

3）选择多个不连续的文件（或文件夹）

以任意一种方式选中一个文件（或文件夹）后，按住 Ctrl 键不放，再单击其他的文件（或文件夹），此时被单击的文件（或文件夹）的选中状态会发生反转，也可以使用鼠标指针圈选的方式配合操作，选定文件（或文件夹）后释放 Ctrl 键即可。

4）选择全部文件和文件夹

在“选择”选项卡中选择“全部选择”命令即可。使用组合键 Ctrl+A 也可以选择已打开文件夹内的全部文件和文件夹。

5）反向选择文件（或文件夹）

如果在一个文件夹（也可以是桌面、磁盘等对象）中，只有一个或少数几个文件（或文件夹）不需要被选择，其余文件（或文件夹）都要被选择，那么可以使用反向选择操作，方法有以下两种。

（1）先使用前面介绍的方法将不需要的文件（或文件夹）选定，在“选择”选项卡中选择“反向选择”命令即可。

（2）选中文件夹中一块连续的文件（或文件夹），按住 Ctrl 键不放，单击选择不需要的文件（或文件夹）即可。

2. 重命名文件（或文件夹）

选中想要重命名的文件（或文件夹），右击，从弹出的快捷菜单中选择“重命名”命令，该文件（或文件夹）的名称即处于可编辑状态，输入新的名称，按回车键或单击名称编辑区域之外的任意位置，即可完成重命名。当然，重命名成功的前提是不违背文件（或文件夹）的命名规则。例如，一个文件夹下可以拥有多个名称为“计算机基础”的文件，尽管它们的主文件名相同但扩展名不相同，因此它们是一组完全不同的文件，满足命名规则，可以共存于同一个文件夹内，如图 2-40 所示。从识别效率上看，同一文件夹中尽量避免出现这种现象。

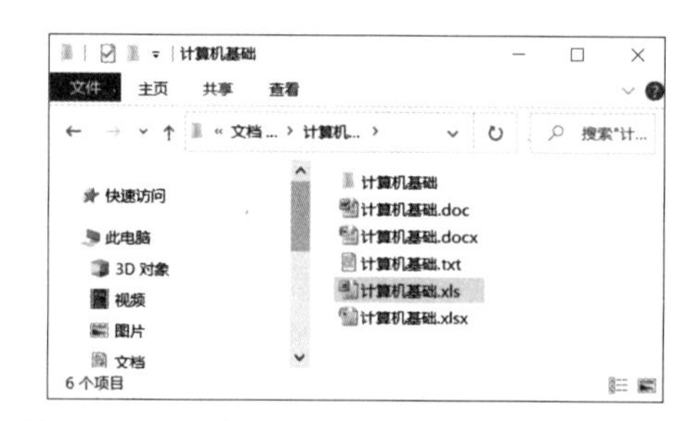

图 2-40　主文件名相同但扩展名不相同的文件

另外一种重命名方法：先选中需要重命名的文件或文件夹，再在其名称上单击，该文件（或文件夹）的名称即处于可编辑状态，可以进行重命名。进行这种操作时，两次单击的时间间隔不能太短，避免形成双击打开文件。

3. 新建文件（或文件夹）

以创建文件“D:\ 计算机基础 \ 计算机基础 .txt”为例说明新建文件（或文件夹）。单击文件资源管理器左窗格中的 D 盘图标，在右窗格的空白处右击，将鼠标指针移动到弹出的快捷菜单的“新建”命令上（不需要单击），二级菜单自动弹出，单击二级菜单中的“文件夹”命令，如图 2-41 所示。此时 D 盘中就新增一个名为“新建文件夹”的新文件夹。如果当前目录下已经有了一个名为“新建文件夹”的文件夹，则新建文件夹的默认名称为“新建文件夹（2）”，如果这个名称也被占用，则新建文件夹名称中的序号会依次累加。将创建好的“新建文件夹”重命名为“计算机基础”。从这个操作中我们能发现新建文件夹时系统能自动防止重名，但系统默认的文件夹名称没有任何具体含义，不便于我们后期查看文件，因此，新建文件夹后一定要立即将其重命名为一个有明确指导性的名称。

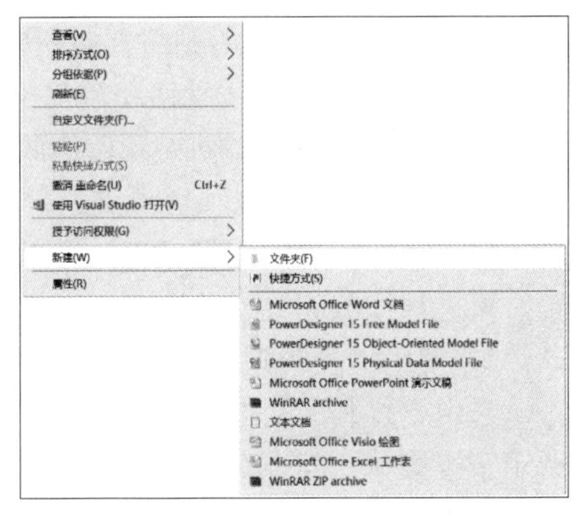

图 2-41　新建文件夹

双击已经创建好的“计算机基础”文件夹，就进入路径“D:\ 计算机基础”。新建一个文本文档的操作方式与新建文件夹几乎一致，唯一的差异在于新建文本文档的时候在二级菜单中不能选择“文件夹”命令，选择“文本文档”命令即可。

新建的文本文档的默认名称为“新建文本文档”，将其重命名为“计算机基础”即完成文本文档的创建。

4. 移动和复制文件（或文件夹）

移动和复制文件（或文件夹）是 Windows 的基本操作，可以通过四种方式来实现，每种方式都有自己的特点，可以应用于不同场景。

1）使用剪贴板移动和复制

移动文件（或文件夹）时要先选中要移动的文件（或文件夹），然后进行剪切操作。选中文件（或文件夹）后，在“选择”选项卡中选择“剪切”命令；或者在文件（或文件夹）上右击，在弹出的快捷菜单中选择“剪切”命令；或者选中文件（或文件夹）后按 Ctrl+X 组合键，都可以完成剪切操作。剪切文件（或文件夹）后打开目标文件夹，在“选择”选项卡中选择“粘贴”命令；或者在右窗格中的空白位置右击，在弹出的快捷菜单中选择“粘贴”命令或按 Ctrl+V 组合键，所选文件（或文件夹）即可被移动到当前文件夹中。

移动操作会删除原有位置的文件（或文件夹），复制操作是在保留原文件（或文件夹）的基础上在新位置创建一个副本。复制操作与移动操作相似，唯一的差异在于复制文件（或文件夹）时选择的命令是“复制”，组合键是 Ctrl+C。

2）通过拖放操作移动和复制

拖放操作是一种非常直观的操作方式，简单易行。通过拖放操作移动和复制时，必须要求文件（或文件夹）的原位置和目标位置都可见，这就需要将文件资源管理器的左、右窗格同时加以应用。首先在左窗格的树形结构中展开复制的目标位置，然后定位到文件（或文件夹）的原位置。选中文件（或文件夹）后，按住鼠标左键不放，将选中的文件（或文件夹）拖动到指定的文件夹图标上，松开鼠标左键即可完成移动和复制文件（或文件夹）的操作。

在默认情况下，拖放操作的原位置和目标位置如果在同一个磁盘上，那么将移动所操作的文件（或文件夹），否则将复制所操作的文件（或文件夹）。如果需要将文件（或文件夹）用拖放的方式从一个磁盘移动到另一个磁盘，那么只需要在拖放的同时按住 Shift 键即可。如果需要将文件（或文件夹）用拖放的方式在同一个磁盘中进行复制，那么只需要在拖放的同时按住 Ctrl 键即可。

如果目标位置的路径很深，可以先打开另一个文件资源管理器窗口，并定位到该目标位置，再进行拖放。

3）使用“复制到”和“移动到”命令移动和复制

选中要复制的文件（或文件夹），在“主页”菜单中选择“复制到”命令，弹出如图 2-42 所示下拉菜单，其中有“桌面”“下载”“文档”等一系列系统文件夹。

如果要将文件（或文件夹）复制到系统文件夹中，那么单击对应名称即可；如果要将文件（或文件夹）复制到其他位置，那么选择“选择位置…”命令，弹出如图 2-43 所示对话框，选择目标位置，单击“复制”按钮就可以完成复制。

“移动到”操作与“复制到”操作类似，先在“主页”菜单中选择“移动到”命令，再选择目标位置，单击“移动”按钮即可完成移动。

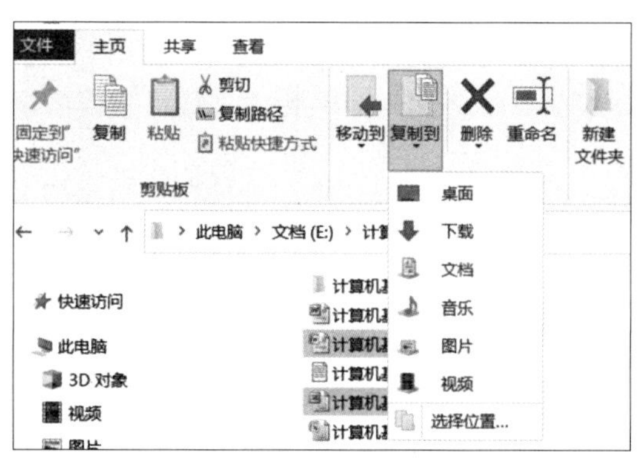

图 2-42 “复制到”下拉菜单

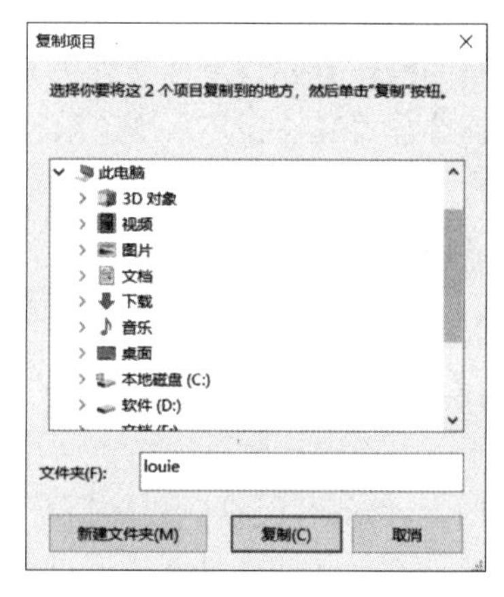

图 2-43 “复制项目”对话框

4）使用“发送到”命令移动和复制

移动存储设备被广泛应用在日常生活中，我们经常需要从计算机中复制文件到移动存储设备中，只需要一步操作就可以完成复制，操作如下。

需要复制的文件（或文件夹）可以在磁盘的任何位置，在其上右击，将鼠标指针移动到弹出的快捷菜单的“发送到”命令上，则展开二级菜单，在该菜单中能看到连接到计算机上的移动存储设备，单击该设备即可完成复制，如图 2-44 所示。

使用这种方式复制的目标位置只能是移动存储设备的根目录。如果需要复制到移动存储设备的文件夹中，那么只能采用另外三种方式。

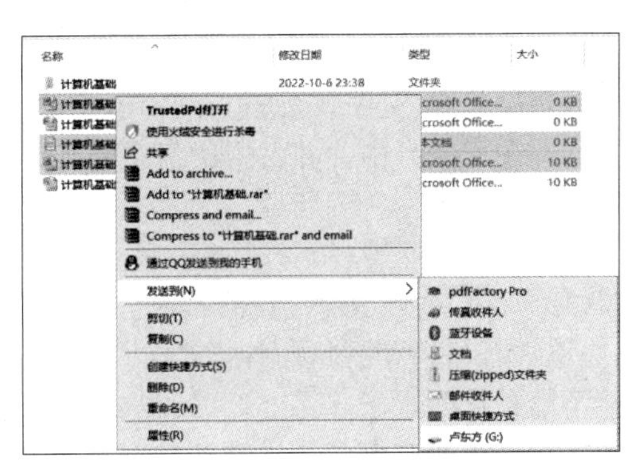

图 2-44　向移动存储设备发送文件（或文件夹）

5. 删除文件（或文件夹）

首先在要删除的文件（或文件夹）上右击，再从弹出的快捷菜单中选择“删除”命令；或者选中文件（或文件夹），选择“文件”菜单下的“删除”命令，都可以进行删除。

当然，也可以使用键盘进行删除，选中文件（或文件夹）后，按 Delete 键可以将文件（或文件夹）删除到回收站；使用 Shift+Delete 组合键，将从本地计算机上永久删除文件（或文件夹），而不会将其放入回收站中。

对移动存储设备上的文件（或文件夹）进行删除时，也会直接删除，而不会将其放入回收站中。

当发现有文件（或文件夹）被误删时，可以从回收站中恢复被删除的文件（或文件夹）：打开“回收站”窗口，选中要恢复的文件（或文件夹），选择“还原选定的项目”命令，或者选择右键菜单中的“还原”命令。

实际操作后我们就会发现，删除操作是一个风险极大的操作，极易发生误删的现象。为了解决这个问题，我们可以打开回收站，单击“回收站属性”按钮，在弹出的“回收站属性”对话框中勾选“显示删除确认对话框”复选框，再单击“确定”按钮，如图 2-45 所示。当我们再删除文件（或文件夹）时，文件（或文件夹）不会立即被删除，而是先弹出确认对话框，如图 2-46 所示，单击“是”按钮则执行删除操作，单击“否”按钮则撤销删除操作，这样就能极大地降低文件（或文件夹）被误删的可能性。

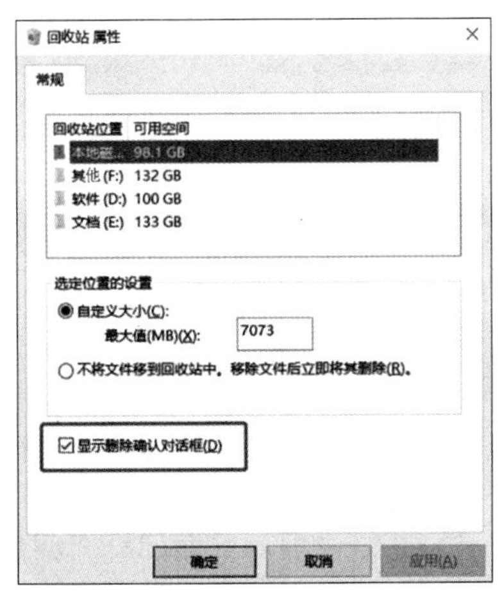

图 2-45　“回收站属性”对话框

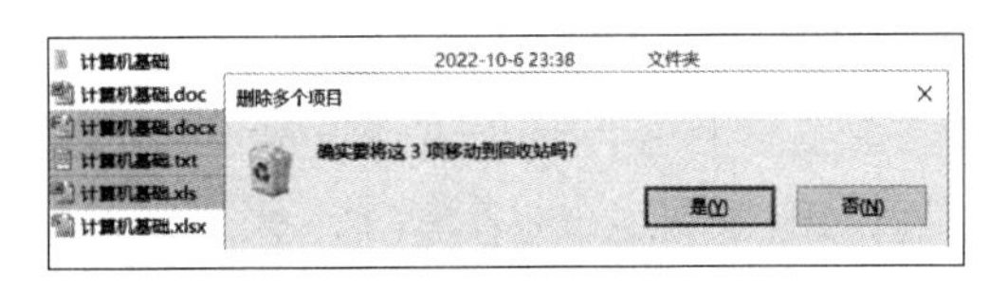

图 2-46　删除确认对话框

实际上，没有使用Shift+Delete组合键进行删除的文件（或文件夹）并没有真正从磁盘上被删除，操作系统只是对这些文件（或文件夹）进行了标记，让用户看不到而已。这些被“删除”的文件（或文件夹）依然存在于磁盘中，并占用磁盘空间，因而需要经常清理回收站。

6. 文件属性与文件夹选项

1）文件属性的修改及查看

在Windows 10中，文件属性有只读和隐藏两种。

- 只读属性表示该文件不能被修改。
- 隐藏属性表示该文件在系统中是隐藏的，在默认情况下用户不能看见该文件。

在需要查看属性的文件上右击，在弹出的快捷菜单中选择“属性”命令，弹出如图2-47所示文件属性对话框。在此对话框下方有“只读”和“隐藏”两个复选框，可以通过勾选或取消勾选复选框来设置文件属性。

2）文件夹选项

文件夹选项可以让用户自定义文件或文件夹的显示风格。启动文件夹选项的方法：在资源管理器的“查看”菜单中选择“选项”命令，即可打开“文件夹选项”对话框，如图2-48所示。

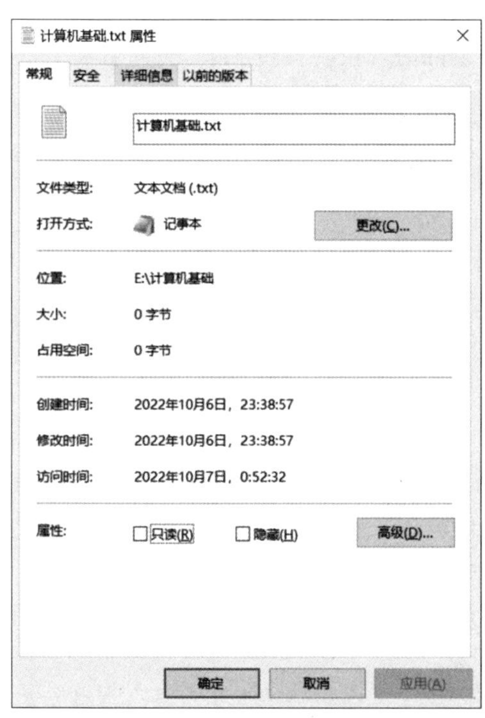

图2-47　文件属性对话框

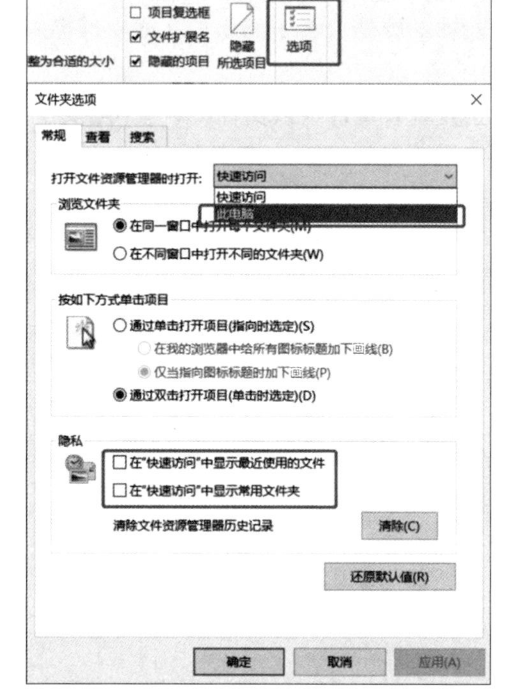

图2-48　“文件夹选项”对话框

“文件夹选项”对话框有三个选项卡，分别是“常规”、“查看”和“搜索”。

- “常规”选项卡可以设置文件夹浏览方式、打开项目方式和导航窗格显示方式，建议按如图2-48所示选项进行设置。
- “查看”选项卡可以根据个人需要设置文件夹显示的高级选项。前面部分介绍的设置右窗格中内容的显示方式的操作尽管很方便，但一次只能设置一个文件夹。在“查看”

选项卡中，只需要单击“应用到文件夹”按钮，就可以将当前文件夹的设置应用到所有文件夹中，单击“重置文件夹”按钮可以取消设置。建议选择“显示隐藏的文件、文件夹和驱动器”单选按钮，以便全面了解磁盘的使用情况。强烈建议取消“隐藏已知文件类型的扩展名”的勾选，以便让用户更准确地了解文件名称，如图 2-49 所示。

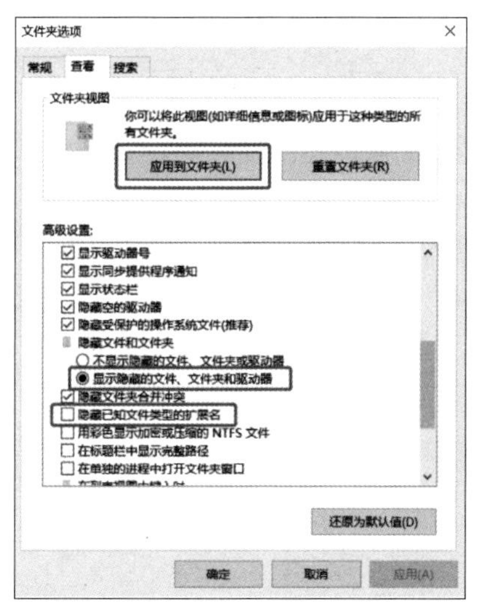

图 2-49　“查看”选项卡设置

- “搜索”选项卡用于设置与文件搜索相关的选项。Windows 10 默认只对文件名搜索，如果要对文件内容进行搜索，需要勾选“始终搜索文件名和内容（此过程可能需要几分钟）”复选框，如图 2-50 所示。这种搜索非常耗时，应尽量缩小搜索范围，不建议对计算机或磁盘使用这种方式，除非万不得已。

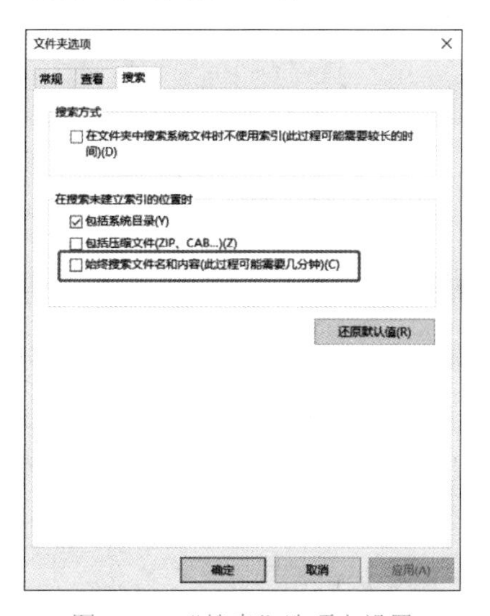

图 2-50　“搜索”选项卡设置

7. 搜索文件

文件资源管理器地址栏的右侧是搜索框，在搜索框中输入文件或文件夹的全称或部分名称，即可在当前路径中进行搜索。

有时候可能不知道文件的全称，这时可以使用通配符。文件的通配符有两个，分别是“?”和“*”。“?”表示其所处位置为任意一个字符，“*”表示从所处位置到下一个间隔符之间任意多个字符。例如，AB?.txt 表示主文件名由三个字符组成，前两个字符为 AB，扩展名为 .txt，可以表示 ABC.txt、AB1.txt、AB2.txt 等；*.txt 表示所有的文本文件。

8. 共享设置

Windows 10 允许用户将自己计算机上的文件夹设置为共享，供网络上的其他用户访问。设置文件夹共享的方式如下。

在需要共享的文件夹上右击，在弹出的快捷菜单中选择“属性”命令，打开文件夹属性对话框，在对话框中选择“共享”选项卡，如图 2-51 所示。单击“共享”按钮，弹出如图 2-52 所示“文件共享”对话框，在其下方可以设置共享时访问文件夹用户的访问权限，设置完毕后单击“共享”按钮，文件夹共享即可完成。

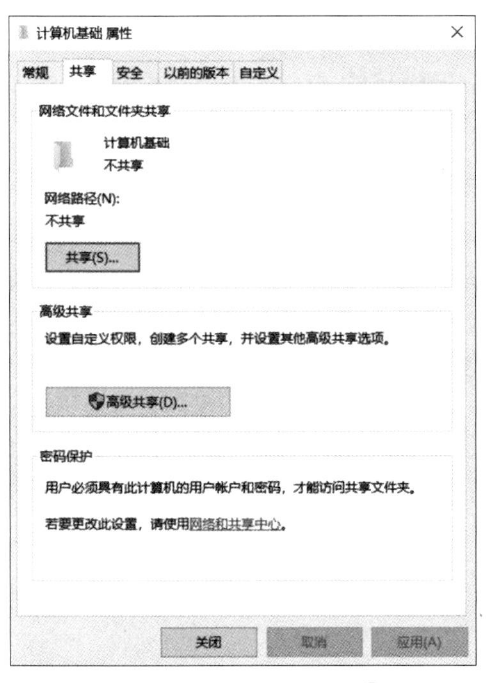

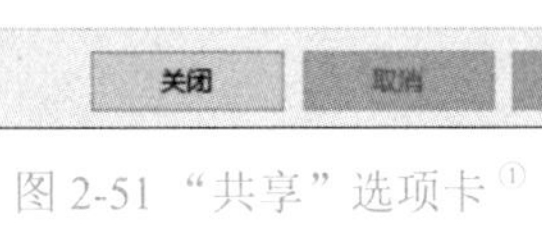

图 2-51 “共享”选项卡[①]

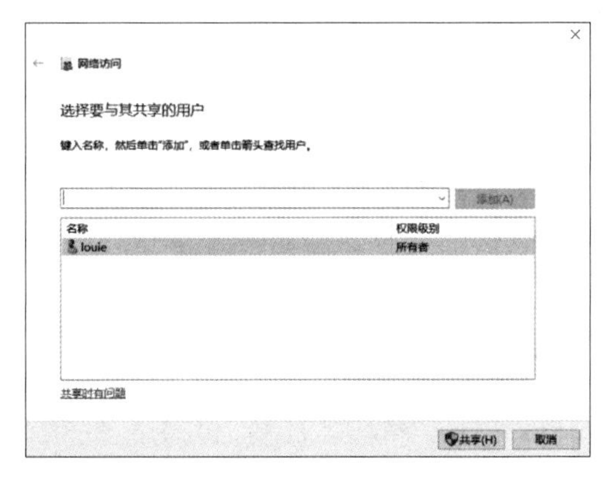

图 2-52 “文件共享”对话框

局域网中的其他计算机可以通过文件资源管理器访问共享文件夹。在局域网中，标识计算机可以使用机器名或 IP 地址，在地址栏中输入“\\ 对方计算机名”或“\\ 对方 IP 地址”，按回车键后输入共享账户和密码，即可访问他人计算机中的共享文件夹。

9. 快捷方式

快捷方式是 Windows 系统提供的一种快速启动程序、打开文件或文件夹的方法，它不是实际文件内容，只是一个指向，新建或删除快捷方式不会对原文件产生任何影响。快捷方式的扩展名为 .lnk。

注：本书图中的“帐户”应为“账户”。

常用以下两种方法来创建快捷方式。

（1）选中文件或文件夹，右击，并在弹出的快捷菜单中选择“创建快捷方式”命令，即可生成该文件的快捷方式，将生成的快捷方式复制到桌面等方便操作的位置即可。

（2）在空白区域右击，在弹出的快捷菜单中选择“新建”→“快捷方式”→“浏览”→对应的文件或文件夹。这种方式比较烦琐，需要自己做快捷方式的指向，没有上面的方式方便。

2.6　控制面板

控制面板是 Windows 系统的重要组成部分，它允许用户查看并操作基本的系统设置和控制，例如添加硬件、添加 / 删除软件、控制用户账户、更改辅助功能选项等。“控制面板”窗口如图 2-53 所示。

图 2-53　“控制面板”窗口

2.6.1　设置日期和时间

Windows 10 操作系统桌面的右下角显示系统的日期和时间，如果日期和时间显示不正确，那么可以按照以下方法进行修改。

1. 手动调整日期和时间

（1）单击任务栏中的时间和日期，弹出如图 2-54 所示日历预览面板。

（2）先单击“控制面板”中的“日期和时间”链接，再单击“更改日期和时间”按钮，弹出“日期和时间”对话框，如图 2-55 所示。

（3）在“日期和时间”对话框中单击“更改日期和时间”按钮，弹出“日期和时间设置”对话框，如图 2-56 所示。

（4）在对话框中设置正确的日期和时间，单击“确定”按钮保存修改。

图 2-54　日历预览面板

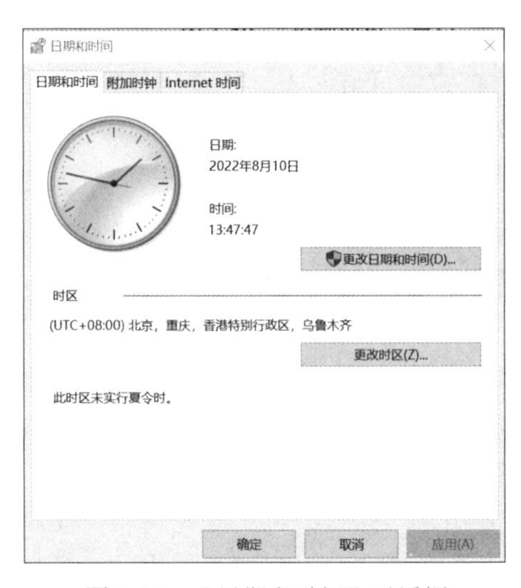

图 2-55　“日期和时间”对话框

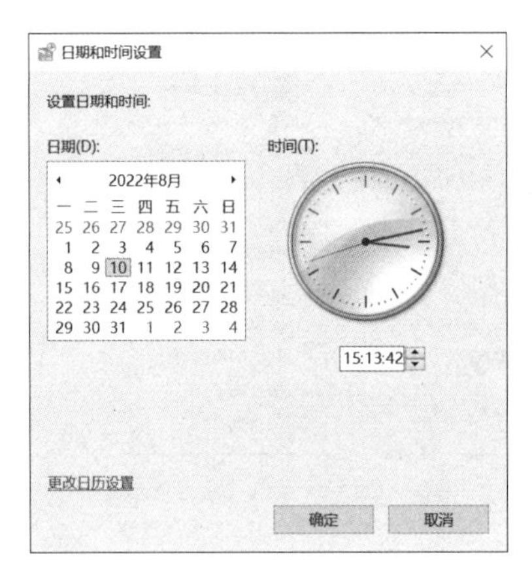

图 2-56　“日期和时间设置”对话框

2. 自动更新精确的时间

手动调整的日期和时间往往不是很精确，如果要将计算机的日期和时间设置为精确时间，那么可以与 Internet 中的时间服务器进行同步，让计算机自动进行时间修正。在 Windows 10 中设置操作系统的时间与 Internet 中时间服务器的时间保持一致的方法如下。

（1）在如图 2-55 所示对话框中默认的是“日期和时间”选项卡，单击“Internet 时间”选项卡更换为如图 2-57 所示界面。

（2）单击“更改设置”按钮，弹出“Internet 时间设置”对话框，如图 2-58 所示。

（3）单击“Internet 时间设置”对话框中的“服务器”下拉按钮，可以选择一个时间服务器地址，单击“立即更新”按钮，系统立即与所选时间服务器的时间进行同步。如果不愿意自动同步时间，可以取消勾选“与 Internet 时间服务器同步”复选框。单击“确定”按钮可以保存设置，但是通常不建议这么操作。

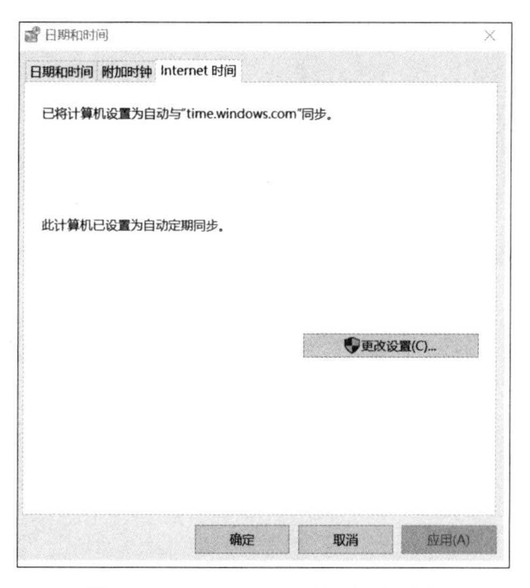

图 2-57　"Internet 时间"选项卡

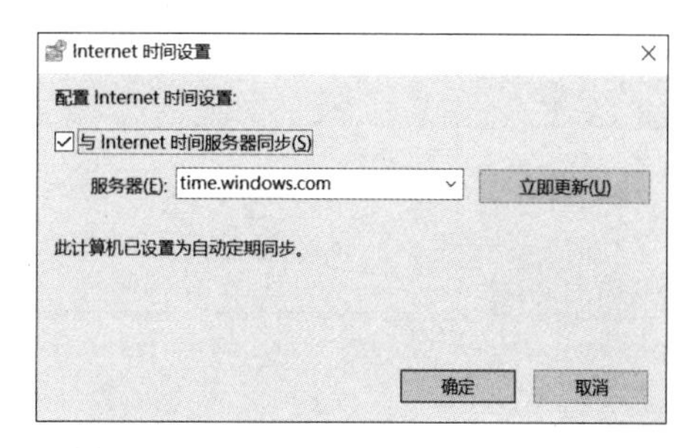

图 2-58　"Internet 时间设置"对话框

2.6.2　账户设置

一台计算机通常可以允许多个用户进行访问，如果每个用户都可以随意更改文件，那么计算机将变得很不安全，可以采用对账户进行设置的方法，为每个用户设置具体的使用权限。

可以为其他特殊用户添加一个新账户，也可以随时将多余的账户进行删除。添加账户的方法如下。

（1）打开控制面板，单击"用户账户"链接，打开如图 2-59 所示"用户账户"界面。

图 2-59　"用户账户"界面

（2）单击"管理其他账户"链接，出现如图 2-60 所示"管理账户"界面。

（3）单击"在电脑设置中添加新用户"链接，出现如图 2-61 所示"家庭和其他用户"界面。单击"将其他人添加到这台电脑"，弹出如图 2-62 所示界面。

图 2-60 “管理账户”界面

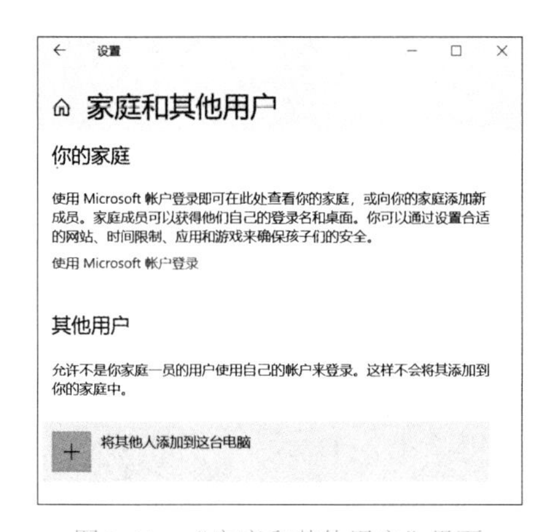

图 2-61 “家庭和其他用户”界面

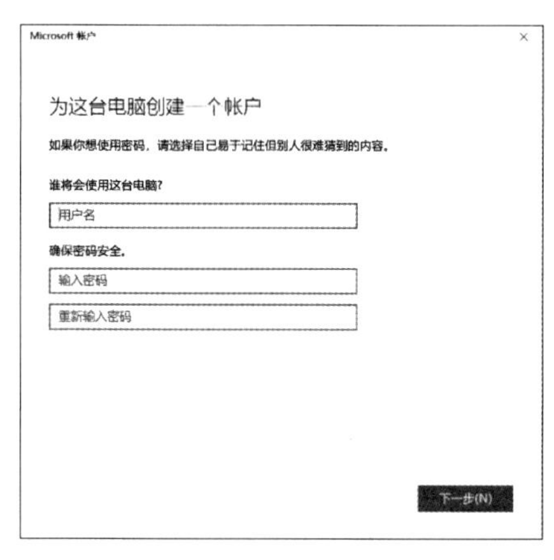

图 2-62 创建新账户界面

这里有一个小技巧，新建账户时会校验 Windows 登录账户，我们可以断开计算机的网络连接，这样就可以绕开 Windows 账户的校验过程，直接进入创建登录账户流程。

如果要修改系统登录密码，需要从“开始”菜单进入，依次选择“设置”→“登录选项”→“密码”→“更改”命令，校验旧密码后即可设置新密码。

2.6.3 鼠标设置

在控制面板中单击“鼠标”图标，在打开的“鼠标属性”对话框中对鼠标进行设置，如图 2-63 所示。

在“鼠标键”选项卡中可以设置切换主要、次要按钮，这对于有左手使用习惯的人非常友好；也可以自定义双击操作的速度，这适合动作迟缓的人；勾选“启用单击锁定”复选框，单击就可以完成长按效果，但不推荐使用此功能。

鼠标指针在进行不同操作的时候会显现不同的状态，在“指针”选项卡我们能看到每种状态的确切解释，如图 2-64 所示。如果认为系统默认的鼠标指针比较单调，可以从网上下载指针方案替换系统的鼠标指针。

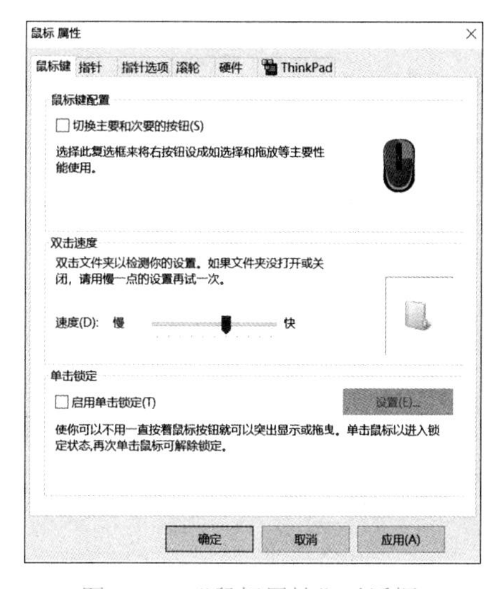

图 2-63　“鼠标属性”对话框

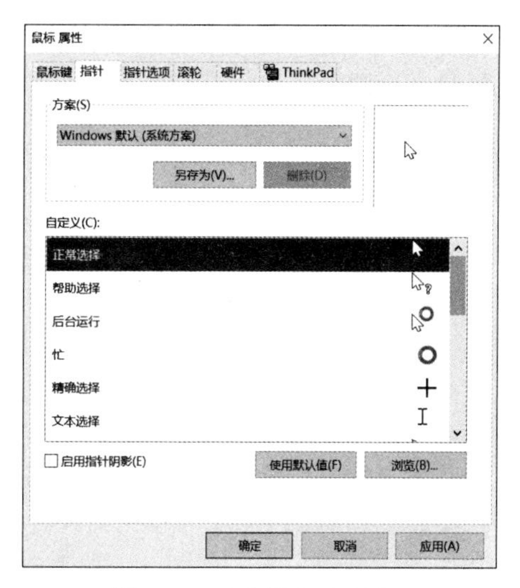

图 2-64　“指针”选项卡

2.6.4　卸载程序

随着时间的推移，系统中安装的程序会越来越多，有些程序不再使用或版本出现了更迭，都需要将其从系统中卸载。有些应用程序提供了卸载程序，可以运行卸载程序直接卸载，但有些程序不提供卸载程序。不管程序是否提供了卸载程序，都能通过“程序和功能”窗口将程序卸载。

单击控制面板中的“程序和功能”图标，弹出“程序和功能”窗口，如图 2-65 所示，在操作系统中安装的所有程序几乎都能在这里看到。

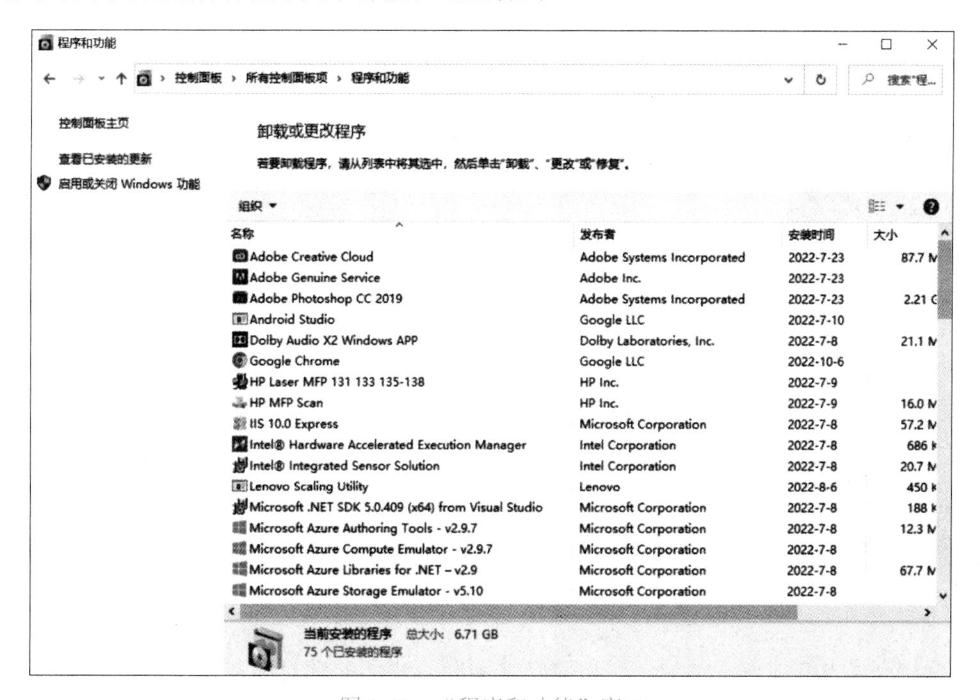

图 2-65　“程序和功能”窗口

在“程序和功能”窗口右侧的程序列表框中，双击想要删除的程序名，即可启动该程序的卸载窗口进行卸载。

2.6.5 附件

附件位于“开始”菜单的“Windows 附件”中，如图 2-66 所示，其中包括画图、计算器、记事本、系统工具、命令提示符等很多工具。

1. 画图

“画图”工具是 Windows 提供的位图（.BMP）绘制程序，它有一个绘制工具箱和调色板，用来创建和修饰图画。使用“画图”工具可以做一些简单的图片的拼接、裁剪、着色等编辑操作，在编写文档时非常有用。

2. 计算器

“计算器”工具是一个能实现简单运算的标准型计算器（见图 2-67）和科学型计算器（见图 2-68），使用“程序员”计算器可以做进制和位运算。Windows 10 的计算器中还新增了货币、容量、长度的转换功能。

3. 记事本

“记事本”工具是一个纯文本文件编辑器，具有运行速度快、占用空间少等优点。当用户需要编辑简单的文本时，可以使用“记事本”工具。正是因为“记事本”工具是纯文本文件编辑器，所以任何复制到其中的文本的格式都会被自动舍弃。

图 2-66 附件

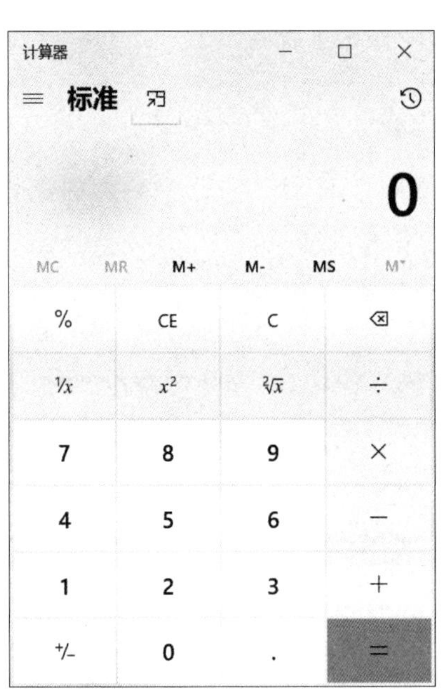

图 2-67 标准型计算器

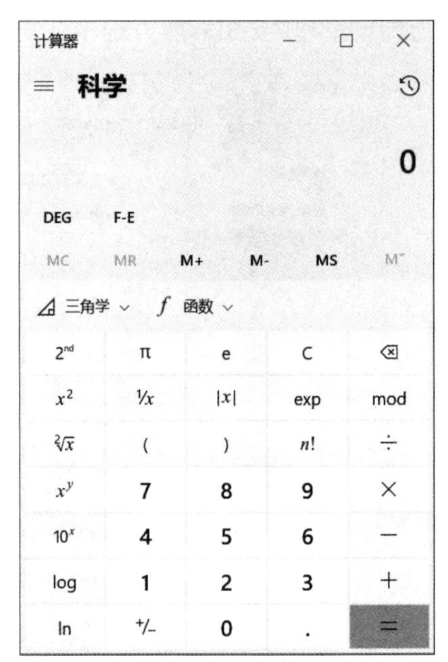

图 2-68 科学型计算器

附件中的这些工具小巧而单一，利用好它们能给我们的学习和工作带来极大便利。

习题二

1. 单选题

（1）关于 Windows 中的窗口，下面的叙述正确的是（　　）。

A．窗口一旦打开，只有应用程序结束才能将其关闭

B．最大化窗口可以拖动边框改变其大小

C．窗口中的菜单、工具按钮不能由用户改变

D．用户不能调整窗口的大小

（2）在 Windows 中，系统认为文件名 ABC.TXT 和文件名 abc.txt（　　）。

A．是两个不同名的文件　　B．是两个互相冲突的文件

C．是错误的文件　　D．是同名文件

（3）在 Windows 中，用快捷方式创建的图标（　　）。

A．可以是任何文件或文件夹　　B．只能是可执行程序

C．只能是文件夹　　D．只能是程序文件和文档文件

（4）若已选定某文件，不能将该文件复制到同一文件夹下的操作是（　　）。

A．先按 Ctrl+C 组合键，再按 Ctrl+V 组合键

B．先选择“选择”选项卡中的“复制”命令，再选择“粘贴”命令

C．用鼠标左键将该文件拖动到同一文件夹下

D．先按住 Ctrl 键，再用鼠标右键将该文件拖动到同一文件夹下

（5）启动后的应用程序名或打开的文档名都显示在（　　）。

A．状态栏　　B．标题栏　　C．菜单栏　　D．工具栏

（6）移动窗口时应拖动窗口的（　　）。

A．边框　　B．任何一个角　　C．标题栏　　D．菜单栏

（7）要选择多个不连续的文件（或文件夹），要先按住（　　），再选择文件。

A．Alt 键　　B．Ctrl 键　　C．Shift 键　　D．Tab 键

（8）正常退出 Windows 的操作是（　　）。

A．断掉计算机的电源　　B．选择“开始”菜单中的“关机”命令

C．关闭显示器电源　　D．按 Ctrl+Alt+Delete 组合键

（9）在 Windows 中，为了查找文件名以“A”字母开头的所有文件，应当在查找名称框中输入（　　）。

A．A　　B．A*　　C．A？　　D．A#

（10）利用 Alt+（　　）组合键可以直接在窗口之间进行切换。

A．Esc　　B．Ctrl　　C．Tab　　D．Shift

2. 判断题（如果正确就在小括号内打√，否则打 ×）

（1）操作系统是软件。（　　）

（2）计算机操作系统只有 Windows 一种。（　　）

（3）计算机必须要有操作系统，用户才能运行应用软件。（　　）

（4）操作系统的功能之一就是管理计算机硬件。（　　）

（5）计算机中的文件在任何位置都不能取相同的文件名，即不能重名。（　　）

（6）单击应用程序窗口上的“最小化”按钮，应用程序就从桌面消失，说明应用程序被关闭了。（　　）

3. 简答题

（1）路径“D:\A”中共有五个文件，简述将该文件夹中的第二、三、五个文件复制到路径“E:\B”中的步骤。

（2）简述将一个文件彻底删除而不放入回收站的方法。

Word 2019 文档的编辑与排版

素质目标

1. 引导学生综合运用所学的本学科知识和跨学科知识，运用常规思维和非常规思维，利用所学的知识和技能解决实际问题。

2. 培养较强的动手实践能力和学以致用的习惯和意识。

3. 培养较强的责任感、使命感和精益求精的工匠精神。

4. 培养学生的探索精神、自主学习能力、创新能力、团队协作能力和交流沟通能力。

本章主要内容

- Word 2019 的工作界面及基本操作。
- Word 2019 文档的编辑和格式化设置。
- Word 2019 表格的创建和使用。
- Word 2019 图文混排。
- Word 2019 页面设置和文档打印。
- Word 2019 超链接的使用。

3.1 Office 2019 系列办公软件简介

Office 2019 是微软公司推出的 Office 系列办公软件的新版本。自 20 世纪 80 年代微软公司推出 Office 办公软件以来，其经历了一系列升级换代，从 Office 95 到 Office 97、Office 2000、Office XP、Office 2003、Office 2007、Office 2010、Office 2013、Office 2016，再到现在被广泛应用的 Office 2019。得益于 Windows 10 的基础支持，3D 模型和图标功能已经加入 Office 2019 中，其更优化的用户界面和对屏幕的墨迹书写功能、稳定安全的文件格式、显著增强的办公效率等，使得 Office 2019 受到广大办公人员的追捧，成为众多办公自动化软件中的佼佼者。

Office 2019 仅能在 Windows 10 操作系统上运行，也可以作为日常办公和管理的平台，共包括小型企业版、移动版、家庭和学生版、标准版、专业版和专业增强版六个版本。不同版本的 Office 2019 包括不同的组件，基本组件包括大家熟悉的 Word、Excel 和 PowerPoint。由于套装的不同，用户还可以获得其他组件，包括 Access、Outlook、Publisher、OneNote、OneDrive、Skype for Business 等。

Word 主要用于进行文档的输入、编辑、排版、打印等工作；Excel 主要用于制作电子表格，并对表格中的数据进行各种计算、分析、统计等；PowerPoint 主要用于创建演示文稿，创建包含文字、图片、表格、影片和声音等对象的幻灯片，将相片制作成电子相册供用户浏览等；Access 主要用于数据库管理，实现报表生成等功能；Outlook 主要用于收发电子邮件、管理个人事务、订阅新闻和博客等；Publisher 是一个商务发布与营销材料的桌面打印及 Web 发布应用程序；OneNote 是用来搜集、组织、查找和共享笔记和信息的笔记程序；OneDrive 可以将图片、文件和文件夹存储在一个位置，与他人共享，并从任意位置访问它们；Skype for Business 是一款通信服务，支持随时随地与参加会议和通话的人员联系，支持用户访问出席信息，并支持即时消息、音频和视频呼叫、丰富的在线会议和一系列 Web 会议等功能。

3.2 Word 2019 的工作界面及基本操作

Word 2019 具有非常丰富和强大的功能，利用它不但能进行文字的输入和编辑工作，还可以插入图片、表格等，它是人们日常办公的好帮手。要利用好 Word 2019，首先就要认识和熟悉 Word 2019 的工作界面及其基本操作。

3.2.1 启动和退出 Word 2019

启动 Word 2019 有多种方法，常用的方法有以下三种。

方法一：单击计算机桌面左下角的“开始”按钮，从弹出的程序列表中选择“Word”，在打开的窗格中单击“空白文档”。

方法二：在桌面上建立一个 Word 快捷方式，双击此快捷方式图标，在打开的窗格中单击“空白文档”。

方法三：双击计算机中存在的 Word 2019 文档。

退出 Word 2019 的常用方法有以下五种。

方法一：单击 Word 2019 窗口右上角的“关闭”按钮。

方法二：右击文档标题栏，从弹出的快捷菜单中选择“关闭”命令。

方法三：单击“文件”按钮 文件 ，从弹出的下拉菜单中选择“关闭”命令。此时，当前文档被关闭，但并未退出 Word 2019，还需单击 Word 2019 窗口右上角的“关闭”按钮，才能退出 Word 2019。

方法四：使用组合键 Alt+F4。

方法五：双击 Word 2019 窗口的左上角。

3.2.2　Word 2019 的工作界面

启动 Word 2019，显示的工作界面如图 3-1 所示，包括快速访问工具栏、标题栏、“文件”按钮、功能选项卡、功能区、编辑区、状态栏及滚动条等。

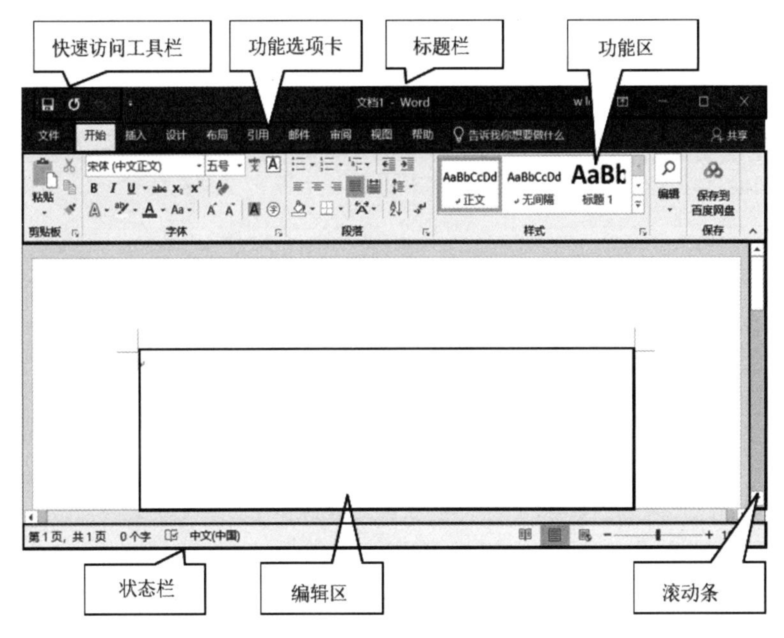

图 3-1　Word 2019 的工作界面

1. 快速访问工具栏

当第一次打开 Word 2019 时，快速访问工具栏中只有三个固定的快捷按钮：“保存”按钮、“撤销”按钮和“恢复”按钮。用户可以通过“自定义快速访问工具栏”，如图 3-2 所示，根据自己的需要增加或删除快速访问工具栏中的按钮。

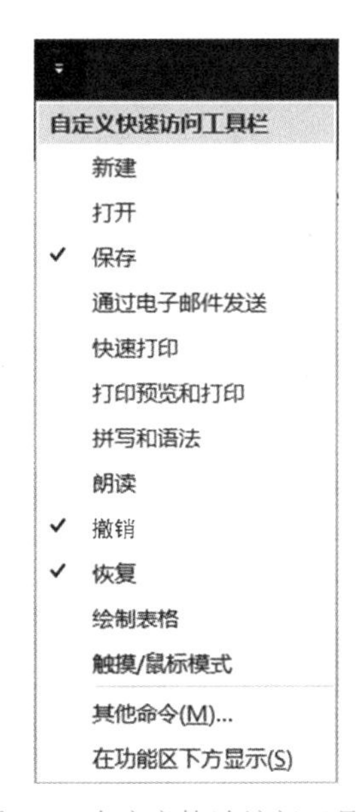

图 3-2　自定义快速访问工具栏

2. 标题栏

标题栏包括文档名称、程序名称及右上角的窗口控制按钮组。窗口控制按钮组包括“最小化”按钮、“最大化”按钮和“关闭”按钮。例如，文件标题栏为“第 3 章 Word 2019 文档的编辑与排版 - Word”。

3. “文件”按钮

在 Word 2019 中，“文件”按钮类似于 Word 2007 中的 Office 按钮，它取代了旧版本中的“文件”菜单。单击“文件”按钮，将看到与 Word 早期版本相同的“新建”“打开”“保存”“打印”等基本命令，还增加了“保护文档”“检查问题”等新命令。

4．功能选项卡和功能区

Word 2019拥有全新的用户界面，丰富、操作简单的功能区命令能够帮助用户轻松实现文档编辑与排版。功能区旨在帮助用户快速地找到完成某一任务所需的命令。命令被组织在逻辑组中，逻辑组集中在功能选项卡中，每个功能选项卡都与一种类型的活动相关，例如，“布局”选项卡与页面编写内容或设计布局相关。

在默认状态下，功能选项卡包括“开始”、“插入”、“设计”、“布局”、“引用”、“邮件”、“审阅”、“视图”和“帮助”选项卡。单击“文件”按钮，在弹出的下拉菜单中选择“选项”命令，打开“Word选项”对话框，单击“自定义功能区”，可以通过勾选或取消勾选相应主选项卡来改变功能区显示的选项卡，如图3-3所示。

图3-3 通过“自定义功能区”对功能区展示的选项卡进行个性化设置

单击某个选项卡，下方就显示此选项卡对应的功能区。例如，单击“插入”选项卡，则显示“插入”功能区，如图3-4所示。在该功能区中，将与插入相关的内容分为“页面”、“表格”、“插图”、“加载项”、“媒体”、“链接”、“批注”、“页眉和页脚”、“文本”和“符号”组。通过组可以进行基本的插入工作，丰富文档内容。单击功能区右下角的“折叠功能区”按钮 ∧ ，可以折叠功能区，仅显示选项卡名称；单击标题栏右侧的“功能区显示选项”按钮，在弹出的下拉菜单中选择“显示选项卡和命令”命令，可以重新打开功能区。

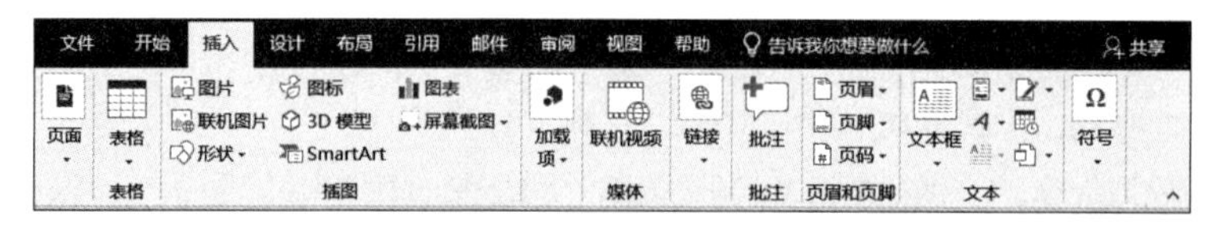

图3-4 “插入”选项卡和功能区

单击“帮助”选项卡，在“帮助”组中再单击“帮助”按钮（或者直接按快捷键 F1），就可以打开“帮助”窗格，如图 3-5 所示，可以在“搜索帮助”文本框中输入要搜索的字词，从而查找用户需要的帮助信息。

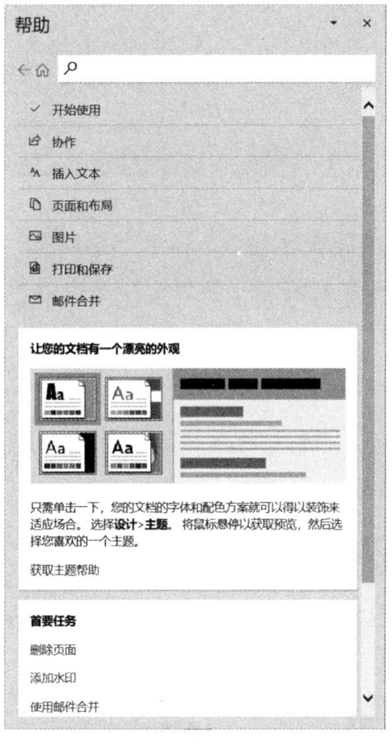

图 3-5　“帮助”窗格

5. 编辑区

编辑区位于窗口中央，用户通过它可以进行输入文字、插入图片、设置和编辑格式等操作，如图 3-6 所示。

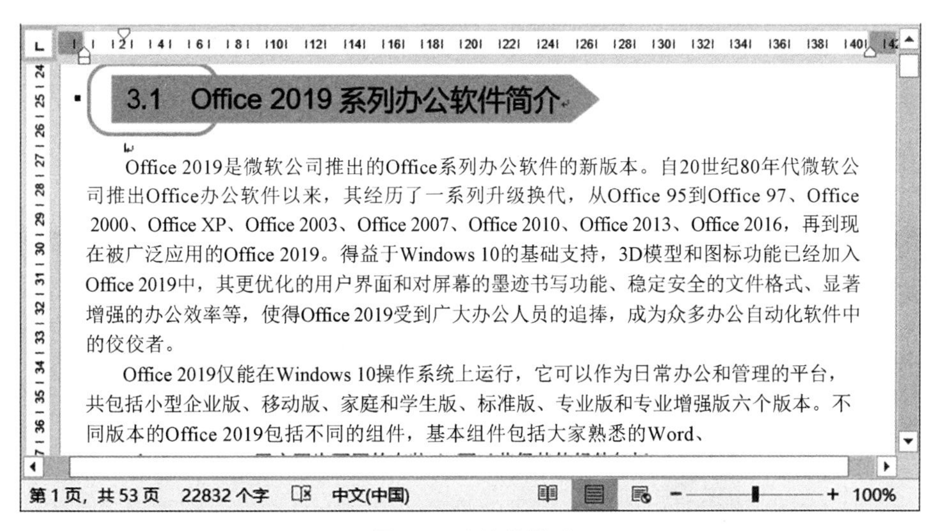

图 3-6　文档编辑区

6. 状态栏

状态栏位于窗口的底部，显示了当前文档页数、文档总页数、包含的字数、拼写检查、输入法状态、视图模式、缩放级别和显示比例等，如图 3-7 所示。

图 3-7 状态栏

7. 滚动条

在编辑区的右边和底部分别有垂直滚动条和水平滚动条。把鼠标指针放在滚动箭头上并按住不放，就能够向上、下、左、右移动工作界面中文档显示的内容。例如，按住箭头，可以使文档内容向下移动。

3.2.3 创建新文档

Word 文档是文本、图片等对象的载体，要进行文本输入或编辑等工作，首先必须创建文档。除了可以创建通用型的空白文档，Word 2019 中还内置了多种文档模板，如书法字帖模板、蓝灰色简历模板、餐厅小册子模板等。另外，Office.com 网站还提供了证书、奖状、名片、教育、信函等特定功能模板。借助这些模板，用户可以创建比较美观的 Word 2019 文档。具体步骤如下。

（1）单击“文件”按钮，在弹出的下拉菜单中选择“新建”命令。

（2）如图 3-8 所示，在打开的“新建”面板中，用户可以单击“空白文档”“书法字帖”等 Word 2019 自带的模板创建文档；还可以单击“建议的搜索”右侧的“业务”、“卡”、“传单”、“信函”、“教育”、“简历和求职信”及“假日”选项打开相应模板，选择自己喜爱的风格创建文档；也可以单击“搜索联机模板”文本框，并输入检索关键字，搜索由 Microsoft Corporation 提供的在线模板。

（3）在打开的相应模板列表页中，先单击合适的模板，然后单击“创建”按钮。

（4）打开使用选择的模板创建的文档，用户就可以在该文档中进行编辑。

图 3-8 “新建”面板

3.2.4　保存文档

编辑过的文档应该通过文档保存功能将其存储在计算机中，便于日后查看或编辑使用。

1. 新建文档的保存

保存新建的文档，可以单击快速访问工具栏中的“保存”按钮，或者单击“文件”按钮，在弹出的下拉菜单中选择“保存”命令。

2. 另存已存在的文档

对于一些重要文档，用户可以先根据上面的方法直接保存该文档，然后做一个或多个备份。首先单击“文件”按钮，在弹出的下拉菜单中选择“另存为”命令，再单击“浏览”，打开“另存为”对话框，如图 3-9 所示。

图 3-9　“另存为”对话框

在“另存为”对话框中，用户可以为文档设置保存位置、文件名、保存类型等。设置完成后单击“保存”按钮，即可实现文档的备份。

使用 Word 2019 编辑的文档，如果采用默认的 Word 文档格式保存，那么在 Word 2003 或更早的 Word 版本中，会遇到文档无法打开的状况（在 Word 2007、Word 2010、Word 2013、Word 2016 中能够打开，因为它们是同一种格式的文档，扩展名都为 .docx）。问题的解决方法之一就是选择 Word 97-2003 文档格式保存文档，这样保存的文档不仅可以在 Word 2019 中打开，也可以在其他 Word 版本中打开（可能会损失部分高版本中的新功能）。

3. 设置文档自动保存

在文档的编辑过程中难免会遇到断电、死机等意外情况，如果用户设置了文档自动保存，那么会减少不必要的数据丢失。

单击“文件”按钮，先在弹出的下拉菜单中选择“选项”命令，然后在打开的“Word 选项”

对话框中单击“保存”，出现如图3-10所示对话框。在该对话框中用户可以根据实际情况设置自动保存的时间间隔（建议将“保存自动恢复信息时间间隔”设置为5分钟），还可以设置文档保存格式、位置等信息。

图 3-10 “Word 选项”对话框

3.2.5 打开文档

如果要查看或编辑计算机中保存的文档，就需要将其打开，打开Word文档的步骤如下。

（1）首先启动Word 2019，然后单击“文件”按钮，在弹出的下拉菜单中选择“打开”命令。

（2）单击“浏览”，打开“打开”对话框，设置文档的查找范围，选择需要的文档，单击“打开”按钮即可，如图3-11所示。

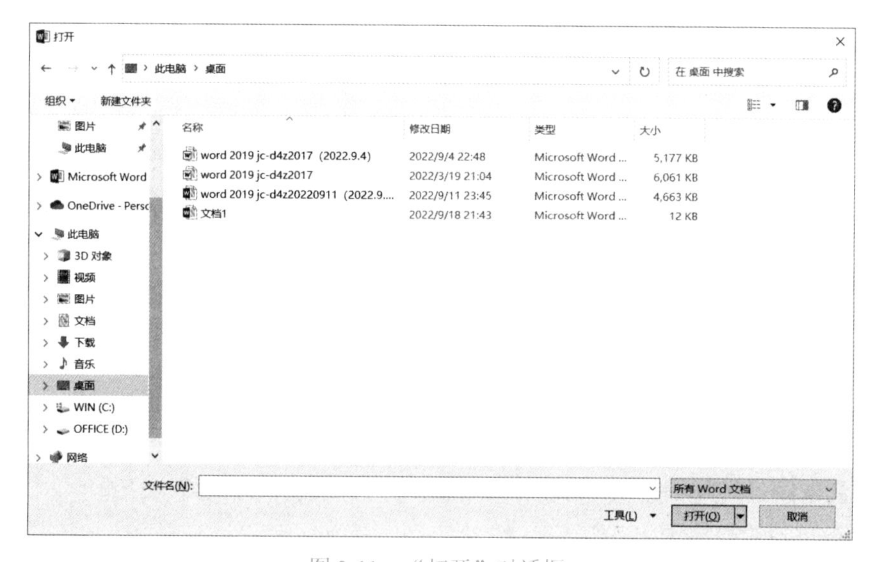

图 3-11 “打开”对话框

3.3　使用 Word 2019 编辑文本

3.3.1　输入文本

编辑文本的第一步就是向文档编辑区输入文本。在文档编辑区中有一个闪烁的鼠标光标，称为“插入点”，输入的文本将出现在鼠标光标处，同时鼠标光标自动右移。当定位了插入点之后，选择一种输入法即可开始文本的输入。

1. 输入符号

选择“插入”选项卡，单击“符号”组中的“符号”下拉按钮，在打开的下拉列表中可以浏览并选择需要的符号。当选择“其他符号”命令时，弹出如图 3-12 所示“符号”对话框。

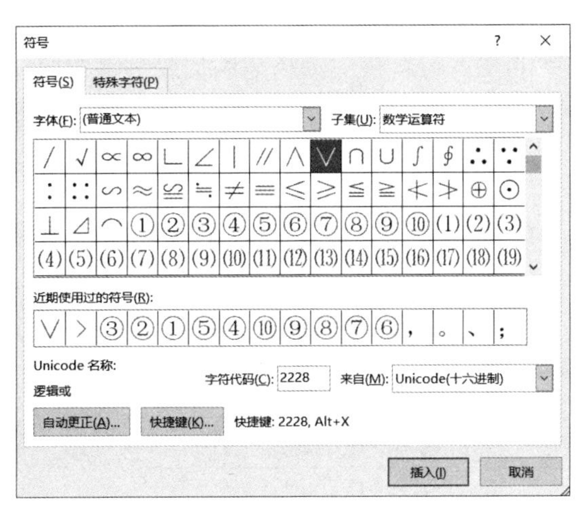

图 3-12　“符号”对话框

2. 输入日期和时间

选择“插入”选项卡，先单击“文本”组中的“日期和时间”按钮，在弹出的“日期和时间”对话框中可以浏览并选择需要的日期和时间格式，然后单击“确定”按钮，如图 3-13 所示。如果在打印文档时需要自动更新日期和时间，那么选中“自动更新”复选框，否则文档始终打印插入的日期和时间。

也可以利用组合键 Alt+Shift+D 将当前日期快速插入文档中，利用组合键 Alt+Shift+T 将当前时间快速插入文档中。

3. 输入编号

选择“插入”选项卡，单击“符号”组中的“编号”按钮，弹出“编号”对话框，如图 3-14 所示。用户先在“编号”文本框中输入正确的数字，然后浏览并选择需要的编号类型，即可将需要的编号插入文本中鼠标光标的所在处。

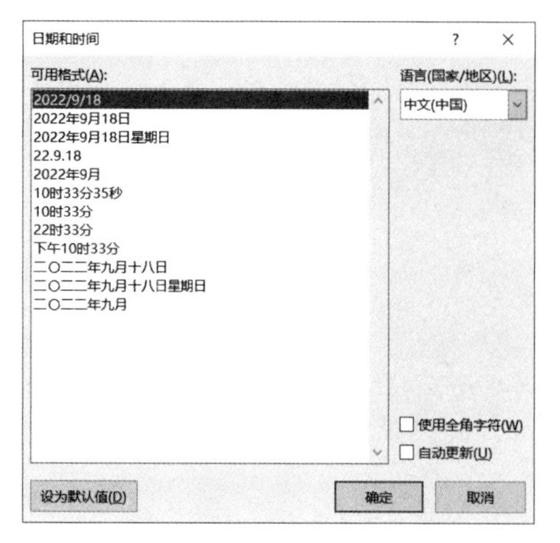

图 3-13 “日期和时间”对话框

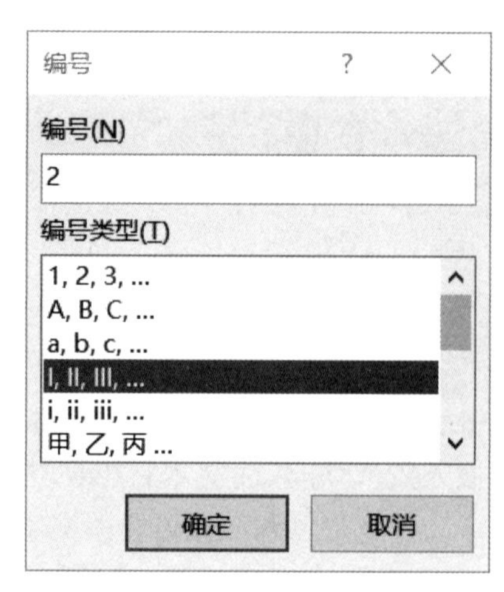

图 3-14 “编号”对话框

3.3.2 选取文本

无论是为 Word 文档中的文本设置格式，还是添加或删除内容，都需要先选取要处理的文本。

1. 使用键盘选取

可以使用键盘上相应的快捷键选取文本，一些常用的文本操作快捷键及其选取文本内容的功能如表 3-1 所示。

表 3-1 选取文本内容的功能

快 捷 键	功 能
Shift+ →	选取鼠标光标右侧的一个字符
Shift+ ←	选取鼠标光标左侧的一个字符
Shift+ ↑	选取鼠标光标位置至上一行相同位置的文本
Shift+ ↓	选取鼠标光标位置至下一行相同位置的文本
Shift+Home	选取鼠标光标位置至行首的文本
Shift+End	选取鼠标光标位置至行尾的文本
Shift+PageDown	选取鼠标光标位置至下一屏之间的文本
Shift+PageUp	选取鼠标光标位置至上一屏之间的文本
Ctrl+Shift+Home	选取鼠标光标位置至文档开始之间的文本
Ctrl+Shift+End	选取鼠标光标位置至文档结尾之间的文本
Ctrl+A	选取整篇文档

2. 使用鼠标选取

（1）选取任意数目的文本。在要开始选取的位置单击，先按住鼠标左键，然后在要选取的文本上拖动鼠标，到目标位置释放鼠标键，即可选取任意数目的文本。

（2）选取一行文本。将鼠标指针移动到行的左侧空白处，在鼠标指针变为右向箭头 后单击，即可选取整行文本。

（3）选取一段文本。将鼠标指针移动到段落的左侧空白处，在鼠标指针变为右向箭头 后双击，即可选取当前段落。

（4）选取整篇文本。将鼠标指针移动到任意文本的左侧空白处，在鼠标指针变为右向箭头 后连击三次，即可选取整篇文本。

3.3.3　复制、移动和删除文本

1. 复制文本

当文本中有部分内容需要重复输入时，可以使用复制、粘贴文本的方法进行操作，以加快输入和编辑的速度。对文本进行复制操作的方法有以下四种。

方法一：选取需要复制的文本，按 Ctrl+C 组合键，将鼠标光标定位到目标位置，按 Ctrl+V 组合键即可实现复制和粘贴操作。

方法二：选取需要复制的文本，在“开始”选项卡的“剪贴板”组中单击“复制”按钮，在目标位置单击“粘贴”按钮。

方法三：选取需要复制的文本，按下鼠标右键并拖动至目标位置，释放鼠标键后，在弹出的快捷菜单中选择“复制到此位置”命令。

方法四：选取需要复制的文本，右击，从弹出的快捷菜单中选择“复制”命令，在目标位置再次右击，从弹出的快捷菜单中选择“粘贴选项”→“保留原格式”命令。

2. 移动文本

移动文本就是使用剪贴板将文本从一个地方移动到另一个地方。对文本进行移动操作的方法有以下四种。

方法一：选取需要移动的文本，按 Ctrl+X 组合键，将鼠标光标定位到目标位置，按 Ctrl+V 组合键，文本就被移动到了指定位置。

方法二：选取需要移动的文本，在“开始”选项卡的“剪贴板”组中单击“剪切”按钮，在目标位置单击“粘贴”按钮。

方法三：选取需要移动的文本，按下鼠标右键并拖动至目标位置，释放鼠标键后，在弹出的快捷菜单中选择“移动到此位置”命令。

方法四：选取需要移动的文本，右击，从弹出的快捷菜单中选择“剪切”命令，在目标位置再次右击，从弹出的快捷菜单中选择“粘贴选项”→“保留原格式”命令。

3. 删除文本

当文本中出现多余或错误的内容时，就需要将其删除。对文本进行删除操作可以使用以下四种常用的方法。

方法一：按 Backspace 键可以删除鼠标光标左侧的文本。

方法二：按 Delete 键可以删除鼠标光标右侧的文本。

方法三：选取需要删除的文本，在“开始”选项卡的“剪贴板”组中单击“剪切”按钮。

方法四：选取需要删除的文本，右击，从弹出的快捷菜单中选择“剪切”命令。

3.3.4 查找和替换文本

在一篇较长的文本中查找某个特定的内容，或者将查找到的内容替换为其他内容，是一项烦琐又容易出错的工作。但是如果用户使用 Word 2019 提供的查找和替换功能，则能又快又好地完成文本的查找和替换操作。

1. 查找文本

使用查找功能可以在文本中查找任意字符或文本，如中文、标点符号、数字等。

单击“开始”选项卡，在“编辑”组中单击“查找”按钮，在打开的“导航”窗格的“在文档中搜索”编辑框中输入需要查找的内容，如图 3-15 所示。

单击“查找”按钮旁边的下拉按钮，在弹出的下拉菜单中选择“高级查找”命令，打开“查找和替换”对话框，在“查找内容”文本框中输入要查找的内容，如“word 2019”，如图 3-16 所示。单击“查找下一处”或“阅读突出显示”按钮，或者单击“更多”按钮，则可以在打开的对话框中设置更多查找选项。

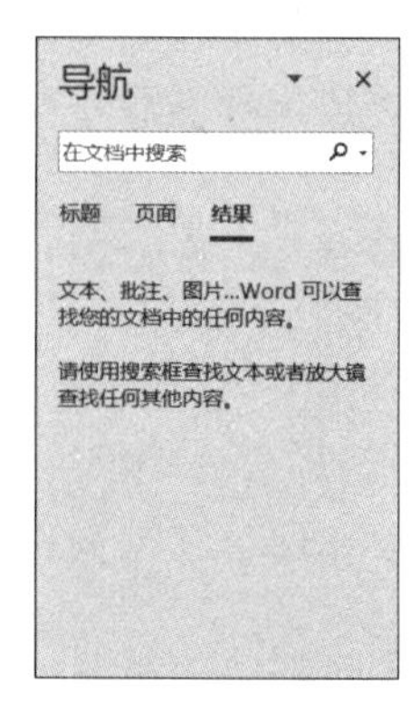

图 3-15 “导航”窗格

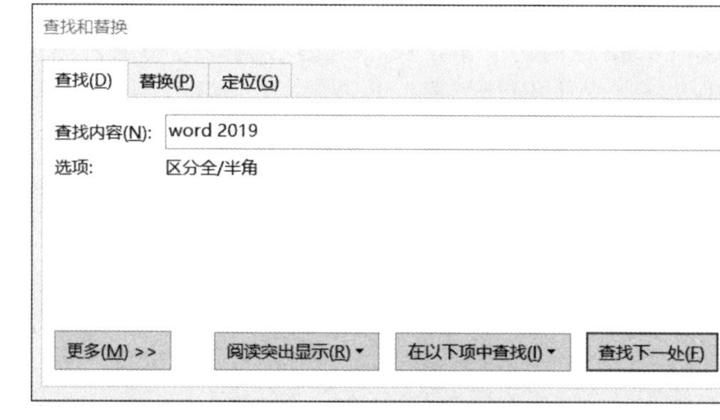

图 3-16 查找文本

2. 替换文本

查找到文档中特定的内容后，还可以对其进行替换。

（1）单击“开始”选项卡，在“编辑”组中单击“替换”按钮，打开“查找和替换”对话框。

（2）先在“查找内容”文本框中输入要被替换的内容（如“word 2010”），在“替换为”文本框中输入要替换的内容（如“word 2019”），然后根据实际需要单击“替换”或“全部替换”等按钮，分别实现相应的替换功能。单击“更多”按钮后，可以在“搜索选项”区域中设置是否区分大小写、是否使用通配符（“？”代表任意一个字符，“*”代表任意多个字符）、是否区分全 / 半角等，如图 3-17 所示。

图 3-17　替换文本

3.3.5　撤销和恢复文本

在进行文本的输入或编辑等操作时，Word 2019 会自动记录执行过的操作。用户在执行了错误的操作后可以通过撤销功能将错误的操作撤销，也可以通过恢复功能将其恢复过来。

1. 撤销文本

撤销文本操作的方法主要有以下两种。

方法一：单击快速访问工具栏中的“撤销”按钮，可以撤销上一次操作；连续单击“撤销”按钮，可以撤销最近执行过的多次操作；单击“撤销”按钮右侧的下拉按钮，可以在弹出的下拉列表中选择要撤销的操作。

方法二：按 Ctrl+Z 组合键，可以撤销上一次操作；连续按 Ctrl+Z 组合键，可以撤销多次操作。

2. 恢复文本

恢复文本操作的方法主要有以下两种。

方法一：单击快速访问工具栏中的“恢复”按钮，可以恢复上一次操作；连续单击“恢复”按钮，可以恢复最近执行过的多次操作。

方法二：按 Ctrl+Y 组合键，可以恢复上一次操作；连续按 Ctrl+Y 组合键，可以恢复多次操作。

3.3.6　拼写和语法检查

在编写 Word 文档的过程中，可能会出现一些拼写和语法方面的错误，逐字逐句检查是一件非常浪费精力的事情，这时可以使用 Word 2019 提供的自动拼写和语法检查功能。

Word 2019 在提示文本出现错误时，通常是用下画线来表示的，不同颜色的下画线代表不同的含义：红色波形下画线表示可能的拼写错误；绿色波形下画线表示可能的语法错误；

蓝色波形下画线表示可能的格式不一致。在 Word 2019 中进行语法检查时，会发现即使文本内容没有出现错误，还是会显示错误标记，这是因为在词库中没有录入该字词，手动在词库中添加该字词后就不会再出现同类型的问题。

使用校对功能检查 Word 2019 文档的拼写和语法错误的方法和步骤如下。

（1）将鼠标光标定位在要检查拼写和语法错误的起始位置。

（2）单击“审阅”选项卡，在“校对”组中单击“拼写和语法”按钮。

（3）弹出“校对”窗格，在“输入错误或特殊用法”文本框中显示 Word 2019 搜索到的第一处错误语句。

（4）查找出错误内容后，Word 2019 将自动选中错误内容，用户可以手动修改错误的内容，修改完毕后在“校对”窗格中单击“继续”按钮；如果搜索到的错误内容是用户故意设置的特殊词汇或格式，那么可以将特殊词汇添加到词库中，或者直接单击“忽略”按钮，将跳过该处错误，直接选中下一处错误。

（5）继续对文档中的其余错误进行修改，全部修改完毕后弹出提示框，提示用户拼写和语法检查已完成，单击“确定”按钮，完成检查操作。

3.4 设置文本格式

要想制作的文本美观、清晰，用户需要对文本进行字体、段落等格式方面的设置。

3.4.1 设置字体格式

Word 2019 提供了多种字体、字形、大小和颜色等供用户选择，这些都可以在“开始”选项卡的“字体”组中进行设置，如图 3-18 所示。

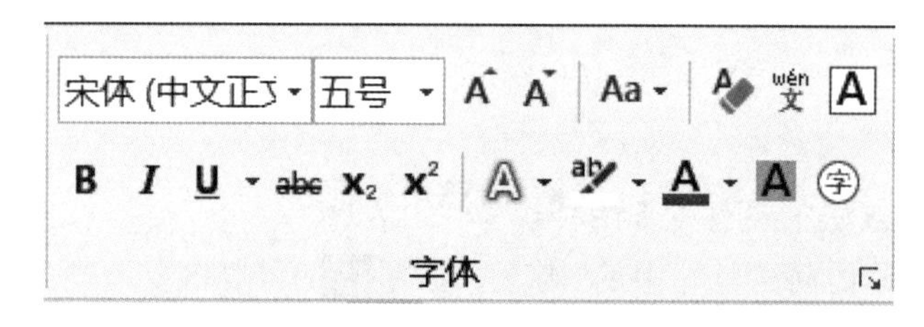

图 3-18 “字体”组

“字体”组主要部件的功能介绍如下。

- “字体” [等线 (中文正文)]：单击其右侧的下拉按钮，在弹出的下拉列表框中可以选择需要的字体。
- “字号” [五号]：单击其右侧的下拉按钮，在弹出的下拉列表框中可以对字号进行设置。中文标准使用“一号”“四号”等表示，“初号”文字最大，“八号”文字最小。英文标准使用“5”“10.5”等表示，“5”是最小字号，数值越大，文字越大。
- “增大字号”“缩小字号”按钮 A A：单击按钮 A，所选文本的字号增加一级；单击按钮 A，所选文本的字号减小一级。

- **B** *I* U · abc x₂ x²：它们对应的功能为设置加粗、倾斜、下画线、删除线、下标和上标，效果分别如图 3-19 所示。

微软 Office 2019 加粗　*微软 Office 2019 倾斜*　微软 Office 2019 下画线

~~微软 Office 2019 删除线~~　微软 $_{\text{Office 2019 下标}}$　微软 $^{\text{Office 2019 上标}}$

图 3-19　“字体”组设置效果图

- “更改大小写”按钮 Aa ·：将所选文字更改为全部大写、全部小写或其他常见的大小写形式。
- “颜色”按钮 ab ·：可以设置不同颜色突出显示文本。
- A ·：可以对字体颜色进行设置。

3.4.2　设置段落格式

段落格式的设置可以使文档结构清晰，层次分明。用户可以根据需要对段落设置对齐方式、段间距、缩进等。

段落格式可以通过“开始”选项卡“段落”组中的部分按钮进行设置，如图 3-20 所示。

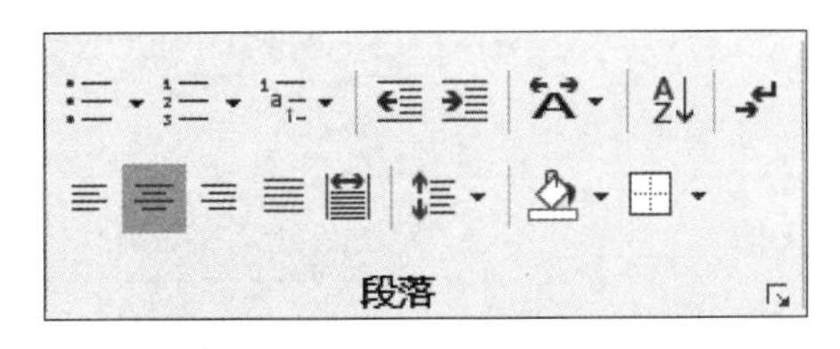

图 3-20　“段落”组

“段落”组主要部件的功能介绍如下。

- “左对齐”“居中”“右对齐”“两端对齐”“分散对齐”按钮：使文档的段落分别与页面左边界、中央、右边界、左右两端、段落两端对齐，相应的效果如图 3-21 所示。

左对齐：等风来，不如追风去。也许在人生的大部分时光，都没有东风，有的只是一片广阔在草原。没有任何东西能助你飞翔，但你有无限的空间可以助跑，你的所有力量都是自己给自己的，所以只要你不停，永远都不会下落。

居中：等风来，不如追风去。也许在人生的大部分时光，都没有东风，有的只是一片广阔在草原。没有任何东西能助你飞翔，但你有无限的空间可以助跑，你的所有力量都是自己给自己的，所以只要你不停，永远都不会下落。

右对齐：等风来，不如追风去。也许在人生的大部分时光，都没有东风，有的只是一片广阔在草原。没有任何东西能助你飞翔，但你有无限的空间可以助跑，你的所有力量都是自己给自己的，所以只要你不停，永远都不会下落。

两端对齐：等风来，不如追风去。也许在人生的大部分时光，都没有东风，有的只是一片广阔在草原。没有任何东西能助你飞翔，但你有无限的空间可以助跑，你的所有力量都是自己给自己的，所以只要你不停，永远都不会下落。

分散对齐：等风来，不如追风去。也许在人生的大部分时光，都没有东风，有的只是一片广阔在草原。没有任何东西能助你飞翔，但你有无限的空间可以助跑，你的所有力量都是自己给自己的，所以只要你不停，永远都不会下落。

图 3-21　“段落”对齐选项设置效果

- “行和段落间距”按钮：可以更改文本的行间距及段前、段后间距。单击该按钮，在其下拉列表中可以选择行与行之间的间距，如图 3-22 所示，数值越大，间距越大。选择“增加段落前的空格”或“增加段落后的空格”命令来改变所选择文本的段前或段后间距。单击“行距选项”命令，在打开的“段落”对话框中选择“缩进和间距”选项卡，在“间距”选项区域可以进行段前、段后间距或行距的设置，如图 3-23 所示。

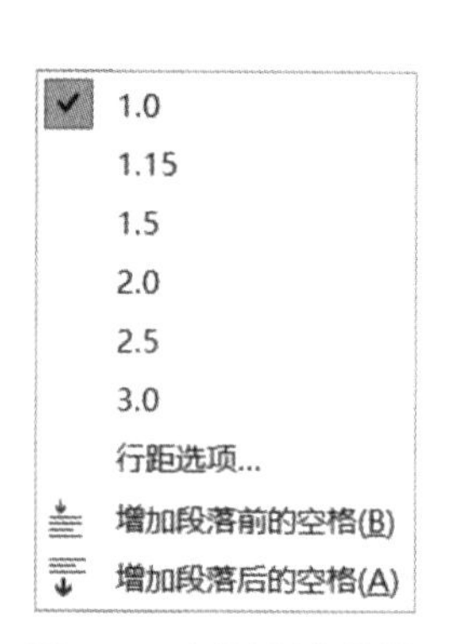

图 3-22　行间距的设置

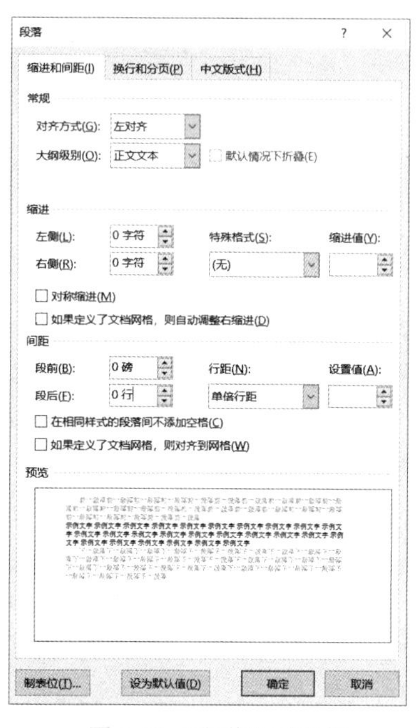

图 3-23　“段落”对话框

- “减少缩进量”“增加缩进量”按钮：单击按钮可以减少或增加文档内容与左、右边界的距离。

例如，有下面的段落：

Word 2019 是微软公司推出的办公套件 Office 2019 中的一个重要组件，是一个功能强大的文字处理软件。它不但具有一整套文字编辑工具，还继承了 Windows 友好的图形界面，操作方式非常人性化。

进行“增加缩进量”（左缩进十个字符）操作后的效果如图 3-24 所示。

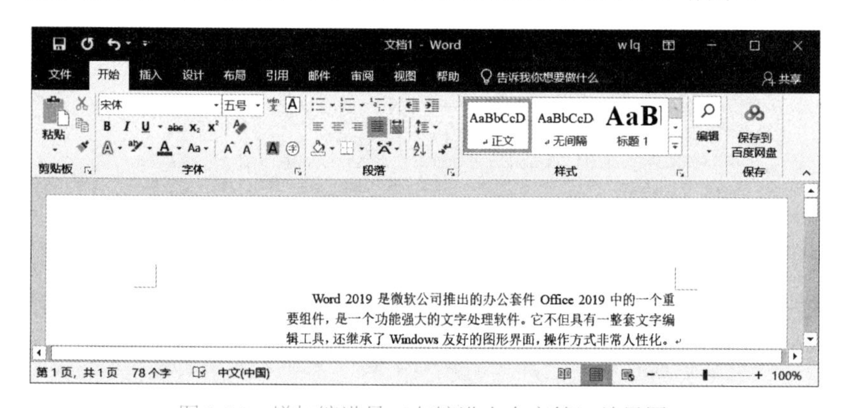

图 3-24　增加缩进量（左缩进十个字符）效果图

在图 3-24 的基础上进行“减少缩进量”（减少六个字符的缩进量）操作后的效果如图 3-25 所示。

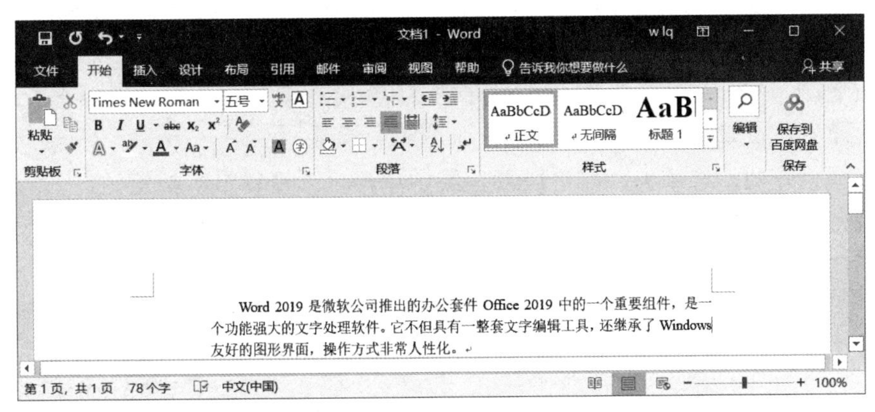

图 3-25 减少缩进量（减少六个字符的缩进量）效果图

另外，用户也可以单击“段落”组右下角的“段落设置”对话框启动器按钮，打开如图 3-23 所示“段落”对话框，并在“缩进”选项区域精确地设置段落缩进量。在“左侧”数值框中输入左缩进值，则选中的所有行从左边缩进；在“右侧”数值框中输入右缩进值，则选中的所有行从右边缩进；在“特殊格式”下拉列表框中也可以选择段落缩进的其他方式。

3.4.3 设置边框和底纹

为了使文档内的某些内容突出显示，可以使用“字体”组中的字符边框与字符底纹功能来设置某段或某页的内容边框和底纹。

使用“字体”组中的“字符边框”按钮A、“字符底纹”按钮A为文本设置边框和底纹的具体方法如下。

（1）选中需要设置的文档片段。

（2）单击“字符边框”和“字符底纹”按钮即可进行相应设置。如果要撤销设置，那么只需选中已添加的内容进行撤销操作即可。

设置字符边框的效果如下。

妈妈喜欢花花草草。她说每一种花都要自己种才有味道。

设置字符底纹的效果如下。

妈妈喜欢花花草草。她说每一种花都要自己种才有味道。

3.4.4 设置项目符号和编号

在文本中使用项目符号或编号，可以使文本层次分明、内容醒目、条理清晰。

1. 自动添加项目符号或编号

用户可以在输入文本时自动创建项目符号或编号。例如，在以“1.”“(1)”“A.”等字符开始的段落的末尾按回车键，则将在下一段文本开始处自动出现“2.”“(2)”“B.”等字符。

2. 手动设置项目符号或编号

自动添加的项目符号或编号是根据文本前一段落的内容生成的，用户还可以使用“项目符号”“编号”“多级列表”按钮 ，手动为文本设置需要的项目符号或编号，具体操作步骤如下。

（1）选择需要添加项目符号或编号的一个或多个段落。

（2）选择“开始”选项卡，在“段落”组中单击“项目符号”按钮 ，可以为其添加项目符号；单击“编号”按钮 ，可以为其添加编号；单击“多级列表”按钮 ，可以为其添加多级编号。

“项目符号”“编号”“多级列表”按钮对应的下拉菜单如图 3-26 ～图 3-28 所示。

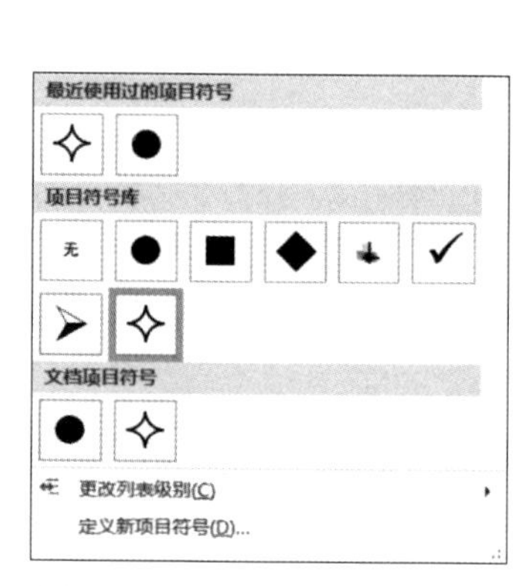

图 3-26 “项目符号”按钮的下拉菜单

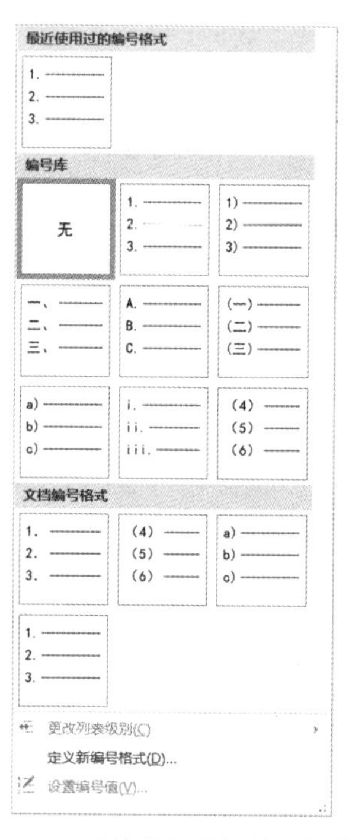

图 3-27 “编号”按钮的下拉菜单

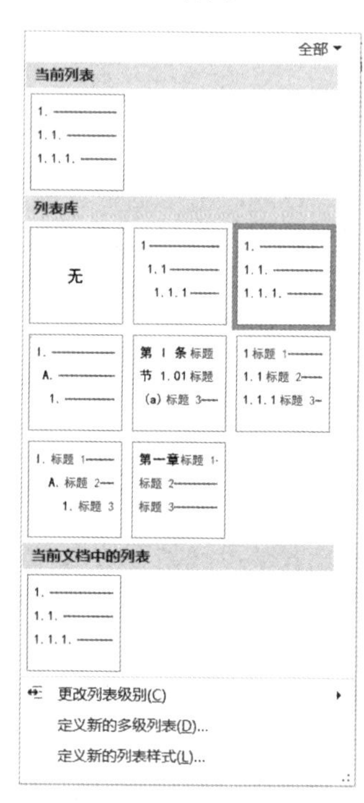

图 3-28 “多级列表”按钮的下拉菜单

3.4.5 复制和清除格式

编辑文档时会出现多个段落或页面需要被设置成相同格式的情形，这可以通过复制格式操作来实现。如果需要取消设置的格式，则可以清除格式操作。

1. 复制格式

使用“格式刷”按钮 可以快速地将某部分文本的格式复制给其他文本，具体操作步骤如下。

（1）选中所需格式的文本内容。

（2）选择“开始”选项卡，在“剪贴板”组中单击“格式刷”按钮，此时鼠标指针变成一把小刷子。

（3）用小刷子形状的鼠标指针选中需要此格式的文本内容。

2. 清除格式

使用“清除所有格式”按钮，可以清除所选文本的所有格式，只留下普通、无格式的文本，操作步骤如下。

（1）选中需要清除格式的文本内容。

（2）选择“开始”选项卡，在“字体”组中单击“清除所有格式”按钮，即可清除所选文本的格式。

3.5 表格的应用

在日常工作中常常会使用表格，如课程表、个人简历、作息安排表等，用户可以使用 Word 2019 提供的表格功能制作各式各样的表格。

3.5.1 创建表格

创建表格的方法主要有以下三种。

1. 使用“表格”按钮创建表格

创建表格最简单的方法是使用“插入”选项卡“表格”组中的“表格”按钮，操作步骤如下。

（1）将插入点定位在需要创建表格的位置。

（2）选择“插入”选项卡，单击“表格”组中的“表格”按钮表格。

（3）先在弹出的下拉列表的“插入表格”栏中按住鼠标左键并拖动，选择表格的行数和列数，然后释放鼠标键即可，如图 3-29 所示，可以创建一个 4 行 6 列的表格。

2. 使用“插入表格”对话框创建表格

通过“插入表格”对话框创建表格，不仅可以任意输入表格的行数和列数，还可以设置表格的列宽，以及根据内容和窗口调整表格等，操作步骤如下。

（1）将插入点定位在需要创建表格的位置。

（2）选择“插入”选项卡，单击“表格”组中的“表格”按钮。

（3）在弹出的下拉列表中选择“插入表格”命令插入表格(I)...，弹出“插入表格”对话框。

（4）在弹出的“插入表格”对话框中，可以设置表格的行数和列数，也可以调整表格的列宽等，如图 3-30 所示。

（5）单击“确定”按钮，即可将指定列数和行数的表格创建到文本的指定位置。

图 3-29　使用“表格”按钮创建表格

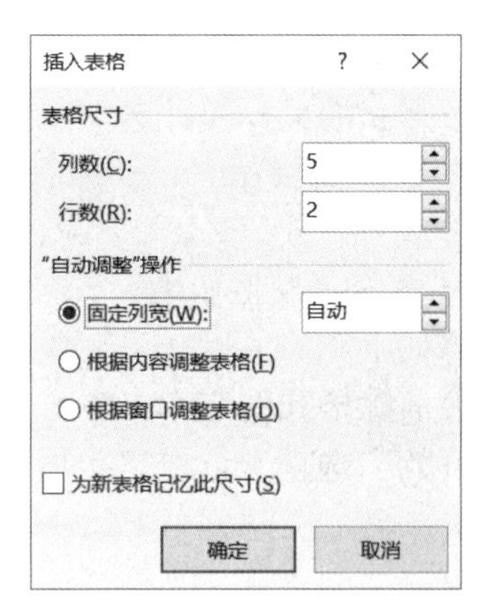

图 3-30　“插入表格”对话框

3. 通过手工绘制的方法创建不规则的表格

用户还可以通过绘制表格功能创建自己需要的表格，操作步骤如下。

（1）将插入点定位在需要创建表格的位置。

（2）选择“插入”选项卡，单击“表格”组中的“表格”按钮。

（3）在弹出的下拉列表中选择“绘制表格”命令 绘制表格(D)。

（4）鼠标指针变成笔形，此时按下鼠标左键，即可像使用画笔一样在文本中绘制需要的表格。

此外，用户还可以使用 Word 2019 提供的“文本转换成表格”、“Excel 电子表格”和“快速表格”功能来创建不同风格的表格。

3.5.2 编辑表格

用户创建表格后，当表格成为当前操作的对象时，右击，在弹出的快捷菜单中可以选择相关命令对表格进行编辑。此时，Word 2019 的“表格工具”被激活，用户也可以通过“设计”选项卡（见图 3-31）和“布局”选项卡（见图 3-32）的各个功能选项来设计表格，对表格布局进行设置，以及对表格进行编辑操作，例如，插入和删除单元格、行或列，合并和拆分单元格等。

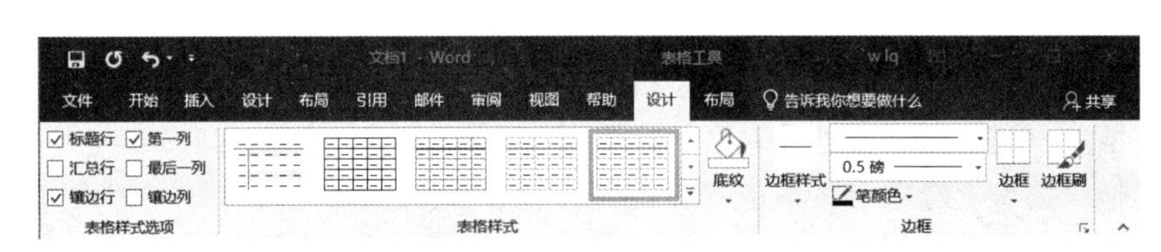

图 3-31　表格工具“设计”选项卡和功能区

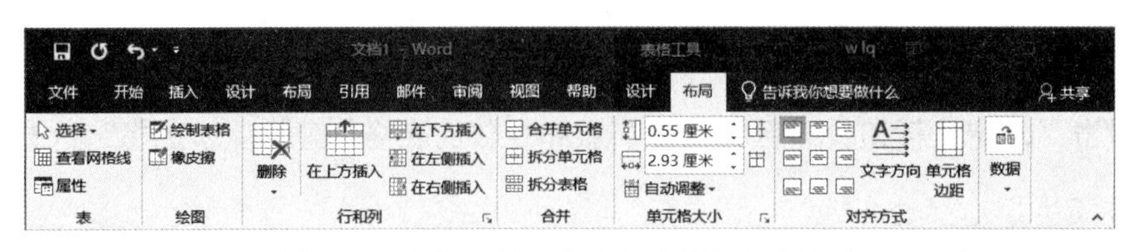

图 3-32　表格工具“布局”选项卡和功能区

1. 插入单元格

方法一：

（1）将插入点定位在表格中。

（2）右击，在弹出的快捷菜单中选择“插入”→“插入单元格”命令。

（3）在弹出的“插入单元格”对话框中选择相应的选项，单击“确定”按钮，如图 3-33 所示。

方法二：

（1）将插入点定位在表格中。

（2）选择“布局”选项卡，在“行和列”组中单击“表格插入单元格”对话框启动器按钮 。

（3）在弹出的“插入单元格”对话框中选择相应的选项，单击“确定”按钮，如图 3-33 所示。

2. 删除单元格

方法一：

（1）将插入点定位在表格中。

（2）右击，在弹出的快捷菜单中选择“删除单元格”命令。

（3）在弹出的“删除单元格”对话框中选择相应的选项，单击“确定”按钮，如图 3-34 所示。

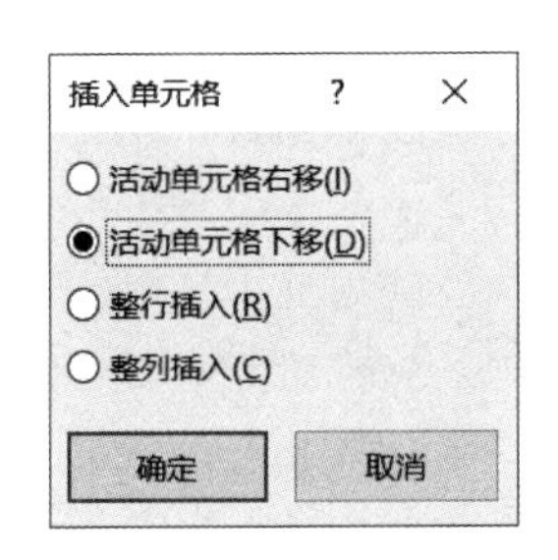

图 3-33 “插入单元格”对话框

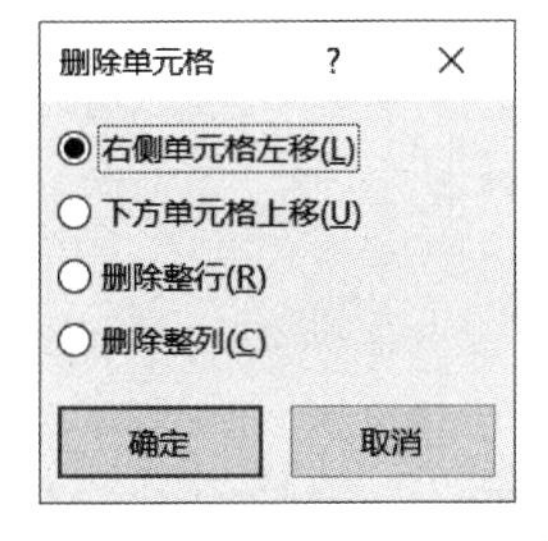

图 3-34 “删除单元格”对话框

方法二：

（1）将插入点定位在表格中。

（2）选择“布局”选项卡，在“行和列”组中单击“删除表格”按钮 删除。

（3）在弹出的下拉菜单中选择相应的命令，如图 3-35 所示。

3. 合并单元格

方法一：

（1）选择需要进行合并操作的单元格区域。

（2）右击，在弹出的快捷菜单中选择“合并单元格”命令，即可将其合并为一个单元格。

方法二：

（1）选择需要进行合并操作的单元格区域。

（2）选择“布局”选项卡，在“合并”组中单击“合并单元格”按钮，即可将其合并为一个单元格。

4. 拆分单元格

方法一：

（1）选择需要拆分的单元格或单元格区域。

（2）右击，在弹出的快捷菜单中选择“拆分单元格”命令。

（3）在弹出的“拆分单元格”对话框中设置拆分的行数和列数，单击“确定”按钮，如图3-36所示。

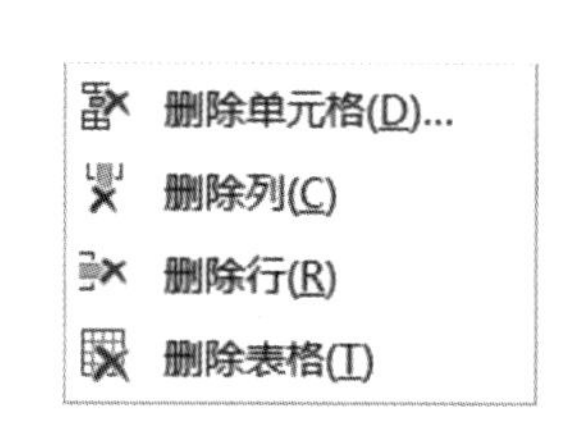

图3-35 “删除表格”下拉菜单

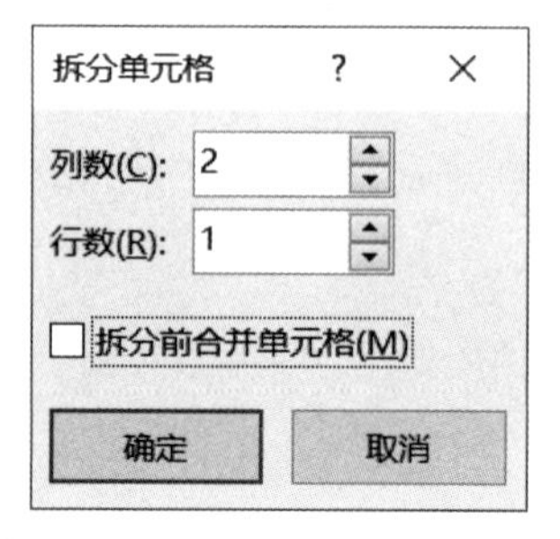

图3-36 “拆分单元格”对话框

方法二：

（1）选择需要拆分的单元格或单元格区域。

（2）选择“布局”选项卡，在“合并”组中单击“拆分单元格”按钮。

（3）在弹出的“拆分单元格”对话框中设置拆分的行数和列数，单击“确定”按钮，如图3-36所示。

5. 插入行和列

方法一：

（1）将插入点定位在表格中。

（2）右击，在弹出的快捷菜单中选择“插入”→“在上方插入行”命令，可以在插入点的上方插入一行；选择“在下方插入行”命令，可以在插入点的下方插入一行；选择“在左侧插入列”命令，可以在插入点的左侧插入一列；选择“在右侧插入列”命令，可以在插入点的右侧插入一列。

方法二：

（1）将插入点定位在表格中。

（2）选择“布局”选项卡，在“行和列”组的“在上方插入”、“在下方插入”、“在左侧插入”和“在右侧插入”四个功能选项中选择合适的命令进行操作。

3.5.3 在表格中输入数据

创建的新表格往往都是空白的，更多的时候是需要向表格中输入内容的。在表格中输入内容要按照一定的步骤进行操作。

1. 定位单元格

单元格是表格的最小输入单位，要向表格中输入内容，首先要将插入点定位在单元格中，操作方法如表 3-2 所示。

表 3-2　将插入点定位在单元格中的操作方法

定位方式	意　义
单击	定位在任何一个指向的单元格
使用←键或→键	定位在当前单元格的前一个单元格或后一个单元格
使用↑键或↓键	定位在当前单元格的上一个单元格或下一个单元格
使用 Tab 键	定位在当前单元格的下一个单元格（插入点在表格的最后一个单元格时，将新添加一行）
使用 Shift+Tab 组合键	定位在当前单元格的上一个单元格

2. 输入内容

定位好插入点后，就可以向表格中输入内容了，在表格中可以输入文字、数字、符号、图片等，输入方法与文本的输入方法相同。

3.5.4　表格数据的计算与排序

对数据进行计算和排序并非 Excel 电子表格的专利，在 Word 2019 中也可以对表格中的数据进行计算和排序。

Word 2019 表格中的每个单元格都有一个地址，列以英文字母表示，行以自然序数表示。单元格地址如图 3-37 所示，例如，安迪的高等数学成绩所在的单元格记作 E2。

	A	B	C	D	E	F
1	序号	姓名	计算机基础	大学英语	高等数学	总成绩
2	1	安迪	98	95	90	
3	2	包亦凡	90	85	72	
4	3	谭宗明	82	79	92	
5	4	曲筱绡	78	80	58	
6	5	赵启平	93	86	69	

图 3-37　成绩表 1

1. 表格数据的计算

在有些情况下，我们可能需要对 Word 中的表格数据进行统计，例如，对某行数据进行求和，对某列数据求平均值等。此时，除了手动计算并输入计算结果，我们还可以通过输入带有加、减、乘、除（+、-、*、/）等运算符的公式进行计算，也可以利用 Word 2019 中附带的函数进行较复杂的计算。

对 Word 2019 中的表格数据进行计算的操作步骤如下。

（1）打开需要对表格数据进行计算的 Word 2019 文档，单击放置计算结果的表格单元格（如图 3-37 所示表格中的单元格 F2），表格工具“布局”选项卡被激活。

（2）在“布局”选项卡中，单击“数据”组中的“公式”按钮。

（3）弹出如图 3-38 所示“公式”对话框。“公式”对话框中有“公式”、“编号格式”和

“粘贴函数”三个操作栏。“公式”操作栏用来设置计算所用的公式，公式中的括号内的参数包括四个，分别是LEFT（左侧）、RIGHT（右侧）、ABOVE（上面）和BELOW（下面）；“粘贴函数”操作栏有下拉列表，其中是Word 2019提供的表格计算的各类统计函数，选择其中的函数（如求和函数SUM、求平均值函数AVERAGE、统计个数函数COUNT、求最大值函数MAX、求最小值函数MIN），就可以粘贴在“公式”文本框中；“编号格式”操作栏也有下拉列表，其中列出了各种数字格式，选择某种数字格式，表格输出的结果格式就与其一致。

例如，要计算如图3-37所示表格中安迪的总成绩，可以在“公式”文本框中粘贴或输入“=SUM(LEFT)”，也可以直接在“公式”文本框中输入“C2+D2+E2”，如图3-39所示。

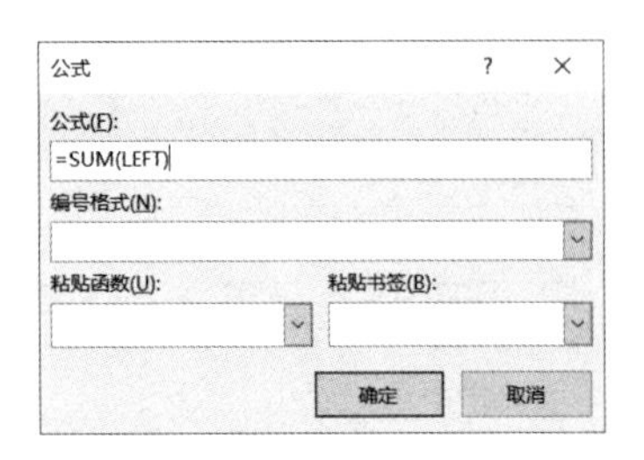

图3-38 “公式”对话框

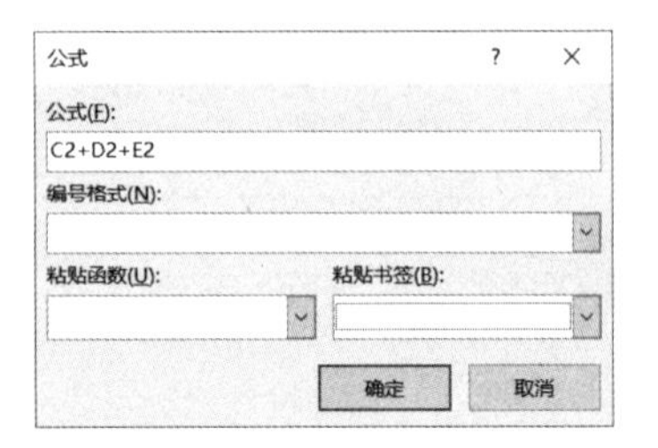

图3-39 手动输入公式

（4）“公式”对话框设置成功后，单击“确定”按钮即可。

2. 表格数据的排序

在Word 2019中，可以按照递增或递减的顺序将表格内容按照笔画、数字、拼音或日期等进行排序。

对Word 2019中的表格数据进行排序的操作步骤如下。

（1）打开需要对表格数据进行排序的Word 2019文档，单击任一单元格，表格工具“布局”选项卡被激活。

（2）在“布局”选项卡中，单击“数据”组中的“排序”按钮 排序。

（3）弹出如图3-40所示“排序”对话框。在“排序”对话框的“主要关键字”下拉列表框中选择排序依据所在列，并在其右侧选择排序方式，可以选择“升序”或“降序”单选按钮，还可以设置“次要关键字”和“第三关键字”为排序条件，各个条件按照前后顺序依次优先。

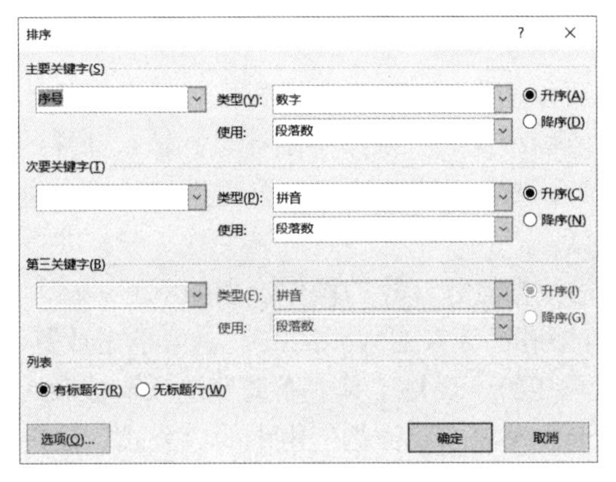

图3-40 “排序”对话框

例如，要对如图 3-41 所示表格数据按照总成绩降序排序，如果总成绩相同，按照计算机基础成绩降序排序，那么“排序”对话框设置如图 3-42 所示。

	A	B	C	D	E	F
1	序号	姓名	计算机基础	大学英语	高等数学	总成绩
2	1	安迪	98	95	90	283
3	2	包亦凡	90	85	72	247
4	3	谭宗明	82	79	92	253
5	4	曲筱绡	78	80	58	216
6	5	赵启平	93	86	69	248

图 3-41　成绩表 2

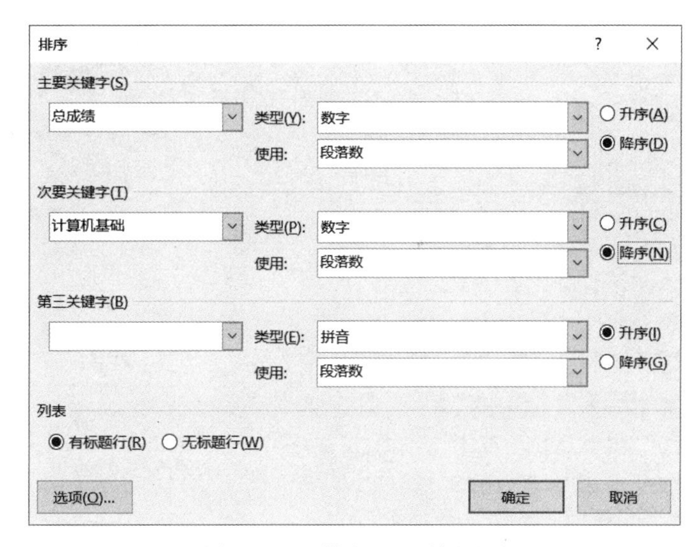

图 3-42　“排序”对话框设置

（4）“排序”对话框设置完成后，单击“确定”按钮即可。排序结果如图 3-43 所示。

	A	B	C	D	E	F
1	序号	姓名	计算机基础	大学英语	高等数学	总成绩
2	1	安迪	98	95	90	283
3	3	谭宗明	82	79	92	253
4	5	赵启平	93	86	69	248
5	2	包亦凡	90	85	72	247
6	4	曲筱绡	78	80	58	216

图 3-43　排序结果

3.5.5　美化表格

为了增强表格的视觉效果，使内容更突出和醒目，可以为表格设置边框和底纹。

1. 使用内置表格样式

Word 2019 提供了一百多种内置表格样式，以满足各种不同类型表格的需求。使用内置表格样式的操作步骤如下。

（1）将鼠标光标定位在表格的任意单元格内。

（2）选择“设计”选项卡，在“表格样式”组中选择相应的样式，或者单击“其他”按钮，在弹出的下拉列表框中选择框需要的样式，如图3-44所示。将鼠标指针放在任意样式上方时，可以预览表格，只有单击后样式才能生效。

2. 设置表格的边框

在默认情况下，创建的表格的边框都是0.5磅的黑色单实线，用户可以根据需要自行设置表格的表框。

方法一：

（1）选择需要设置边框的表格。

（2）选择“设计”选项卡，在“边框”组中单击“边框”按钮，在弹出的列表中选择需要的边框线，如图3-45所示。

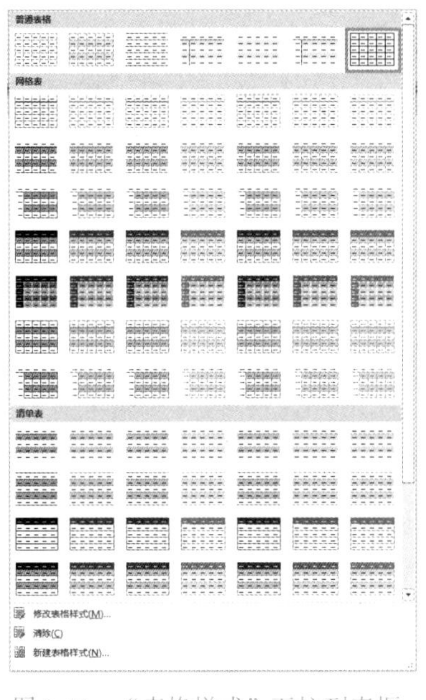

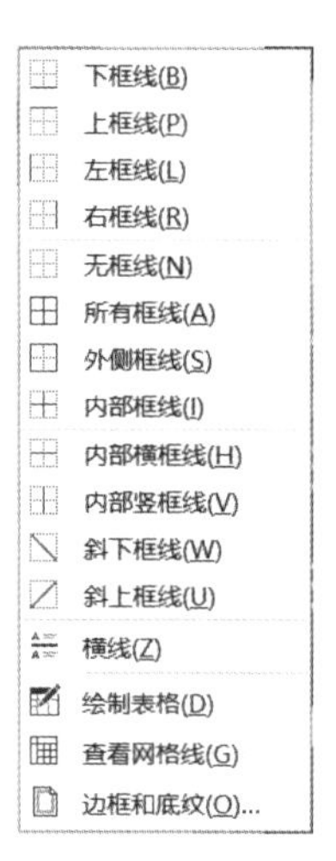

图3-44 “表格样式”下拉列表框　　图3-45 “边框线”列表

方法二：

（1）选择需要设置边框的表格。

（2）右击，在弹出的快捷菜单中单击“边框”命令的下拉按钮，弹出如图3-45所示“边框线”列表。

（3）在“边框线”列表中选择“边框和底纹”命令，弹出“边框和底纹”对话框，如图3-46所示。选择“边框”选项卡，对其进行设置即可。

3. 设置表格的底纹

方法一：

（1）选择需要设置底纹的表格。

（2）选择“设计”选项卡，在“表格样式”组中单击“底纹”按钮，在弹出的列表中选择需要的底纹，如图 3-47 所示。

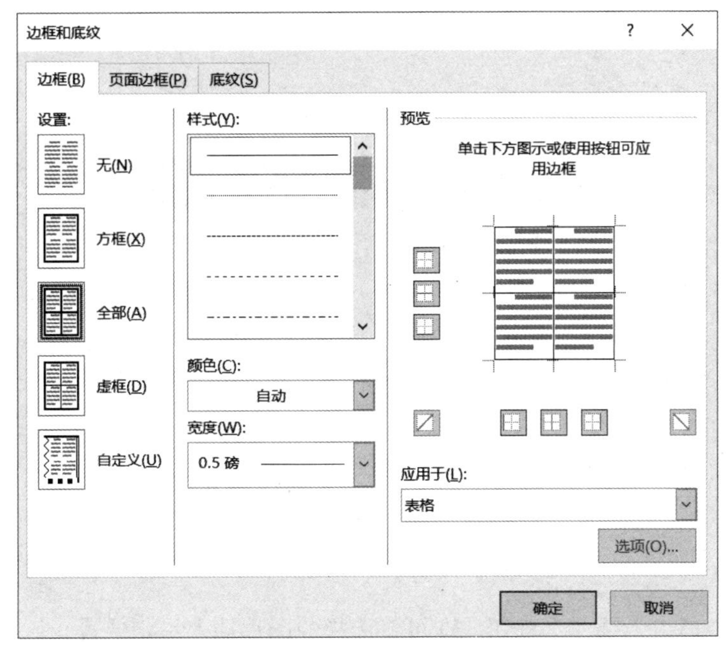

图 3-46 “边框和底纹”对话框

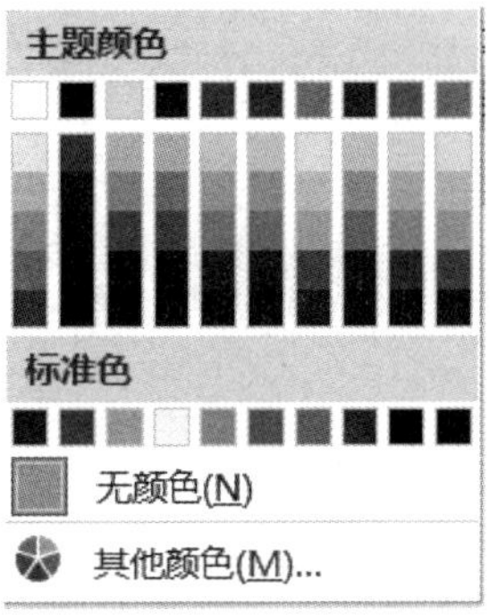

主题颜色
标准色
无颜色(N)
其他颜色(M)...

图 3-47 “底纹”列表

方法二：

（1）选择需要设置底纹的表格。

（2）右击，在弹出的快捷菜单中单击“底纹”命令的下拉按钮，弹出如图 3-47 所示“底纹”列表，对其进行设置即可。

3.6 图文混排

在文本中适当地插入一些图片、形状或图表，不仅可以使文本显得生动有趣，还有助于读者更好地理解文本内容。Word 2019 为用户提供了方便的图文混排功能。

3.6.1 插入图片

在 Word 2019 中，用户除了可以将计算机中存储的图片插入文本中，还可以从各种联机来源中查找图片，并将选中的图片插入文本中。

1. 插入文件中的图片

可以在文本中插入来自文件的图片，操作步骤如下。

（1）将鼠标光标定位到需要插入图片的位置，选择“插入”选项卡。

（2）单击“插图”组中的“图片”按钮，在弹出的下拉列表中选择“此设备”，打开“插入图片”对话框，如图 3-48 所示。

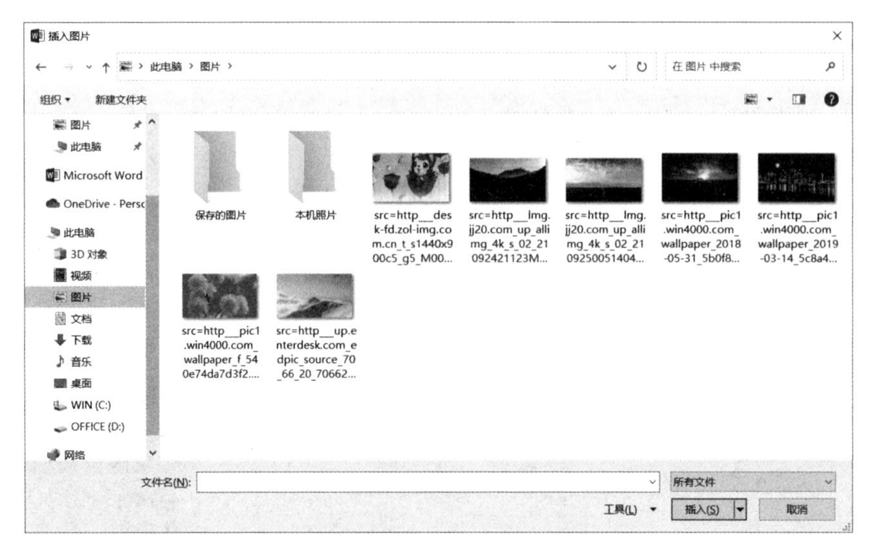

图 3-48 “插入图片”对话框

（3）选择需要插入的图片，单击“插入”按钮，即可将选择的图片插入指定位置。

2. 插入联机图片

可以在文本中插入从各种联机来源中查找的图片，操作步骤如下。

（1）将鼠标光标定位到需要插入图片的位置，选择“插入”选项卡。

（2）单击“插图”组中的“图片”按钮，在弹出的下拉列表中选择“联机图片”，打开“联机图片”对话框，在联机图片搜索框中输入描述所需图片的关键字，例如，输入“银杏”，按 Enter 键，效果如图 3-49 所示。

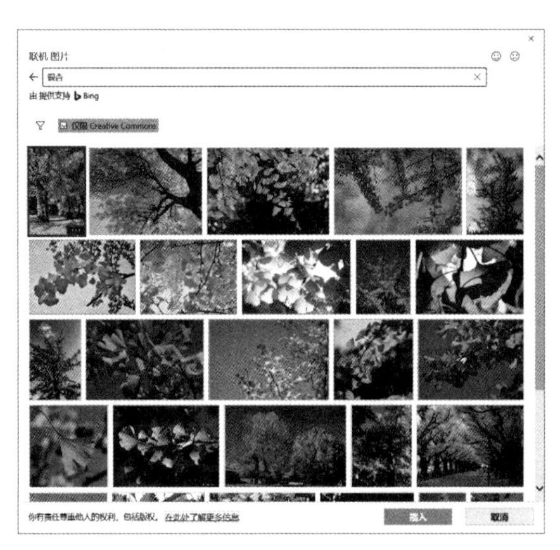

图 3-49 输入“银杏”后的效果

（3）在搜索到的图片中选中需要插入的图片，单击“插入”按钮，即可将其插入文本中。

3. 编辑图片

插入图片后，图片工具“格式”选项卡被激活，如图 3-50 所示，用户可以使用它对图片的亮度、对比度、样式、位置等进行编辑。

图 3-50　图片工具“格式”选项卡和功能区

- “调整”组主要包括一些修改图片属性的操作命令：用户可以使用“亮度”“对比度”选项来调整图片的亮度和对比度，使用“压缩图片”选项来压缩图片，减小其尺寸等。
- 通过“图片样式”组可以对图片的版式、边框和效果等进行设置和修改。
- 通过“排列”组可以设置图片在文本中的相对位置、环绕方式、对齐、旋转和组合等。
- “大小”组可以用来设置图片的大小，以及裁剪图片。

3.6.2　插入形状

在 Word 2019 中，还可以在文本中添加各种形状，如直线、箭头、椭圆形、流程图和星形等。

在文本中插入形状的操作步骤如下。

（1）将鼠标光标定位到需要插入形状的位置，选择“插入”选项卡。

（2）单击“插图”组中的“形状”按钮，弹出“形状”列表，如图 3-51 所示。

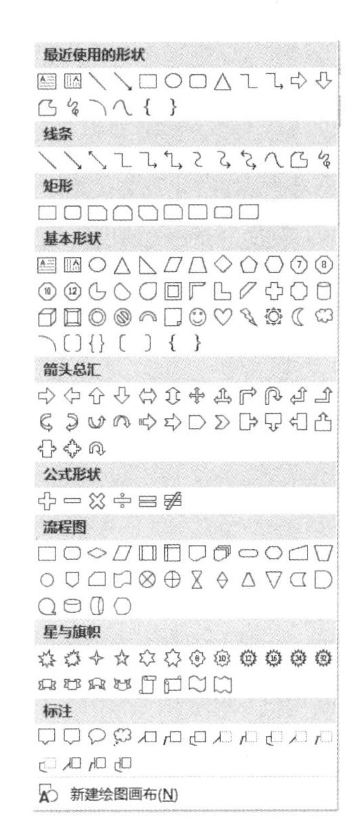

图 3-51　“形状”列表

（3）在“形状”列表中选择需要的形状，当鼠标指针变成“十”字形后，在插入点处按住鼠标左键并拖动鼠标，即可绘制需要的形状。

选中绘制的形状，绘图工具“格式”选项卡被激活，用户可以通过“形状样式”组为形状设置各种效果。

3.6.3　插入艺术字

艺术字是文本中具有特殊效果的文字。在文本中适当插入艺术字不仅可以美化文本，还能够突出文本要表达的内容。

设置文字的艺术效果主要是更改文字的填充和轮廓，或者添加诸如阴影、映像、发光、三维旋转或棱台之类的效果等，从而更改文字的外观。

在文本中插入艺术字的操作步骤如下。

（1）将鼠标光标定位到需要插入艺术字的位置，选择“插入”选项卡。

（2）单击“文本”组中的“艺术字”按钮，弹出“艺术字样式”列表，如图 3-52 所示。

图 3-52 “艺术字样式”列表

（3）在“艺术字样式”列表中选择需要的样式（以单击选中第三种艺术字样式为例）。

（4）在插入点所在位置会出现一个文本框，在文本框中输入要显示的文字，如“等风来，不如追风去。”此时，绘图工具“格式”选项卡被激活，用户可以在“艺术字样式”组中选择相关命令来为艺术字设置各种效果，如图 3-53 所示。

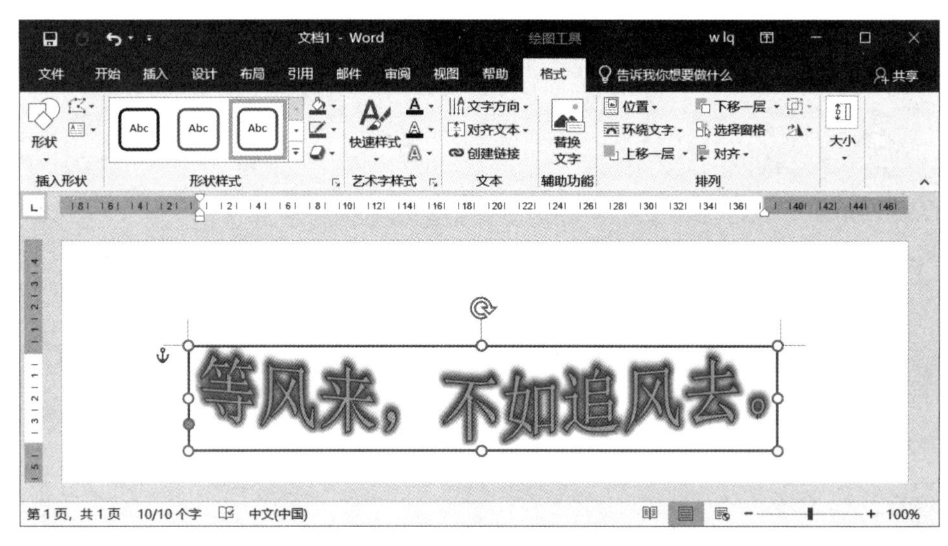

图 3-53 艺术字效果

3.6.4 插入数学公式

对于早期的 Word 版本，在文本中插入数学公式是一件非常麻烦的事情。现在可以利用 Word 2019 将这项工作简化，在内置的公式库中可以找到很多常用的数学公式，或者轻松地构造自己的公式，而且智能化的功能区会在插入公式后自动切换到公式的设计状态，相关的公式工具也会自动呈现。

1. 插入公式

在文本中插入公式的操作步骤如下。

（1）将鼠标光标定位到要插入公式的位置。

（2）选择“插入”选项卡，在“符号”组中单击“公式”按钮 π 公式 的下拉按钮。

（3）在弹出的下拉列表框中可以查看内置的公式，如图 3-54 所示，如果有合适的公式，那么单击该公式即可。

（4）如果内置的公式中没有用户需要的公式，那么可以先将鼠标指针移动到“Office.com 中的其他公式”命令上，再在弹出的下拉列表框中进行查看，如图 3-55 所示，如果有合适的公式，那么单击该公式即可。

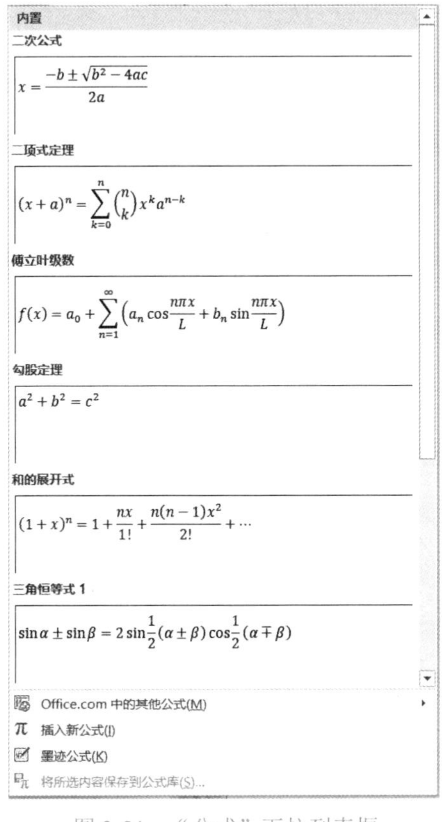

图 3-54　“公式”下拉列表框

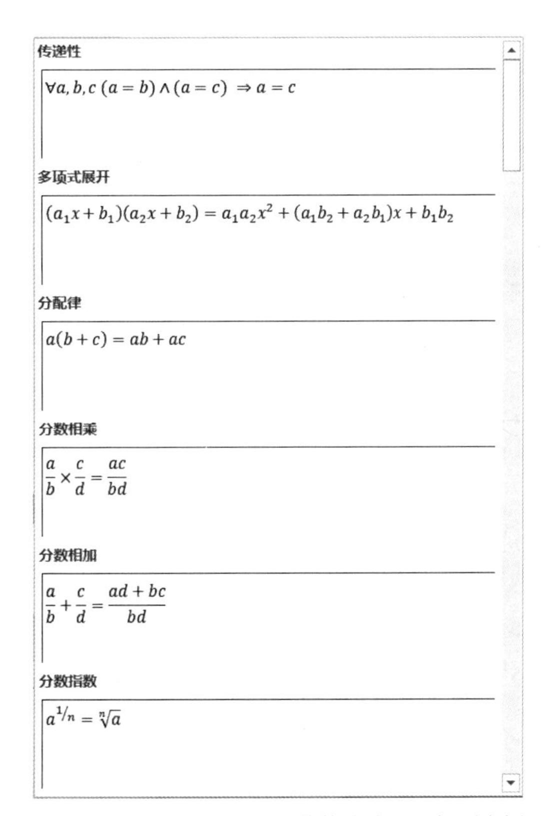

图 3-55　“Office.com 中的其他公式”下拉列表框

（5）如果内置的公式和 Office.com 中的其他公式中都没有用户需要的公式，那么需要选择“插入新公式”命令。此时，文本中会插入一个“在此处键入公式。”的灰色框，公式工具“设计”选项卡被激活，如图 3-56 所示，可以利用该选项卡中的工具编辑公式。

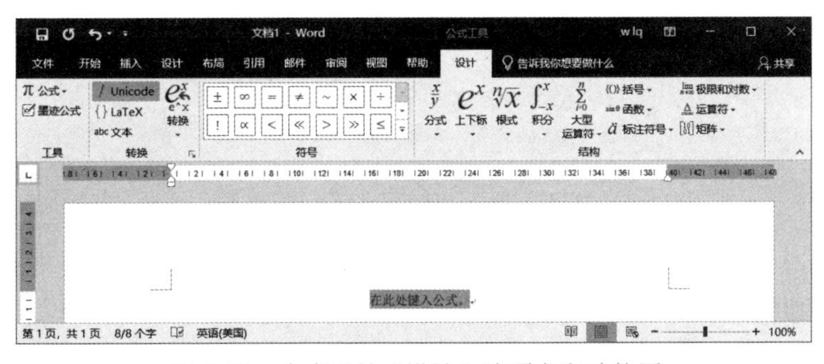

图 3-56　公式工具“设计”选项卡和功能区

2. 编辑公式

任何公式都是由公式结构和符号组成的。公式结构需要通过公式工具“设计”选项卡“结构”组中的命令完成，符号则通过公式工具“设计”选项卡中的“符号”组或键盘输入。

根据公式的不同，公式结构也有多种，例如，插入分数就要使用分式结构，插入矩阵就要使用矩阵结构。在使用数学公式模板创建数学公式之前，应先认识数学公式模板中的占位符。数学公式模板主要是采用占位符来进行公式分布的。占位符有两个作用，一是在其中输入符号；二是在其中继续插入公式结构。要在占位符中输入内容，只需把鼠标光标插入点定位到占位符中，即可输入符号或嵌套插入公式结构。

编辑公式的方法很简单，例如要输入一个分数，操作步骤如下。

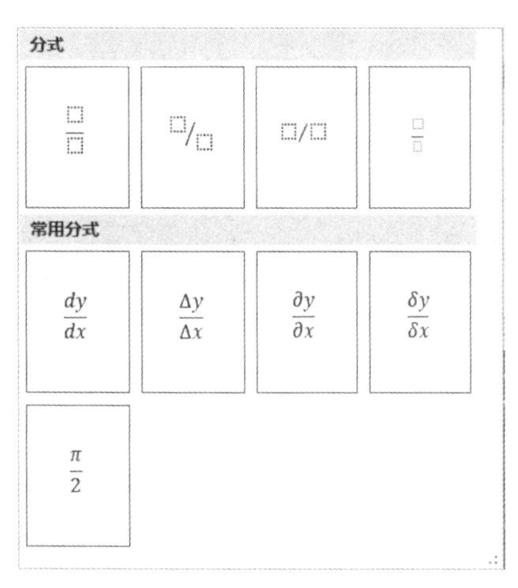

图 3-57 “分式”下拉列表

（1）在公式工具“设计”选项卡“结构”组中单击“分式”按钮。

（2）弹出的下拉列表分为两部分，上部分是“分式”，包括分数的各种格式；下部分则是“常用分式”，如图 3-57 所示。

（3）选择一种分式样式并单击，文本中会插入一个分式，在分式的相关占位符中输入需要的符号，分数即可被插入公式中。

（4）如果要在占位符中输入其他公式，可以用鼠标选定该占位符，也可以通过键盘上的左右键进入正确的占位符，再通过公式工具“设计”选项卡的功能区插入其他结构。

3.6.5 形状、图片或其他对象的组合

在 Word 2019 文档中使用自选图形工具绘制的图形一般包括多个独立形状，当需要选中、移动或修改图形时，往往需要选中所有的独立形状，操作起来不太方便。其实，此时可以先借助“组合”命令将多个独立形状组合成一个图形对象，然后对组合后的图形对象进行移动、修改等操作。将多个形状进行组合的操作步骤如下。

（1）在“开始”选项卡“编辑”组中单击“选择”按钮 选择，并在打开的下拉菜单中选择“选择对象”命令，如图 3-58 所示。

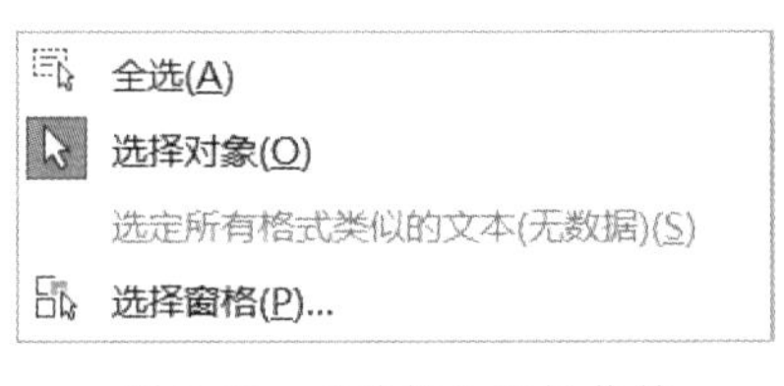

图 3-58 “选择”下拉菜单

（2）将鼠标指针移动到 Word 2019 页面中，鼠标指针呈白色空心箭头形状。按住 Ctrl 键并单击选中所有独立形状，如图 3-59 所示。

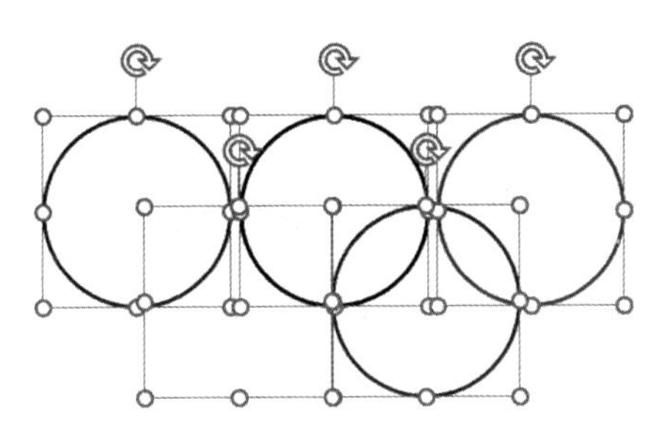

图 3-59　选中所有独立形状

（3）右击被选中的所有独立形状，在弹出的快捷菜单中指向“组合”命令，并在打开的下一级菜单中选择“组合”命令，如图 3-60 所示。

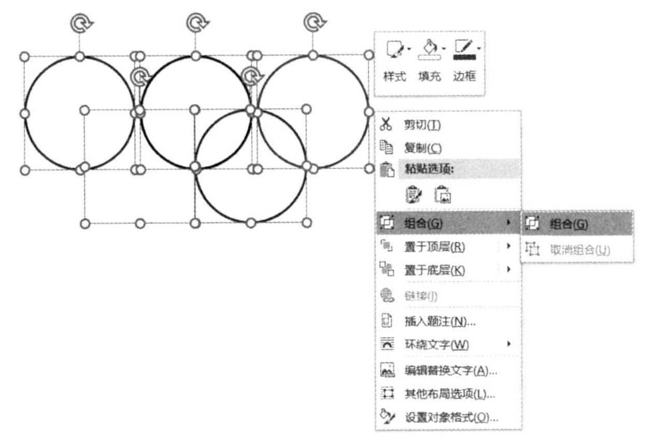

图 3-60　选择“组合”命令

（4）通过上述设置，被选中的独立形状将组合成一个图形对象，可以对其进行整体操作。

若要将 Word 2019 文档中的图片或其他对象（如表格、文本框、图表等）进行组合，其操作方法与形状的组合类似。

如果希望对图形对象中的某个形状进行单独操作，可以右击图形对象，在弹出的快捷菜单中指向“组合”命令，并在打开的下一级菜单中选择“取消组合”命令，如图 3-61 所示。

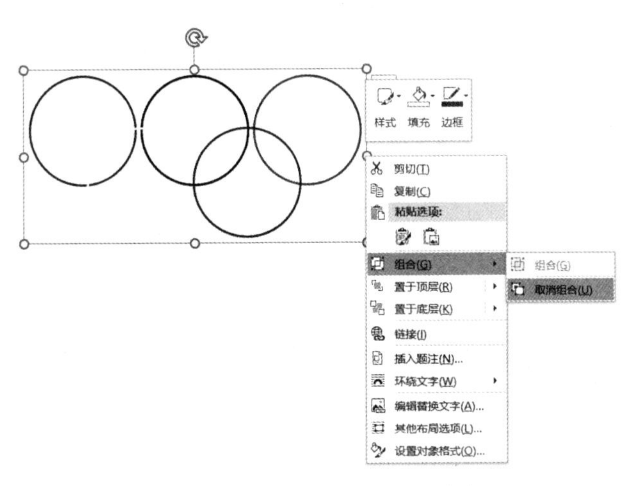

图 3-61　选择“取消组合”命令

3.7 页面设置与文档打印

Word 文本可以显示在计算机显示器上，也可以打印到纸上。为了使文本具有清晰、美观、大方的版面，用户可以对其进行页面设置。页面设置包括设置页边距、纸张大小、版式、页眉和页脚等。

3.7.1 设置页边距

页边距是页面中的正文编辑区域到页面四周的空白区域。通常可以在页边距的可打印区域中插入文字和图形，也可以将页眉、页脚和页码等设置在页边距中。

设置页边距的操作步骤如下。

（1）打开需要设置页边距的文本。

（2）选择“布局”选项卡，在“页面设置”组中单击“页边距”按钮。

（3）在弹出的下拉列表中单击需要的页边距类型，整个文本就会变为选择的页边距类型，如图 3-62 所示。如果下拉列表中没有用户满意的类型，可以通过选择“自定义页边距”命令打开“页面设置”对话框，并分别在“上”“下”“左”“右”“装订线”等数值框中输入需要的页边距值，如图 3-63 所示。

图 3-62 “页边距”下拉列表

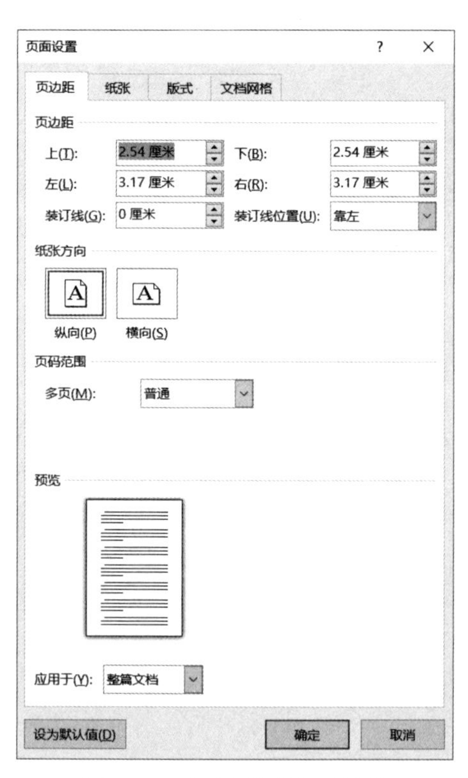

图 3-63 “页面设置”对话框

3.7.2　设置纸张的方向和大小

纸张方向包括“纵向”和“横向”两种。纸张大小的种类比较多，Word 2019 默认的纸张大小为 A4。通过页面设置可以改变纸张的方向和大小，操作步骤如下。

（1）打开需要设置纸张的方向和大小的文本。

（2）选择“布局”选项卡，在“页面设置”组中单击“纸张方向”按钮纸张方向，在弹出的下拉列表中选择“横向”或“纵向”选项。

（3）单击“纸张大小”按钮纸张大小，在弹出的下拉列表中选择需要的纸张大小，如果没有满意的纸张大小，可以选择“其他纸张大小”命令进行设置。

3.7.3　设置分栏和首字下沉

1．设置分栏

在报纸杂志等出版物中经常会把一页文本分成两栏或多栏，这样不仅可以减少版面留白，还可以使整个页面布局显得更加错落有致，便于阅读。

Word 2019 为用户提供了文本分栏的功能，操作步骤如下。

（1）选中需要进行分栏设置的文本。

（2）选择“布局”选项卡，在“页面设置”组中单击“栏”按钮栏。

（3）在弹出的下拉列表中选择需要的分栏类型，如图 3-64 所示。用户也可以选择“更多栏”命令，打开“栏”对话框，如图 3-65 所示。在“栏”对话框中可以设置分栏的列数、宽度、间距、分隔线和应用范围等。

图 3-64　“栏类型”下拉列表

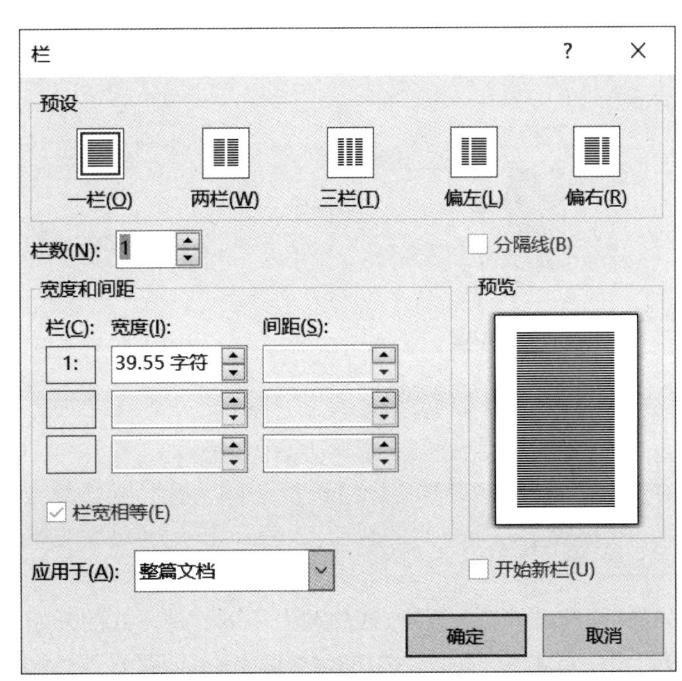

图 3-65　“栏”对话框

2. 设置首字下沉

首字下沉是一种段落修饰，指文章或段落中的第一个字符使用的字体与其他文字使用的字体不同，并且字号更大，该格式在报纸杂志中比较常见，可以突出段落，更能引起读者的注意。在 Word 2019 中，设置首字下沉的操作步骤如下。

（1）把鼠标光标定位到需要设置首字下沉的段落中。

（2）在“插入”选项卡的“文本”组中单击“首字下沉”按钮，打开“首字下沉”下拉列表，如图 3-66 所示。

（3）首字下沉有两种格式，一种是直接下沉，另一种是悬挂下沉，用户可以根据需要选择适当的格式。

这样设置的首字下沉使用的是 Word 2019 的默认方式，即下沉三行、字体与正文一致。如果要设置更多的首字下沉方式，可以在“首字下沉”下拉列表中选择“首字下沉选项”命令，打开“首字下沉”对话框，如图 3-67 所示。在“位置”中选择一种下沉方式，在“字体”中设置下沉的首字的字体，单击“下沉行数”微调框设置下沉行数，单击“距正文”微调框设置下沉的文字与正文之间的距离，最后单击“确定”按钮，即可得到需要的格式。如果要取消首字下沉，可以把鼠标光标定位到该段落，再单击“首字下沉”按钮，在下拉列表中选择“无”命令即可。

图 3-66 “首字下沉”下拉列表

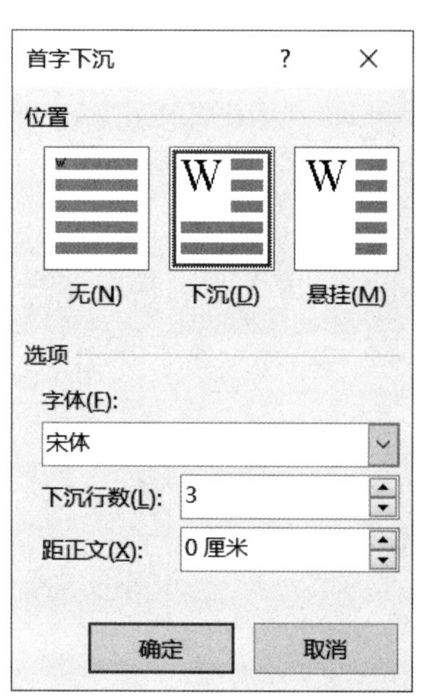

图 3-67 “首字下沉”对话框

3.7.4 设置分隔符

分隔符可以标记上一种方式的结束和下一种方式的开始。选择“布局”选项卡，在“页面设置”组中单击“分隔符”按扭 分隔符，即可打开“分隔符”下拉列表，如图 3-68 所示。

1. 分页符

分页符是标记上一页结束并标记下一页开始的一种特殊的页面标记。

分页符可以分为分页符、分栏符和自动换行符三种。

一般情况下，当在页面中输入各种文本时，输入内容满一页后 Word 2019 会自动分页。

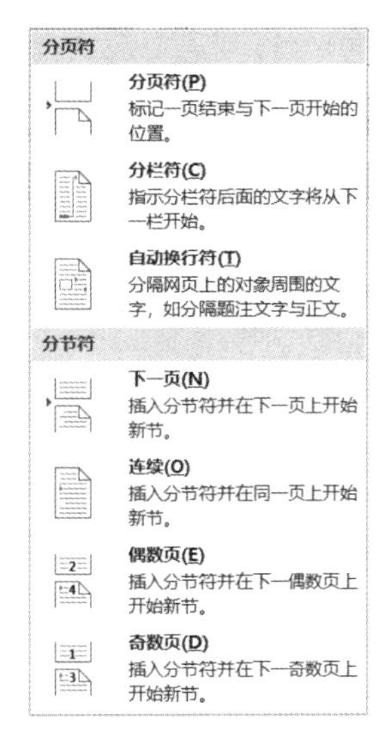

图 3-68　“分隔符”下拉列表

2. 分节符

分节符是插入文本中的一种标记，代表一节的结束。在用分节符断开的各节文本中，可以包含不同的页面方向、字体、页眉和页脚等。

分节符有下一页、连续、偶数页、奇数页四种类型，各个类型的分节符的作用如表 3-3 所示。

表 3-3　各个类型的分节符的作用

类　型	作　用
下一页	下一节的起始位置为下一页的开始
连续	下一节将换行开始
偶数页	下一节将在当前页后的下一个偶数页开始
奇数页	下一节将在当前页后的下一个奇数页开始

为文本手动插入分节符的操作步骤如下。

（1）打开一个文本，将鼠标光标定位到需要插入分节符的位置。

（2）选择“布局”选项卡，在“页面设置”组中单击“分隔符”按钮。

（3）在“分隔符”下拉列表中选择一种合适的类型，如“连续”，即可得到如图 3-69 所示的结果。

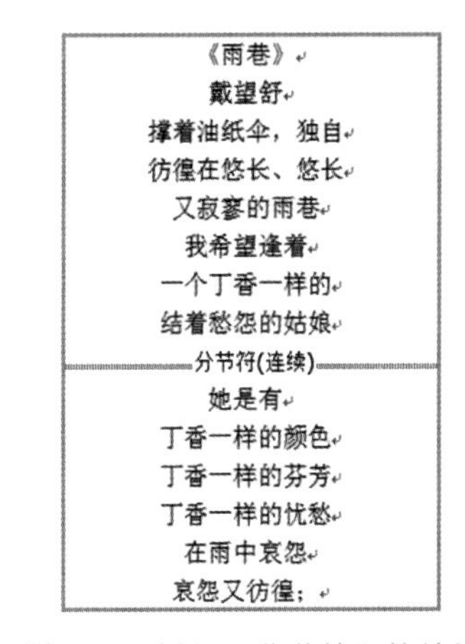

图 3-69　插入“分节符”的效果

如何删除分节符呢？方法非常简单，只需把鼠标光标定位到节的结尾（分节符之前），按 Delete 键即可；或者选中分节符后按 Delete 键（如果分节符处于隐藏状态，则分节符不可见，可以选择“开始”选项卡，单击“段落”组中的“显示 / 隐藏编辑标记”按钮 使分节符可见）。

3.7.5　设置页眉和页脚

页眉位于页面的顶部，页脚位于页面的底部。页眉和页脚常用于显示文本的附加信息，如时间、日期、页码、文本标题或作者姓名等。

为文本设置页眉和页脚的操作步骤如下。

（1）打开需要设置页眉和页脚的文本。

（2）选择“插入”选项卡，在“页眉和页脚”组中单击“页眉”按钮。

（3）在弹出的下拉列表中选择“编辑页眉”命令，就可以进入页眉编辑状态。此时页眉和页脚工具“设计”选项卡被激活，如图3-70所示。

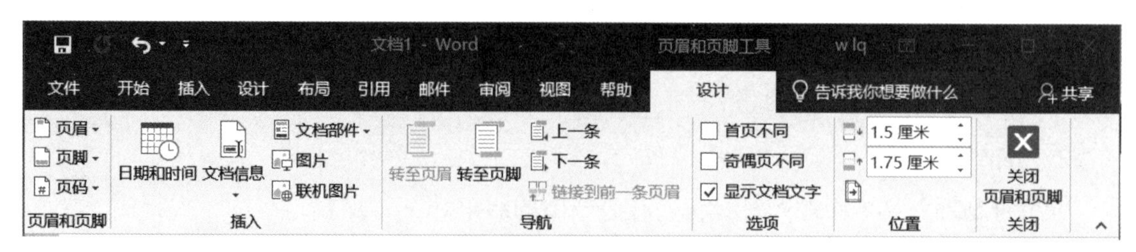

图3-70　页眉和页脚工具“设计”选项卡

（4）在页眉中不仅可以输入要编辑的文字，还可以进行以下设置。

- 在“插入”组中单击“日期和时间”或“图片”按钮，可以将日期和时间或图片插入页眉中。
- 在“选项”组中选择“首页不同”或“奇偶页不同”等复选框，可以为首页设置不同的页眉和页脚，或者为奇偶页设置不同的页眉和页脚等。
- 单击“导航”组中的“链接到前一条页眉”按钮，可以链接到前一条页眉或页脚，以继续使用相同的页眉或页脚。关闭“链接到前一条页眉”功能（可以通过单击“链接到前一条页眉”按钮，使其变成灰色），则可以创建与前一条页眉或页脚不同的页眉或页脚。（若Word文档要为不同的章节设置不同的页眉和页脚，有两个关键操作步骤一定要正确：在每个章节结尾处插入“分节符”；单击“导航”组中的“链接到前一条页眉”按钮，关闭“链接到前一条页眉”功能。）
- 通过“位置”组可以设置页眉和页脚在页面中的位置与对齐方式。

（5）在“导航”组中单击“转至页脚”按钮，或者在“页眉和页脚”组中单击“页脚”按钮，在弹出的下拉列表中选择“编辑页脚”命令。

（6）进入页脚编辑状态，进行相应设置。

（7）在“关闭”组中单击“关闭页眉和页脚”按钮，退出页眉和页脚的编辑状态。

3.7.6　设置页码

设置页码就是为文本中的页进行编号，以便于用户阅读和查找。页码可以被当作页眉或页脚的一部分进行设置，也可以被添加到文本的其他位置。

为文本设置页码的操作步骤如下。

（1）打开需要设置页码的文本。

（2）选择“插入”选项卡，在“页眉和页脚”组中单击“页码”按钮。

（3）在弹出的下拉列表中选择相应的命令为文本设置页码，如图3-71所示。

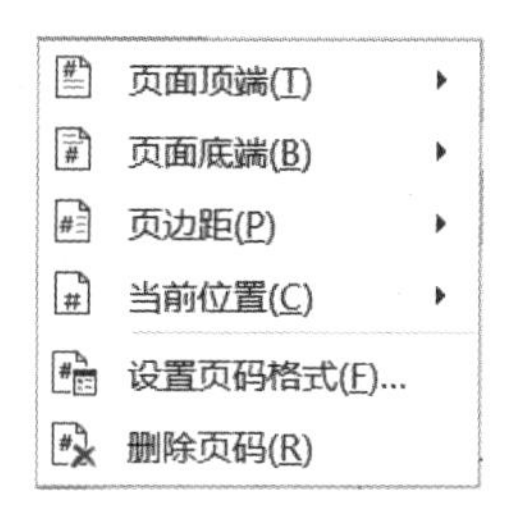

图 3-71　设置页码

3.7.7　打印预览与打印设置

将文本编辑完成并进行格式编排后，就可以打印输出了。在打印之前可以先预览打印效果，这样可以避免因各种错误而造成的纸张浪费。进行打印预览与打印设置的操作步骤如下。

（1）打开需要进行打印预览的文本。

（2）单击“文件”按钮，在弹出的下拉列表中选择“打印”命令。

（3）弹出如图 3-72 所示“打印”面板，在此可以选择打印机，并设置打印的页面范围和打印份数等，还可以预览打印效果。

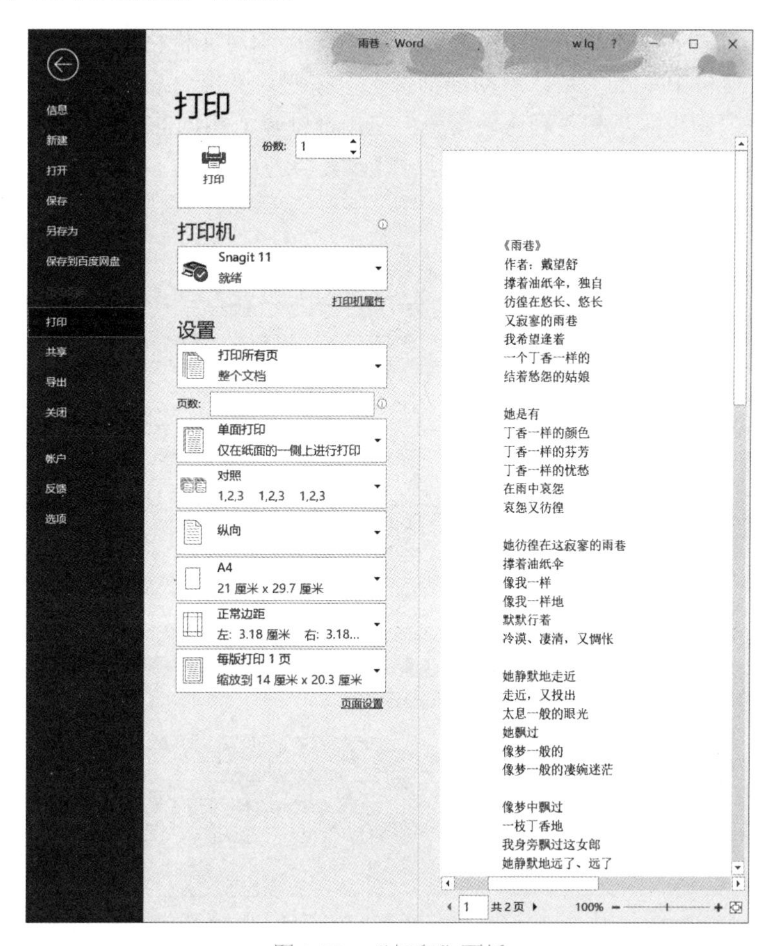

图 3-72　“打印”面板

3.8 文档的保护

3.8.1 设置文档保护

我们平时容易忽略Word文档的安全性，以为只要关闭文档就安全了。如果文档非常重要，不允许别人更改或查看，则要给文档“上一把锁”，操作步骤如下。

（1）打开需要进行文档保护设置的文档。

（2）选择“审阅”选项卡，在“保护”组中单击“限制编辑”按钮 限制编辑 。

（3）弹出“限制编辑”窗格，如图3-73所示。勾选“限制对选定的样式设置格式”复选框，单击“设置”文字链接，弹出“格式化限制”对话框，如图3-74所示，进行相关设置后单击“确定”按钮，弹出提示对话框，如图3-75所示，单击“否”按钮。

（4）在“限制编辑”窗格，对“编辑限制”选项按照需要进行相关设置。

（5）回到Word文档，此时可以对文档进行保护，限制对文档格式和样式等内容的编辑，在“限制编辑”窗格中单击“是，启动强制保护”按钮，弹出“启动强制保护”对话框，如图3-76所示，在“新密码”和“确认新密码”文本框中输入相同的密码，单击“确定”按钮，即可对选定的Word文档进行保护，限制用户对该文档进行修改。

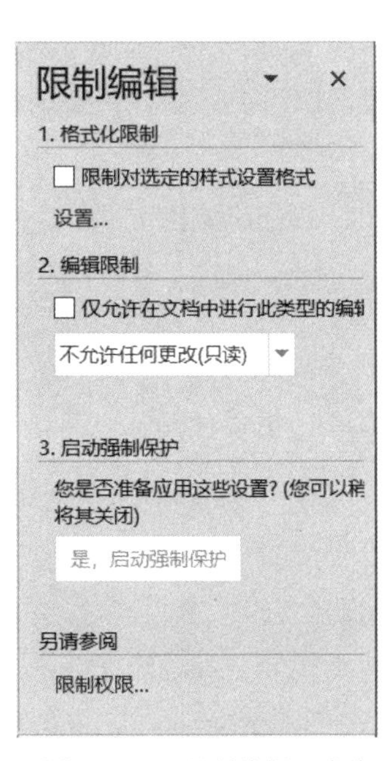

图3-73 “限制编辑”窗格

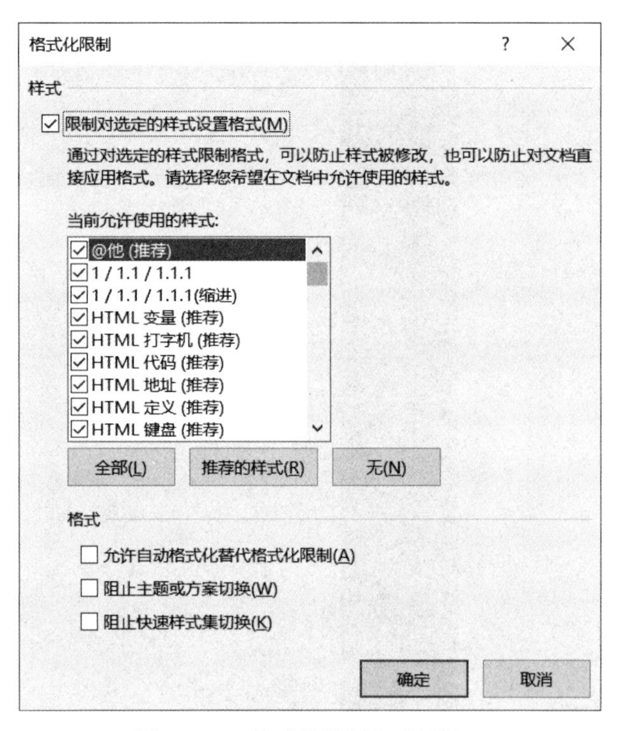

图3-74 “格式化限制”对话框

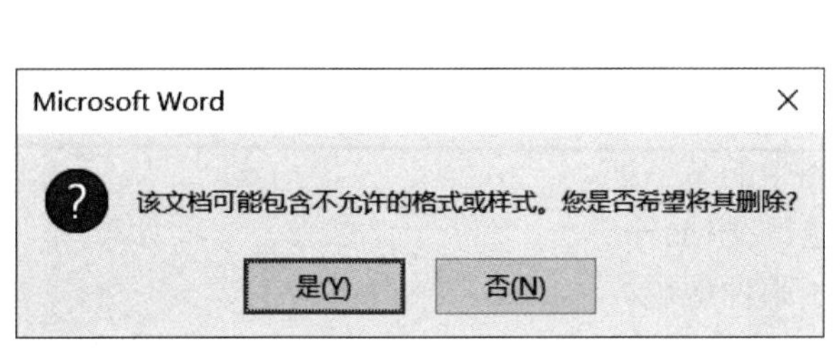

图 3-75　提示对话框

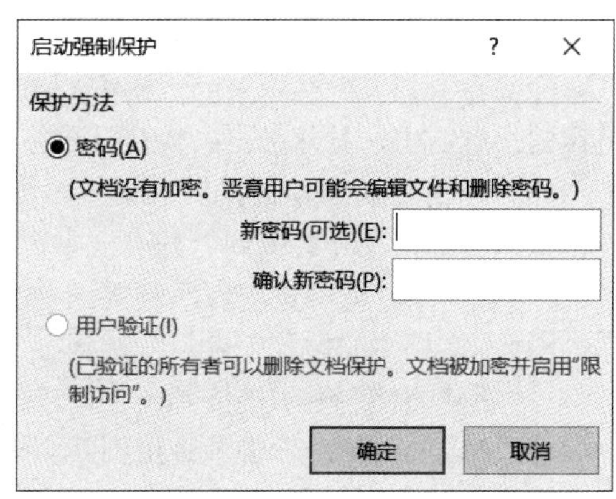

图 3-76　"启动强制保护"对话框

3.8.2　取消文档保护

如果要取消文档保护功能，可以先打开设置保护功能的文档，然后在"限制编辑"窗格（见图 3-77）中单击"停止保护"按钮。在弹出的"取消保护文档"对话框（见图 3-78）中输入密码，单击"确定"按钮，即可取消文档保护。

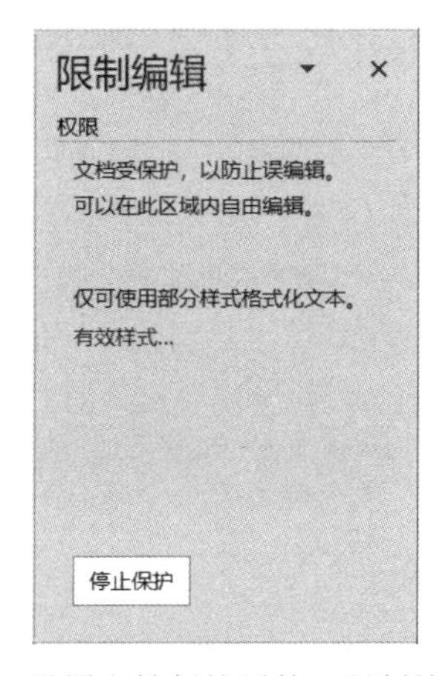

图 3-77　设置文档保护后的"限制编辑"窗格

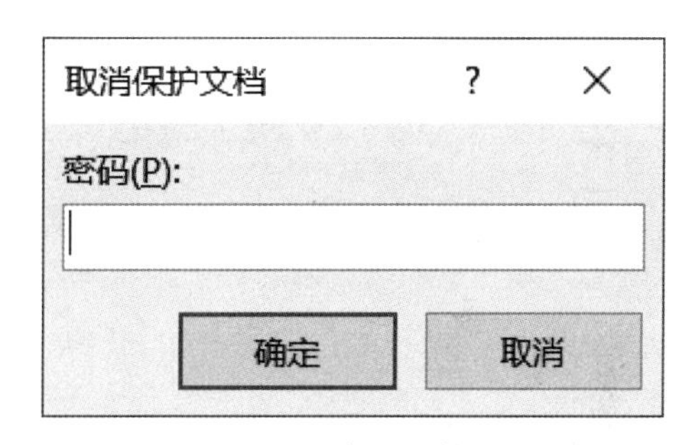

图 3-78　"取消保护文档"对话框

3.9　Word 2019 中的超链接

在 Word 2019 中，用户可以使用超链接将不同的应用程序或文本，甚至网络中的不同计算机之间的数据和信息链接在一起。文本中的超链接通常以灰色文字标识，将鼠标指针移动到超链接文字上，按住 Ctrl 键并单击，就可以从当前文本跳转到被链接的文件。

1. 添加超链接

添加超链接的操作步骤如下。

（1）将鼠标指针定位到需要添加超链接的位置。

（2）在“插入”选项卡的“链接”组中单击“链接”按钮**链接**；也可以在需要添加超链接的位置右击，并从弹出的快捷菜单中选择“链接”命令。

（3）弹出“插入超链接”对话框，如图 3-79 所示。在“要显示的文字”文本框中输入超链接的名称，在“链接到”列表框中可以选择链接的位置，并进行相应设置。

- “现有文件或网页”表示链接到一个文件或一个网页。
- “本文档中的位置”表示链接到本文档中的某一处。
- “新建文档”表示链接到一个尚未创建的文档。
- “电子邮件地址”表示链接到某个电子邮件地址。

（4）通过设定“查找范围”或“地址”选择超链接对象。

（5）还可以在“插入超链接”对话框中单击“屏幕提示”按钮，打开“设置超链接屏幕提示”对话框，在此可以输入系统对该超链接的屏幕提示。

（6）单击“确定”按钮，完成超链接设置。

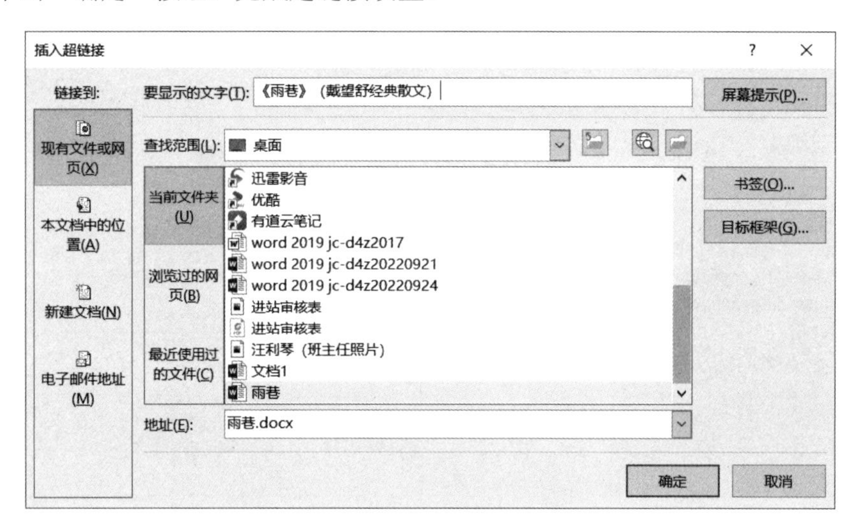

图 3-79 “插入超链接”对话框

2. 删除超链接

选择已显示为超链接的文本或图片，右击，在弹出的快捷菜单中选择“取消超链接”命令，即可删除超链接。

1. 单选题

（1）使用 Word 2019 编辑文本时执行了错误操作，（　　）功能可以帮助用户将文本恢复到原来的状态。

A. 复制　　B. 撤销　　C. 剪切　　D. 清除

（2）在 Word 2019 中，如果要把整篇文档选定，可以先将鼠标指针移动到任意文本的左侧空白处，在鼠标指针变为右向箭头后（　　）。

A．单击鼠标左键　　B．连续击三次鼠标左键
C．双击鼠标左键　　D．双击鼠标右键

（3）在 Word 2019 中，要把整个文档中的所有“计算机”一词修改为“computer”一词，可以使用（　　）功能。

A．替换　　B．查找　　C．编辑　　D．改写

（4）启动 Word 2019 之后，空白文档的名字是（　　）。

A．文档—Microsoft Word　　B．新文件 1—Word
C．文档 1—Word　　D．新文档—Microsoft Word

（5）Word 2019 文档的默认扩展名是（　　）。

A．.docx　　B．.txt　　C．.doc　　D．.htm

（6）Word 2019 是一个功能强大的（　　）。

A．工具软件　　B．文字处理软件　　C．管理软件　　D．系统软件

（7）在 Word 2019 中，要事先查看当前文档的打印效果，应进行（　　）。

A．页面设置　　B．打印　　C．全屏显示　　D．打印预览

（8）在 Word 2019 的标题栏中，单击（　　）按钮，可以最小化文档编辑窗口。

A．　　B．　　C．　　D．

（9）（　　）位于窗口的底部，显示当前文档页数、文档总页数、包含的字数、拼写检查、输入法状态等。

A．状态栏　　B．标题栏
C．快速访问工具栏　　D．帮助

（10）在文档中按下 Backspace 键时，将（　　）。

A．删除鼠标光标左侧的一个字符　　B．删除鼠标光标左侧的一个单词
C．删除鼠标光标右侧的一个字符　　D．删除鼠标光标右侧的一个单词

（11）使用快捷键（　　）可以将 Word 2019 的帮助功能打开。

A．F5　　B．F1　　C．F11　　D．F8

（12）下列选项中字号最大的是（　　）。

A．小五　　B．五号　　C．小四　　D．四号

（13）在 Word 2019 中，实现恢复功能的组合键是（　　）。

A．Ctrl+Z　　B．Ctrl+C　　C．Ctrl+Y　　D．Ctrl+X

（14）下列关于“选定 Word 2019 操作对象”的叙述，不正确的是（　　）。

A．双击文本选定区可以选定一个段落
B．将鼠标指针移动到行的左侧空白处，在鼠标指针变为右向箭头后单击，可以选择整行文本
C．按住 Alt 键的同时拖动鼠标左键可以选定一个矩形区域
D．将鼠标指针移动到段落的左侧空白处，在鼠标指针变为右向箭头后双击，可以选中当前段落

（15）在 Word 2019 中，将选定的文本字体设置为加粗的操作是单击“开始”选项卡“字

体”组中的（　　）按钮。

A．**U** ˅　　B．*I*　　C．x^2　　D．**B**

（16）Word 2019 中的段落对齐方式默认设置为（　　）。

A．左对齐　　B．右对齐　　C．居中　　D．两端对齐

（17）在 Word 2019 的下列操作中，（　　）与其他操作实现的功能不同。

A．按组合键 Alt+F3

B．按组合键 Alt+F5

C．单击 Word 窗口右上角的“关闭”按钮。

D．在“文件”按钮的下拉菜单中单击“关闭”按钮。

（18）Word 2019 是（　　）公司研制的文字处理软件产品。

A．Microsoft　　B．Intel　　C．IBM　　D．华为

（19）在拖动图片过程中按住（　　）键，可以直接复制一个对象到新位置。

A．Shift　　B．Ctrl　　C．Alt　　D．Tab

（20）插入点位于表格的最后一个单元格时，按（　　）键将为表格添加新的一行。

A．Shift　　B．Ctrl　　C．Alt　　D．Tab

（21）在“页面设置”对话框的（　　）选项卡中可以设置纸张方向和页码范围。

A．“纸张”　　B．“文档网格”　　C．“页边距”　　D．“版式”

（22）在 Word 2019 文档中使用（　　）功能，可以从当前文本跳转到当前文本的其他位置，或者跳转到不同的应用程序或文本。

A．标签　　B．索引　　C．宏　　D．超链接

（23）在 Word 2019 中，下列关于“页码”的叙述，正确的是（　　）。

A．页码必须从 1 开始编号

B．页码的位置必须位于文本编辑区的下方

C．页码只能是页脚的一部分

D．无须对每页都使用“页眉和页脚”命令来设置

（24）在 Word 2019 编辑状态下，若选择了整个表格后按 Delete 键，则（　　）。

A．整个表格被删除　　B．表格中的一行被删除

C．表格中的一列被删除　　D．表格中的所有字符被删除

（25）“页眉和页脚”组位于（　　）选项卡中。

A．“开始”　　B．“插入”　　C．“页面布局”　　D．“视图”

（26）下列选项中不属于 Word 2019 缩进方式的是（　　）。

A．首行缩进　　B．尾行缩进　　C．左缩进　　D．悬挂缩进

（27）在 Word 2019 中，插入点的形状是（　　）。

A．闪动的竖线　　B．闪动的横线　　C．沙漏　　D．箭头

（28）在使用 Word 2019 编辑文本时，要把一段文字移动到另一段文字的末尾，可以进行的操作是（　　）。

A．复制 + 粘贴　　B．剪切　　C．复制　　D．剪切 + 粘贴

（29）在 Word 2019“视图”选项卡的“视图”组中，不存在的视图工具是（　　）。

A．预览视图　　B．页面视图　　C．Web 版式视图　　D．大纲视图

（30）在 Word 2019 中设置字体时，不能设置的是（　　）。

A．字体　　B．字体颜色　　C．字形　　D．行间距

（31）Word 2019 不包含的功能是（　　）。

A．编译　　B．打印　　C．排版　　D．编辑

（32）对 Word 软件的功能说法不正确的是（　　）。

A．它可以编辑文字，也可以编辑图形

B．可以在 Word 2019 中制作表格

C．不能在 Word 2019 中打开使用 Word 2003 编辑的文档

D．不能在 Word 2003 中打开扩展名是 .docx 的文档

（33）使用 Word 2019 对表格进行拆分与合并操作时，（　　）。

A．一个表格只能拆分成上下两个或左右两个

B．一个表格只能拆分成上下两个

C．一个表格只能拆分成左右两个

D．可以对上下或左右的单元格进行单元格合并操作

（34）在 Word 2019 文档窗口中，决定在窗口工作区中显示文档的哪部分内容的是（　　）。

A．滚动条　　B．“最大化”按钮

C．标尺　　D．控制框

（35）在执行“查找”命令时，查找内容为“MICROSOFT”，如果选择了搜索选项（　　），则“Microsoft”不会被查找到。

A．区分全 / 半角　　B．区分大小写　　C．使用通配符　　D．全字匹配

（36）在 Word 2019 中，图片可以有多种环绕方式和文本混排方式，（　　）不是它提供的环绕方式。

A．四周型　　B．上下型　　C．左右型　　D．穿越型

（37）Word 2019 具有插入功能，下列关于插入的说法错误的是（　　）。

A．可以插入多种类型的图片　　B．插入后的对象无法更改

C．可以插入艺术字　　D．可以插入超链接

（38）在 Word 2019 文档窗口中，若选定的文本块中包含几种字体的汉字，则“开始”选项卡“字体”组的字体框中显示（　　）。

A．空白　　B．第一个汉字的字体

C．系统默认字体：宋体　　D．文本块中使用最多的汉字字体

2. 填空题

（1）在 Word 2019 编辑状态下，“格式刷”按钮的作用是______________________。

（2）Word 2019 提供的文档显示方式称为视图，包括______________________、______________________、______________________、阅读版式视图、大纲视图五种视图。

（3）在 Word 2019 中，段落缩进后，文本相对于打印纸边界的距离为_______________。

（4）利用组合键________________可以在安装的各种输入法之间切换。

（5）若想插入版权符号 @，可以通过__________________选项卡__________________组中的________________按钮来实现。

（6）插入 / 改写状态的转换，可以通过键盘上的________________键来实现。

（7）使用键盘上的________键可以将插入点移动到行首。

（8）剪切文本使用的组合键是________，复制文本使用的组合键是________，粘贴文本使用的组合键是________。

（9）在 Word 2019 中，当输入文本满一页时会自动插入一个分页符，这称为________。

（10）Word 2019 中的________最初只有“保存”、“撤销”和“恢复”三个固定的快捷按钮。

（11）在创建表格时，在网格框顶部出现的“m×n 表格”表示要创建的表格是________行________列。

（12）项目符号或编号可以在文本输入时自动创建，在以“1.”“(1)”“A.”等字符开始的段落结尾处按回车键，在下一段文本开始处将自动出现________等字符。

3. 简答题

（1）Office 2019 办公软件主要包括哪些组件，其作用分别是什么？

（2）Word 2019 的窗口由哪几部分组成？各个部分包含哪些内容？

（3）Word 2019 中的文本选定是什么含义？如何选定文本？

（4）Office 2019 的安装步骤有哪几步？

（5）页面设置主要包括哪些部分，各自的作用是什么？

（6）在文档中如何插入图片？

（7）创建表格有哪些途径？

（8）为文本设置页眉和页脚的操作步骤有哪些？

4. 操作题

按以下要求对 Word 文本进行编辑和排版。

（1）输入以下文本内容。

“假如你不知道自己的方向，你就会谨小慎微，裹足不前。”

不少人终生都像梦游者一样，漫无目的地游荡。他们天天都按熟悉的“老一套”生活，从来不问自己：“我这一生要干什么？”，他们对自己的作为不甚了解，因为他们缺少目标。

制订目标，是意志朝某个方向努力的高度集中。不妨从你渴望的一个清楚的构想开始，把你的目标写在纸上，并定出达到它的时间。莫将全部精力用在获得和支配目标上，而应当集中于为实现你的愿望去做、去创造、去奉献。制订目标可以带给我们都需要的真正的满足感。

自己设想正在迈向你的目标，这尤为重要。失败者经常预想失败的不良后果，成功者则设想成功的奖赏。从运动员、企业家和演说家中，我屡屡看到这样的情况。

（2）将第一段的格式设为：段前 5 磅，段后 5 磅，其余不变。

（3）将第二段分为两栏，栏宽相等，加分隔线。

（4）在第三段第二行“达到它的时间。”后插入一幅图片：高 2.5 厘米、宽 3.5 厘米；图片环绕方式为衬于文字下方。

（5）插入页码：页码位置为“页面底部（页脚）”，对齐方式为“居中”。

Excel 2019 电子表格数据处理

素质目标

1. 提高科学决策、分析问题、解决问题的能力。

2. 培养严谨、实事求是和一丝不苟的科学态度。

本章主要内容

🕮 创建和管理工作簿及工作表。

🕮 数据输入与编辑。

🕮 设置工作表格式。

🕮 使用公式和函数。

🕮 数据分析与管理。

🕮 使用图表。

🕮 打印工作表。

4.1 Excel 2019 的基本知识

4.1.1 启动和退出 Excel 2019

启动 Excel 2019 的方法主要有以下几种。

（1）选择“开始”→程序列表→“Excel”命令。

（2）双击桌面上 Excel 的快捷方式图标。

通过以上方法打开 Excel 之后，在出现的“开始”或“新建”菜单中可以新建一个空白工作簿。

退出 Excel 2019 有以下几种方法。

（1）单击 Excel 2019 窗口右上角的 ☒ 按钮。

（2）按 Alt+F4 组合键。

（3）双击窗口左上角的控制菜单。

需要注意的是，在 Excel 2019 中，选择“文件”→“关闭”命令，只能关闭当前文档，不会退出 Excel 程序；只有单击窗口右上角的 ☒ 按钮，才会退出整个 Excel 程序。

4.1.2 Excel 2019 窗口的组成

启动 Excel 2019 并新建一个空白工作簿，界面如图 4-1 所示。

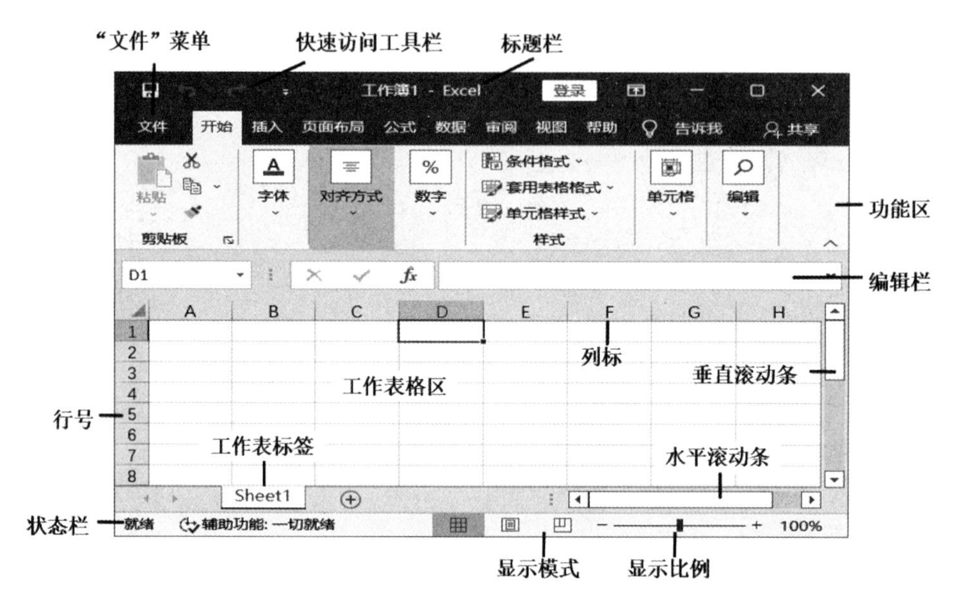

图 4-1　Excel 2019 界面

（1）标题栏：位于窗口的顶部，用来显示当前打开或新建的 Excel 的文件名和应用程序名，如图 4-1 所示中的“工作簿 1 - Excel”。标题栏右端有五个按钮，“登录”按钮用于登录用户的 Microsoft 账户信息，按钮（功能区显示选项按钮）用于设置功能区选项卡和命令是否显示，右侧的三个按钮依次控制窗口的最小化、最大化和关闭。

（2）“文件”菜单：位于窗口的左上角。通过“文件”菜单，用户可以完成新建、打开、保存、打印、共享和关闭等功能。

（3）快速访问工具栏：位于窗口的左上角，其中包含最常用操作的快捷按钮，默认有“保存”、“撤销”和“恢复”三个按钮。快速访问工具栏可以与功能区互换位置。

单击快速访问工具栏右侧的下拉按钮，可以通过“自定义快速访问工具栏”命令来添加其他功能按钮。

（4）功能区：位于标题栏的下方，几乎包含了 Excel 的所有命令集合。功能区内默认有八个选项卡，单击选项卡名称会显示相应的详细功能组，用户可以从中选取需要的操作。

（5）编辑栏：包含按钮选择区和数据编辑区，用于编辑单元格中的内容。当向某个单元格中输入内容时，编辑栏就会出现三个按钮。

✕按钮：用于取消对当前单元格的编辑。

✔按钮：用于确认当前单元格中的输入内容。

fx 按钮：用于插入函数，可以从弹出的“插入函数”对话框中选择所需函数。

（6）工作表格区：用于记录数据内容。工作表由单元格组成，同一水平位置的单元格构成一行，行号为 1、2、3 等，单击某个行号可以选中整行；同一垂直位置的单元格构成一列，列标为 A、B、C 等，相当于第 1、2、3 等列，单击某个列标可以选中整列。每个单元格的位置都可以采用列标和行号的组合来表示，也称为单元格地址。例如，C6 表示第 C 列和第 6 行交叉处的单元格。

（7）工作表标签：位于工作表格区的底部，用于显示所有工作表的名称。呈白底显示的标签为当前活动工作表的标签，如图 4-1 所示中的“Sheet1”。

（8）状态栏、显示模式与显示比例：均位于窗口底部。状态栏用来显示当前工作区的状态。显示模式包括“普通”模式、“页面布局”模式与“分页预览”模式，单击 Excel 2019 窗口右下角的 田　回　凹 按钮可以进行切换。显示比例用于控制工作表的缩放，可以直接拖动滚动条或单击百分比数字打开“显示比例”对话框进行设置。

4.1.3　工作簿的创建和管理

一个 Excel 文档就是一个工作簿，一个工作簿由若干个工作表组成。工作表是在 Excel 中用于存储和管理数据的主要文档，它存在于工作簿中。如图 4-1 所示，新建“工作簿 1”默认由 Sheet1 一张工作表组成。工作簿与工作表的关系就像账簿与账页的关系。

1. 创建空白工作簿

创建空白工作簿的方法有以下三种。

（1）启动 Excel 2019，系统将自动创建一个空白工作簿“工作簿 1”。

（2）选择“文件”菜单中的“新建”命令，单击“空白工作簿”按钮即可创建一个空白工作簿。

（3）在 Excel 2019 界面中，可以直接使用 Ctrl+N 组合键创建空白工作簿。

新建的 Excel 工作簿将默认以工作簿 1、工作簿 2……这样的名称命名。

2. 使用模板快速创建工作簿

Excel 2019 提供了很多具有特定用途的工作簿联机模板，用户可以搜索并下载所需模板，如个人月度预算、学年日历、学生课程安排等。

选择“文件”菜单中的“新建”命令，在“新建”列表中单击已下载的模板，或者在联机模板列表中选择或搜索需要的模板下载，即可创建工作簿。

3. 保存工作簿

保存工作簿分为以下两种情况。

（1）保存新建工作簿时，需要为工作簿指定保存的位置和名称。保存被修改的工作簿，也就是覆盖原来的工作簿。保存方法有以下三种。

- 选择“文件”菜单中的“保存”命令。
- 使用 Ctrl+S 组合键。
- 单击快速访问工具栏中的“保存”按钮。

（2）另存工作簿即重新保存工作簿，也就是将已有的工作簿以其他文件格式、其他文件名或其他位置等方式进行再次保存。操作方法如下：选择“文件”→“另存为”命令，在“另存为”界面中选择保存位置，在弹出的对话框中输入文件名，然后单击“保存”按钮即可。

4. 隐藏或显示工作簿

打开需要隐藏的工作簿，在“视图”选项卡的“窗口”组中单击“隐藏”按钮，当前工作簿即被隐藏起来。

在“视图”选项卡的“窗口”组中单击“取消隐藏”按钮，则隐藏的工作簿可以重新显示。

4.1.4 工作表的创建和管理

1. 新建工作表

新建的工作簿默认包含一张独立的工作表，用户可以根据需要增加工作表的数量，最多可达255张。新建工作表的操作方法有以下三种。

（1）打开工作簿，选择“开始”→“单元格”→“插入”→“插入工作表”命令，即可添加新工作表。

（2）打开工作簿，右击工作表标签，在弹出的快捷菜单中选择“插入”命令。在弹出的“插入”对话框中选择“常用”→“工作表”，如图4-2所示，单击“确定”按钮后即插入了新工作表。

图4-2 “插入”对话框

（3）直接单击工作表标签上的“新工作表”按钮⊕。

2. 删除工作表

单击工作表标签，选定要删除的工作表，选择“开始”→“单元格”→“删除”→“删除工作表”命令，即可删除该工作表。也可以右击选定的工作表标签，在弹出的快捷菜单中选择“删除”命令。

3. 选择工作表

在默认状态下，当前工作表为 Sheet1。

用鼠标选择工作表是最常用、最快速的方法。只需在表格下方要选择的工作表标签上单击，即可选择该工作表为当前活动工作表。

按住 Shift 键的同时依次单击第 1 个和最后 1 个需要选择的工作表标签，即可选择连续的工作表。

要选择不连续的工作表，只需在按住 Ctrl 键的同时选择相应的工作表标签即可。

4. 移动或复制工作表

1）移动工作表

单击要移动的工作表标签，按住鼠标左键的同时沿着标签行拖动至目标位置即可移动工作表。也可以右击选定的工作表标签，在弹出的快捷菜单中选择“移动或复制”命令，再在“移动或复制工作表”对话框中进行设置即可。

2）复制工作表

复制工作表与移动工作表类似。在拖动工作表标签的同时按住 Ctrl 键，出现符号“+”则表示复制工作表。

5. 重命名工作表

双击要重命名的工作表标签，标签以反白显示，在其中输入新的名称并确认即可重命名工作表。也可以右击选定的工作表标签，在弹出的快捷菜单中选择“重命名”命令进行重命名操作。

4.2 数据输入与编辑

4.2.1 选定单元格和区域

将鼠标指针指向需要选定的单元格并单击，或者利用键盘的上、下、左、右方向键，均可选定不同的单元格。

如果使用鼠标选定一个连续的单元格区域，先单击该区域左上角的单元格，然后按住鼠标左键并拖动至该区域右下角的单元格，最后释放鼠标键即可。

选定多个不连续的单元格区域时，先单击或拖动鼠标左键选定第一个单元格区域，然后在按住 Ctrl 键的同时选定其他单元格区域。

单击某列单元格的列标，可以选定整列；单击某行单元格的行号，可以选定整行。同样地，单击列标或行号，并按住鼠标左键拖动，则可以选定连续的多列或多行。

4.2.2 在单元格中输入数据

在单元格中可以输入不同的内容，一般分为以下三种。

1）在单元格中输入文本

在 Excel 中，文本可以是数字、空格和非数字字符的组合。所有文本在单元格中默认为左对齐显示。

2）在单元格中输入数字

在 Excel 中，数字一般是 0 ～ 9、+、( )、/、E、e 等符号的组合，可以是整数、小数、分数，也可以是用科学记数法表示的数字。所有数字在单元格中默认为右对齐显示。

3）在单元格中输入日期和时间

在单元格中输入日期有两种方式：一种是用“/”分隔的年、月、日，如 2022/1/23；另一种是用“-”分隔的年、月、日，如 2022-1-23。通过这两种方式输入日期后均显示为前一种带斜线的格式。

在单元格中输入时间是需要加上冒号的，如 12:34、11:22:33。

日期和时间在单元格中默认为右对齐显示。

4.2.3 在单元格中自动填充数据

在单元格中输入内容时，经常会遇到一些有规律的数据，如 10、20、30 等。对于这样的数据，可以利用自动填充功能来实现快速输入。

当选中一个单元格时，该单元格的右下角会有一个黑色的小方块，这个小方块称为填充柄。当鼠标指针指向填充柄时，其形状会由白色空心“十”字变成黑色实心“十”字。按住填充柄并进行横向或纵向拖动，即可在相邻的单元格中完成数据序列的填充。

例如，从工作表的 B5 单元格开始，沿 B 列向下依次填入 5、10、15、20、25 这样一组数据，可以采用以下三种方法。

方法一：使用鼠标左键拖动填充柄填充数据。在 B5 单元格中输入 5，在 B6 单元格中输入 10，选定 B5、B6 连续单元格后，使用鼠标左键按住 B6 单元格右下角的填充柄，并向下拖动至 B9 单元格。

方法二：使用“序列”对话框填充数据。在 B5 单元格中输入 5，选择“开始”→“编辑”→“填充”→“序列”命令，弹出“序列”对话框，如图 4-3 所示，在“序列产生在”栏中选择“列”，在“类型”栏中选择“等差序列”，在“步长值”文本框中输入 5，在“终止值”文本框中输入 25，单击“确定”按钮。

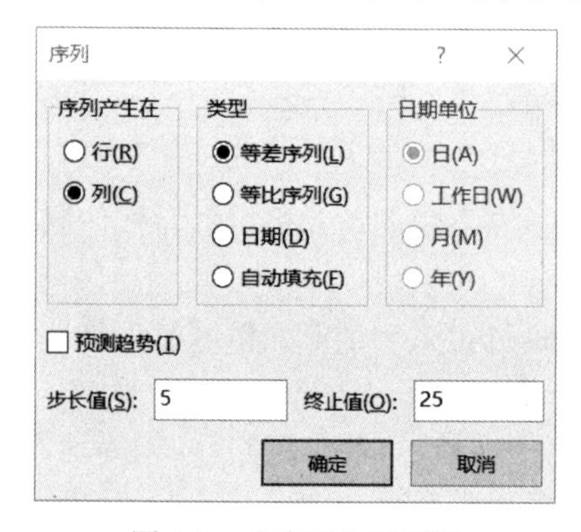

图 4-3 “序列”对话框

方法三：使用鼠标右键填充数据。在 B5 单元格中输入 5，使用鼠标右键按住填充柄，并向下拖动，至 B9 单元格时释放鼠标键，在弹出的快捷菜单中选择“序列”命令，弹出如图 4-3 所示“序列”对话框，完成对话框中各项的设置，单击“确定”按钮。

4.2.4　移动与复制单元格数据

选中需要操作的数据单元格或区域，选择“开始”→“剪贴板”→“剪切”或“复制”命令，选中需要放置该数据的目标单元格，选择“粘贴”命令，即可完成移动或复制数据操作。

4.2.5　清除与删除单元格

清除单元格会删除单元格中的内容、格式或批注等，但是空白单元格仍然保留在工作表中。删除单元格则会从工作表中移除所选单元格，并调整周围的单元格，以填补删除后的空缺。

清除单元格中的内容时，可以直接按 Delete 键，或者选择“开始”→“编辑”→“清除”→“清除内容”命令，或者在右键快捷菜单中选择“清除内容”命令。

删除单元格时，选中需要删除的单元格或区域，选择“开始”→“单元格”→“删除”→“删除单元格”命令，在弹出的“删除文档”对话框中根据需要选择左移或上移单元格，如图 4-4 所示。

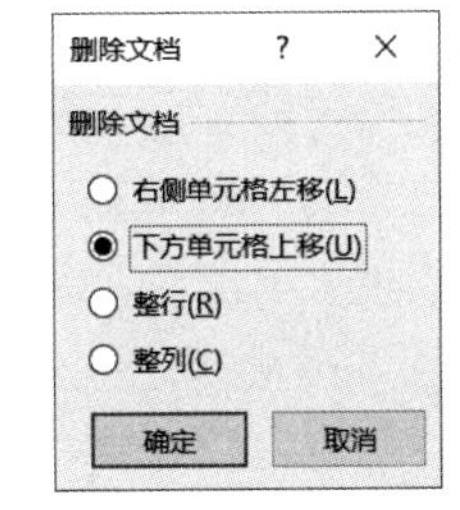

图 4-4　“删除文档”对话框

4.2.6　查找与替换单元格数据

1. 查找单元格数据

单击任意单元格，选择“开始”→“编辑”→“查找和选择”→“查找”命令，在弹出的对话框中打开“查找”选项卡，如图 4-5 所示。在“查找内容”文本框中输入要查找的内容，单击“查找全部”或“查找下一个”按钮即可完成简单的查找。

单击“选项”按钮，可以对“查找内容”进行格式、查找范围等设置，完成复杂的查找工作。

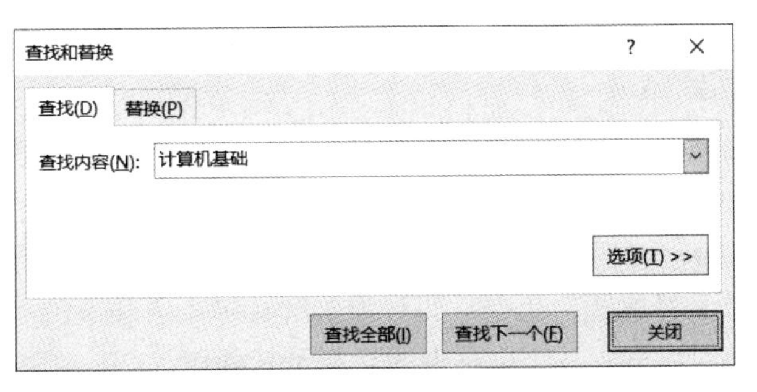

图 4-5　“查找”选项卡

2. 替换单元格数据

单击任意单元格，选择“开始”→“编辑”→“查找和选择”→“替换”命令，在弹出的对话框中打开“替换”选项卡，如图 4-6 所示。在“查找内容”文本框中输入要被替换的内容，在“替换为”文本框中输入新内容，单击“替换”或“全部替换”按钮即可完成简单的替换。

单击“选项”按钮，可以对“查找内容”和“替换为”进行格式、查找范围等设置，完成复杂的替换工作。

图 4-6 “替换”选项卡

4.2.7 合并与拆分单元格

1. 合并单元格

选中需要合并的相邻单元格区域，选择“开始”→“对齐方式”→“合并后居中”→“合并单元格”命令，即可合并单元格。

2. 拆分单元格

选中需要拆分的单元格，选择“开始”→“对齐方式”→“合并后居中”→“取消单元格合并”命令，即可拆分单元格。

4.3 工作表的格式设置

4.3.1 设置单元格格式

对于简单的单元格格式设置，可以直接通过“开始”选项卡中的不同选项功能来实现，如设置字体、对齐方式、数字格式等。对于比较复杂的格式操作，选中一个单元格或单元格区域后，选择“开始”→“单元格”→“格式”→“设置单元格格式”命令，或者在右键快捷菜单中选择“设置单元格格式”命令，即可弹出含有多个选项卡的“设置单元格格式”对话框。下面依次介绍该对话框中各个选项卡的功能及其操作。

1. “数字”选项卡

“数字”选项卡（见图 4-7）左侧的“分类”列表框中列举了常用的数字格式类型，包括货币、会计专用、日期、百分比、科学记数、文本等，用户可以直接套用这些内置的数字格式。

例如，将数字“2022”设置为“中文小写数字”格式，可以选择“分类”列表框中的“特殊”选项，在右侧的“类型”列表框中选择“中文小写数字”，单击“确定”按钮即可。

图 4-7　“数字”选项卡

2. “对齐”选项卡

在没有格式化的单元格中，文本默认采用左对齐格式，数字默认采用右对齐格式。用户可以根据需要设置单元格内容的对齐方式。在“设置单元格格式”对话框中选择“对齐”选项卡，如图 4-8 所示，“水平对齐”和“垂直对齐”选项分别用来设置文本在水平方向和垂直方向的对齐方式。在“方向”区域可以控制单元格中文本的显示角度。“文本控制”区域包括常用的“自动换行”、“缩小字体填充”和“合并单元格”复选框，设置效果如图 4-9 所示。

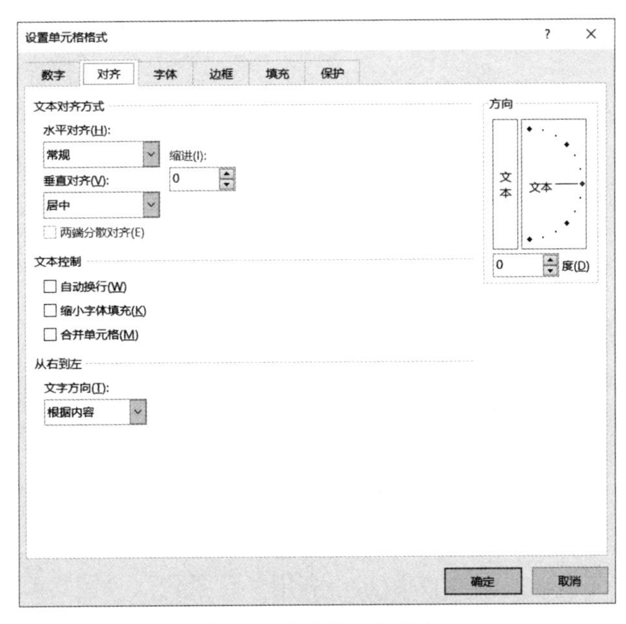

图 4-8　“对齐”选项卡

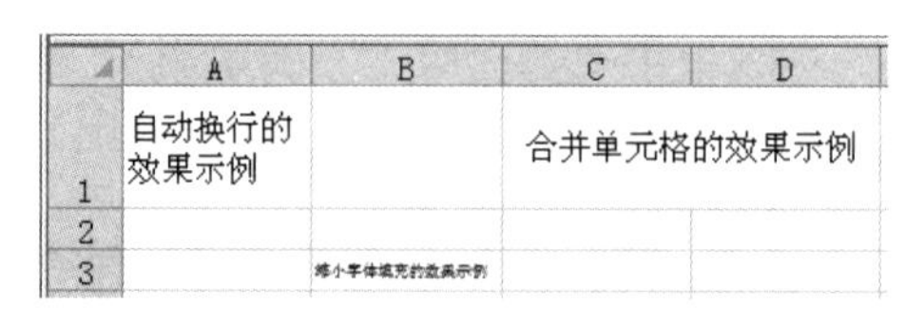

图 4-9 “文本控制”设置效果

3. “字体”选项卡

打开“字体”选项卡，如图 4-10 所示，可以看到 Excel 中有关字体的各种设置，包括字体、字形、字号、下画线、颜色、特殊效果等。用户可以根据需要设置字体格式，美化文本。

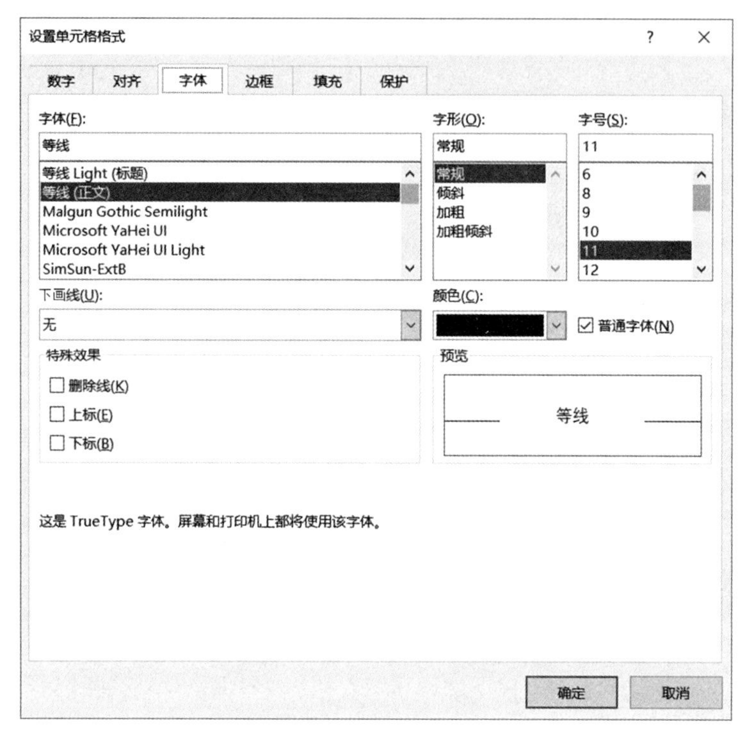

图 4-10 “字体”选项卡

4. “边框”选项卡

在默认情况下，Excel 中的所有单元格是没有边框的，仅以网格线显示。为了增加工作表的清晰度和条理性，一般需要给单元格设置边框。

打开“边框”选项卡，如图 4-11 所示。利用“直线”区域中的“样式”和“颜色”选项，可以为边框选择不同的线条样式和颜色搭配。单击“预置”区域中的不同按钮，可以直接为选定单元格区域加上外边框、内部边框，或者设置为无边框。单击“边框”区域中的不同按钮，可以为选定单元格区域在不同的位置加上边框。

5. “填充”选项卡

打开“填充”选项卡，如图 4-12 所示，利用“背景色”、“图案颜色”和“图案样式”中的选项设置，可以为单元格区域加上各种底纹和颜色，为工作表增添色彩。

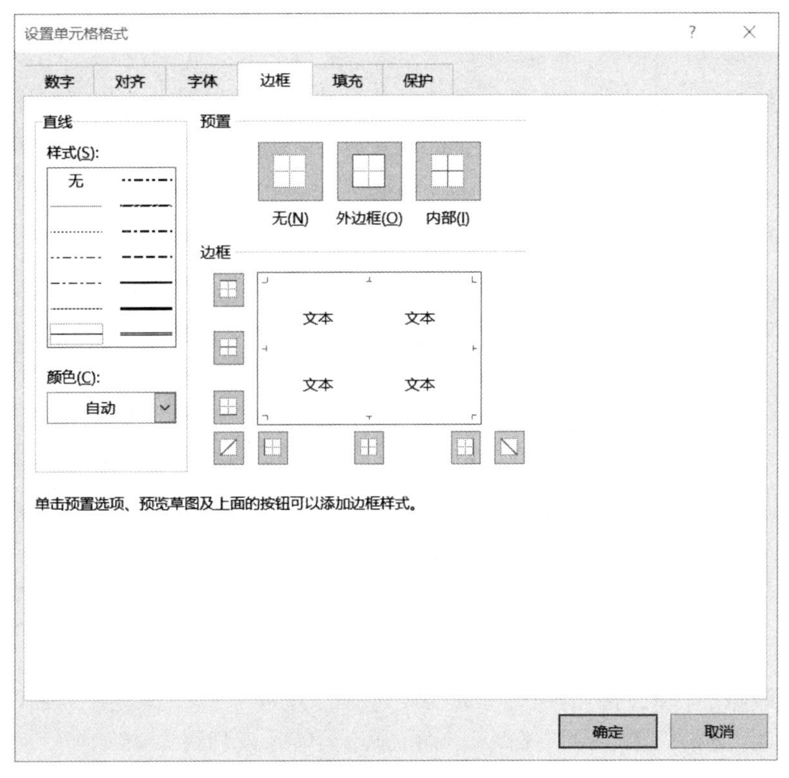

图 4-11　“边框”选项卡

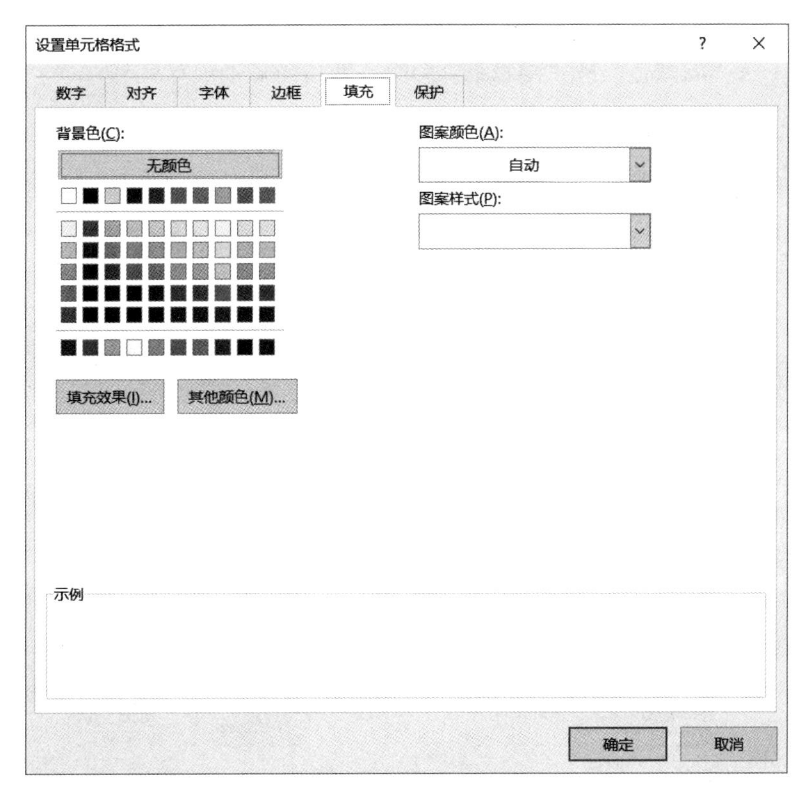

图 4-12　“填充”选项卡

6. “保护”选项卡

选择“保护”选项卡中的“锁定”或“隐藏”命令，可以对单元格区域实现锁定单元格或隐藏公式的设置。要使“保护”选项卡的设置有效，必须在“审阅”选项卡的“保护”组中单击“保护工作表”按钮，进行保护工作表的设置。相反地，也可以在“保护”组中撤销对工作表的保护。

4.3.2 设置行和列

1. 插入行和列

选定工作表某行中的任意单元格或单击行号选中整行，选择“开始”→“单元格”→“插入”→“插入工作表行”命令，即在所选行的上方插入新的一行，原有的行将自动下移。

选定工作表某列中的任意单元格或单击列标选中整列，选择“开始”→“单元格”→“插入”→“插入工作表列”命令，即在所选列的左侧插入新的一列，原有的列将自动右移。

2. 删除行和列

选中需要删除的行或列中的任意单元格，选择“开始”→“单元格”→“删除”→“删除工作表行”或“删除工作表列”命令，即可删除当前行或列。

3. 隐藏行和列

选中需要隐藏的行或列中的任意单元格，选择“开始”→“单元格”→“格式”→“隐藏和取消隐藏”→“隐藏行”或“隐藏列”命令，即可隐藏当前行或列。

4. 调整行高和列宽

如果一个单元格中存放有大量的数据，为了方便阅读，必须适当地调整行高和列宽。调整行高和列宽有以下两种方法。

方法一：用鼠标手动调整。

将鼠标指针移动到行号或列标的分隔线处，当鼠标指针形状由白色空心“十”字变成黑色实心“十”字时，按下鼠标左键，按箭头方向拖动至合适的位置后释放鼠标键。

方法二：精确设置行高和列宽。

设置行高时，选择“开始”→“单元格”→“格式”→“行高”命令，弹出如图 4-13 所示“行高”对话框，输入具体的行高数值，单击“确定”按钮即可。行高的单位是“磅”。

设置列宽时，选择“开始”→“单元格”→“格式”→“列宽”命令，弹出如图 4-14 所示“列宽”对话框，输入具体的列宽数值，单击“确定”按钮即可。列宽的单位是“字符”。

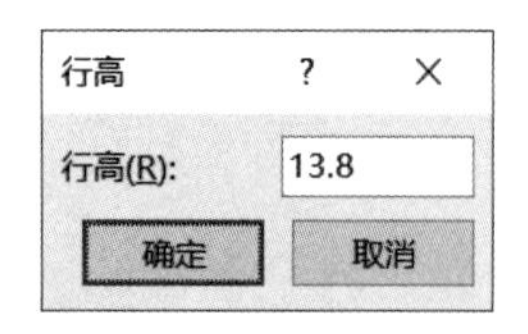

图 4-13 “行高”对话框

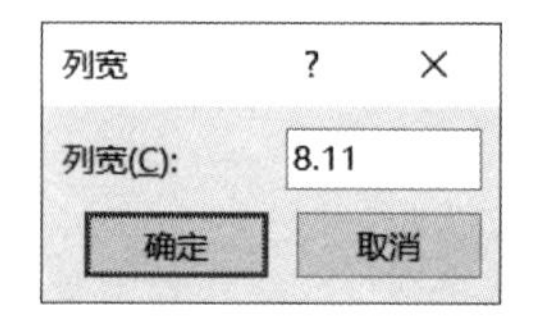

图 4-14 “列宽”对话框

4.3.3　套用单元格样式

样式就是字体、字号和缩进等格式设置的组合，Excel 将这一组合作为集合加以命名和存储。Excel 2019 自带多种单元格样式，用户可以直接对单元格套用这些样式。另外，用户也可以自定义单元格样式。

使用 Excel 2019 的内置单元格样式，可以先选中需要设置样式的单元格或单元格区域，然后选择“开始”→“样式”→“单元格样式”命令，再单击对应的选项来直接套用内置样式，如图 4-15 所示。

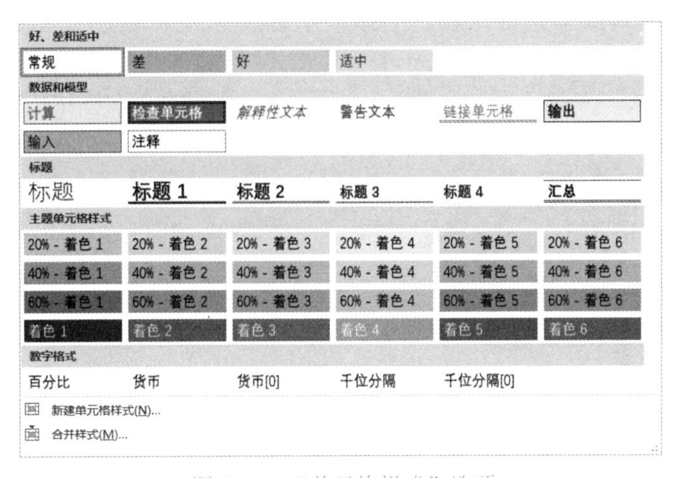

图 4-15　“单元格样式”选项

如果要删除某个不再需要的单元格样式，可以单击任意已经设置样式的单元格，在“单元格样式”选项中右击已突出显示的样式，然后在弹出的快捷菜单中选择“删除”命令；也可以选择“开始”→“编辑”→“清除”→“清除格式”命令来完成此操作。

4.3.4　套用表格格式

套用表格格式就是将 Excel 内置表格格式直接整体应用到工作表中，既美化工作表，又节约设计格式的时间。

选择“开始”→“样式”→“套用表格格式”命令，打开“工作表样式”选项，选择需要的内置表格样式，在弹出的“创建表”对话框中设置表数据的来源区域，单击“确定”按钮，如图 4-16 所示。

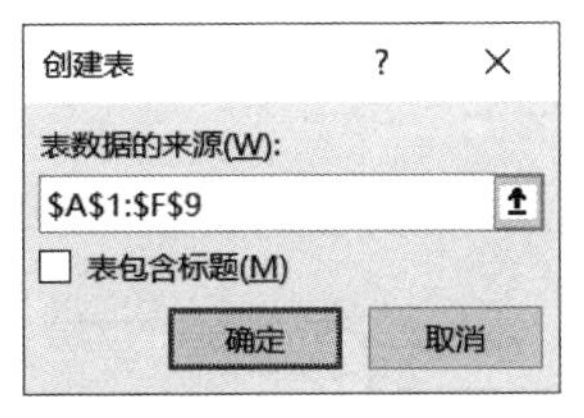

图 4-16　“创建表”对话框

设置完成后，在 Excel 功能区中会增加“表格工具”→“表设计”选项卡，用户可以通过其中的选项功能完成相应的表格设计。

在 Excel 2019 中，按钮 称为“折叠”按钮，主要用于单元格区域的选择。通过单击对话框中的“折叠”按钮，能够将当前对话框缩小显示。用户通过拖动鼠标来选择目标区域，选定目标区域后，单击按钮 ，还原并返回原始对话框。

4.3.5 条件格式

条件格式功能即可以根据指定的公式或数值来确定搜索条件，如果满足指定条件，那么 Excel 自动将预置格式应用于单元格。这些格式可以是字体、图案、边框和颜色等。

选定需要设置格式的单元格区域，选择“开始”→“样式”→“条件格式”→“突出显示单元格规则”中的某个条件，建立一个条件格式规则，如图 4-17 所示。例如，选择“大于”条件，则弹出“大于”对话框，如图 4-18 所示，在前面的文本框中输入或选择条件数值，在后面的“设置为”列表框中设置预置格式，单击“确定”按钮，则将目标区域中数值大于 90 的单元格设置为红色文本格式。

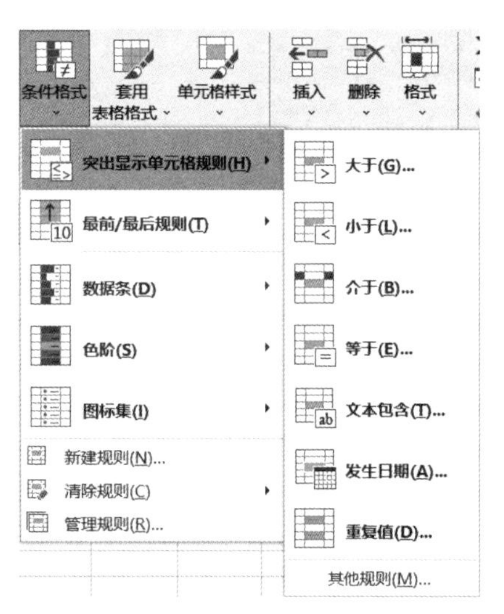

图 4-17 “条件格式”菜单

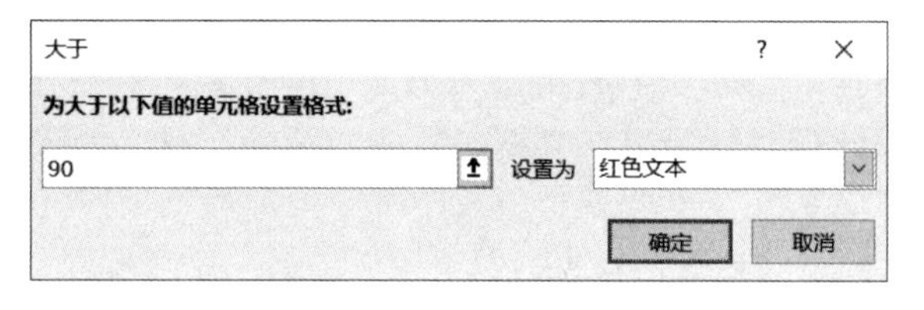

图 4-18 “大于”对话框

4.3.6 添加批注

所谓批注，就是帮助用户理解的批语或注解，一般可以用简短的提示性文字来描述。在 Excel 2019 中，用户可以为某个单元格或单元格区域添加批注。

选中需要添加批注的单元格或单元格区域，选择“审阅”→“批注”→“新建批注”命令，在弹出的文本框中输入批注。

当鼠标指针指向单元格右上角的红色标记时，会显示添加的批注，如图 4-19 所示。

图 4-19 添加的批注

4.4　公式和函数

分析和处理 Excel 2019 工作表中的数据离不开公式和函数。公式是函数的基础，是单元格中的一系列值、单元格引用、名称和运算符的组合，用户可以通过公式计算得到新的值。函数是 Excel 预定义的内置公式，每个函数都有特定的功能、格式及参数，利用它可以进行数学、文本、逻辑的运算或查找工作表的信息等。

4.4.1　引用单元格

单元格的地址引用就是对工作表中的一个或一组单元格进行标识。通过地址引用，可以明确在公式和函数中使用哪些单元格的值来进行计算。在 Excel 2019 中，引用单元格地址的方式有以下三种。

1. 相对地址引用

相对地址引用是指公式所在单元格与公式中引用的单元格之间的位置关系是相对的。若公式所在单元格的位置发生改变，则公式中引用的单元格的位置也相对发生变化。例如，在 D6 单元格中输入公式“=C6+1”，C6 就是一个相对引用的地址格式。当把公式复制到 E7 单元格时，存放公式的单元格从 D 列变成 E 列，则公式中的 C 列相对也变成 D 列。行号变化也是如此。因此，E7 单元格中的公式显示为“=D7+1”。

在使用公式时，默认情况下一般使用相对地址来引用单元格的位置。

2. 绝对地址引用

绝对地址引用是指公式所在单元格与公式中引用的单元格之间的位置关系是绝对的。无论公式所在单元格的位置发生什么变化，公式中引用的单元格的位置都不会发生改变。绝对地址引用格式是在行号和列标前面分别加一个“$”。例如，在 D6 单元格中输入公式“=$C$6+1”，$C$6 就是绝对地址引用格式。当把公式复制到 E7 单元格时，其中的公式仍然显示为“=$C$6+1”。

3. 混合地址引用

混合地址引用是指在引用单元格地址的行和列之中有一个是相对地址，另一个是绝对地址。在复制公式时，只需行或只需列保持不变时，就需要使用混合地址引用。例如，在 D6 单元格中输入公式“=$C6+1”，$C6 就是混合地址引用格式。当把公式复制到 E7 单元格时，E7 单元格中的公式显示为“=$C7+1”。

4.4.2　使用公式

使用公式需要遵循特定的语法和次序：最前面是等号“=”，后面是参与计算的数据对象和运算符。数据对象可以是常数、单元格地址或引用的单元格区域等。运算符用来连接要运算的数据对象，并说明进行哪种运算。

在工作表中输入运算的原始数据后，选中需要存放运算结果的单元格，在编辑栏或单元格中直接输入公式，输入完成后按回车键。如图4-20所示，在G4单元格中输入公式，并按回车键确认。

SUM　=D4*$D$2+E4*$E$2+F4*$F$2

	A	B	C	D	E	F	G
1	期中成绩表						
2	各科在总评中所占比例			40%	30%	30%	（按百分比折合）
3	序号	姓名	性别	计算机	数学	英语	总评成绩
4	1	刘明	女	96	80	88	=D4*$D$2+E4*$E$2+F4*$F$2
5	2	李芳	女	85	98	72	

图4-20　输入公式

在G4单元格中输入公式并确认后，即可在单元格中得到运算结果。使用鼠标左键按下G4单元格右下角的填充柄，向下拖动至G11单元格后释放鼠标键，可以将G4单元格中的公式复制到其下方的单元格区域中，由此可以计算出其他行的运算结果，如图4-21所示。

	A	B	C	D	E	F	G
1	期中成绩表						
2	各科在总评中所占比例			40%	30%	30%	（按百分比折合）
3	序号	姓名	性别	计算机	数学	英语	总评成绩
4	1	刘明	女	96	80	88	88.8
5	2	李芳	女	85	98	72	85
6	3	张林	男	70	90	65	74.5
7	4	王强	男	95	78	80	85.4
8	5	许志强	男	60	57	70	62.1
9	6	马小云	女	98	84	90	91.4
10	7	文斌	男	75	56	78	70.2
11	8	张红文	男	67	45	50	55.3

图4-21　复制公式

4.4.3　使用函数

Excel将具有特定功能的一组公式组合在一起以形成函数。Excel中的函数都是内置的，每个函数都有特定的功能和语法格式。函数一般包含三个组成部分：等号、函数名和参数。例如，“=SUM(C1:G10)”，该公式表示对C1:G10区域内所有单元格中的数据求和。其中，SUM是内置的求和函数的名称，C1:G10表示以C1单元格至G10单元格为起止点的单元格区域。

Excel 2019中包括13种类型的数百个函数，每个函数的应用各不相同。常用的几种函数包括求和、平均值、计数、最大值、最小值、条件统计等。

在工作表中使用函数时，首先要插入函数。选中需要存放运算结果的单元格后，直接单击编辑栏中的 *fx* 按钮，或者选择“公式”→“函数库”→“插入函数”命令，打开“插入函数”对话框，如图4-22所示。在“插

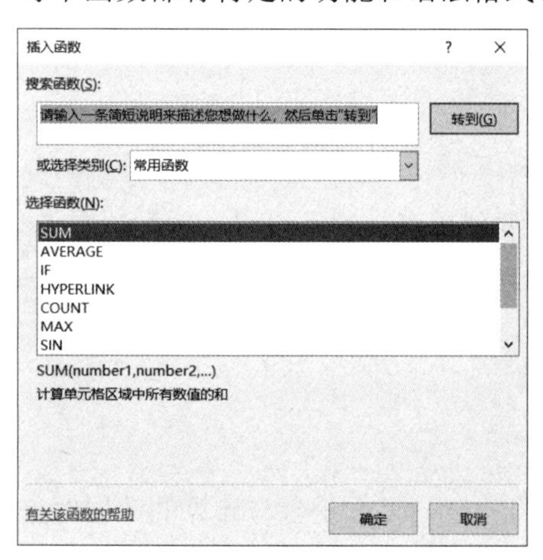

图4-22　“插入函数”对话框

入函数”对话框中，可以通过“或选择类别”下拉列表框来选择函数的分类，在“选择函数”下拉列表框中选择正确的函数名，并且可以在下拉列表框下方查看该函数的简单说明。下面介绍几种常用的函数。

1. AVERAGE 函数

AVERAGE 函数用于计算参数的算术平均值。其语法格式为：AVERAGE(Number1, Number2,...)。其中：Number1、Number2、... 是用于计算平均值的 1 ～ 255 个数值参数。

在如图 4-22 所示的“插入函数”对话框中，选择“或选择类别”为“统计”，“选择函数”为 AVERAGE，单击“确定”按钮，弹出 AVERAGE“函数参数”对话框，如图 4-23 所示，根据对话框中的文字提示完成 Number1 等参数的设置。通过“折叠”按钮选择需要求平均值的单元格区域。单击“确定”按钮，得到运算结果。

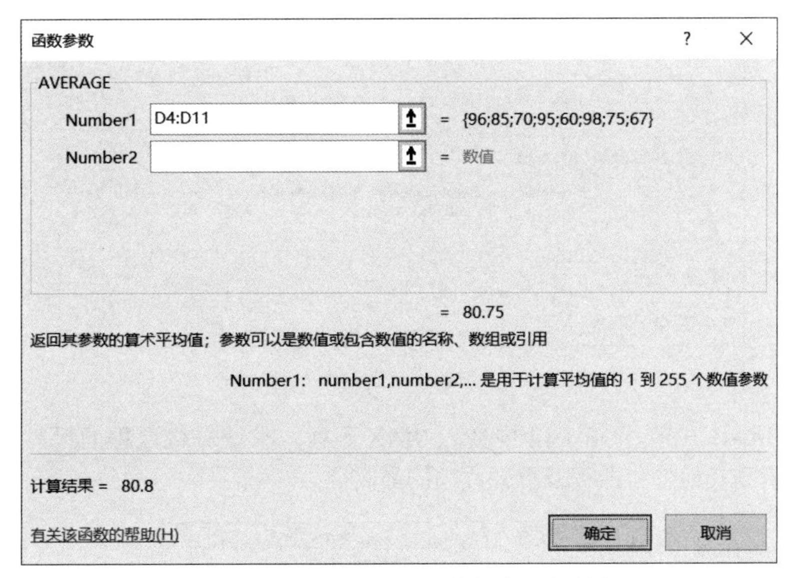

图 4-23　AVERAGE“函数参数”对话框

如图 4-24 所示，在单元格 D13 中插入 AVERAGE 函数，求计算机课程的平均分。与公式填充一样，拖动填充柄也可以将函数复制到邻近的单元格中，得到其他各科课程及总评成绩的平均分。

	A	B	C	D	E	F	G
1	期中成绩表						
2	各科在总评中所占比例			40%	30%	30%	(按百分比折合)
3	序号	姓名	性别	计算机	数学	英语	总评成绩
4	1	刘明	女	96	80	88	88.8
5	2	李芳	女	85	98	72	85
6	3	张林	男	70	90	65	74.5
7	4	王强	男	95	78	80	85.4
8	5	许志强	男	60	57	70	62.1
9	6	马小云	女	98	84	90	91.4
10	7	文斌	男	75	56	78	70.2
11	8	张红文	男	67	45	50	55.3
12							
13	各科课程及总评平均分			80.8	73.5	74.1	76.6

图 4-24　使用 AVERAGE 函数求平均分

2. MAX 函数和 MIN 函数

MAX 函数用于计算一组数值中的最大值。其语法格式为：MAX(Number1,Number2,...)。其中：Number1、Number2、... 是准备从中求取最大值的 1 ～ 255 个参数。

在如图 4-22 所示的“插入函数”对话框中，选择“或选择类别”为“统计”，“选择函数”为 MAX，单击“确定”按钮，弹出 MAX“函数参数”对话框，如图 4-25 所示，根据对话框中的文字提示完成 Number1 等参数的设置。通过“折叠”按钮选择需要求最大值的单元格区域。单击“确定”按钮，得到运算结果。

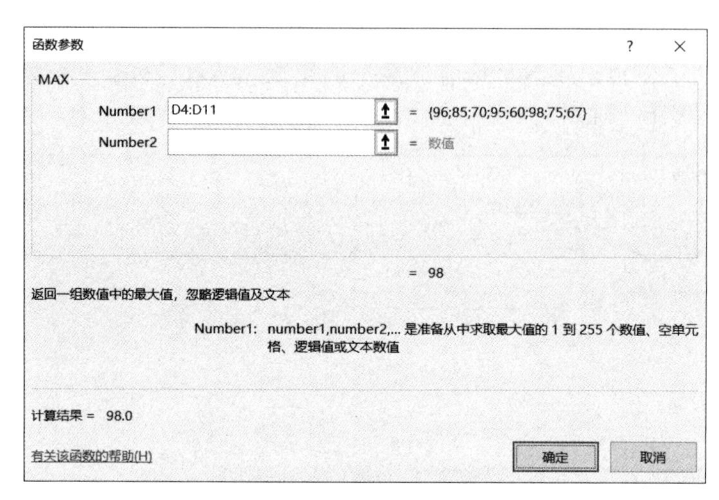

图 4-25　MAX“函数参数”对话框

如图 4-26 所示，在单元格 D14 中插入 MAX 函数，求计算机课程的最高分。通过拖动填充柄，可以得到其他各科课程及总评成绩的最高分。

	A	B	C	D	E	F	G
1	期中成绩表						
2	各科在总评中所占比例			40%	30%	30%	(按百分比折合)
3	序号	姓名	性别	计算机	数学	英语	总评成绩
4	1	刘明	女	96	80	88	88.8
5	2	李芳	女	85	98	72	85
6	3	张林	男	70	90	65	74.5
7	4	王强	男	95	78	80	85.4
8	5	许志强	男	60	57	70	62.1
9	6	马小云	女	98	84	90	91.4
10	7	文斌	男	75	56	78	70.2
11	8	张红文	男	67	45	50	55.3
12							
13	各科课程及总评平均分			80.8	73.5	74.1	76.6
14	各科课程及总评最高分			98.0	98.0	90.0	91.4

图 4-26　使用 MAX 函数求最高分

MIN 函数用于计算参数列表中的最小值，其语法格式和使用方法同 MAX 函数基本一致。

3. IF 函数

IF 函数用于对数值和公式进行条件检测，即根据逻辑计算的真假返回不同结果。其语法格式为：IF(Logical_test,Value_if_true,Value_if_false)。其中：Logical_test 表示任何可能被计算为 TRUE 或 FALSE 的数值或表达式。Value_if_true 表示 Logical_test 为 TRUE 时 IF 函数的返回值；Value_if_false 表示 Logical_test 为 FALSE 时 IF 函数的返回值。IF 函数最多可以嵌套七层。

在如图 4-22 所示的“插入函数”对话框中，选择“或选择类别”为“逻辑”，“选择函数”为 IF，单击“确定”按钮，弹出 IF“函数参数”对话框，如图 4-27 所示，根据对话框中的文字提示完成 Logical_test 等参数的设置。单击“确定”按钮，得到运算结果。

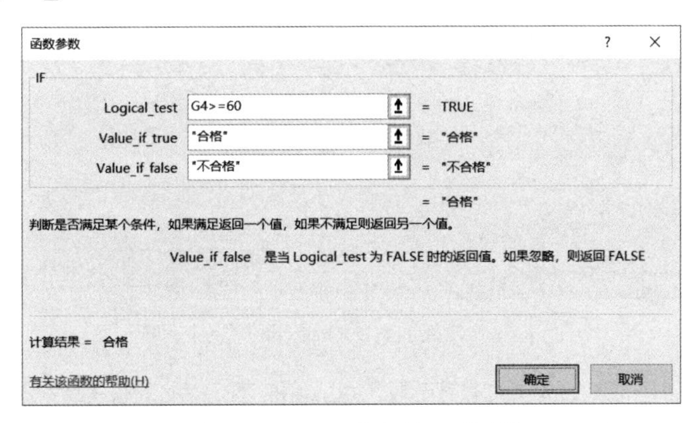

图 4-27　IF“函数参数”对话框

如图 4-28 所示，在单元格 H4 中插入 IF 函数，判断总评成绩评定是否合格。通过拖动填充柄，可以得到其他人的总评成绩评定结果。

	A	B	C	D	E	F	G	H
1	期中成绩表							
2	各科在总评中所占比例			40%	30%	30%	（按百分比折合）	总评成绩评定
3	序号	姓名	性别	计算机	数学	英语	总评成绩	
4	1	刘明	女	96	80	88	88.8	合格
5	2	李芳	女	85	98	72	85	合格
6	3	张林	男	70	90	65	74.5	合格
7	4	王强	男	95	78	80	85.4	合格
8	5	许志强	男	60	57	70	62.1	合格
9	6	马小云	女	98	84	90	91.4	合格
10	7	文斌	男	75	56	78	70.2	合格
11	8	张红文	男	67	45	50	55.3	不合格

图 4-28　使用 IF 函数求总评成绩评定结果

4. COUNT 函数和 COUNTIF 函数

COUNT 函数用于在 Excel 中统计单元格区域中包含数字的单元格的个数。其语法格式为：COUNT(Value1,Value2,...)。其中：Value1、Value2、... 是包含或引用各种不同类型数据的 1 ～ 255 个参数。在计数时，COUNT 函数将把数字、空值、逻辑值、日期或以文字代表的数计算进去，但是错误值或其他无法转化成数字的文字将被忽略。

COUNTIF 函数用于在 Excel 中统计单元格区域中满足给定条件的单元格的个数。其语法格式为：COUNTIF(Range,Criteria)。其中：Range 为需要计算的单元格区域；Criteria 为确定哪些单元格将被计算在内的条件，其形式可以为数字、表达式或文本。

在如图 4-22 所示的“插入函数”对话框中，选择“或选择类别”为“统计”，“选择函数”为 COUNTIF，单击“确定”按钮，弹出 COUNTIF“函数参数”对话框，如图 4-29 所示，根据对话框中的文字提示完成 Range、Criteria 等参数的设置。单击“确定”按钮，得到运算结果。

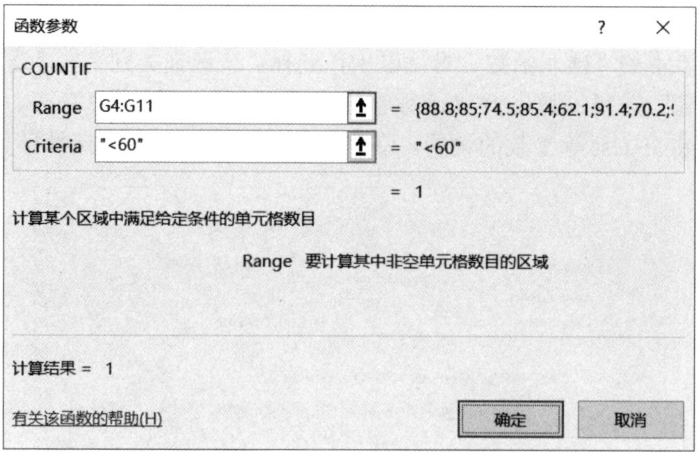

图 4-29　COUNTIF“函数参数”对话框

在单元格 D15 中插入 COUNTIF 函数，求总评不及格（分数低于 60 分）人数。在单元格 G15 中，先输入“=D15/”，然后插入 COUNT 函数（用于计算总评成绩的有效人数）。在该单元格中，通过输入公式及插入函数等操作，最终形成了公式“=D15/COUNT(G4:G11)*100&"%"”，用于计算总评不及格率，如图 4-30 所示。

	A	B	C	D	E	F	G
1	期中成绩表						
2	各科在总评中所占比例			40%	30%	30%	(按百分比折合)
3	序号	姓名	性别	计算机	数学	英语	总评成绩
4	1	刘明	女	96	80	88	88. 8
5	2	李芳	女	85	98	72	85
6	3	张林	男	70	90	65	74. 5
7	4	王强	男	95	78	80	85. 4
8	5	许志强	男	60	57	70	62. 1
9	6	马小云	女	98	84	90	91. 4
10	7	文斌	男	75	56	78	70. 2
11	8	张红文	男	67	45	50	55. 3
12							
13	各科课程及总评平均分			80. 8	73. 5	74. 1	76. 6
14	各科课程及总评最高分			98. 0	98. 0	90. 0	91. 4
15	总评不及格人数			1	总评不及格率		12. 5%

图 4-30　使用 COUNTIF 函数和 COUNT 函数求总评不及格率

Excel 2019 中的每个函数的分类、语法格式、函数功能都各有不同。在使用函数的时候，要注意各种对话框中不同位置的文字提示，这对于用户灵活使用数量繁多的 Excel 函数帮助极大。

4.5　数据分析与管理

在 Excel 数据表中，用户按各列标题输入的每行原始数据都可以称为一条记录。输入完成后，经常需要对数据记录进行各种分析和管理，以便进行决策和深层应用。

4.5.1　排序

数据排序是指按一定的规则对数据记录进行整理、排列，这样可以为数据的进一步处理做好准备。Excel 2019 提供了多种方法对数据进行排序。

1. 按单列内容排序

先选中要排序的列中的任意单元格，然后选择“开始”→“编辑”→“排序和筛选”命令，再选择“升序”或“降序”选项，也可以通过“数据”选项卡的“排序和筛选”组来完成选择。如图 4-31 所示，按“姓名”排序的依据是各个姓名拼音字符串的字母的先后顺序。

期中成绩表						
序号	姓名	性别	计算机	数学	英语	总分
2	李芳	女	85	98	72	255
1	刘明	女	96	80	88	264
6	马小云	女	96	84	90	270
4	王强	男	95	78	80	253
7	文斌	男	75	56	78	209
5	许志强	男	60	57	70	187
8	张红文	男	67	45	50	162
3	张林	男	75	90	65	230

图 4-31　按单列内容排序

2. 按多列内容排序

先选中要排序的多列数据中的任意单元格，然后选择“数据”→“排序和筛选”→“排序”命令，在弹出的“排序”对话框中，“添加条件”和“删除条件”按钮分别用来添加和删除排序条件。以如图 4-31 所示数据为例，分别设置“主要关键字”和两个“次要关键字”为排序条件，各个条件按照前后顺序依次优先执行。如图 4-32 所示，在排序时，如果“性别”的数值相等，则按照“计算机”的数值排序，以此类推。

单击“选项”按钮，打开“排序选项”对话框，如图 4-33 所示，可以对方向、方法及是否区分大小写进行设置。

图 4-32　对多列内容排序

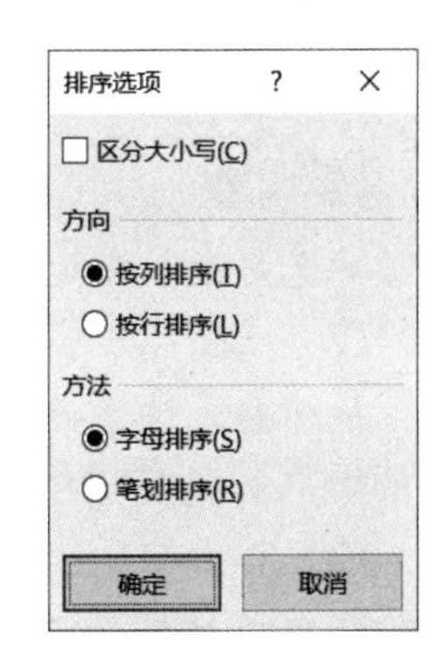

图 4-33　“排序选项”对话框

4.5.2　筛选

数据输入完成后，用户通常需要从中查找和分析满足特定条件的记录，而筛选就是一种快速查找数据记录的方法。经过筛选后的数据表只显示标题行及满足指定条件的数据行，以供用户浏览、分析。Excel 2019 提供了自动筛选和高级筛选两种筛选方式。

1. 自动筛选

自动筛选为用户提供了在具有大量记录的数据表中快速查找符合某种条件的记录的功能。

使用自动筛选功能筛选记录时，选择“数据”→“排序和筛选”→“筛选”命令，标题行中的各个字段名将变成一个带有下三角按钮的框名，如图 4-34 所示。单击任意字段名后的下三角按钮，将显示该列中所有的“数字筛选”清单，如图 4-35 所示。选择清单中的一项，可以立即隐藏所有不包含选定值或不符合“数字筛选”条件的行。选择“全选”复选框，则可以取消对该字段的筛选操作，即显示筛选前的原始数据。

期中成绩表

序号	姓名	性别	计算机	数学	英语	总分
1	刘明	女	96	80	88	264
2	李芳	女	85	98	72	255
3	张林	男	75	90	65	230
4	王强	男	95	78	80	253
5	许志强	男	60	57	70	187
6	马小云	女	96	84	90	270
7	文斌	男	75	56	78	209
8	张红文	男	67	45	50	162

图 4-34　自动筛选

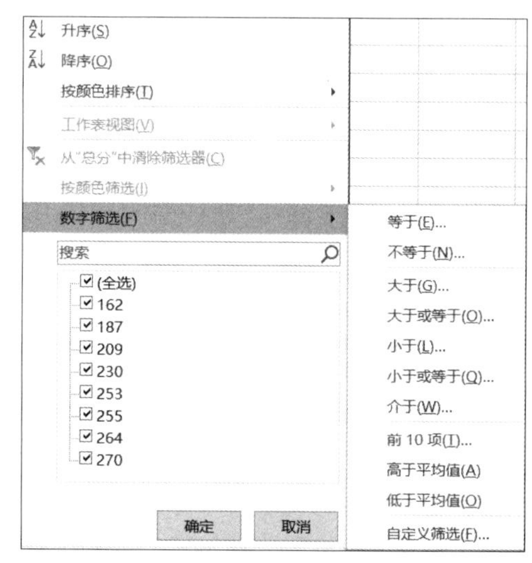

图 4-35　“数字筛选”清单

单击功能区已选中的“筛选”按钮，可以退出自动筛选状态，显示数据表中所有的记录。

2. 高级筛选

高级筛选是指以指定区域为条件的筛选操作。使用高级筛选功能的步骤如下。

（1）建立一个用于实现筛选的条件区域，用来指定数据需要满足的筛选条件。条件区域的第一行是所有筛选条件的字段名，这些字段名与原始数据表中的字段名必须完全一致。条件区域的第二行是指定的条件值。如图 4-36 所示，条件区域描述的含义为“总分 >=250 且计算机 >95”。

（2）选择“数据”→“排序和筛选”→“高级”命令，弹出“高级筛选”对话框，如图 4-37 所示，“列表区域”用来选择原始数据表中需要进行筛选的单元格区域，“条件区域”用来选择筛选条件。选择“列表区域”和“条件区域”后，单击“确定”按钮即可完成筛选操作。

期中成绩表						
序号	姓名	性别	计算机	数学	英语	总分
1	刘明	女	96	80	88	264
2	李芳	女	85	98	72	255
3	张林	男	75	90	65	230
4	王强	男	95	78	80	253
5	许志强	男	60	57	70	187
6	马小云	女	96	84	90	270
7	文斌	男	75	56	78	209
8	张红文	男	67	45	50	162

总分	计算机
>=250	>95

图 4-36 “高级筛选”数据区与筛选条件

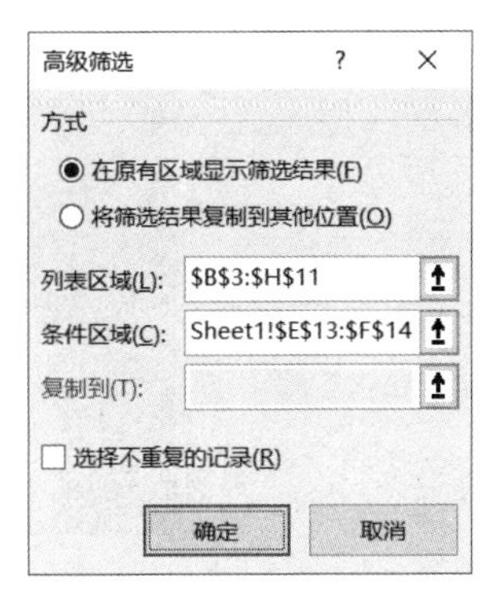

图 4-37 “高级筛选”对话框

数据区域中仅剩下标题行和满足筛选条件的数据记录，如图 4-38 所示。

单击“排序和筛选”组的“清除”按钮，可以清除所有的筛选结果，显示数据表中所有的记录。

期中成绩表						
序号	姓名	性别	计算机	数学	英语	总分
1	刘明	女	96	80	88	264
6	马小云	女	96	84	90	270

图 4-38 筛选结果

4.5.3 分类汇总

分类汇总是对数据表进行统计分析的一种常用方法。分类汇总先对数据表中指定的字段进行分类，然后对同一类记录的有关信息进行汇总、分析。汇总的方式可以由用户指定，可以统计同一类记录的记录条数，也可以对某些字段求和、求平均值、求最大值等。

要对数据表进行分类汇总，要求数据表中的每列都有列标题。同时，要求汇总前数据表必须先按照分类字段进行排序。

以如图 4-31 所示数据为例，在完成“性别”字段排序的基础上，实现分类汇总的具体操作步骤如下。

（1）选中数据区域中的任意单元格。

（2）选择“数据”→“分级显示”→“分类汇总”命令，打开如图 4-39 所示“分类汇总”对话框。其中，“分类字段”表示分类的条件依据，“汇总方式”表示对汇总项进行统计的方式，“选定汇总项”表示需要进行汇总统计的数据项。

在“分类字段”中选择“性别”，在“汇总方式”中选择“平均值”，在“选定汇总项”中选择“计算机”和“总分”复选框，最后单击“确定”按钮即可。分类汇总结果如图 4-40 所示。

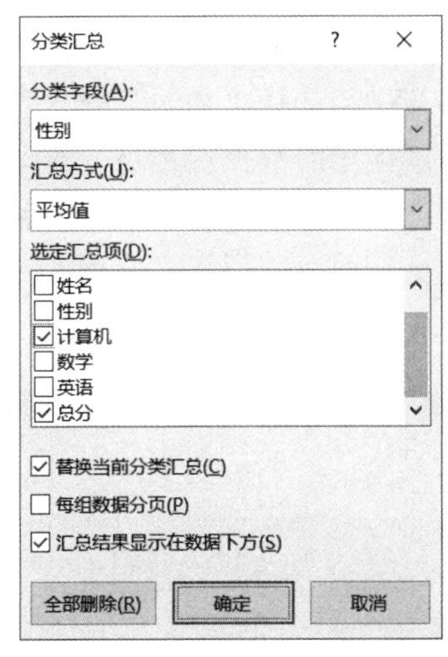

图 4-39 “分类汇总”对话框

期中成绩表

序号	姓名	性别	计算机	数学	英语	总分
1	刘明	女	96	80	88	264
2	李芳	女	85	98	72	255
6	马小云	女	96	84	90	270
		女 平均值	92.3333			263
3	张林	男	75	90	65	230
4	王强	男	95	78	80	253
5	许志强	男	60	57	70	187
7	文斌	男	75	56	78	209
8	张红文	男	67	45	50	162
		男 平均值	74.4			208.2
		总计平均值	81.125			228.75

图 4-40　分类汇总结果

在如图4-40所示的分类汇总结果中，在表格的左上角有“1”、“2”和“3”三个数字按钮，称为“分级显示级别”按钮。单击这些按钮可以分级显示汇总结果。表格左侧的“+”按钮是“显示明细数据”按钮，单击此按钮可以显示该按钮包含的明细数据，并切换到“-”按钮。“-”按钮是“隐藏明细数据”按钮，单击此按钮可以隐藏该按钮上方的中括号包含的明细数据，并切换到“+”按钮。

在含有分类汇总结果的数据区域中，单击任意单元格，选择“数据”→“分级显示”→“分类汇总”命令，在打开的“分类汇总”对话框中单击“全部删除”按钮，即可退出分类汇总结果界面。

4.5.4　数据透视表

数据透视表是一种对大量数据快速汇总和建立交叉列表的交互式Excel报表。数据透视表不仅可以转换行和列以查看源数据的不同汇总结果，也可以显示不同页面以筛选数据，还可以根据需要显示区域中的细节数据。源数据可以来自Excel数据区域、外部数据库或多维数据集，或者另一张数据透视表。

下面以如图4-34所示工作表为例，讲解创建数据透视表的具体操作过程。

（1）选中存放结果区域的任意单元格。

（2）选择“插入”→“表格”→“数据透视表”→“表格和区域”命令，弹出“来自表格或区域的数据透视表”对话框，如图4-41所示。在“选择表格或区域”中，设置“表/区域”的内容为整个原始数据区域。在“选择放置数据透视表的位置”中，选中“现有工作表”单选按钮，并指定“位置”为工作表中的一个空白区域，单击“确定”按钮。

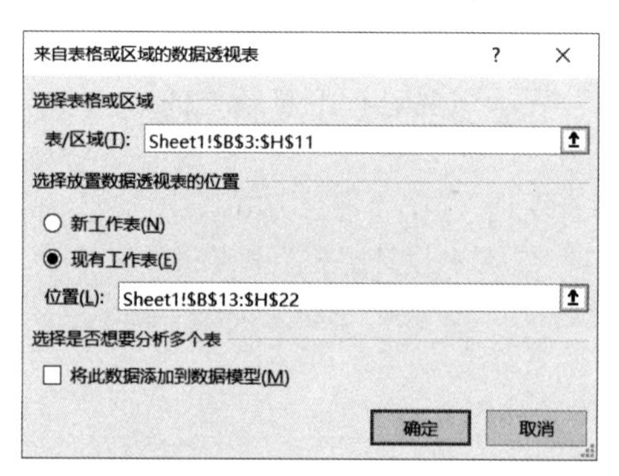

图 4-41　“来自表格或区域的数据透视表”对话框

（3）设置数据透视表的布局。在如图 4-42 所示“数据透视表字段”对话框的“选择要添加到报表的字段”中，将“姓名”字段拖曳至下方的“行”区域中，将“性别”字段拖曳至下方的“列”区域中，将“计算机”字段拖曳至下方的“值”区域中，并单击“值”区域中的下拉按钮，将“值字段设置”中的“计算类型”设置为“最大值”。

（4）设置完成后，显示如图 4-43 所示透视表。单击表中“行标签”和“列标签”后的下拉按钮，可以选择隐藏或显示满足指定条件的字段值。

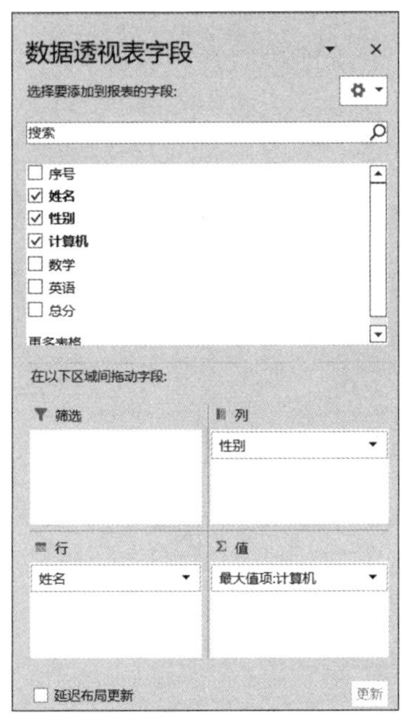

图 4-42　“数据透视表字段”对话框

最大值项:计算机	列标签		
行标签	男	女	总计
李芳		85	85
刘明		96	96
马小云		96	96
王强	95		95
文斌	75		75
许志强	60		60
张红文	67		67
张林	75		75
总计	95	96	96

图 4-43　数据透视表显示结果

数据透视表可以动态地改变表格的版面布置，以便按照不同方式分析数据，也可以重新设置行标签、列标签和值字段。每次改变版面布置时，数据透视表会立即按照新的布置重新计算数据。另外，如果原始数据发生更改，也可以通过在结果中右击，并在弹出的快捷菜单中选择“刷新”命令来更新数据透视表。

4.6　图表

有时用户无法记住一连串的数字，以及数字之间的关系，这时可以通过一幅图画或一条曲线来帮助记忆。因此，灵活地使用图表，会让使用 Excel 编制的工作表更易于理解和交流。

4.6.1　创建图表

图表是指将工作表中的数据用图形表示出来。使用图表可以方便地对数据进行查看，并对数据进行对比和分析。

以如图 4-34 所示数据为例，创建图表的操作步骤如下。

（1）单击空白区域的任意单元格。打开“插入”选项卡，在“图表”组中选择图表类型，单击某种类型下方的下拉按钮，选择具体的图表样式，如“簇状圆柱图”，选项卡中会增加如图4-44所示的“图表工具”区域。

图表可以表现数据间的某种相对关系。在通常情况下，一般采用柱形图比较数据的大小，用折线图反映数据的趋势，用饼图表现数据的比例。本例选择的是“柱形图”中的“簇状圆柱图”。

图4-44 “图表工具”区域

（2）选择“图表设计”→“数据”→“选择数据”命令，弹出“选择数据源”对话框，如图4-45所示。在“图表数据区域”中选择需要生成图表的数据列，如本例中的“姓名”、“计算机”、“数学”和“英语”四列，在“图例项（系列）”和“水平（分类）轴标签”中将自动填充内容。用户也可以编辑这些选项。

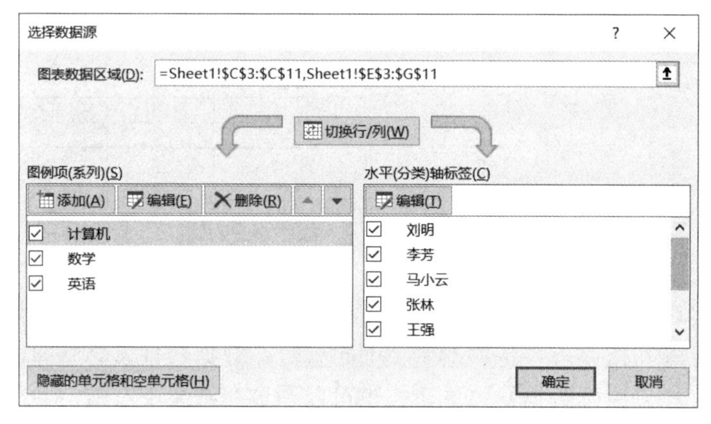

图4-45 “选择数据源”对话框

（3）单击“确定”按钮。为生成的图表添加标题和图例，结果如图4-46所示。

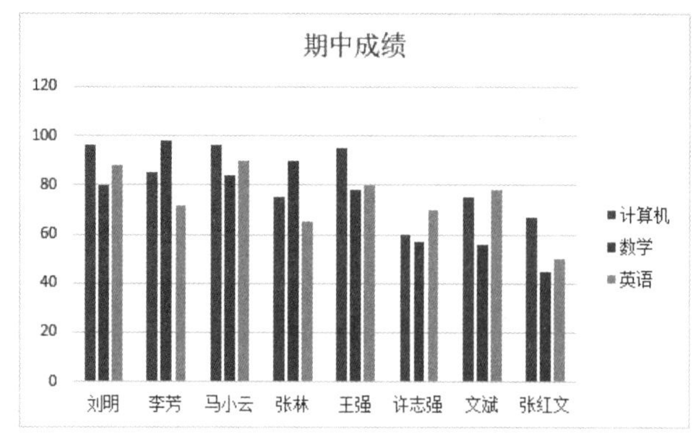

图4-46 图表显示结果

4.6.2　图表工具

建立图表后，单击要设置格式的图表的任意位置，或者单击要更改的图表元素，将显示“图表工具”区域，其中包含“图表设计”和“格式”两个选项卡。用户可以执行相关操作，以改变和修饰生成的图表。例如，用户可以更改图表元素来美化图表或强调某些信息。大多数图表元素可以被移动或调整大小。用户也可以用颜色、对齐、字体及其他格式属性来设置这些图表元素的格式。

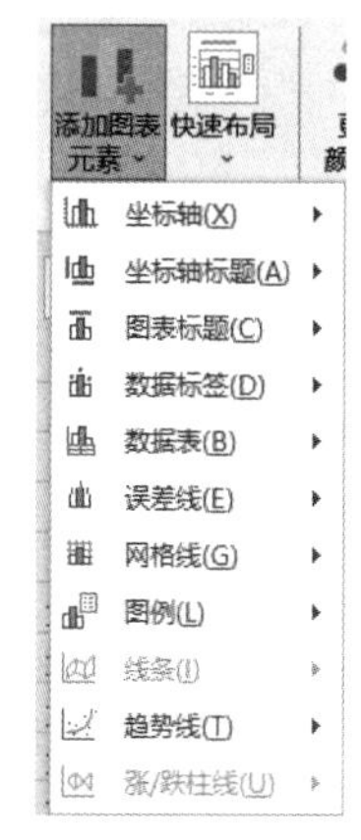

图 4-47　手动增加或修改图表元素及其布局

Excel 提供了多种预定义图表布局和样式，用户可以快速将其应用于图表中，修改图表外观。打开“图表设计”选项卡，在“图表布局”组中，可以单击选择要使用的图表快速布局。在“图表样式”组中，可以单击选择要使用的图表样式。

在“图表布局”组中，执行不同操作可以手动增加或修改图表元素及其布局，如图 4-47 所示。例如，如图 4-46 所示中的图表标题和图例就可以通过这里的选项来添加。

在“格式”选项卡中，如图 4-48 所示，执行不同操作可以手动更改图表元素的格式。在“当前所选内容”组中选择“设置所选内容格式”命令，在弹出的“设置 < 图表元素 > 格式”对话框中选择所需的格式选项，可以为选择的任意图表元素设置格式。在“形状样式”组中，可以单击“快速样式”按钮选择所需的样式；可以选择“形状填充”、“形状轮廓”或“形状效果”命令，选择所需的格式选项。在“艺术字样式”组中，可以单击一个艺术字样式选项，或者选择“文本填充”、“文本轮廓”或“文本效果”命令，选择所需的文本格式选项。

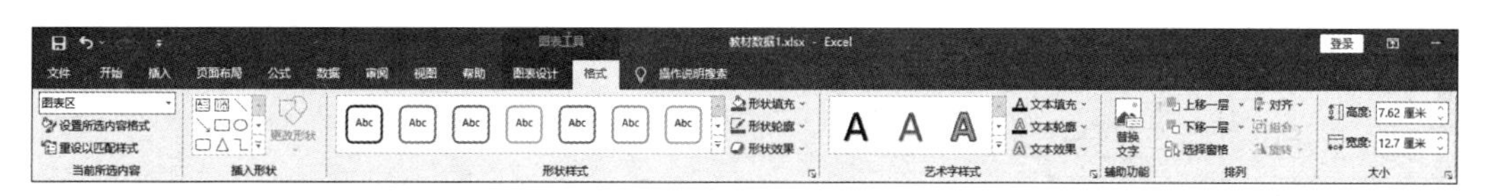

图 4-48　“格式”选项卡

4.7　打印工作表

4.7.1　页面设置

在“页面布局”选项卡中，单击“页面设置”右下角的箭头，将弹出“页面设置”对话框，如图 4-49 所示。在该对话框中可以完成页面、页边距、页眉 / 页脚及工作表等相关选项的设置，如纸张大小、居中方式、网格线、打印区域等。

要精确打印 Excel 2019 中的部分数据内容，需要通过设置打印区域来完成。按下鼠标左键，拖动选中需要打印的目标数据区域。选择“页面布局”→“页面设置”→“打印区域”→“设置打印区域”命令，就可以看到设置区域的边界线，如图 4-50 所示。也可以通过其他操作完成“取消打印区域”和“添加到打印区域”操作。

图 4-49 “页面设置”对话框

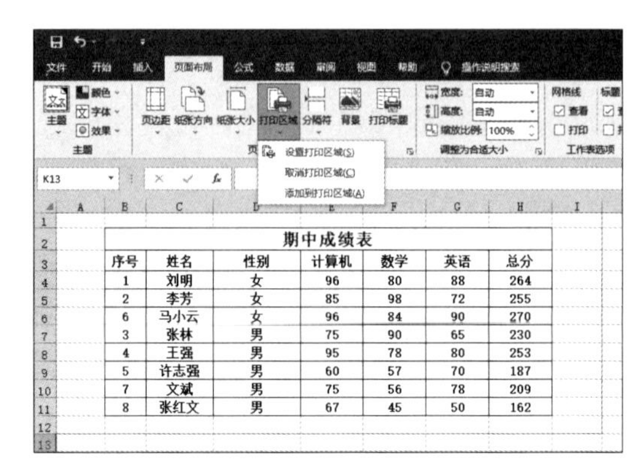

期中成绩表

序号	姓名	性别	计算机	数学	英语	总分
1	刘明	女	96	80	88	264
2	李芳	女	85	98	72	255
6	马小云	女	96	84	90	270
3	张林	男	75	90	65	230
4	王强	男	95	78	80	253
5	许志强	男	60	57	70	187
7	文斌	男	75	56	78	209
8	张红文	男	67	45	50	162

图 4-50 设置区域的边界线

设置打印区域后，有时会出现两条或更多条竖向或横向虚线，这说明打印区域被分开打印在几张纸上。在“页面布局”选项卡的“缩放比例”框中调节比例，可以使打印区域集中在一张纸上。

在 Excel 中，默认情况下打印出来的工作表或工作簿不会显示网格线。在“页面布局”选项卡的“工作表选项”组中选中“网格线”下方的“打印”复选框，则可以打印出网格线。

4.7.2 打印预览与打印

在 Excel 中，不需要实际打印即可方便地预览打印时的布局效果。屏幕上显示的打印图像称为“打印预览”。即使打印机未连接到计算机，也可以显示打印预览。打开“文件”菜单，选择“打印”命令，此时将在屏幕的右侧显示工作表的打印预览，如图 4-51 所示。当工作表中有多页时，可以单击打印预览底部的左、右箭头来显示打印预览的上一页或下一页。

查看并调整打印版式后，可以开始实际打印。打开“文件”菜单，选择“打印”命令，此时将显示打印预览屏幕。单击“打印机”中的下拉按钮，选择所需打印机。在打印预览屏幕的“设置”区域选择打印范围、打印页面，并进行页面设置。单击“打印”按钮，将按照设置要求打印所选工作表。

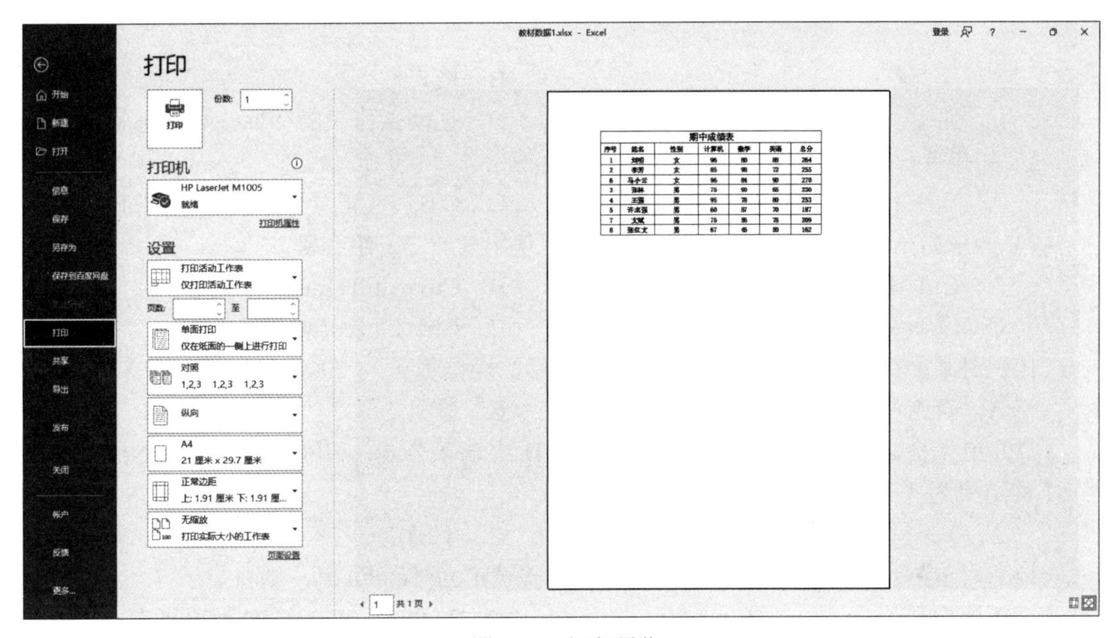

图 4-51　打印预览

习题四

1. 单选题

（1）利用 Excel 2019 可以创建多个工作表，每个表由多行和多列组成，它的最小单位是（　　）。

A．工作簿　　B．工作表　　C．单元格　　D．字符

（2）在 Excel 工作簿中，某图表与生成它的数据相链接，当删除该图表中某一数据系列时，（　　）。

A．清除表中对应的数据　　B．删除表中对应的数据及单元格

C．工作表中数据无变化　　D．工作表中对应数据变为 0

（3）在 Excel 2019 中保存的工作簿默认的文件扩展名是（　　）。

A．xls　　B．doc　　C．docx　　D．xlsx

（4）Excel 中处理并存储数据的基本工作单位叫（　　）。

A．工作簿　　B．工作表　　C．单元格　　D．活动单元格

（5）若在 Excel 工作表的单元格中输入字符型数据 5118，则下列输入正确的是（　　）。

A．'5118　　B．"5118　　C．"5118"　　D．'5118'

（6）在 Excel 中，某个单元格显示为“######”，其原因可能是（　　）。

A．与之有关的单元格数据被删除了　　B．单元格列的宽度不够

C．公式中有除以 0 的运算　　D．单元格行的高度不够

（7）在 Excel 编辑状态下，若要调整单元格的宽度和高度，通过（　　）进行操作更直接、

快捷。

A．工具栏　　B．格式栏
C．菜单栏　　D．拖动工作表的行标签和列标签

（8）如果要在单元格中输入当天的日期，需使用（　　）组合键。

A．Ctrl+;（分号）　B．Ctrl+Enter　C．Ctrl+:（冒号）　D．Ctrl+Tab

（9）如果要在单元格中输入当前的时间，需使用（　　）组合键。

A．Ctrl+Shift+;（分号）　B．Ctrl+Shift+Enter
C．Ctrl+Shift+,（逗号）　D．Ctrl+Shift+Tab

（10）对某个数据库进行分类汇总前必须进行的操作是（　　）。

A．查询　B．筛选　C．检索　D．排序

（11）单元格A1中的数值为1，在单元格B1中输入公式：=IF(A1>0,"Yes","No")，单元格B1的结果为（　　）。

A．Yes　B．No　C．不确定　D．空白

（12）假定单元格内的数字为2008，将其格式设定为“#,##0.0”，则将显示（　　）。

A．2,008.0　B．2.008　C．2.008　D．2008.0

（13）在公式框中输入23+45后，下列说法正确的是（　　）。

A．相应的活动单元格内立即显示23　B．相应的活动单元格内立即显示45
C．相应的活动单元格内立即显示68　D．相应的活动单元格内立即显示23+45

（14）在Excel 2019表格中，按某一字段内容进行归类，并对每类做出统计的操作是（　　）。

A．分类排序　B．分类汇总　C．筛选记录　D．单处理

（15）对图表对象的编辑操作，下面的叙述中不正确的是（　　）。

A．图例可以在图表区的任何位置
B．改变图表区中某个对象的字体，将同时改变图表区内所有对象的字体
C．用鼠标指针拖动图表区的八个方向控制点之一，可以对图表进行缩放
D．工作表的数据和相应的图表是关联的，如果工作表中的数据变化了，那么图表就会自动更改

（16）某个Excel工作表C列中的所有单元格的数据都是利用B列相应单元格数据通过公式计算得到的，如果将该工作表的B列删除，那么对C列（　　）。

A．不产生影响　B．产生影响，但C列中的数据正确无误
C．产生影响，C列中的数据部分能用　D．产生影响，C列中的数据失去意义

（17）在Excel中的某个单元格中输入文字，若要文字能自动换行，可以利用“设置单元格格式”对话框中的（　　）选项卡，选择“自动换行”。

A．“数字”　B．“对齐”　C．“字体”　D．“保护”

（18）在Excel的单元格内输入日期时，年、月、日分隔符可以是（　　）（不包括引号）。

A．“/”或“-”　B．“.”或“|”　C．“/”或“\”　D．“\”或“-”

（19）单元格右上角有一个红色三角形，意味着该单元格（　　）。

A．被插入批注　B．被选中　C．被保护　D．被关联

（20）已经在某工作表的K6单元格中输入了“9月”，再拖动该单元格的填充柄向下移动，

请问在 K7、K8、K9 单元格依次填入的内容是（　　）。

A．10 月、11 月、12 月　　B．9 月、9 月、9 月

C．8 月、7 月、6 月　　D．根据具体情况才能确定

（21）在 Excel 2019 工作表中选定某单元格，右击，在弹出的快捷菜单中选择“删除”命令，不可能完成的操作是（　　）。

A．删除该行　　B．右侧单元格左移

C．删除该列　　D．左侧单元格右移

（22）要完全关闭整个 Excel 2019，下面方法中不正确的是（　　）。

A．单击窗口右上角的“关闭”按钮

B．单击“文件”菜单，选择“关闭”命令

C．双击窗口左上角的控制菜单

D．使用 Alt+F4 组合键

（23）在 Excel 2019 中，当公式中出现除数为 0 的现象时，产生的错误值是（　　）。

A．#N/A!　　B．#DIV/0!　　C．#NUM!　　D．#VALUE!

（24）在 Excel 2019 工作表中，单元格区域 D2:E4 包含的单元格个数是（　　）。

A．5　　B．6　　C．7　　D．8

（25）SUM(A2:A4)*2^3 的含义为（　　）。

A．A2 与 A4 之比值乘以 2 的 3 次方

B．A2 与 A4 之比值乘以 3 的 2 次方

C．A2、A3、A4 单元格的和乘以 2 的 3 次方

D．A2 与 A4 单元格的和乘以 3 的 2 次方

（26）在 Excel 2019 中，若根据某列数据进行排序，可以单击“编辑”组中的“降序”按钮，此时用户应先（　　）。

A．单击该表标签　　B．选取整个数据表

C．单击该列数据中的任意单元格　　D．单击数据表中的任意单元格

（27）在 Excel 中，输入到单元格中的数值数据，如果没有另外指定格式，则输入内容会自动（　　）。

A．左对齐　　B．右对齐　　C．居中对齐　　D．填充对齐

（28）在进行 Excel 操作时，如果将某一单元格选中，再按 Delete 键，那么将删除单元格中的（　　）。

A．全部内容（包括格式、批注）

B．数据和公式，只保留格式

C．输入内容（数据和公式），保留格式和批注

D．批注

（29）Excel 允许使用三种地址引用，即相对地址引用、（　　）和混合地址引用。

A．首地址引用　　B．末地址引用　　C．偏移地址引用　　D．绝对地址引用

（30）输入结束后按回车键、Tab 键或单击编辑栏中的（　　）按钮，均可确认输入。

A．Esc　　B．√　　C．×　　D．Tab

2. 填空题

（1）进行 Excel 单元格引用时，单元格地址不会随位移方向与大小的改变而改变的称为________。

（2）在 Excel 中输入等差数列，可以先输入第一、第二个数列项，接着选定这两个单元格，再将鼠标指针移动到________上，再按下鼠标左键按一定方向拖动即可。

（3）当选择插入整行或整列时，插入的行总在活动单元格的________，插入的列总在活动单元格的________。

（4）某工作表的 C2 单元格中的公式是“=A1+$B$1”，若将 C2 单元格复制到 D3 单元格中，则 D3 单元格中的公式是________。

（5）公式“=SUM(C2:F2)-G2”的含义是 ________________________________。

（6）在 Excel 中，将数字串 080427 当作字符输入时，应从键盘上输入字符串________。

（7）若在单元格中输入分数 5/9，应当输入________，并设置单元格格式的数字类型为________。

（8）工作表中第六行第 E 列单元格的绝对地址引用方式是________，相对地址引用方式是________。

（9）在 Excel 中，输入到单元格中的日期的默认对齐方式为________。

（10）单元格内数据对齐的默认方式为：文本靠________对齐，数值靠________对齐。

（11）在 Excel 中，单击________，则整行被选中；单击________，则整列被选中。

（12）在工作表中选取不连续单元格区域，可以使用鼠标与________键。

（13）用鼠标拖动的方法复制单元格时一般应按________键。

（14）要对某个单元格中的数据加以说明，一般在该单元格插入________，并输入提示性文字。

（15）函数 AVERAGE(A1:A3) 相当于用户输入公式________。

3. 判断题

（1）在 Excel 的单元格中可以输入公式，但单元格真正存储的是其计算结果。（　　）

（2）利用 Excel 的“自动筛选”功能只能实现对数据表单个字段的查询。（　　）

（3）删除一个单元格等于清除一个单元格的全部。（　　）

（4）“高级筛选”功能可以将筛选结果复制到另一张工作表中。（　　）

（5）退出 Excel 2019 可以使用 Alt+F4 组合键。（　　）

（6）$B4 中为“50”，C4 中为“=$B4”，D4 中为“=B4”，则 C4 和 D4 中的数据没有区别。（　　）

（7）单元格的清除与删除是相同的。（　　）

（8）在 Excel 中使用键盘输入数据时，输入的文本将显示在单元格及编辑栏中。（　　）

（9）如果字体过大，将占用两个或更多个单元格。（　　）

（10）Excel 只能对同一列的数据进行求和。（　　）

（11）选定数据列表中的某个单元格，选择“自动筛选”命令，此时系统会在数据列表每列标题的旁边显示下拉菜单。（　　）

（12）在 Excel 中可以将多个工作表以组的方式进行操作，以快速完成多个相似工作表

的建立。(　　)

(13) 在同一工作簿中不能引用其他表。(　　)

(14) Excel 中的“另存为”操作是将现在编辑的文件按新的文件名或路径存储。(　　)

(15) 在 Excel 中，插入图表后就不能对图表进行修改了。(　　)

4. 简答题

(1) 什么是单元格、工作表和工作簿？简述它们之间的关系。

(2) 如何完成工作表的插入、复制和移动？

(3) Excel 中的“清除”和“删除”各有什么作用？数据的“移动”和“复制”又有什么不同？

(4) 怎样进行数据表的自动筛选？怎样取消筛选显示原来的数据列表？

(5) 请使用至少两种方法对同一行中的五个连续单元格的数据进行求和。

(6) 在 Excel 中，分类汇总有何作用？

(7) 相对地址引用和绝对地址引用有何区别？

(8) 怎样使用“自动填充”功能在 B 列单元格中输入 1997, 2001…2025 ？

(9) 简述创建 Excel 图表的操作步骤。

(10) 如何在多个工作表的相同单元格中输入相同的数据？

PowerPoint 2019 演示文稿制作

素质目标

1. 养成良好的自主学习能力、艺术美感和创作鉴赏能力。
2. 具有较强的团队精神、组织协调能力和服从能力。

本章主要内容

- 幻灯片的插入及其版式设置。
- PowerPoint 2019 的文本编辑方法。
- 在演示文稿中插入表格、图片，并绘制图形。
- 在演示文稿中插入视频与声音。
- 幻灯片的放映与打印。

在制作幻灯片之前，首先要准备好需要的素材，如文字、图片、图表、声音、视频等。这些素材可以从现有的文件中提取，或者从网络上下载，也可以使用专门的图形图像、音频视频软件来制作。

5.1 幻灯片的插入及其版式设置

5.1.1 新建演示文稿与 PowerPoint 视图

PowerPoint 2019 的启动方式与其他 Office 系列程序的启动方式相同。选择“开始”→程序列表→“PowerPoint”命令即可启动 PowerPoint 2019。

启动 PowerPoint 2019 后，在出现的“开始”或“新建”菜单中可以新建一个空白演示文稿。新建的演示文稿界面如图 5-1 所示。

PowerPoint 2019 与 Word 2019、Excel 2019 一样，使用新风格的界面，在界面的右下角新增了“视图模式”切换按钮和“显示比例”轨迹条。PowerPoint 2019 界面从上到下依次是标题栏、菜单栏、功能区，接下来是当前幻灯片的编辑区——“幻灯片”窗格，在这里可以添加文本、图形、图表及动画等，编辑区的下面有一个“备注”窗格，用来添加与幻灯片相关的备注。编辑区的左侧可以显示每张幻灯片的缩略图。

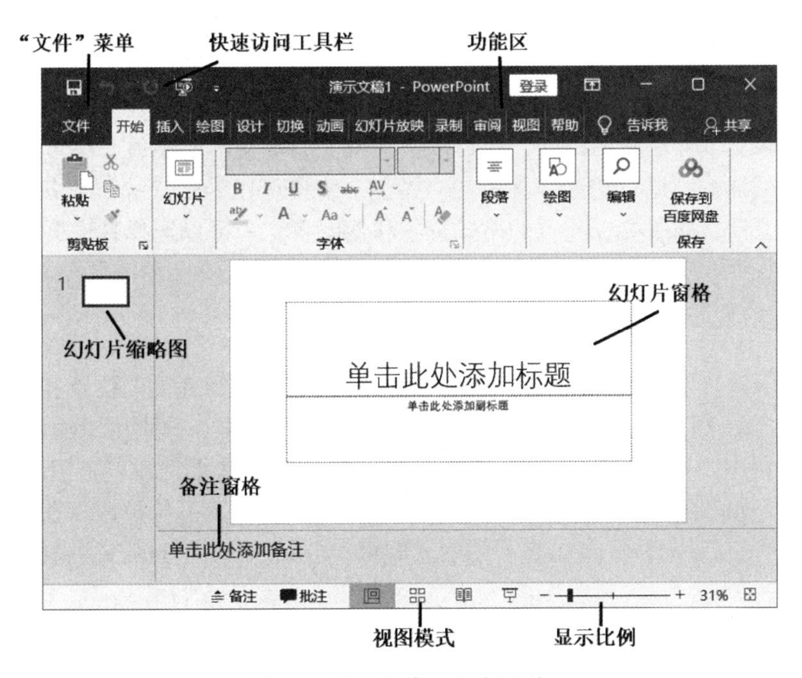

图 5-1　新建的演示文稿界面

PowerPoint 2019 主界面提供了四种视图模式，分别是普通视图、幻灯片浏览视图、阅读视图和幻灯片放映视图，默认以普通视图方式打开幻灯片。

（1）普通视图：主要的编辑视图，可以用于编写或设计演示文稿。该视图有以下三个工作区域。

- 幻灯片缩略图。此区域是在编辑时以缩略图大小的图像在演示文稿中观看幻灯片的主要场所。使用缩略图能方便地浏览演示文稿，并观看任何设计或更改的效果。在这里还可以轻松地重新排列、添加或删除幻灯片。
- “幻灯片”窗格。“幻灯片”窗格在 PowerPoint 窗口的右侧区域，显示当前幻灯片的大视图。可以在此添加文本、图片、表格、SmartArt 图形、图表、图形对象、文本框、电影、声音、超链接和动画等格式的对象，并能为这些对象设置各种显示效果。
- “备注”窗格。在幻灯片窗格下方的“备注”窗格中，可以输入应用于当前幻灯片的备注。用户可以打印备注，并在展示演示文稿时进行参考。还可以打印备注后将它们分发给观众，也可以将备注包含在发送给观众或网页上发布的演示文稿中。

（2）幻灯片浏览视图：以缩略图的形式将演示文稿的所有幻灯片显示出来，编辑完演示文稿后可以利用该视图方式来查看整个演示文稿的状况，并能方便地重新排列、添加或删除某些幻灯片，但不能进行内容编辑。

（3）阅读视图：可以在一个设有简单控件以方便审阅的窗口中查看演示文稿。如果不想使用全屏的幻灯片放映视图，则可以在自己的计算机上使用阅读视图。

（4）幻灯片放映视图：放映时，幻灯片占据整个计算机屏幕，呈全屏播放状态，可以看到文字、图形、动画在实际放映中的效果。

普通视图、幻灯片浏览视图、阅读视图和幻灯片放映视图是四种常用视图，可以通过窗口右下角的四个按钮来切换。

另外，在“视图”选项卡的“演示文稿视图”组中，也提供了“普通”“大纲视图”“备注页”等五种视图模式，但以下两种视图模式与主界面中的不同。

（1）大纲视图：可以将演示文稿中每张幻灯片的文本大纲显示出来。在大纲视图下，可以在窗格中编辑文本并在其中跳转，也可以快速统一编辑文本的字体、字号及颜色等。

（2）备注页视图：通过普通视图中的“备注”窗格可以为幻灯片添加备注信息，备注信息在放映时不显示。如果要以整页的格式查看和使用备注，可以选择备注页视图模式。

5.1.2 幻灯片的版式与插入新幻灯片

幻灯片的版式决定了幻灯片中的文字、图形等内容在幻灯片上的位置和排列方式。默认第一张幻灯片自动采用“标题幻灯片”版式，生成两个文本框，分别用于输入标题和副标题。

在实际应用中，可以选择其他合适的版式。更改的方法很简单：展开 PowerPoint 2019 功能区中的“开始”选项卡，单击“幻灯片”组中的“版式”下拉按钮，在弹出的窗口中列出了可供选择的幻灯片版式，单击需要的版式即可。当前正在使用的版式以灰色标明，如图 5-2 所示。

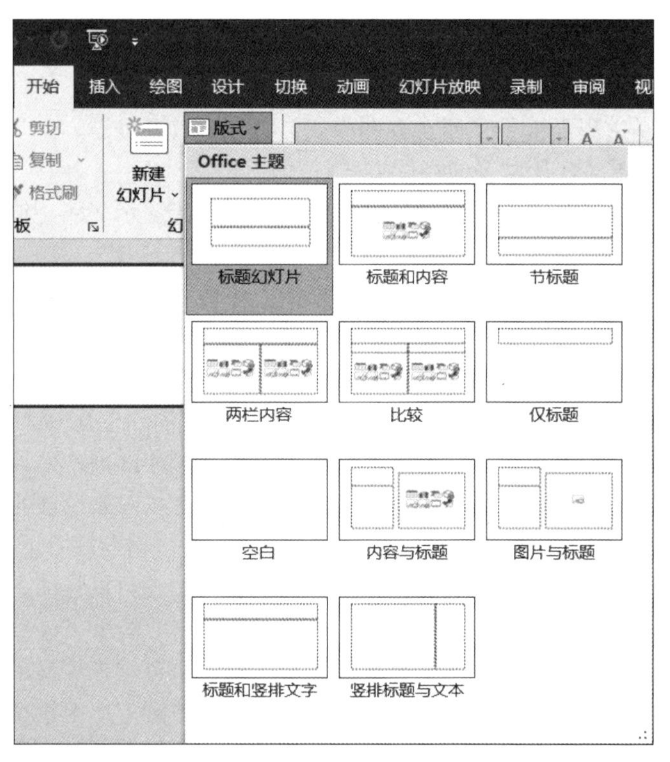

图 5-2　幻灯片版式

插入新幻灯片有多种方式，常用的方式有以下四种。

- 从功能区新建幻灯片：打开“开始”选项卡，单击“幻灯片”组“新建幻灯片”的下拉按钮，从版式列表中单击选择一种新的幻灯片版式，如图 5-3 所示。

- 从功能区复制幻灯片：打开“开始”选项卡，单击“幻灯片”组“新建幻灯片”的下拉按钮，执行“复制选定幻灯片”命令，可以在当前幻灯片之后建立一个与当前幻灯片版式、内容均相同的新幻灯片。
- 从普通视图的幻灯片缩略图中新建幻灯片：在左侧的幻灯片缩略图中右击（在幻灯片或选项卡的空白区域均可），从弹出的快捷菜单中选择“新建幻灯片”命令，将新建一个新幻灯片。若是在某张幻灯片上右击，则创建一个与选中幻灯片同版式的新幻灯片；若是在空白区域右击，则创建一个与最后一张幻灯片同版式的新幻灯片。
- 从普通视图的幻灯片缩略图中复制幻灯片：在左侧的幻灯片缩略图中选择一张幻灯片，使用 Ctrl+C 组合键或选择右键菜单中的“复制”命令进行复制，再粘贴到需要插入的位置。也可以选中需要复制的幻灯片后按住鼠标左键不放，拖动到需要插入的位置后，按住 Ctrl 键，当鼠标光标右上角出现一个“+”符号时松开鼠标，即可插入新幻灯片。

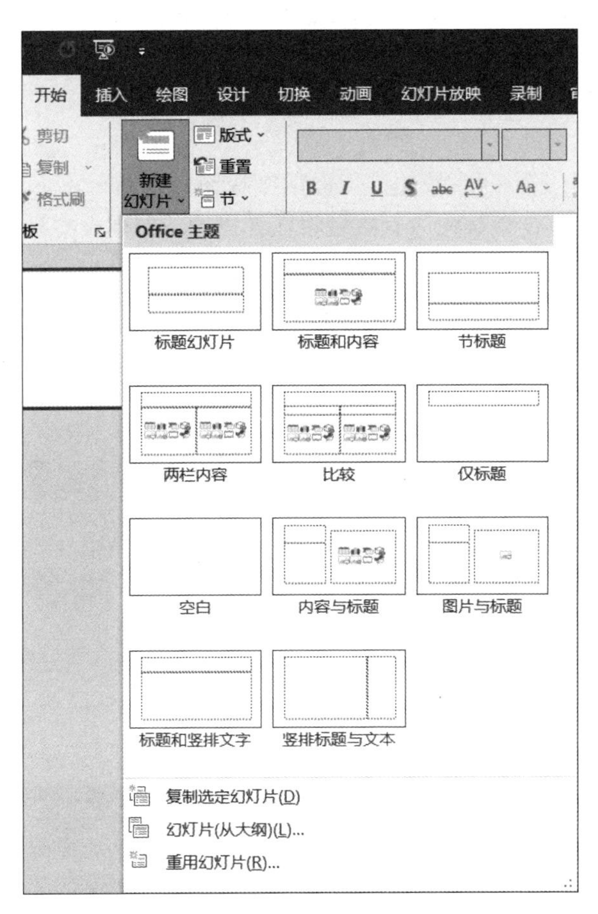

图 5-3　“新建幻灯片”下拉列表

5.1.3　幻灯片主题、背景与大小

PowerPoint 2019 的版面设计功能很强大，能修饰、美化演示文稿，使其更漂亮、更具感

染力。下面主要介绍幻灯片主题、背景及大小的设计。

1. 幻灯片主题

通过 PowerPoint 2019 主题可以简单地更改整个演示文稿的外观。更改演示文稿主题不仅可以更改背景颜色，而且可以更改图表、表格、趋势图或字体的颜色，甚至可以更改演示文稿中项目符号的样式。通过应用主题，可以使用户的整个演示文稿具有专业和一致的外观。

1）软件提供的主题

PowerPoint 2019 提供了一系列背景主题供用户选择，单击“设计”选项卡，就会出现如图 5-4 所示内容。左侧部分为幻灯片“主题”组，第一个主题为当前正在应用的幻灯片主题。事实上，只需要将鼠标指针移动到某个主题上，就可以看到一个实时的预览效果图，根据预览效果决定选择哪种主题更合适。

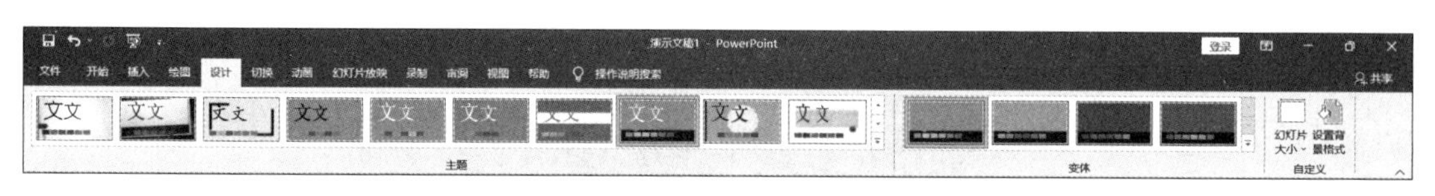

图 5-4 “设计”选项卡

“主题”组的右侧有三个箭头按钮，上面两个按钮分别是上、下翻页按钮，最下面的按钮为“其他”下拉按钮，单击该按钮所有主题将在弹出的下拉列表中显示出来，如图 5-5 所示。

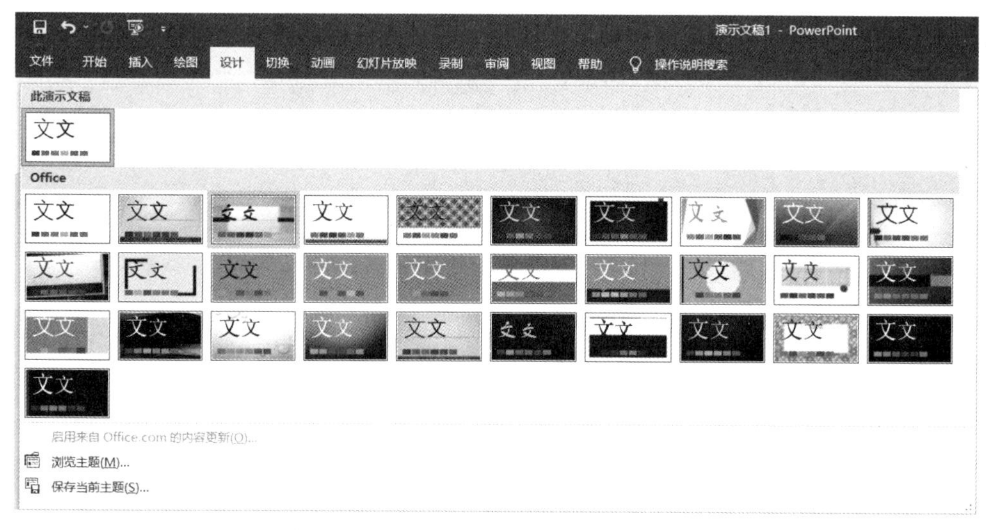

图 5-5 “主题”组中的“其他”下拉列表

2）自定义主题

选择一种主题后，还可以对主题的颜色、字体、图形显示效果进行设置，设计出独具风格的主题方案。在“设计”选项卡中，选择“变体”组中的默认搭配方案，或者单击其右侧的“其他”下拉按钮，利用弹出的“颜色”、“字体”和“效果”命令自定义当前设计的外观，如图 5-6 所示。

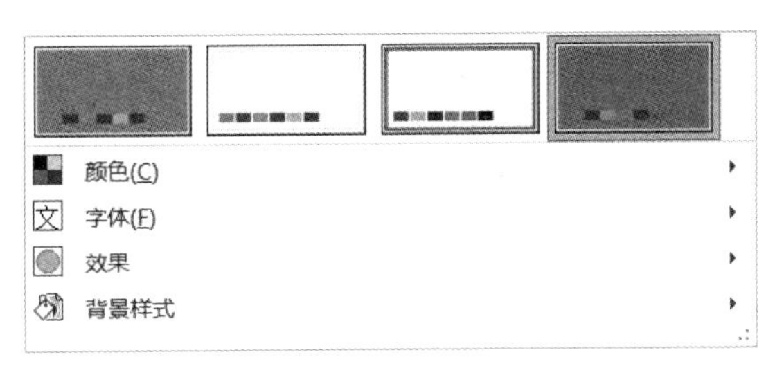

图 5-6　“变体”组中的“其他”下拉菜单

2. 幻灯片背景

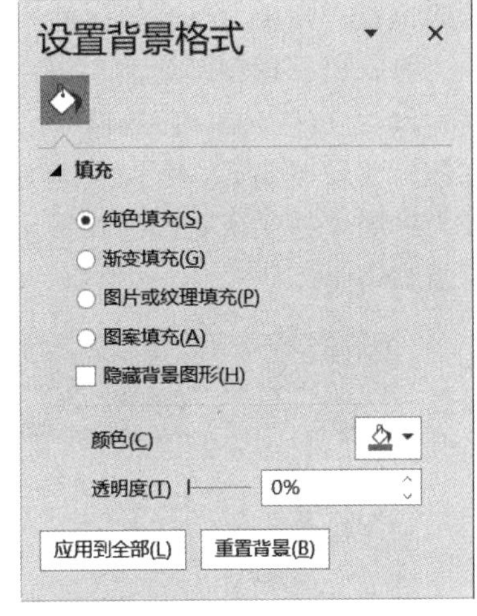

图 5-7　设置背景格式

PowerPoint 2019 的默认背景是白色，太过单一，可以通过以下方式对背景进行美化。如图 5-6 所示，“变体”组中的“其他”下拉菜单的最后一项即“背景样式”命令，PowerPoint 2019 为每个主题都配备了 12 种不同的背景样式。把鼠标指针移动到背景图片上可以预览背景在文档中的显示效果，单击选中背景图片后，当前主题的背景即替换为新背景。

除此之外，可以在“设计”选项卡中，选择“自定义”组中的“设置背景格式”选项，在出现的窗体中设置幻灯片背景的填充方式、颜色及透明度等，如图 5-7 所示，这样可以为当前幻灯片设置背景格式，也可以单击“应用到全部”按钮将设计效果应用到所有幻灯片。

3. 幻灯片大小

在早期的 PowerPoint 版本中，幻灯片的大小比例是 4:3。然而，现在很多的显示设备和视频都已采用宽屏形式，PowerPoint 2019 也是如此，默认的幻灯片大小比例是 16:9。

在“设计”选项卡中，单击“自定义”组中的“幻灯片大小”按钮，在弹出的菜单中，如图 5-8 所示，可以将幻灯片的大小设置为“标准 (4:3)”或“宽屏 (16:9)”，也可以选择“自定义幻灯片大小”命令，在弹出的如图 5-9 所示对话框中，可以将幻灯片大小更改为自定义尺寸，设置宽度、高度及方向等。

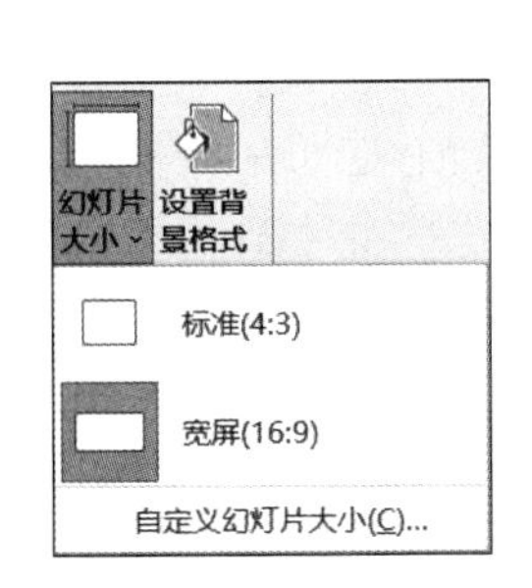

图 5-8　“幻灯片大小”菜单

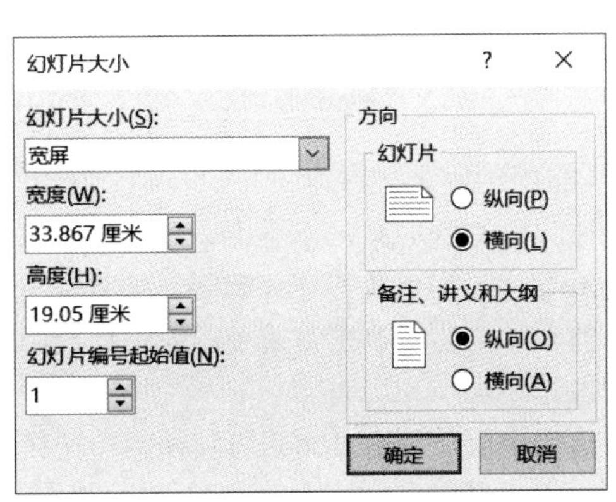

图 5-9　“幻灯片大小”对话框

5.1.4 幻灯片母版

幻灯片母版，实际上就是一个模板，是存储有关设计模板信息的幻灯片，包括字形、占位符大小或位置、背景设计和配色方案等。如果更改了母版中的某些设计元素，就会将这些更改应用到文稿中所有同类版式的幻灯片中。例如，在幻灯片母版中插入制作者的姓名，那么在同类幻灯片的相应位置都会添加该姓名。PowerPoint 2019 提供的母版视图有三种，分别是幻灯片母版、讲义母版、备注母版，常用的是幻灯片母版。

幻灯片母版常用于插入要显示在多张幻灯片上的图片，如徽标，还可以用于更改文本对象的位置、大小、格式等属性。设置幻灯片母版的方法如下。

（1）在“视图”选项卡的“母版视图”组中选择“幻灯片母版”，出现如图 5-10 所示幻灯片母版设计界面。在选项卡区域增加了“幻灯片母版”选项卡，用于设置母版的各种版式、主题、背景等要素。界面左侧列出了所有幻灯片版式对应的母版页的缩略图，其中，第一张较大的图片是供所有幻灯片使用的母版缩略图，其他的则是对应各种特定版式幻灯片使用的母版缩略图。

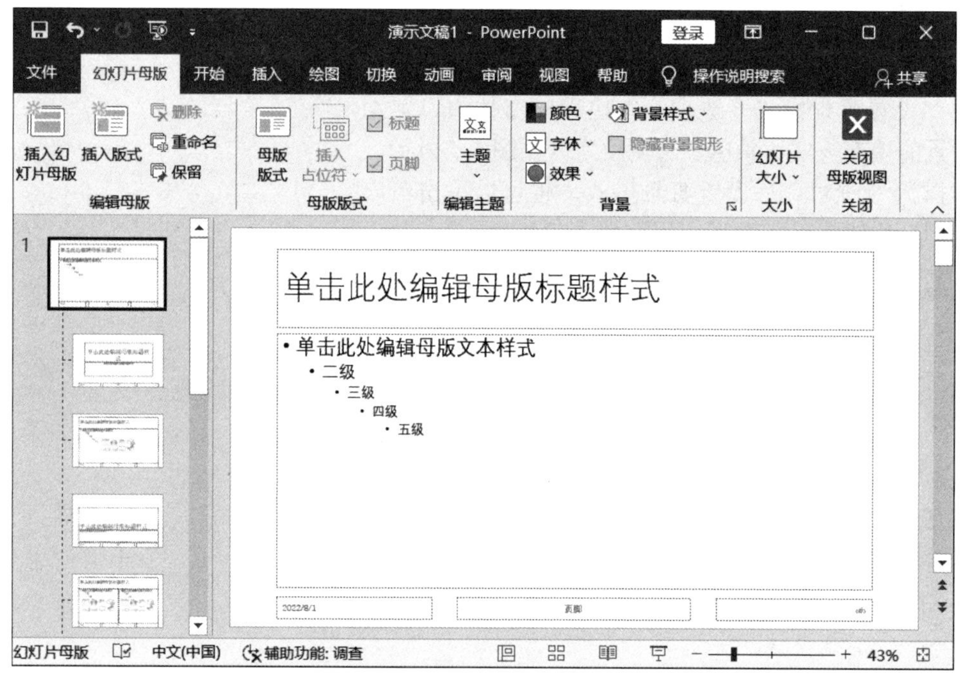

图 5-10　设计幻灯片母版界面

（2）选中界面左侧的某张缩略图，则可以在右侧编辑区设置对应母版的样式。用户可以像更改普通幻灯片一样更改幻灯片母版，但要注意的是，母版上的文本只用于修改样式，实际幻灯片中的文本内容应该在普通视图的幻灯片中输入，页眉和页脚内容则在“页眉和页脚”对话框中输入。

（3）修改完毕后，单击“关闭母版视图”按钮，即可返回之前的演示文稿视图。

5.2 文本编辑方法

5.2.1 输入文字

除了已有的文本编辑区，在幻灯片中输入文字必须使用文本框，具体步骤如下。

（1）打开功能区中的“插入”选项卡，单击“文本”组中的“文本框”按钮，在下拉列表中选择横排或竖排文本框，此时，鼠标指针会变成一个十字样式。

（2）利用鼠标在幻灯片中直接画出文本框。直接单击得到的横排文本框只能随文字的变化自动改变宽度，不能自动换行；通过按下鼠标左键并拖动的方式得到的横排文本框能限制文本框的宽度，当文字超过文本框边缘时会自动换行。

同样地，直接单击得到的竖排文本框只能随文字的变化自动改变高度，不能自动换行；通过按下鼠标左键并拖动的方式得到的竖排文本框能限制文本框的高度，当文字超过文本框边缘时会自动换行。

（3）在文本框中输入文本内容。

需要说明的是，横排文本框的高度是不能手工调整的，但它可以随着文本字号的调整而自动改变。

同样地，竖排文本框的宽度也是不能手工调整的，但它可以随着文本字号的调整而自动改变。

5.2.2 简单的文字编辑

首先区分编辑对象，当用鼠标选中一个文本框对象时，文本框边框显示为实线，此时可以将文本框内的所有文字作为一个整体来操作；当用鼠标拖动选中文本框内的某些文字时，文本框边框显示为虚线，操作的只是选中的文字，两者有区别。

对文本框的操作包括以下内容。

（1）移动：选中文本框后，用鼠标拖动文本框，可以实现文本框位置的移动。

（2）复制：按下 Ctrl 键的同时拖动文本框，可以实现文本框的复制。

（3）删除：选中文本框后，按下 Delete 键，可以删除文本框，包括其中的文字。

（4）设置文字格式：选中文本框内的文字，或者选中整个文本框，通过“开始”选项卡中的“字体”“段落”“绘图”组，可以对文本框内的文字格式进行设置，如设置字形、字号、对齐方式、行距、形状轮廓等。

（5）文本框的设置：选中文本框，打开“开始”选项卡，通过“绘图”组即可对文本框进行设置，如图 5-11 所示。左侧的“形状”选项可以用来向幻灯片中插入各种形状的文本框；“排列”选项可以更改文本框在幻灯片中的层次位置、文本框对齐和旋转；“快速样式”选项提供了已经定义好的文本框搭配样式，可以直接选用；“形状填充”选项可以更改文本框的填充颜色和背景图片；“形状轮廓”选项可以更改文本框的边框形式和颜色；“形状效果”选项可以设置文本框的 3D 显示效果。

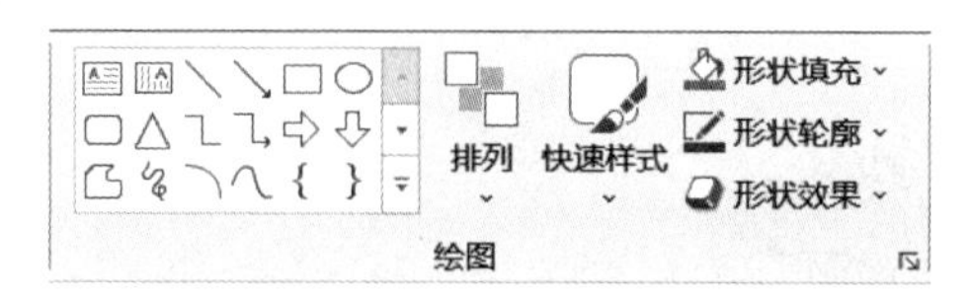

图 5-11 “绘图”组

5.2.3 项目符号和编号

一个文本框中的内容有时会由几个条目组成，为了节省时间和精力，PowerPoint 能为它们自动编号或自动添加项目符号，设置方法与 Word 相似。

如图 5-12 所示，在“开始”选项卡的“段落”组中单击左上角的“项目符号”下拉按钮，从如图 5-13 所示的选项中选择一种符号样式。同样地，在“开始”选项卡的“段落”组中单击“编号”下拉按钮，从选项中选择一种编号样式。

另外，可以通过图 5-13 中的“项目符号和编号”命令打开“项目符号和编号”对话框，如图 5-14 所示，从该对话框中可以设置项目符号或编号，还可以更改符号的图片形式或编号的起始编号、大小和颜色。

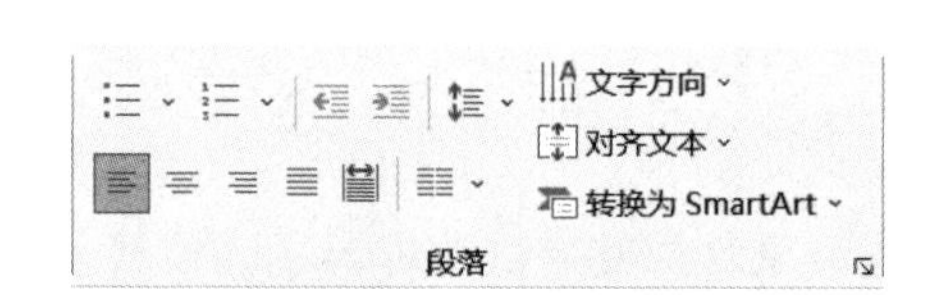

图 5-12 “段落”组

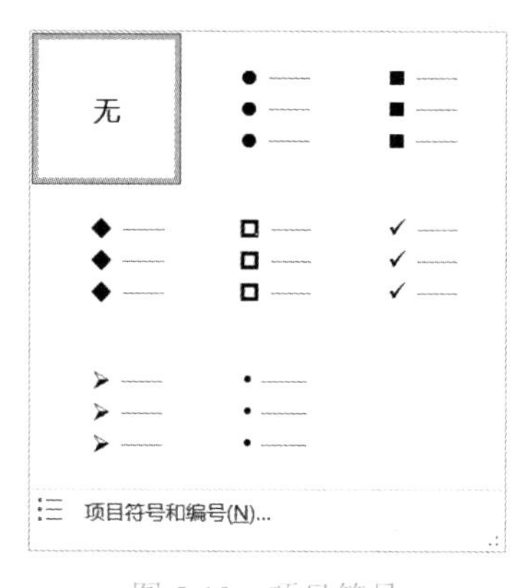

图 5-13 项目符号

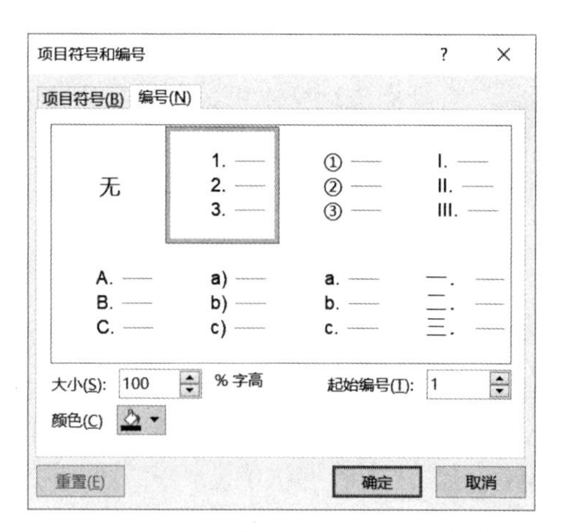

图 5-14 “项目符号和编号”对话框

5.2.4　段落格式

如果一个文本中有若干个段落，那么用户可以给文本设置缩进和间距、中文版式、制表位等相关属性。具体操作是：先选中文本，然后在其上右击，在弹出的快捷菜单中选择“段落”命令，或者单击功能区“段落”组右下角的箭头，弹出如图 5-15 所示“段落”对话框，在此可以完成修改行距、段前、段后、缩进值等操作。

图 5-15　“段落”对话框

5.3　插入图片与绘制图形

5.3.1　插入图片

在 PowerPoint 中插入图片的方法与在 Word 中插入图片的方法相似：在“插入”选项卡的“图像”组中单击“图片”或“相册”按钮，参照在 Word 中插入图片的方法将需要的图片插入文档即可。此外，还可以从剪贴板中直接将图片复制到幻灯片中。

5.3.2　绘制自选图形

绘制自选图形的具体步骤如下。

（1）在“插入”选项卡的“插图”组中单击“形状”下拉按钮，打开“形状”下拉列表，如图 5-16 所示。在该列表中选取一种自选图形，此时鼠标指针变为“+”形。

（2）在幻灯片编辑区按下鼠标左键并拖动，画出图形。

（3）选中图形后，菜单栏中将新增“绘图工具”→“形状格式”选项卡，使用该选项卡可以对图形进行编辑，包括设置图形的形状样式、艺术字样式、排列、大小等。

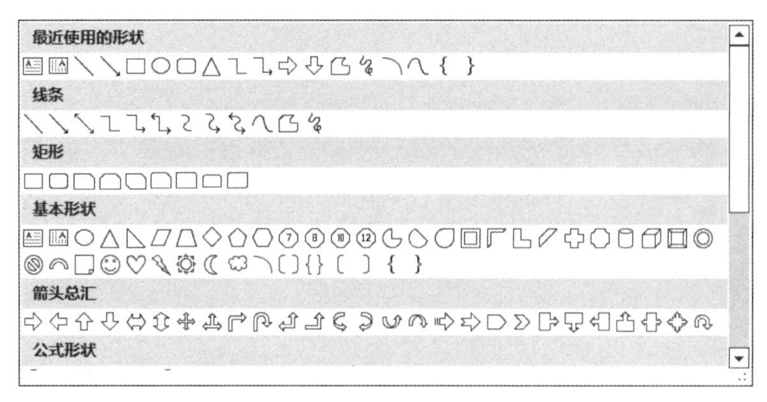

图 5-16 “形状”下拉列表

如果向图形中添加文字，操作方式如下。

（1）选中需要添加文字的图形，右击，在弹出的快捷菜单中选择“编辑文字”命令。

（2）在图形中输入文字。

（3）设置文字字体、字号、颜色和对齐方式等。

5.4 插入表格

在演示文稿中插入（制作）表格的常用方法有四种，即插入表格、绘制表格、插入 Excel 电子表格和插入 Word 表格。打开“插入”选项卡，单击“表格”组中的“表格”按钮，在弹出的下拉列表中选择相关操作。

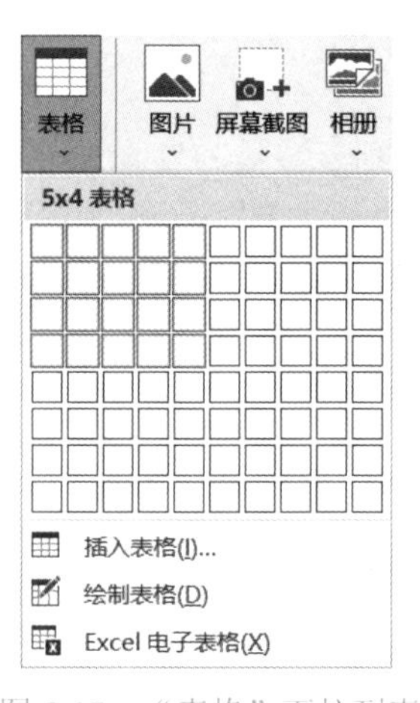

图 5-17 “表格”下拉列表

1. 插入表格

插入表格时，既可以在“表格”下拉列表的预览区域通过鼠标移动来选取一定行列数量的表格，如图 5-17 所示；也可以选择“表格”下拉列表中的“插入表格”命令，在弹出的对话框中设置表格的行列数量。插入表格后，功能区中会新增“表设计”和“布局”两个“表格工具”选项卡。设置表格的操作方式与在 Word 中操作表格的方式完全相同。

2. 绘制表格

选择“表格”下拉列表中的“绘制表格”命令，可以绘制出表格的边框。绘制边框后，功能区中也会新增“表设计”和“布局”两个“表格工具”选项卡，利用它们可以对表格进行设计。

3. 插入 Excel 电子表格

选择“表格”下拉列表中的“Excel 电子表格”命令，即可在幻灯片中插入一个 Excel 电子表格，此时 PowerPoint 2019 的功能区被替换为 Excel 2019 的功能区，表格的操作方式与在 Excel 中的操作方式完全相同。

需要注意的是，当插入的Excel电子表格失去焦点时，表格将变成普通的PowerPoint表格，不再具备 Excel 表格的编辑功能，功能区也将恢复为 PowerPoint 2019 功能区的样式。如果想再次编辑表格内容，只需要双击该 Excel 表格即可恢复 Excel 编辑模式。

4. 插入 Word 表格

选择“插入”选项卡，单击“文本”组中的“对象”按钮，在弹出的“插入对象”对话框中选择“由文件创建”单选按钮，如图 5-18 所示，选取一个已经存在的包含表格的 Word 文档，单击“确定”按钮，该 Word 文档即被添加到幻灯片中。

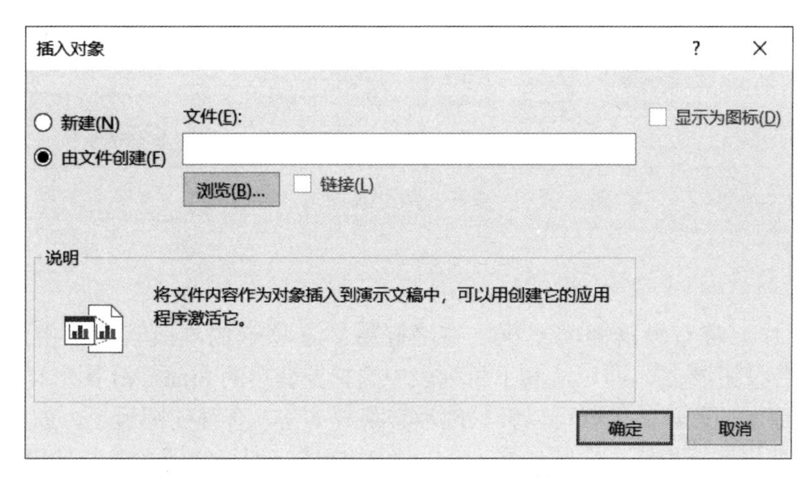

图 5-18　“插入对象”对话框

与插入 Excel 电子表格类似，操作被插入的 Word 表格与在 Word 中编辑时相同，编辑结束后恢复编辑状态的方法也相同。

5.5　添加 SmartArt 图形

PowerPoint 2019 中的“SmartArt 图形”功能，可以轻松地辅助用户制作各种不同的图形或图表，用于演示流程、层次结构、循环或关系等。

添加 SmartArt 图形有两种方式。

1. 直接添加 SmartArt 图形

（1）在“插入”选项卡的“插图”组中单击“插入 SmartArt 图形”按钮。

（2）在弹出的“选择 SmartArt 图形”对话框中选取一种图形模板，如图 5-19 所示。

（3）单击“确定”按钮，所选图形即被添加到 PowerPoint 中。

（4）在图形内单击有“[文本]”字样的编辑区，或者右击需要输入文字的区域，直接输入或编辑文字。

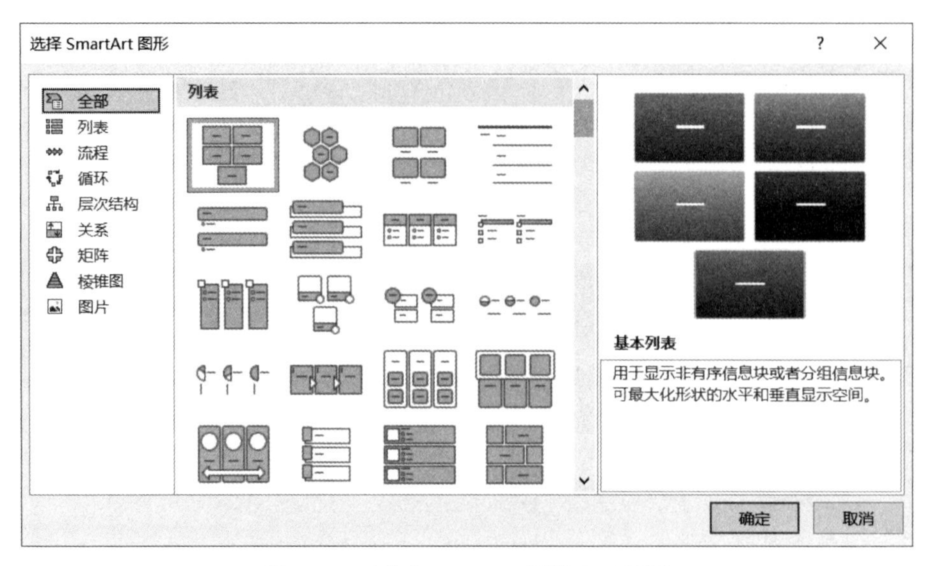

图 5-19 “选择 SmartArt 图形”对话框

2. 将文本转换成 SmartArt 图形

选中幻灯片上带有段落的文本框，在“开始”选项卡的“段落”组中单击“转换为 SmartArt 图形”按钮，即可从其下拉列表中选择要套用的 SmartArt 图形样式，如图 5-20 所示。此时，原本的段落文字就可以轻松地被转换成丰富、直观的图形了，如图 5-21 所示。另外，用户只要将鼠标指针指向某种 SmartArt 图形样式，即可立即预览其效果，以便做出更合适的选择。

一旦选中了 SmartArt 图形对象，PowerPoint 功能区就将增加“SmartArt 设计”和“格式”两个“SmartArt 工具”选项卡。使用这两个选项卡可以对现有的 SmartArt 图形的版式、样式、形状、排列、大小等进行重新设计。

另外，在选中 SmartArt 图形对象时，如图 5-21 所示，图形左侧会出现一个标题文字为“在此处键入文字”的文字编辑框，用户可以直接在此处编辑文字，右侧图形中则会显示相应的内容。

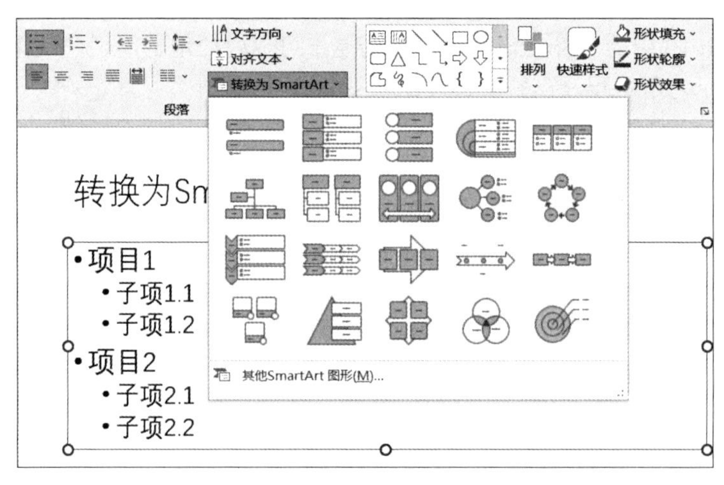

图 5-20 选择 SmartArt 图形样式

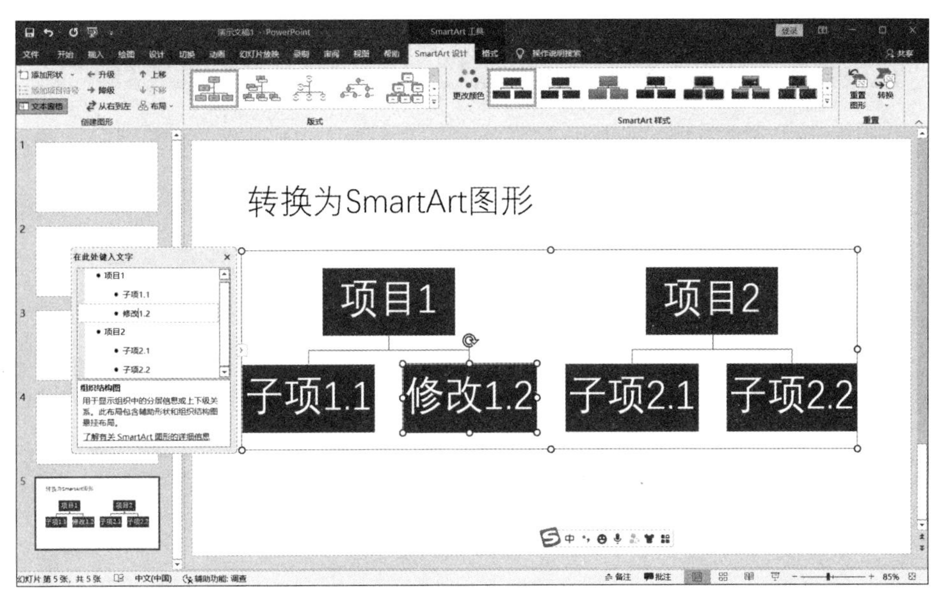

图 5-21　SmartArt 图形效果

3. 将 SmartArt 图形转换成文本或形状

选中 SmartArt 图形，在“SmartArt 设计”选项卡的“重置”组中单击“转换”按钮，即可从其下拉列表中选择“转换为文本”或“转换为形状”命令。转换为文本是指将 SmartArt 图形转换为对应的文本段落形式，转换为形状是指将 SmartArt 图形转换为外观相同的组合图形样式。

5.6　为内容增添动画效果

动画效果是指为幻灯片中的对象添加预设视觉动态效果。每个方案通常包含幻灯片标题效果和应用于幻灯片的项目符号或段落的效果。例如，幻灯片上的文本、图形、图表等对象具有了动画效果，就可以突出重点，并增加文稿演示时的趣味性。

PowerPoint 2019 中有以下四种不同类型的动画效果。

- “进入”效果：包括使对象逐渐淡入焦点、从边缘飞入幻灯片或跳入视图等。
- “退出”效果：包括使对象飞出幻灯片、从视图中消失或从幻灯片中旋出等。
- “强调”效果：包括使对象缩小或放大、更改颜色或粗细、沿中心旋转、闪烁等。
- “动作路径”效果：可以使对象沿着直线、弧形或自定义的路径移动。

在设置动画时，首先选择要制作动画的对象，可以是占位符、文本框，也可以是图片、表格等。然后单击“动画”选项卡，在“动画”组的动画类型右侧有三个箭头按钮，上面两个按钮分别是上、下翻页按钮，最下面一个按钮为“其他”下拉按钮，单击该按钮后在弹出的下拉列表中显示 “无”“进入”“强调”“退出”“动作路径”等选项，如图 5-22 所示，单击选择所需的动画效果。在动画库中，进入效果图标呈绿色，强调效果图标呈黄色，退出效果图标呈红色。

图 5-22　设置动画效果

如果没有看到所需的进入、退出、强调或动作路径动画效果，则单击图 5-22 中“更多进入效果”、“更多强调效果”、“更多退出效果”或“其他动作路径”，选择其他动画效果。例如，在“更多进入效果”里面可以看到，进入效果共有四大类：基本型、细微型、温和型和华丽型。

在“动画”选项卡的“计时”组中，可以将动画效果的开始时间设置为“单击时”、“与上一动画同时”或“上一动画之后”，同时也可以设置持续时间和延迟时间。

一个对象可以单独使用任何一种动画效果，也可以将多种动画效果组合在一起，在设置的时候可以让一个对象按照上述几种方式先后或同时运动。例如，可以对一行文本设置“飞入”进入效果及“放大 / 缩小”强调效果，使它在从左侧飞入的同时逐渐放大。若要对同一对象设置多种动画效果，首先选择要制作动画的对象，然后在“动画”选项卡“高级动画”组中单击“添加动画”，按照设置动画效果的方法继续完成操作。

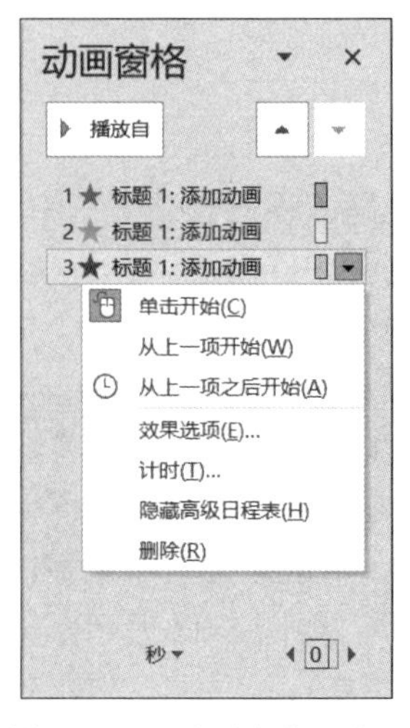

图 5-23　“动画窗格”窗口

在“动画”选项卡“高级动画”组中单击“动画窗格”，可以查看幻灯片中所有动画的列表。如图 5-23 所示，“动画窗格”窗口显示了有关动画效果的重要信息，如效果的类型、多个动画效果之间的先后顺序、受影响对象的名称及效果的持续时间等。该窗格还可以实现修改动画的开始时间、修改效果选项及删除动画等功能。

动作路径是一种不可见的轨迹，可以将幻灯片中的图片、文本或形状等项目放在自定义的动作路径上，使对象沿着动作路径运动。例如，可以使用系统提供的各种预设路径（如弹簧形、心跳形）或手绘路径，将对象从幻灯片中的一个位置移动到另一个位置，还可以对路径进行编辑修改，以满足各种需要。

5.7　插入视频与音频

5.7.1　插入视频

PowerPoint 允许在演示文稿中插入视频文件，以增强表现力，方法如下。

（1）在要插入视频的幻灯片中，打开“插入”选项卡，在“媒体”组中单击“视频”下拉按钮。

（2）在“插入视频自”列表中选择视频来源方式，其中，“此设备”命令需要用户在计算机中选择视频文件，“联机视频”命令需要用户输入联机视频的地址。

（3）单击新插入的本地视频，功能区将增加“视频格式”和“播放”两个“视频工具”选项卡，可以利用相关设置调整视频样式、排列、大小及编辑视频等。

如果要在切换到幻灯片时自动播放视频，则在“播放”选项卡的“视频”组中选择“开始”→“自动”命令。若仅在单击时才播放视频，则选择“单击时”命令。

5.7.2　插入音频

插入音频的方法与插入视频类似。

（1）打开“插入”选项卡，在“媒体”组中单击“音频”下拉按钮。

（2）在打开的列表中选择音频来源方式，其中，“PC 上的音频”命令需要用户在计算机中选择音频文件，“录制音频”命令需要用户利用录音机录制声音。

（3）单击新插入的音频，功能区将增加“音频格式”和“播放”两个“音频工具”选项卡，可以利用相关设置调整图片样式、排列、大小及编辑音频等。

如果要在切换到幻灯片时自动播放音频，则在“播放”选项卡的“音频”组中选择“开始”→“自动”命令。若仅在单击时才播放音频，则选择“单击时”命令。

另外，用户可以根据需要更改视频或音频文件的动画效果。

（1）选择已添加的视频或音频图标，打开“动画窗格”窗口，单击动画名称右侧的下拉按钮，选择“效果选项”。若是更改音频的动画效果，则会弹出如图 5-24 所示对话框。

（2）设置需要的视频或音频效果，单击“确定”按钮。

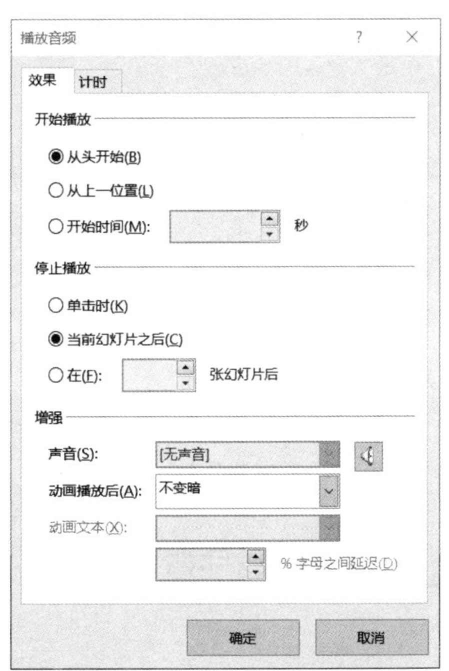

图 5-24　“播放音频”对话框

5.8 幻灯片切换与顺序调整

5.8.1 幻灯片切换

前面介绍过如何为某张幻灯片里面的文字、图片等对象添加动画效果。实际上，用户还可以设置多张幻灯片播放切换时的动画效果，方法如下。

（1）打开“切换”选项卡，在“切换到此幻灯片”组中选择切换效果。

（2）在如图5-25所示列表中，提供了“擦除”“覆盖”“翻转”“随机”等多种类型的切换效果，选择一种切换效果。根据实际需要，还可以对效果选项、切换声音、换片方式等进行设置。

图5-25 幻灯片切换列表

（3）如果有必要，可以使用“应用到全部”按钮将当前这张幻灯片的切换方式应用于所有幻灯片。

在制作了多张幻灯片后，如果要调整幻灯片的播放顺序，只需要在普通视图的幻灯片缩略图中拖动要调整的幻灯片到合适的位置即可。

5.8.2 超链接与动作按钮

1. 超链接

在放映演示文稿时，如果希望从一张幻灯片跳转到另一张幻灯片，或者跳转到某个文件、网页或应用程序，就需要设置超链接，方法如下。

（1）右击需要设置超链接的对象或文本，在弹出的快捷菜单中选择“超链接”命令，或者选中对象后单击“插入”选项卡“链接”组中的“链接”按钮，弹出如图 5-26 所示“插入超链接”对话框。

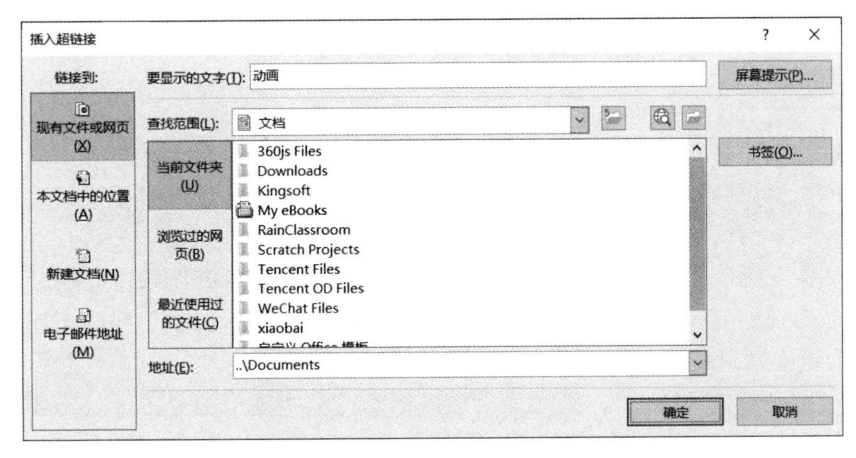

图 5-26　“插入超链接”对话框

（2）选择链接到的位置，单击“确定”按钮即可。

当放映幻灯片时，鼠标指针指向含有超链接的对象，其会变成一只手的形状，表明单击它可以跳转到预先设置好的位置。

2. 动作按钮

所谓动作按钮，是指单击设置动作的对象可以触发其他对象的动作。实际上，动作可以被看作另外一种形式的超链接。设置动作按钮的方法如下。

单击选中要设置为动作按钮的对象，在“插入”选项卡的“链接”组中单击“动作”按钮，弹出“操作设置”对话框，如图 5-27 所示，完成超链接或运行程序等设置。

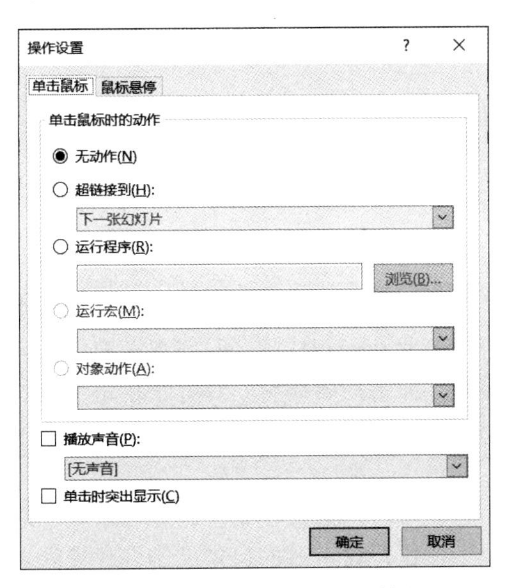

图 5-27　“操作设置”对话框

5.9 幻灯片的放映与打印

5.9.1 启动幻灯片放映

启动幻灯片放映有三种情况，即“从头开始”、“从当前幻灯片开始”和“自定义幻灯片放映”。打开“幻灯片放映”选项卡，在左侧的“开始放映幻灯片”组中可以看到这三种放映方式。

选择“从头开始”，或者使用F5快捷键，将从第一张幻灯片开始顺序放映。

选择“从当前幻灯片开始”，或者单击状态栏中的“幻灯片放映”视图按钮，或者使用Shift+F5组合键，则忽略前面的幻灯片，从当前幻灯片开始放映。

选择“自定义幻灯片放映”，则允许只放映演示文稿中的一部分，这就需要设置自定义放映，方法如下。

（1）打开“幻灯片放映”选项卡，单击“开始放映幻灯片”组中的“自定义幻灯片放映”按钮，选择“自定义放映”命令。

（2）在弹出的对话框中单击“新建”按钮，新建自定义幻灯片放映，弹出如图5-28所示“定义自定义放映”对话框。

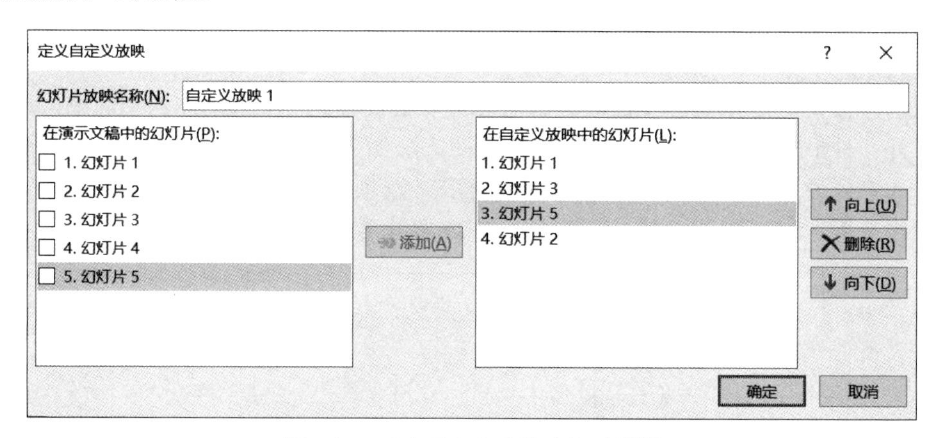

图5-28 “定义自定义放映”对话框

（3）先设置幻灯片放映名称（默认名称为“自定义放映1”），然后从左侧的列表中选取需要放映的幻灯片，单击“添加”按钮即可将其添加到右侧的自定义放映列表中。如果想从已经添加的自定义放映列表中删除某张幻灯片，只需要在右侧的自定义放映列表中选中该幻灯片，单击“删除”按钮即可。如果需要调整幻灯片在自定义放映中的放映次序，可以使用对话框最右侧的上移按钮、下移按钮进行调整。编辑结束，单击“确定”按钮，该自定义放映就被保存在当前文档中。

（4）播放自定义放映幻灯片时，只需要单击“幻灯片放映”选项卡“开始放映幻灯片”组中的“自定义幻灯片放映”按钮，设定过的自定义幻灯片放映名称就会出现在该按钮的下拉列表中。单击某个自定义幻灯片放映名称，就可以按照该自定义方式放映幻灯片。

5.9.2　设置幻灯片放映

用户可以为幻灯片选择不同的换片方式和放映类型，还可以进行多项设置，以适应不同的演示场合。

1. 设置换片方式

根据放映时的换片方式不同，幻灯片放映一般分为自动放映和手动放映两种，系统默认为手动放映。如果设置成自动放映，则先打开“切换”选项卡的“计时”组，在“换片方式”中勾选“设置自动换片时间”复选框，并调整好时间，再单击“应用到全部”按钮，即可将设置的自动换片应用到整个演示文稿。

2. 设置放映类型

打开“幻灯片放映”选项卡，在“设置”组中单击“设置幻灯片放映”，打开“设置放映方式”对话框，如图 5-29 所示。

在“设置放映方式”对话框中，PowerPoint 2019 为用户提供了“演讲者放映”、“观众自行浏览”和“在展台浏览”三种放映类型，供用户在不同的环境中选用。

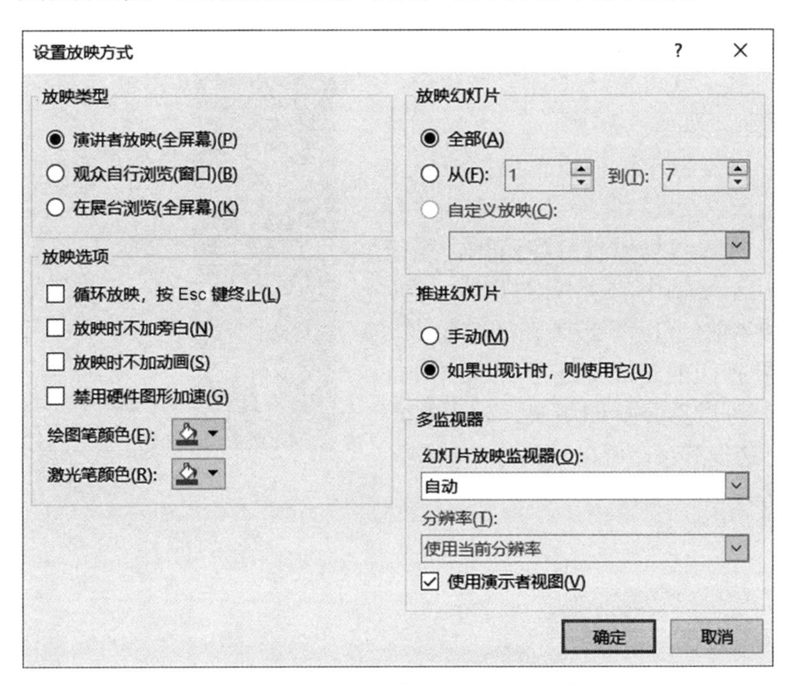

图 5-29　“设置放映方式”对话框

- “演讲者放映”放映类型适合在演讲或讲解的场合放映，不需要观众了解所有 PPT 的框架结构，播放节奏由演讲者把控。这是 PPT 的默认放映类型。播放时为全屏显示，按 Esc 键可结束放映。
- “观众自行浏览”放映类型适合在展厅展示的场合放映，观众可以自己浏览，自由度更高。可以通过右下角的左、右箭头按钮实现“上一张”、“下一张”幻灯片的浏览。按 Esc 键可结束放映。

- “在展台浏览”放映类型适合在没有演讲者的场合放映，为自动放映模式。在该模式下，鼠标不能被操作，幻灯片按照提前设定好的播放顺序和时间自动切换，默认为循环播放，只能通过按Esc键结束放映。

需要特别强调的是，在“演讲者放映”和“观众自行浏览”两种放映类型中，用户可以设置不同的幻灯片切换方式。如图5-29所示，通过选择“推进幻灯片”选项组中的“手动”或“如果出现计时，则使用它”单选按钮，来决定手动放映或自动放映。

在使用“演讲者放映”放映类型手动切换并启动幻灯片放映时，幻灯片全屏显示，此时，单击鼠标左键，或者单击键盘中的空格键、回车键，均可以播放幻灯片的下一个内容。使用键盘上的方向键也可以播放幻灯片的上一个或下一个内容。另外，使用右键菜单可以实现幻灯片切换、放大、指针画笔等功能。

5.9.3 打印幻灯片

在PowerPoint中，用户可以将制作好的演示文稿通过打印机打印出来，而且可以根据不同的需求将演示文稿打印为不同的形式。

在打印演示文稿前，用户可以打开“页眉和页脚”对话框对页面进行设置，使打印效果更符合需求。选择“文件”→“打印”命令，打开“打印”窗口，如图5-30所示。

在“份数”文本框中可以设置当前演示文稿打印的份数；在“设置”选项组中，单击“打印全部幻灯片”列表可以设置打印范围，系统默认打印当前演示文稿中的所有幻灯片，用户也可以选择打印当前幻灯片，或者在“幻灯片”文本框中输入要打印的幻灯片编号；单击“整页幻灯片”列表可以选择打印版式、每页打印的幻灯片数量、边框等；还可以调整打印顺序，设置颜色灰度等。

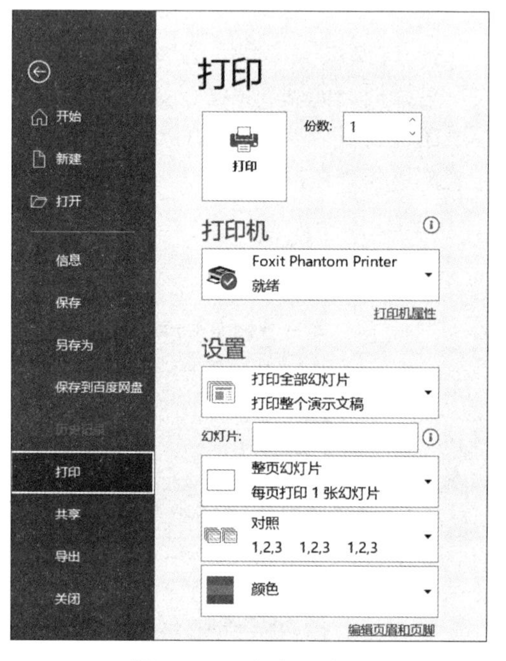

图5-30 “打印”窗口

5.10 保存与退出

通过保存操作，可以随时将编辑的演示文稿保存到计算机硬盘上。为防止发生意外，建议用户养成随时保存的好习惯。在PowerPoint 2019中制作的演示文稿的默认扩展名为“.pptx”。

PowerPoint 2019同时提供了“另存为”命令，这是保存演示文稿的另一种方法，但与“保存”命令稍有不同。“保存”命令用于保存新建或更改后的演示文稿；而“另存为”命令用于保存已打开的文档。使用“另存为”命令时，用户可以更改文档名称、类型和保存路径等，使用“另存为”命令后，原有文档不受影响，而是保存和原有文档内容相同的副本。

“另存为”对话框还提供了将演示文稿保存为放映模式的命令——“PowerPoint 放映（*.ppsx）”，如图 5-31 所示。演示文稿保存为该模式后将不允许被编辑，只能用于放映。

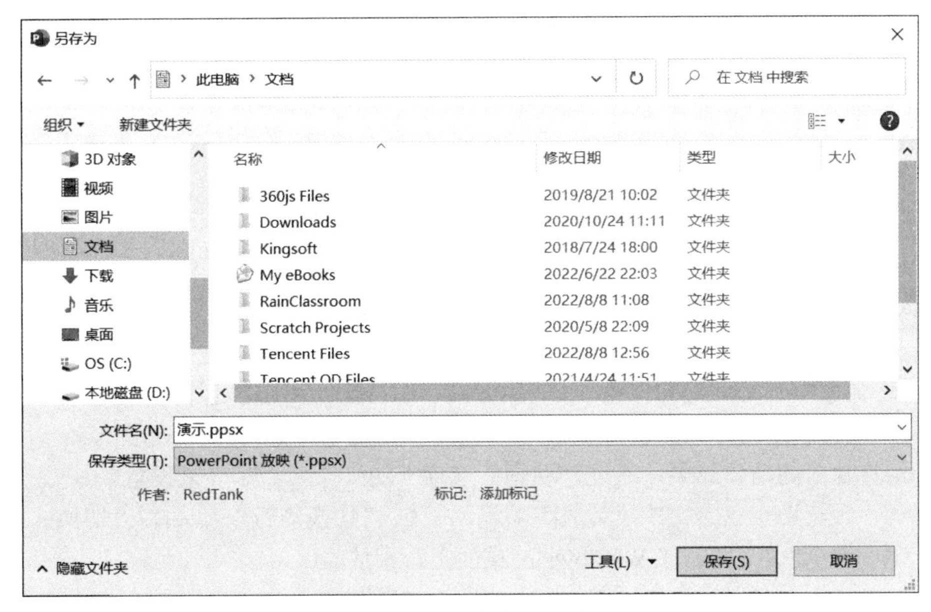

图 5-31　“另存为”对话框

为了使在 PowerPoint 2019 中制作的演示文稿能在早期版本的 PowerPoint 中编辑和修改，在保存演示文稿时，使用“PowerPoint 97-2003 演示文稿（*.ppt）”保存类型，使用此类型保存的演示文稿文件格式与 PowerPoint 早期版本兼容。需要注意的是，如果演示文稿中使用了 SmartArt 图形，以这种方式保存后，演示文稿中的 SmartArt 图形和其中的所有文本不能使用 PowerPoint 早期版本编辑。

除了能保存为幻灯片及相关格式，“另存为”命令还能将演示文稿保存为其他格式，如 PDF、图片（*.gif、*.jpg、*、png、*.bmp）、大纲（*.rtf）等。

退出演示文稿只需要关闭当前 PowerPoint 窗口，可以使用标题栏上的“关闭”按钮关闭，也可以使用标题栏菜单中的“关闭”命令关闭，还可以使用 Alt+F4 组合键关闭。如果关闭前演示文稿被修改过，在关闭窗口时会提示是否保存；如果关闭前演示文稿没有被修改或已经保存，则直接关闭。

习题五

1. 单选题

（1）新建一个演示文稿时，第一张幻灯片的默认版式是（　　）。

A．空白　　B．标题幻灯片

C．标题和内容　　D．两栏内容

（2）放映幻灯片有多种方法，在默认状态下，（　　）可以不从第一张幻灯片开始放映。

A．使用“幻灯片放映”选项卡中的“从当前幻灯片开始”命令

B．单击“幻灯片放映”选项卡中的“从头开始”按钮

C．按 F5 快捷键

D．在文件资源管理器中右击演示文稿文件，在弹出的快捷菜单中选择“显示”命令

（3）在 PowerPoint 2019 中，为了在切换幻灯片时添加声音，可以使用（　　）选项卡的“声音”命令设置。

A．“设计”　　B．“动画”　　C．“切换”　　D．“视图”

（4）在 PowerPoint 2019 中，选择不连续的多张幻灯片应借助（　　）键。

A．Tab　　B．Alt　　C．Shift　　D．Ctrl

（5）在空白幻灯片中，不可以直接插入（　　）。

A．艺术字　　B．公式　　C．文字　　D．文本框

（6）在幻灯片浏览视图下，不能完成的操作是（　　）。

A．调整个别幻灯片的位置　　B．删除个别幻灯片

C．编辑个别幻灯片内容　　D．复制个别幻灯片

（7）幻灯片内的动画效果，通过“动画”选项卡的（　　）命令来设置。

A．“预览”　　B．“动画”　　C．“切换声音”　　D．“切换速度”

（8）（　　）类型文件能在 Windows 的桌面上直接放映。

A．.pptx　　B．.ppsx　　C．.lst　　D．.potx

（9）在 PowerPoint 2019 中，使用（　　）命令可以改变某张幻灯片的布局。

A．“背景样式”　　B．“版式”　　C．“动画”　　D．“字体”

（10）在 PowerPoint 2019 中，使用“另存为”命令，不能将文件保存为（　　）。

A．文本文件（*.txt）　　B．PDF（*.pdf）

C．大纲 /RTF 文件（*.rtf）　　D．PowerPoint 放映（*.ppsx）

2．判断题

（1）在幻灯片中可以插入多种对象，除了可以插入图片、图表，还可以插入公式、声音和视频等。（　　）

（2）任意时刻，在 PowerPoint 的普通视图模式下，主窗口内只能查看或编辑一张幻灯片。（　　）

（3）在 PowerPoint 的普通视图中只能看到文字信息。（　　）

（4）PowerPoint 2019 演示文稿的文件扩展名默认为 .ppt。（　　）

（5）在幻灯片中插入 Word 表格时，表格必须事先在 Word 中编辑好。（　　）

3．简答题

（1）如何为幻灯片中的图片添加动画？

（2）在幻灯片播放的过程中，如何跳转到某张指定的幻灯片？

（3）PowerPoint 有几种视图方式？有几种母版视图？

（4）如何将文本转换为 SmartArt 图形？

（5）如何使 PowerPoint 2019 演示文稿能够在早期版本中进行编辑和修改？

网络与信息安全

素质目标

1. 具有信息意识、数字化学习创新能力、信息社会责任。
2. 提高网络应用能力及信息安全意识。

本章主要内容

- 计算机网络的基本概念。
- 计算机网络的组成和主要功能。
- Internet 基础及应用。
- 计算机网络安全的基本知识。

6.1 计算机网络概述

6.1.1 计算机网络的定义

所谓计算机网络，是指将地理位置不同的具有独立功能的多台计算机及其外部设备，通过通信线路连接起来，在网络操作系统、网络管理软件及网络通信协议的管理和协调下，实现资源共享和信息传递的计算机系统。

最简单的计算机网络是只有两台计算机和将它们连接在一起的一条链路。最大的计算机网络即 Internet（因特网）。

6.1.2 计算机网络的产生与发展

计算机网络源于计算机与通信技术的结合，最早出现于 20 世纪 50 年代。最早的计算机网络通过通信线路将远方终端资料传送给计算机主机处理，形成一种简单的联机系统。随着计算机技术和通信技术的不断发展，计算机网络也经历了从简单到复杂、从单机到多机、由终端与计算机之间的通信到计算机与计算机之间相互通信的发展过程。其演变过程主要可以分为以下四个阶段：即“主机—终端”网络、“计算机—计算机”网络、计算机互联网络和高速互联网络。

1. “主机—终端”网络

第一代计算机网络是面向终端的计算机网络，又称为联机系统。它是由地理位置不同的本地或远程终端通过相应的通信设备与一台计算机相连，从而享受该计算机的资源。这种具有通信功能的较典型代表是二十世纪五六十年代美国空军建立的半自动化地面防空系统（SAGE），其结构如图6-1所示。主机是网络的中心和控制者，终端分布在各处，并与主机相连，用户通过本地的终端使用远程的主机。在网络系统中，只有主机具有独立的数据处理能力，系统中连接的终端设备均无独立处理数据的能力。因此终端设备与主机之间不提供相互的资源共享，网络功能以数据通信为主。

面向终端的计算机网络有以下缺点。

（1）主机负荷较重，既要承担通信工作，又要承担数据处理工作。

（2）在系统中，每个终端与主机之间都必须单独有一条专门的通信线路，因此通信线路的利用率低。

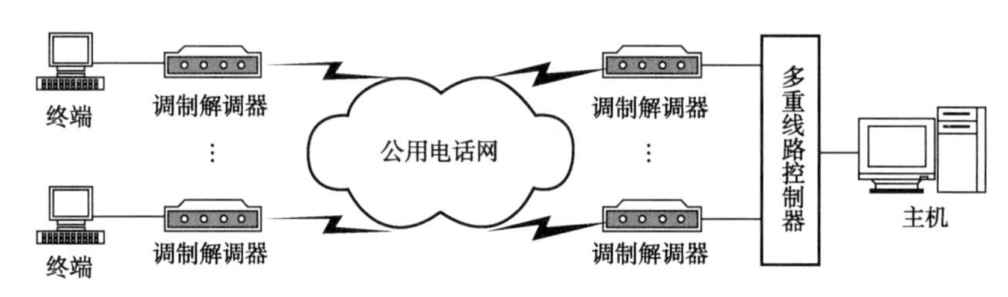

图6-1 第一代计算机网络结构示意图

2. “计算机—计算机”网络

第二代计算机网络是以资源共享为目的的计算机通信网络，是多台具有自主处理能力的计算机通过通信线路连接起来而为用户服务的。典型的代表是20世纪60年代后期美国国防部远景研究计划局的ARPA（Advanced Research Projects Agency）网，它是第一个以实现资源共享为目的的计算机网络。ARPA网的运行标志着计算机通信网络时代的到来。

第二代计算机网络也存在许多弊端，主要表现为：

（1）没有统一的网络体系结构及协议标准。

（2）信息传输效率低，网络的拥挤和阻塞现象严重。

3. 计算机互联网络

第三代计算机网络又称为互联网络或现代计算机网络，是开放式标准化的互联网络，具有统一的网络体系结构，遵循国际标准化协议，能方便地将计算机互联在一起。典型的代表就是国际互联网Internet，它将全世界范围内的计算机相互连接在一起，实现更广范围、更大规模的数据交换和信息共享。

4. 高速互联网络

第四代计算机网络又称为高速互联网络，是高速发展的网络。通常意义上的计算机互联网络通过数据通信网络实现数据的通信和共享，此时的计算机网络基本以电信网络作为信息的载体，即计算机通过电信网络中的 V.25 网、DDN、帧中继网等传输信息。而任何一台计算机都在以某种形式联网，以实现共享信息或协同工作。

目前，全球以 Internet 为核心的高速计算机互联网络已形成，Internet 已经成为人类最重要的、最大的知识宝库。

6.1.3 计算机网络的基本功能

计算机网络的实现为用户构造分布式的计算机网络环境提供了基础。计算机网络的主要功能有以下几方面，其中通信和资源共享是最基本的功能。

1. 通信

通信是计算机网络的基本功能之一，可以为网络用户提供强有力的通信手段。建设计算机网络的主要目的就是让分布在不同地理位置的计算机用户能够相互通信、交流信息。计算机网络可以传输数据及声音、图像、视频等多媒体信息。利用这一特点，可以实现将分散在各个地区的单位或部门用计算机网络连接起来，进行统一的调配、控制和管理。例如，可以通过计算机网络实现铁路运输的实时管理与控制，从而提高铁路的运输能力，还可以实现全国联网售飞机票、火车票等，从而大大提高了工作效率。

在日常社会活动中，利用计算机网络的通信功能可以发送电子邮件、打电话、举行视频会议等，大大丰富了人们的工作和生活内容。

2. 资源共享

“资源”指的是网络中所有的软件、硬件和数据资源。“共享”指的是网络中的用户都能够部分或全部地享受这些资源。计算机网络允许网络上的用户共享网络上各种不同类型的硬件设备，可以共享的硬件资源有：高性能计算机、大容量存储器、打印机、图形设备、通信线路、通信设备等。共享硬件的好处是提高硬件资源的使用效率，节约开支。现在已经有许多专供网络使用的软件，如数据库管理系统、各种 Internet 信息服务软件等。共享软件允许多个用户同时使用，并能保持数据的完整性和一致性。例如，某些地区或单位的数据库（如飞机票系统、饭店客房系统等）可以供全网用户使用；某些单位设计的软件可以供需要的地方有偿调用或办理一定手续后调用。

3. 分布式数据处理

计算机网络可以合理管理资源，使主机之间能够分担负荷。例如，当某台计算机负担过重时，或者该计算机正在处理某项工作时，网络可以将新任务转交给空闲的计算机去完成，这样能均衡各计算机的负荷，提高处理问题的实时性。对于大型综合性问题，可以将问题各部分交给不同的计算机分头处理，充分利用网络资源，扩大计算机的处理能力，即增强实用性。对于复杂问题，可以将多台计算机联合使用并构成高性能的计算机体系，这种协同工作、并行处理要比单独购置高性能的大型计算机便宜得多。

4. 提高系统的安全性与可靠性

计算机通过网络中的冗余部件可以大大提高可靠性。系统的可靠性对于军事、金融和工业过程控制等部门的应用特别重要。例如，在工作过程中，如果一台机器出现故障，则可以使用网络中的另一台机器；如果网络中的一条通信线路出现故障，则可以取道另一条线路，从而提高网络系统整体的可靠性。

6.1.4 计算机网络的分类

可以从不同角度对计算机网络进行分类，下面介绍常见的网络分类及其特性。

1. 按网络的作用范围进行分类

（1）广域网（WAN，Wide Area Network）。广域网的作用范围通常为几十千米到几千千米，有时也称为远程网（LHN，Long Haul Network）。广域网是Internet的核心部分，由一些节点交换机及连接这些交换机的链路组成，其任务是通过长距离（例如，跨越不同的国家）运送主机发送的数据。连接广域网各节点交换机的链路一般都是高速链路，具有较大的通信容量。

（2）局域网（LAN，Local Area Network）。局域网一般用微型计算机或工作站通过高速线路相连，但地理上则局限在有限的范围内（几千米以内），专用性强，具有比较稳定和规范的拓扑结构，常常被应用于一个工厂或学校（如企业网或校园网）。局域网比广域网具有更高的数据率、更低的时延和更小的误码率。

（3）城域网（MAN，Metropolitan Area Network）。在城市范围内，以IP和ATM电信技术为基础，以光纤作为传输媒介，集数据、语音、视频服务于一体的高带宽、多功能、多业务接入的多媒体通信网络，能满足政府机构、金融保险、大中小学校、公司企业等单位对高速率、高质量数据通信业务日益旺盛的需求。例如，高速上网、视频点播、网络电视等。

（4）个人区域网（PAN，Personal Area Network）。个人区域网是在个人工作的地方把个人使用的电子设备（如便携式电脑、掌上电脑等）用无线技术连接起来的网络，也常称为无线个人区域网（WPAN，Wireless PAN），其作用范围在10米左右，适用于家庭与小型办公场合。例如，一次重要商业会议的小组成员把几米范围内使用的一些电子设备组成一个无线个人区域网。

2. 按网络的传输介质进行分类

（1）有线网：采用同轴电缆和双绞线来连接的计算机网络。

同轴电缆网是常见的一种联网方式，比较经济，安装较便利，传输率和抗干扰能力一般，传输距离较短。双绞线网是目前最常见的联网方式，价格便宜，安装方便，但易受干扰，传输率较低，传输距离比同轴电缆网要短。有线网最大的优势就是抗干扰性强，稳定性高，具备一定的保密性，传输速率快，带宽能够无限大，但扩展性较弱，施工难度大，移动性差，适用于室内场所。

（2）光纤网：光纤网也是有线网的一种，但由于其特殊性而单独列出，光纤网采用光导纤维做传输介质。光纤网传输距离长，传输率高，可达数千兆比特每秒，抗干扰性强，不会受到电子监听设备的监听，是高安全性网络的理想选择。在日常生活中，由于光在光导纤维中的传导损耗比电在电线中的传导损耗低得多，因此光纤被用于长距离的信息传递。

（3）无线网：采用空气作为传输介质，使用电磁波作为载体来传输数据。无线网主要采用三种技术：微波通信、红外线通信和激光通信。无线网的主要特点是完全消除了有线网的局限性，实现了信息的无线传输，使人们更自由地使用网络，但无线上网设备抗干扰性较弱，传输速率较慢，带宽有限，传输距离也有限，适用于户外场所。

3. 按网络的使用者进行分类

（1）公用网（Public Network），指国家的电信公司（国有或私有）出资建造的大型网络。“公用”的意思就是所有愿意按电信公司的规定交纳一定费用的人都可以使用这种网络，因此公用网也可以叫作公众网。

（2）专用网（Private Network），指某个部门因本单位的特殊业务工作需要而建造的网络。这种网络不为本单位以外的人提供服务，例如，军队、铁路等系统均有本系统的专用网。

公用网和专用网都可以传送多种业务，如传送的是计算机数据，则分别是公用计算机网络和专用计算机网络。

4. 按网络的拓扑结构进行分类

网络的拓扑结构是抛开网络物理连接来讨论网络系统的连接方式，指的是网络中通信线路和站点（计算机或设备）的几何排列形式。

1）星形网络

星形网络是指各站点通过点到点的链路与中心站相连。网络中有中央节点，其他站点（计算机或设备）都与中央节点直接相连，相关站点之间的通信都要通过中央节点，因此又称为集中式网络。星形网络如图 6-2 所示。

星形网络的特点是很容易在网络中增加新的站点，数据的安全性和优先级容易控制，易实现网络监控。但中央节点的故障会引起整个网络瘫痪，每个站点都通过中央节点相连，需要大量的网线，这样成本较高，可靠性较低，资源共享能力也较差。

2）环形网络

环形网络由各站点通过通信介质连接成一个封闭的环形，数据在环形路线中单向或双向传输，信息从一个节点传输到另一个节点，如图 6-3 所示。

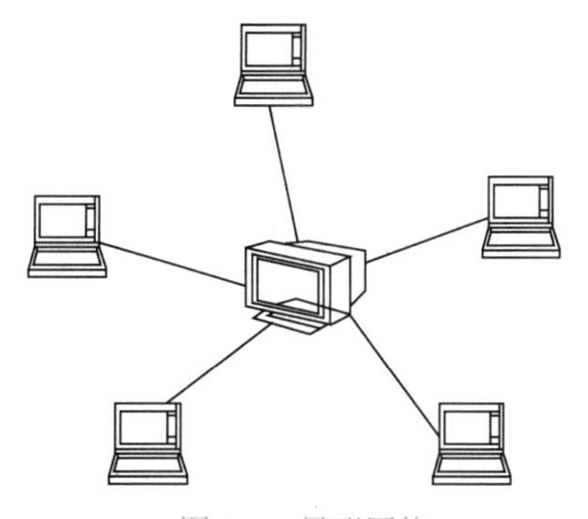

图 6-2　星形网络

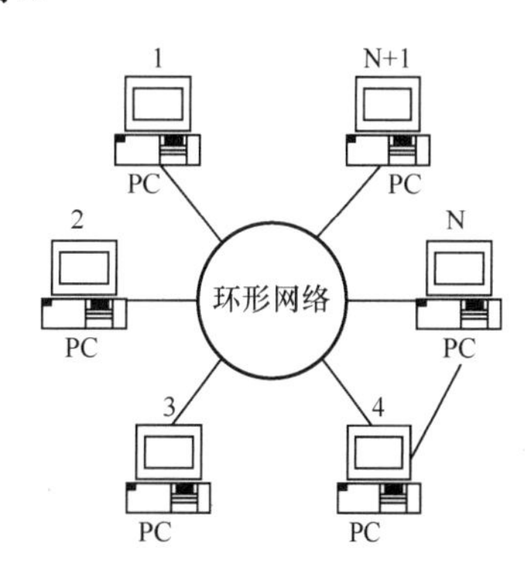

图 6-3　环形网络

环形网络的特点是容易安装和监控。由于数据源在环路中是串行穿过各个节点的，当环路中节点过多时，信息传输速率会受到影响，使网络的响应时间延长；环路是封闭的，不便于扩充；可靠性低，如果一个节点故障，则会造成全网瘫痪；维护难，对分支节点故障的定位也比较困难。

3）总线型网络

总线型网络指网络中所有的站点共享一条数据通道，各站点地位平等，无中心节点控制，数据源可以沿着两个不同的方向由一个站点传输到另一个站点，如同广播电台发射的信息一样，因此又称为广播式计算机网络。各工作站点在接收信息时都会进行地址检查，查看是否与自己的站点地址相符，相符则接收网上的信息。总线型网络如图 6-4 所示。

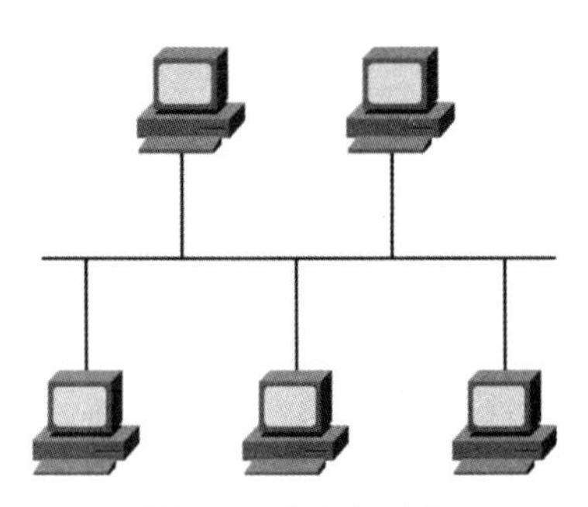

图 6-4　总线型网络

总线型网络的特点是安装简单方便，需要铺设的电缆最短，成本低，某个站点的故障一般不会影响整个网络。但是介质的故障会导致网络瘫痪，总线型网络安全性低，监控比较困难，增加新站点也不如星形网络容易。

树形网、簇星形网、网状网等其他类型的拓扑结构网络都是以上述三种拓扑结构为基础的，这里就不做介绍了。

6.2　计算机网络系统的组成

计算机网络系统是一个集计算机硬件设备、通信设备、软件系统及数据处理能力于一体的，能够实现资源共享的现代化综合服务系统。计算机网络系统的组成一般分为硬件系统和软件系统两部分。

6.2.1　计算机网络的硬件系统

硬件系统是计算机网络的基础，由计算机设备、通信设备、连接设备及辅助设备组成。下面介绍几种网络中常用的硬件设备。

1. 服务器

在网络中，服务器是一台运算速度快、存储量大的计算机，它是网络系统的核心设备，负责网络资源管理和用户服务。服务器可以分为文件服务器、远程访问服务器、数据库服务器、打印服务器，是一台专用或多用途的计算机。在互联网中，服务器之间互通信息，相互服务。服务器需要专门的技术人员对其进行管理和维护，以保证整个网络的正常运行。

2. 工作站

在网络中，工作站是通过网卡连接到网络中的具有独立处理能力的计算机，它是用户向服务器申请服务的终端设备。用户可以在工作站上处理日常工作，也可以对服务器进行访问。另外，工作站之间可以进行通信，以达到共享网络和其他资源的目的。

3. 网卡

网卡又称为网络适配器，它是计算机与计算机之间直接或间接传输介质、相互通信的接口，插在计算机的扩展槽中。网卡的作用是将计算机与通信设施相连接，将计算机的数字信号转换成通信线路能够传送的电子信号或电磁信号。一般情况下，无论是服务器还是工作站都应安装网卡。目前，常用的有 10Mbit/s 和 100Mbit/s 自适应网卡。

4. 调制解调器

调制解调器（Modem）是一种信号转换装置，它可以把计算机的数字信号“调制”成通信线路的模拟信号，将通信线路的模拟信号“解调”成计算机的数字信号。调制解调器的作用是将计算机与公用电话相连接，使现有网络系统以外的计算机用户能够通过拨号的方式利用公用电话网访问计算机网络系统。调制解调器的重要性能参数是传输速率，单位为 bit/s。

5. 集线器

集线器（Hub）是在局域网中使用的连接设备，它有多个端口，可以连接多台计算机。集线器的主要功能是对接收的信号进行再生整形放大，以扩大网络的传输距离，同时把所有节点集中在以它为中心的节点上。

6. 网桥

网桥（Bridge）也是在局域网中使用的连接设备，将两个相似的网络连接起来，并对网络数据的流通进行管理。网桥的作用是扩展网络的距离，减轻网络的负载，提高网络的可靠性和安全性。在局域网中，每条通信线路的长度和连接的设备都是有最大限度的，如果超载就会降低网络的工作性能。

7. 路由器

路由器是在互联网中使用的连接设备，是主要的节点设备。它可以将两个网络连接在一起，组成更大的网络。被连接的网络可以是局域网，也可以是互联网。路由器不仅有网桥的全部功能，还具有路径的选择功能。在互联网中，两台计算机之间传送数据的通路会有很多条，数据包从一台计算机出发，中途要经过多个站点才能到达另一台计算机。这些中间站点通常由路由器组成。路由器的作用就是为数据包选择一条合适的传送路径。

8. 传输介质

传输介质是传送信号的载体，负责将网络中的多种设备连接起来，是连接收发双方的物理通路。传输介质可以分为有线介质和无线介质两种，它们可以支持不同的网络类型，具有不同的传输速率和传输距离。

1）有线介质

目前常用的有线介质有双绞线、同轴电缆、光纤等，如图 6-5 所示。

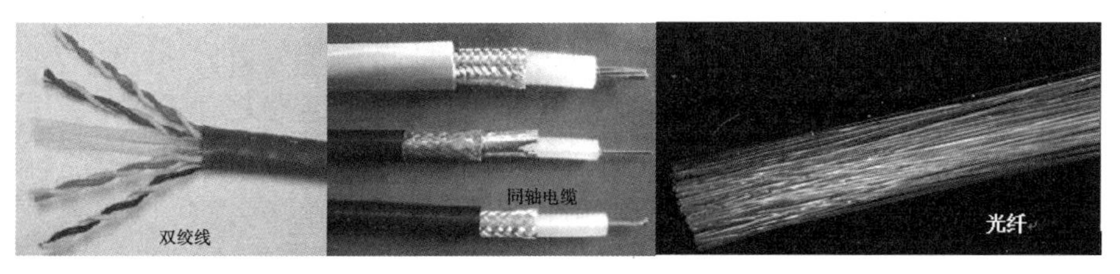

图 6-5　有线介质

双绞线是两条相互绝缘的导线按一定距离绞合若干次，使外部的电磁干扰降到最低，以保护信息和数据。双绞线的优点是组网方便，价格便宜，应用广泛。缺点是传输距离小于100m。

同轴电缆的核心部分是一根导线，导线外有一层起绝缘作用的塑性材料，再包上一层金属网，用于屏蔽外界的干扰，最外面是起保护作用的塑性外套。同轴电缆的抗电磁干扰特性强于双绞线，传输速率与双绞线类似，但它的价格高，几乎是双绞线的两倍。

光纤的芯线由光导纤维做成，传输光脉冲数字信号，而不是电脉冲数字信号。包围芯线外围的是一层很厚的保护镀层，以便反射光脉冲，使之继续向下传输。光纤可以防止传输过程中被分接偷听，也杜绝了辐射波的窃听，因此是最安全的传输媒体。

2）无线介质

无线传输指在空间中采用无线频段、红外线、激光等进行传输。计算机网络系统中的无线通信主要指微波通信，微波通信分为地面微波通信和卫星微波通信两种形式。

地面微波通信就是利用地面微波进行通信。由于微波在空间中是直线传播的，而地球表面是曲面，因此其传播距离受到限制，一般只有50m左右。地面微波线路的成本比同轴电缆和光纤低，但误码率比它们高，安全性不高，只要拥有适合的无线接收设备的人就可以窃取通信数据。此外，大气对地面微波信号的吸收与反射影响较大。

卫星通信就是利用地球同步卫星作为中继站，实现远距离通信。当地球同步卫星位于36 000km高空时，其发射角可以覆盖地球上1/3的区域。只要在地球赤道上空的同步轨道上等距离地放置三颗卫星，就能实现全球通信。

随着掌上计算机和笔记本电脑的迅速发展，用户对可移动无线数字网的需求也日益增加。无线数字网类似于蜂窝电话网，人们可以随时将计算机接入网内，组成无线局域网。无线局域网通常采用无线电波和红外线作为传输介质。采用无线电波的通信，传输速率可达10Mbit/s，传输距离为50km。

6.2.2 计算机网络的软件系统

网络软件是实现网络功能不可缺少的软环境。为了协调系统资源，需要通过软件对网络资源进行全面管理，进行合理的调度和分配，并采取一系列保密安全措施，防止用户不合理地对数据和信息进行访问，保证数据和信息的安全。计算机网络的软件按照功能可以分为网络通信软件、网络协议软件、网络管理软件、网络操作系统和网络应用软件。

1）网络通信软件

通信软件是指按照网络协议的要求完成通信功能的软件，使用户能够在不必了解通信控制规程的情况下，控制应用程序与多个站点进行通信，并对大量的通信数据进行加工和管理。

2）网络协议软件

网络协议是计算机网络中各部分之间必须遵守的规则的集合，是网络软件的重要组成部分。计算机网络体系结构也由协议决定，网络管理软件、网络通信软件及网络应用软件等都要通过网络协议软件才能发生作用。网络协议软件的种类很多，如TCP/IP、IPX/SPX、IEEE 802系列协议均有各自对应的协议软件。

3）网络管理软件

网络管理软件是用来对网络资源进行管理，以及对网络进行维护的软件，如性能管理、配置管理、故障管理、安全管理等。

4）网络操作系统

网络操作系统是指能够控制和管理网络资源的软件。在服务器上，网络操作系统为在服务器上的任务提供资源管理；在工作站上，网络操作系统主要完成工作站任务的识别和与网络的连接。常用的网络操作系统有 Windows 2003 Server、UNIXSVR3.2 和 REDHAT 等。

网络操作系统是网络的心脏和灵魂，是用户与网络资源之间的接口。

5）网络应用软件

网络应用软件是指网络能够为用户提供各种服务的软件，如传输软件、远程登录软件、电子邮件等。

6.3　计算机网络的体系结构

计算机网络是一个非常复杂的系统。在该系统中，由于计算机类型、通信线路类型、连接方式等不同，使得在网络各节点之间进行通信十分困难。假设连接在网络上的两台计算机要相互传送文件，只有一条能传送数据的通道远远不够，至少还需要考虑发送文件的计算机能否保证数据在该通道上正确传送、接收文件的计算机是否连接在网络中、网络如何识别接收文件的计算机、接收文件的计算机是否可以正确地接收或转换传送的文件格式等一系列问题。由此可见，相互通信的计算机必须高度协调和同步才能正常工作。而对于这种协调，分层的方法可以将复杂的问题局部化，从而易于研究和处理。为进行网络中的数据交换而建立的规则、标准和约定，又称为网络协议，简称协议。

一个网络协议主要由语法、语义和时序三个要素组成。计算机网络的各层及其协议的集合，称为网络的体系结构。下面对计算机网络中几种常用的协议进行简单介绍。

6.3.1　计算机网络常用协议

目前在局域网上流行的数据传输协议有以下三种。

1. TCP/IP

TCP/IP（Transmission Control Protocol / Internet Protocol，传输控制协议 / 网际协议）是计算机网络中最常用的协议。目前，全球最大的网络是 Internet，它采用的网络协议就是 TCP/IP。TCP/IP 是 Internet 的核心技术，是 Internet 赖以存在的基础。

TCP/IP 是目前全世界采用最广泛的工业标准。通常所说的 TCP/IP 是一个协议族，包括很多协议，如 TCP、IP、FTP（File Transfer Protocol，文件传送协议）等，它对 Internet 中主机的寻址方式、主机的命名机制、信息的传输规则及各种服务功能均做了详细约定。

TCP 负责收集信息包，再将其按适当的次序存储并传送，接收端收到信息后再将其正确地还原，并保证数据包在传送过程中准确无误，即保证被传送信息的完整性。

IP 负责将消息从一个主机传送到另一个主机。为了安全，消息在传送的过程中被分割成一个个的小包。

IP 和 TCP 这两个协议在功能上不尽相同，可以分开单独使用，但它们是在同一时期作为一个协议来设计的，并且在功能上也是互补的。只有两者的结合，才能保证 Internet 在复杂的环境下正常运行。凡是要连接到 Internet 的计算机，都必须同时安装和使用这两个协议，TCP 和 IP 是互相配合进行工作的。因此在实际中常把这两个协议称作 TCP/IP。

2. IPX/SPX 协议

IPX/SPX 协议是 Novell 公司在 Netware 局域网上实现的通信协议。IPX（Internet Packet Exchange，互联网络数据包交换）协议是在网络层运行的包交换协议，具有很强的适应性，安装方便，同时还具有路由功能，可以实现多个网段（就是从一个 IP 到另一个 IP，例如从 192.167.0.1 到 192.167.255.255 就是一个网段）之间的通信。

IPX 使工作站上的应用程序通过它访问 Netware 网络驱动程序。网络驱动程序直接驱动网卡与互联网络内的其他工作站、服务器或设备相连接，使应用程序能够在互联网络上发送包和接收包，即负责数据包的传送。

SPX（Sequenced Packet Exchange，序列分组交换）协议为运行在传输层上的顺序包交换协议，提供了面向连接的传输服务，在通信用户之间建立并使用应答进行差错检测和恢复，即负责数据包传输的完整性。

IPX/SPX 协议一般用于局域网中，用户如果要访问 Internet，则必须在网络协议中添加 TCP/IP。

3. NetBEUI 协议

NetBEUI（NetBIOS Extends User Interface，网络基本输入 / 输出系统扩展用户接口）协议是一种网络通信协议，主要应用于一些规模较小、无须使用 IPX/SPX 协议或 TCP/IP 的网络。

6.3.2 开放系统互连基本参考模型

随着计算机网络体系结构不断的发展，很多公司都相继推出了自己的网络体系结构，而全球经济的发展使得不同网络体系结构的用户迫切要求能够相互交换信息，但它们之间互不相容。为此，国际标准化组织（International Organization for Standardization，ISO）专门建立了一个分委员会来研究一种用于开放系统互连（Open Systems Interconnection，OSI）的体系结构。

开放系统互连基本参考模型（Open Systems Interconnection Reference Model，OSI/RM）简称开放系统互连（OSI）。其中，“开放”是指非独家垄断的。只要遵循 ISO 标准，一个系统就可以和世界上其他任何遵循这一标准的系统进行通信。“系统”是指现实中与系统互连相关的各部分。

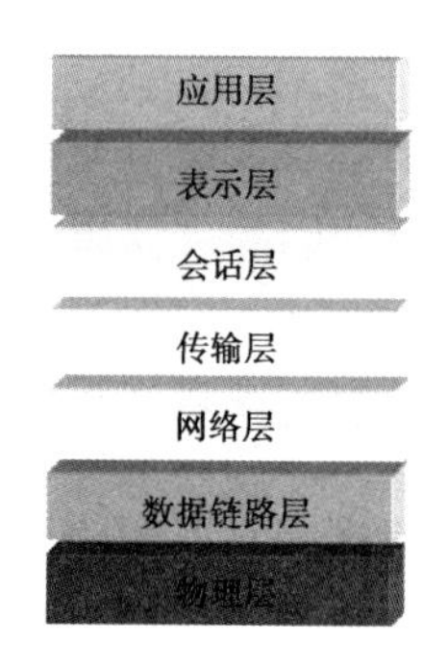

图 6-6 OSI 七层模型

OSI 七层模型通过七个层次化的结构模型使不同的系统和不同的网络之间实现可靠的通信，这七层包括物理层、数据链路层、网络层、传输层、会话层、表示层和应用层（Application Layer），如图 6-6 所示。

各层的主要功能及其相应数据单位如下。

1）应用层

应用层是体系结构中的最高层，确定进程（指正在运行的程序）

之间通信的性质，以满足用户需求，为操作系统或网络应用程序提供访问网络服务的接口。在 Internet 中的应用层协议很多，如支持万维网应用的 HTTP、支持电子邮件的 SMTP、支持文件传送的 FTP 等。

2）表示层

表示层主要用于解决在两个通信系统中交换信息的语法表示问题，将欲交换的数据从适合某一用户的抽象语法，转换为适合 OSI 内部使用的传送语法，包括数据格式转换、数据加密和数据压缩与恢复等功能。

3）会话层

会话层的主要任务是为会话实体间建立连接，提供包括访问验证和会话管理在内的建立和维护应用之间通信的机制，它不参与具体的传输。会话层及更高层传送数据的基本单位为报文。

4）传输层

传输层的主要任务是为上层提供端到端（最终用户到最终用户）的透明的、可靠的数据传输服务。传输层还需要具备差错恢复、流量控制等功能。传输层向高层屏蔽下层数据通信的细节，因而是计算机通信体系结构中最关键的一层。传输层传送数据的基本单位是报文。传输层协议的代表包括 TCP、UDP、SPX 协议等。

5）网络层

网络层的主要任务是通过路由算法，为分组通过通信子网选择最适当的路径。网络层还要实现路由选择、阻塞控制与网络互联等功能。网络层传输数据的基本单位是分组（或包），网络层协议的代表包括 IP、IPX 协议等，主要设备有路由器。

6）数据链路层

在物理层提供比特流传输服务的基础上，数据链路层在通信的实体之间建立数据链路连接，并采用差错控制、流量控制方法，使有差错的物理线路变成无差错的数据链路。数据链路层传送数据的基本单位是帧。数据链路层常见的协议有两类：面向字符的传输控制协议，如 BSC（Binary Synchronous Communication，二进制同步通信）协议；面向比特的传输控制协议，如 HDLC（High-level Data Link Control，高级数据链路控制）协议。数据链路层的主要设备有二层交换机和网桥。

7）物理层

物理层是整个 OSI 的底层或第一层，物理层的主要功能是利用物理传输介质（如双绞线、同轴电缆等，它们并不在物理层之内，而是在物理层的下面），为数据链路层提供物理链路，实现透明传送比特流。在物理层上传送数据的单位是比特。物理层的主要设备有中继器、集线器。

通过 OSI，信息可以从一台计算机的应用程序传输到另一台计算机的应用程序上。例如，计算机 A 的应用程序要将信息发送到计算机 B 的应用程序上，则计算机 A 的应用程序需要将信息先发送到其应用层（第七层），然后此层将信息发送到表示层（第六层），如此继续，直至物理层（第一层）。在物理层，信息被存储在物理网络媒介中并被发送至计算机 B。计算机 B 的物理层接收来自物理媒介的数据，然后将信息向上发送至数据链路层（第二层），数据链路层再发送给网络层，如此继续，直到信息到达计算机 B 的应用层。最后，计算机 B 的应用层再将信息发送给应用程序接收端，从而完成通信。

6.3.3 TCP/IP 模型

OSI 的七层协议体系结构比较复杂，但其概念清楚，体系结构理论比较完整。20 世纪 90 年代初期，Internet 已在世界范围得到了迅速普及，得到了广泛的支持和应用。而 Internet 采用的体系结构是 TCP/IP 参考模型，这使得 TCP/IP 成为事实上的工业标准。TCP/IP 参考模型现在得到了广泛应用。

TCP/IP 参考模型是一个四层的体系结构，包含应用层、传输层、互联网层和网络接口层。如图 6-7 所示是 OSI 七层模型与 TCP/IP 四层模型对比图。TCP/IP 模型比 OSI 模型主要少了表示层和会话层，同时它对数据链路层和物理层没有做出强制规定，因为它的设计目标之一就是做到与具体的物理网络无关。

TCP/IP 模型各层的功能及相应的协议如下。

（1）应用层：用于在各应用程序之间进行沟通。为用户提供需要的各种服务，如简单的电子邮件传输、文件传输、网络远程访问等。

（2）传输层：为应用层实体提供端到端的通信功能，该层定义了两个主要协议：传输控制协议（TCP）和用户数据报协议（UDP）。TCP 和 UDP 为数据包加入传输数据，并把它传输到下一层中。

（3）互联网层：也称为网际层，主要解决主机到主机的通信问题。该层有四个主要协议：网际协议（IP）、地址解析协议（ARP）、互联网组管理协议（IGMP）和互联网控制报文协议（ICMP）。IP 是网际互联层最重要的协议，提供的是一个不可靠、无连接的数据报传递服务。

（4）网络接口层：从实质上讲，TCP/IP 本身并未定义该层的协议，而是由参与互联的各网络使用自己的物理层和数据链路层协议，然后与 TCP/IP 的网络访问层进行连接。

在 TCP/IP 通信体系中，通信双方均使用 TCP/IP 及相应的应用程序。客户机应用程序将来自客户机高层的信息代码按一定的标准格式转化，并将其传输到传输控制协议层。当信息代码传输至客户机的传输控制协议层后，通过 TCP 将应用程序信息分解打包。随后，TCP 程序将这些包发送给处于其下一级的 IP 层。在 IP 层，IP 程序将收到的数据包装成 IP 包，然后通过 IP、IP 地址及 IP 路由将信息发送给与之通信的另一台计算机。对方的 IP 程序收到传输的 IP 包后，剥去 IP 包头，将包中数据上传给 TCP 层，TCP 程序剥去 TCP 包头，取出数据，传送给服务器的应用程序。这样，通过 TCP/IP 就实现了双方的通信。反过来，服务器发送信息给客户机的过程与上述过程类似。TCP/IP 使用客户端 / 服务器模式进行通信。

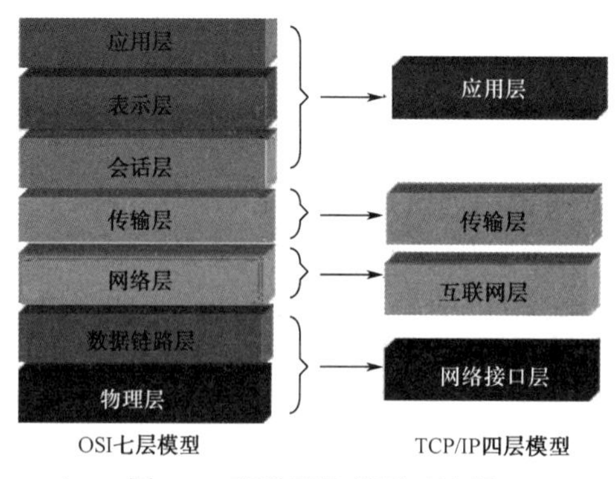

图 6-7　两种网络模型对比图

6.4 Internet 基础及应用

6.4.1 Internet 概述

Internet 是 20 世纪 80 年代开始，以 ARPA 网为骨干，逐步演变和发展而成的，它是由成千上万不同类型、不同规模的计算机网络和计算机主机组成的覆盖世界范围的巨型网络，也被称为国际互联网或因特网。

从技术角度来看，Internet 并不是一个单一的计算机网络，而是将成千上万种计算机网络互联起来构成的体系结构，从小型的局域网、城域网到大规模的广域网，计算机主机包括个人计算机、专用工作站、小型机、中型机和大型机，这些网络和计算机通过电话线、高速专用线、微波、卫星和光缆连接在一起。从应用角度来看，Internet 是一个巨大的世界规模的信息和服务资源网络，它能够为每个 Internet 用户提供有价值的信息和其他相关服务。Internet 已经成为当今世界最大的计算机网络通信系统，是现代人获取信息最有效的一种手段。

作为认识世界的一种方式，我国也逐步踏入了 Internet 时代。1987 年 9 月，CANET 在北京计算机应用技术研究所内正式建成中国第一个国际互联网电子邮件节点，并于 9 月 14 日发出了中国的第一封电子邮件“越过长城，通向世界”，揭开了中国人使用 Internet 的序幕。

1994 年 5 月，中国科学院高能物理研究所设立了国内第一个 Web 服务器，推出中国第一套网页；国家智能计算机研究开发中心开通中国大陆第一个 BBS 站。这是中国大陆联系国际 Internet 的第一条纽带。从此我国 Internet 步入了高速发展的时期。

6.4.2 Internet 的基本服务

Internet 上不仅有丰富的信息资源，同时提供了多种访问信息资源的服务。Internet 有四种基本服务：万维网服务、电子邮件、文件传输和远程登录。

1）万维网服务

万维网（WWW，World Wide Web）服务是 Internet 使用最广泛的一种服务。它以超文本标记语言（Hyper Text Markup Language，HTML）与超文本传输协议（Hyper Text Transfer Protocol，HTTP）为基础，能够以十分友好的接口提供 Internet 信息查询服务。

信息以 Web 网页的形式传输到客户端的浏览器，其中，Web 网页采用超文本的格式，它除了包含文本、图像、声音、视频等信息，还包含指向其他 Web 网页或页面本身某特定位置的链接。浏览器是漫游 Internet 的主要客户端工具，目前最流行的浏览器首推微软公司的 Internet Explorer（简称 IE）。

2）电子邮件

电子邮件（E-mail）是 Internet 使用最广泛的服务之一，它是一种快速、高效、廉价地实现计算机用户之间进行联络的现代化通信手段。电子邮件采用存储转发的方式，用户可以不受时间、地点的限制来收发邮件。使用电子邮件的首要条件是拥有一个电子邮箱。有很多免费的邮箱网站，如 www.126.com、www.sina.com、www.yahoo.com.cn 等。每个电子邮箱都有一个唯一的地址，格式为：用户名 @ 主机域名。

3）文件传输

文件传输服务主要实现远程文件传输，允许 Internet 用户将一台计算机上的文件传输到另一台计算机上，并能提供传输的可靠性。

4）远程登录

远程登录（Telnet）允许一个用户登录到一台远程计算机上，为用户的计算机与远方主机建立联机连接，使用户的计算机变为远程主机的仿真终端。

6.4.3 IP 地址和域名

1. IP 地址

IP 地址即网络协议地址。连接在 Internet 上的每台主机都有一个在全球范围内唯一的 IP 地址。一个 IP 地址由 4 字节（32 位）的二进制数组成，分为两部分，第一部分是网络号，第二部分是主机号。网络号标识的是 Internet 上的一个子网，主机号标识的是子网中的某台主机。在表示 IP 地址时，通常用十进制数标记，分为 4 段，每段 8 位。每段的数字范围是 0 ～ 255，段间用圆点“.”分开。例如，假设有一个 IP 地址是“11011000 11001010 10001010 11000100”，则该 IP 地址用十进制数表示为“216.202.137.196”。

1）IP 地址分类

按网络的规模可以将 IP 地址分为 5 类，即 A 类至 E 类。其中，A 类、B 类、C 类由 InternetNIC 在全球范围内统一分配，D 类、E 类为特殊地址，常用的是 B 类和 C 类两类。A 类～ C 类 IP 地址格式如图 6-8 所示。

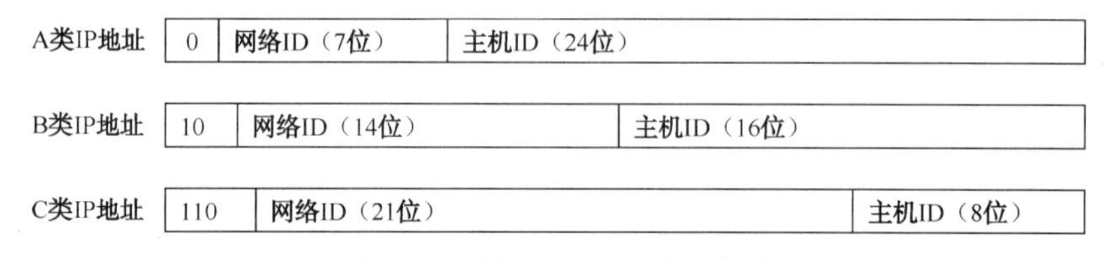

图 6-8　A 类～ C 类 IP 地址格式

A 类 IP 地址的最高位为 0，前 8 位表示网络号，后 24 位是主机号。A 类 IP 地址的使用范围为 0.0.0.0 ～ 126.255.255.255。每个网络支持的最大主机数为 256^3-2=16 777 214（台）。

B 类 IP 地址的前 2 位为 10，前 16 位表示网络号，后 16 位是主机号。B 类 IP 地址的使用范围为 127.0.0.0 ～ 191.255.255.255。每个网络支持的最大主机数为 256^2-2=65 534（台）。

C 类 IP 地址的前 3 位为 110，前 24 位表示网络号，后 8 位是主机号。C 类 IP 地址的使用范围为 192.0.0.0 ～ 223.255.255.255。每个网络支持的最大主机数为 256-2=254（台）。

2）子网和子网掩码

连接在 Internet 上的每台主机都有唯一的 IP 地址标识，只有在同一个网络号下的计算机之间才能直接通信，不在同一个网络号下的计算机要通过网关才能通信。可以用生活中很形象的例子来说明，在上海市的同学 A 用固定电话给同在上海市的同学 B 打电话，直接拨打电话号码便可以通话，如果在上海市的同学A要给在武汉市的同学C打电话，则需要在电话号码前加拨该地区的区号027。但这样的划分在某些情况下显得并不十分灵活。为此IP网络还允许划分成更小的网络，称为子网，这样就产生了子网掩码。

子网掩码是一个32位地址，是与IP地址结合使用的一种技术。子网掩码由1和0组成，且1和0分别连续。所有标识网络地址和子网地址的部分用“1”表示，主机地址用“0”表示。例如，B类IP地址为166.266.0.0的子网掩码为255.255.192.0。其主要作用：一是将一个大的IP网络划分为若干个子网；二是判断任意两个IP地址是否属于同一个子网。如果两个需要通信的主机在同一个子网内，就可以直接通信；如果两个需要通信的主机不在同一个子网内，就需要通过网络协议寻找路径进行通信。

子网掩码是用来判断任意两台计算机的IP地址是否属于同一个子网的根据，最简单的方法就是将两台计算机各自的IP地址与子网掩码进行按位与运算，如果得到的结果是相同的，就说明这两台计算机处于同一个子网中，可以进行直接通信。反之，就说明这两台计算机处于不同的子网中，在相互通信时，就需要通过路由器转发来实现。例如：网络中的计算机A的IP地址为192.167.0.1，子网掩码为255.255.255.0。计算机B的IP地址为192.167.0.254，子网掩码为255.255.255.0。若判断这两台计算机是否可以直接通信，则先将计算机A的IP地址和子网掩码转化为二进制数，分别为“11000000.10101000.00000000.00000001”和“11111111.1111 1111.11111111.00000000”，然后进行与运算得到结果“11000000.10101000.00000000”，最后将结果转化为十进制数192.167.0.0。计算机B的计算方法同上，转化后得到结果192.167.0.0，可以看出运算后的结果是一样的，可以将这两台计算机视为处于同一个子网内，可以直接通信。

3）新一代IP地址——IPv6

随着互联网的发展，IPv4（现行的IP）定义的有限地址空间将被耗尽，地址空间的不足将影响互联网的进一步发展。IPv4采用32位地址长度，只有大约43亿个地址，无法满足更多用户的需求。为了扩大地址空间，通过IPv6重新定义地址空间。IPv6采用128位地址长度，几乎可以不受限制地提供地址。

IPv6（Internet Protocol Version 6）也被称作下一代互联网协议。它是由Edge TF小组（Internet工程任务组，Internet Engineering Task Force）设计的用来替代IPv4的一种新IP。IPv6将IP地址长度从32位扩展到128位，支持更多级别的地址层次、更多的可寻址节点数及更简单的地址自动配置。IPv6可以让地球上的每个人都拥有更多的地址，它提供了巨大的网络地址空间，将从根本上解决网络地址资源有限的问题，最大限度地满足用户需求。

一个IPv6地址由8个地址节组成，每节包含16个地址位，以4个十六进制数书写，节与节之间用冒号分隔。例如，2001:0db8:85a3:08d3:1319:8a2e:0370:7344是一个合法的IPv6地址。

4）ping命令

ping命令是Windows系列自带的一个可执行命令，利用它可以检查网络是否能够连通，使用它可以很好地帮助我们分析判定网络故障。ping命令的格式：ping 目的地址［参数1］［参数2］……，其中，“目的地址”指被测试计算机的IP地址或域名。

本地的IP地址可以通过DOS命令进行查询，具体的方法（以Windows XP用户为例）：先选择“开始”→“运行”命令，在打开窗口的“打开”文本框中输入cmd，进入DOS命令对话框，再输入 ipconfig（可用于显示当前 TCP/IP 配置的设置值），然后按回车键，这时窗口中会显示一系列信息，IP Address…… 就是本地 IP 地址。

利用 ping 命令可以测试 TCP/IP 的工作情况，如命令 ping 127.0.0.1，可以确定本机是否正确配置了 TCP/IP；命令 ping 工作站 IP 地址，可以验证工作站是否正确加入了网络，并检验 IP 地址是否冲突；命令 ping 默认网关 IP 地址，可以验证默认网关设置是否正确；命令 ping 远程主机的 IP 地址，可以验证是否能通过路由器进行通信。

2. 域名

在网络上识别一台计算机的方式通常是利用 IP 地址，但是一组 IP 地址数字很不容易记忆，并且看不出拥有该地址的组织的名称或性质。因此，人们为网络上的计算机取了一个有意义又容易记忆的名字——域名（Domain Name）。域名实际上就是在 Internet 上分配给主机的名称。之所以可以使用域名访问 Internet 上的计算机，得益于域名系统。域名系统（DNS，Domain Name System）建立并维护主机的域名与 IP 地址的映射关系，当用户在 Internet 上使用域名表示主机时，DNS 会立即将其转换为 IP 地址。每个域名都对应一个 IP 地址，而 IP 地址不一定有域名。

域名的 IP 地址进入 DOS 命令界面后，通过 ping 命令查询，如通过 ping www.baidu.com，可以获得该域名的 IP。

域名由小数点分隔的几组字符组成，每个字符串称为一个子域，子域个数不定，常使用三个或四个子域。最右边的子域级别最高，被称为顶级域名，越往左，子域级别越低，表示的范围越具体，最左边的子域是 Internet 上的主机名。

Internet 国际特别委员会（IAHC）的最新报告将顶级域名定义为三类。

第一类是通用顶级域名，由三个或四个字母组成，例如：com 表示商业机构，net 表示网络机构，edu 表示教育机构，如表 6-1 所示。

表 6-1　通用顶级域名

域名代码	意　义	域名代码	意　义
com	商业机构	org	非营利组织
edu	教育机构	net	主要网络支持中心
gov	政府部门	int	国际组织
mil	军事部门	info	提供信息服务单位

第二类是国家顶级域名，由两个字母组成，例如：cn 表示中国，us 表示美国等，如表 6-2 所示。

表 6-2　国家顶级域名

域名代码	国家和地区	域名代码	国家和地区	域名代码	国家和地区
ca	加拿大	be	比利时	au	澳大利亚
fl	法国	fr	芬兰	hk	中国香港
nl	荷兰	no	挪威	nz	新西兰
ch	瑞士	Edge	爱尔兰	ru	俄罗斯

续表

域名代码	国家和地区	域名代码	国家和地区	域名代码	国家和地区
cn	中国	in	印度	se	瑞典
dk	德国	it	意大利	tw	中国台湾
dk	丹麦	jp	日本	uk	英国

第三类是国际联盟、国际组织专用的顶级域名，例如：int 表示国际联盟、国际组织。

例如，清华大学的 WWW 服务器的域名是 http://www.tsinghua.edu.cn。在这个域名中，顶级域名是 cn，表示中国；第二级域名是 edu，表示教育机构；第三级域名是 tsinghua，表示清华大学；www 表示某个主机名。

6.4.4　Internet 接入

普通用户的计算机接入 Internet 的方式通常是这样的：用户的计算机通过拨号或其他方式与某台提供服务的 Internet 主机建立连接，然后通过该主机享受 Internet 的各项服务。

提供接入服务的机构称为 Internet 服务供应者（Internet Service Provider，ISP），ISP 是专门提供 Internet 接入服务的商业机构，通过与 ISP 的服务器连接，用户的计算机便能与整个 Internet 世界相连。

最近几年 Internet 接入技术的发展非常快，接入设备的成本不断下降，而性能不断提高。接入 Internet 的方式有以下几种。

1. ADSL 方式

ADSL（Asymmetric Digital Subscriber Line，非对称数字用户线路）是目前国际上用来对现有电话网络进行宽带改造的一种通信方式，是接入技术中最常见的一种。ADSL 是一种通过现有普通电话线为家庭、办公室提供高速宽带数据传输服务的技术，ADSL 接入 Internet 的示意图如图 6-9 所示。ADSL 支持的业务主要包括 Internet 高速接入服务、多种宽带多媒体服务（如视频点播、网上剧院、网络电视等）、点对点远程可视会议等。

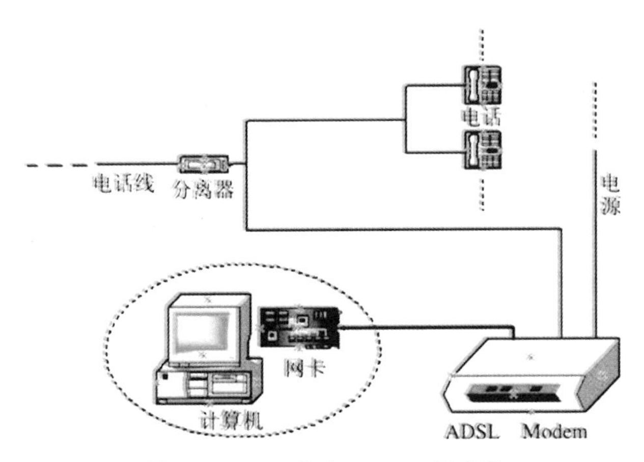

图 6-9　ADSL 接入 Internet 示意图

2. ISDN方式

ISDN（Integrated Services Digital Network，综合业务数字网）是通过对电话网进行数字化改造，将电话、传真、数字通信等业务全部通过数字化的方式传输的网络。ISDN具有连接速率较高、通信费用低（与电话通信费用差不多）、同时支持多种业务（如上网的同时还可以打电话）等优点，国外采用这种方式接入Internet的非常广泛。通过ISDN方式接入Internet的速率可达128Kbit/s。

3. 有线电视电缆/光纤接入方式

有线电视网是指通过Cable Modem（一种接入设备）接入Internet的一种方式，通过有线电视网进行数据传输。用户可以借助有线电视线缆支持的多媒体数字技术来享受Internet上的丰富资源。迅速发展的Cable Modem接入技术是一项稳妥而实用的技术，设备成本低，目前正被广泛使用中。

4. 通过局域网连接

该方式通过计算机所在的局域网访问Internet，网络中的计算机共用Internet接入出口，通常用于企业、单位等集团用户。

5. 无线接入方式

无线接入是指从交换节点到用户终端之间，部分或全部采用无线手段。典型的无线接入系统主要由控制器、操作维护中心、基站、固定用户单元和移动终端等几部分组成。无线接入的实现主要基于蜂窝技术（比较成熟，易实现且覆盖范围大，适用于农村等地理位置偏远的地区）、数字无绳技术（适用于城市人口稠密、管线紧张的地区）、点对点微波技术（适用于距离超过40km的分散用户）、卫星技术（适用于特别偏远的地区）和蓝牙技术（适用于短距离用户）。蜂窝移动通信系统和固定无线接入的出现和飞速发展，以及无线通信方式的接入特性，使得此方式成为当前发展最快的接入方式之一。

以上几种方式是国内可以实现的接入方式，各有优点和缺点，都有自己的适用范围。

6.4.5 浏览器

WWW的浏览器是用户在网络上使用的一个统一平台，打开浏览器，就可以在网络上遨游了。随着网络的流行，浏览器也在不断增加，目前的浏览器有Microsoft Edge（简称Edge）、Google Chrome、360、FireFox等。Edge是微软（Microsoft）公司推出的功能强大的浏览器，由于该软件操作简便、使用简单、易学易用，因此深受用户的喜爱。这里我们只介绍一下Edge（以Edge 105为例）的使用方法。

1. 启动Edge浏览器

启动Edge浏览器的常用方法有以下几种，用户可以根据实际情况选择其中一种方法。

（1）选择“开始”→“Microsoft Edge”命令。

（2）在桌面双击Microsoft Edge图标。

（3）在搜索框中搜索“edge”。

2. Edge 浏览器窗口的组成

启动 Edge 浏览器后，它会以默认起始页的方式打开浏览器窗口，一般系统默认的起始页是微软中国公司的网页“http://www.microsoft.com/zh-cn”，如图 6-10 所示。

在 Web 页窗口的最上方是空白栏，在任意空白处右击会弹出控制菜单，空白栏的最右边分别为“最小化”、“还原”、“最大化”和“关闭”按钮。当窗口处于还原状态时，在空白栏处按下鼠标左键并拖动，可以移动窗口。

1）Tab 操作菜单

Tab 操作菜单包括“打开垂直标签页”、“搜索标签页”、“最近关闭的标签页”、“来自其他设备的标签页”和“将所有标签页添加到集锦”五个菜单命令，通过它们可以实现标签页管理、显示及内容搜索等操作。

2）标签页

通过标签页可以快速访问已打开的网页。如在同一个窗口中打开多个链接且在新标签中打开链接，通过单击链接的标签页，便可以直接访问该链接页面。同时可以通过单击“新建标签页”按钮新建一个空白网页，在地址栏中输入网址便可以打开新网页。

3）地址栏

地址栏是一个文本组合框，用来输入浏览 Web 网页的地址，一般显示的是当前的 URL（Uniform Resource Locator，统一资源定位符）地址，即通常我们说的网址。如果在输入了部分地址后按下 Ctrl+Enter 组合键，则 Edge 浏览器会根据情况补充协议名（如 http:）和扩展名，并尝试转到输入的 URL 地址处。例如，在地址栏中输入“baidu”后按 Ctrl+Enter 组合键，则 Edge 浏览器会尝试打开网页地址“http://www.baidu.com/”。地址栏的右端有一个向下的三角形按钮，单击它会弹出一个下拉列表，其中列出了曾经输入的 Web 地址，选择某个地址即可直接访问。

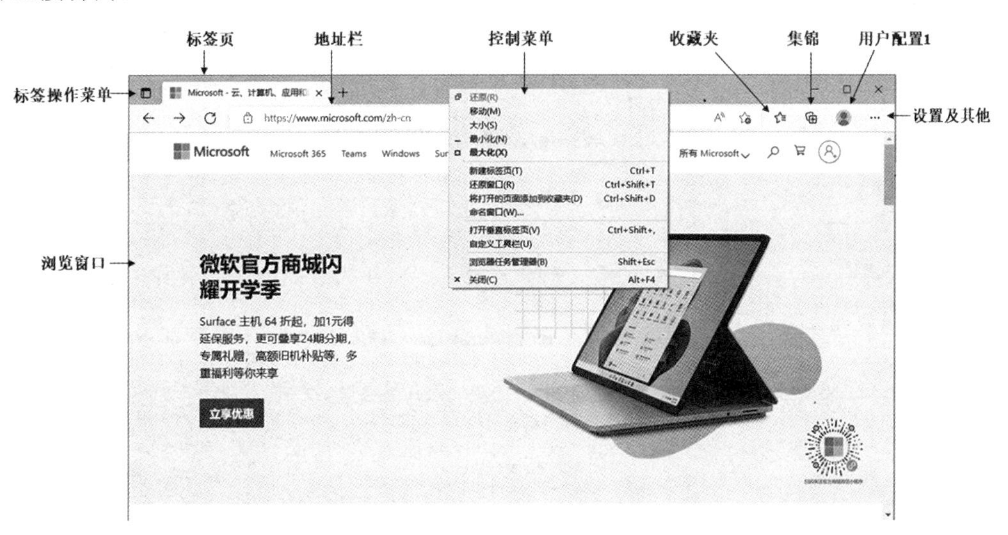

图 6-10　Edge 浏览器窗口

4）收藏夹

收藏夹是以前版本的 Internet Explorer 中的链接工具栏的新名称。可以将收藏夹中文件名为“收藏夹栏”的网页以网页名称的形式显示出来，方便用户直接访问。

5）集锦

集锦类似于浏览器的收藏夹，但是功能相对收藏夹更丰富。因为集锦不仅可以收藏网页，还可以收藏图片、便笺等。使用集锦可以直接在浏览器中保存内容（如图像、文本或完整的网页），以供日后使用。

6）用户配置1

选择账户进行登录后，登录账户可以备份浏览器数据，在所有设备上查看收藏内容、密码等。

7）工具栏

工具栏是浏览器常用功能的快捷按钮的显示区域。

8）浏览窗口

浏览窗口即Edge浏览器的工作区，显示了浏览的网页信息。

9）设置及其他

通过“设置及其他”按钮进行Edge浏览器的其他设置，如窗口缩放、设置、扩展、打印等。

3. Edge浏览器的应用

1）设置Edge浏览器的主页

Edge浏览器的主页是Edge浏览器每次启动后自动访问的页面。它与网站的主页不同，网站的主页是指网站的起始页，即用户通过Web地址访问网站时看到的第一个页面，而Edge浏览器主页则是用户启动Edge浏览器时看到的第一个页面。

在默认情况下，每次打开Edge浏览器时，自动显示的第一个网页常常是微软公司的主页。而用户对于自己关心和喜爱的网站或页面，每次在浏览时都需要重复输入相同的网址。因此，可以将这样的网址设为Edge浏览器主页，每当启动Edge浏览器，或者单击“主页”按钮时，该站点就会立即显示出来。设置主页的具体步骤如下。

首先启动Edge浏览器，单击工具栏最右侧的“…”按钮，即“设置及其他”按钮，在弹出的菜单中选择“设置”选项，出现“设置”窗口，如图6-11所示。

图6-11　设置Edge浏览器主页

单击左侧的“开始、主页和新建标签页”，在右侧“开始”按钮区域输入要设置的主页地址，如 www.baidu.com，单击“保存”按钮。另外，可以通过“在工具栏上显示‘首页’按钮”在工具栏中添加 ⌂ 按钮。这样用户在使用浏览器时，可以直接通过 ⌂ 按钮打开主页。

2）清除上网信息

在使用 Edge 浏览器的过程中会有这样一种情况：用户在网页的文本框中输入一个文字，结果会发现 Edge 浏览器自动记住了输入过的内容，用户只要使用向下的方向键进行选择即可。这一功能在 Edge 浏览器中被称为“自动完成”，它虽然给用户带来了一定的方便，但也带来了潜在的泄密危险。

如果要清除“自动完成”功能中的内容，则打开“设置”窗口，在左侧单击“隐私、搜索和服务”，在右侧“清除浏览数据”区域中单击“选择要清除的内容”，弹出“清除浏览数据”对话框。在该对话框中，用户可以根据需求勾选要清除的内容，最后单击“立即清除”按钮，如图 6-12 所示。

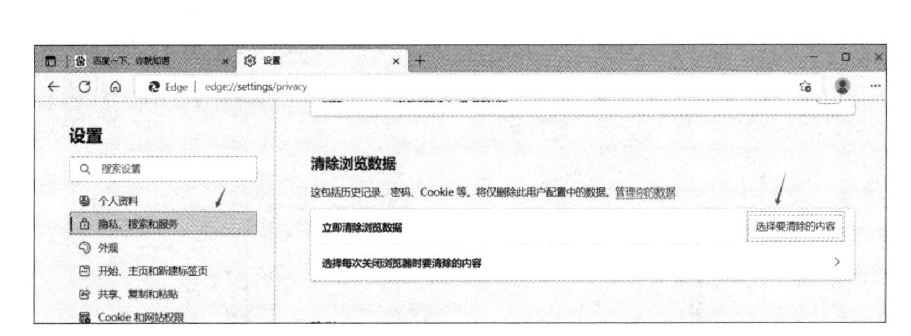

图 6-12　清除上网信息

3）查看历史记录

如果需要重新访问最近查看的网页，可以按以下步骤进行操作。

单击页面窗口的“设置及其他”按钮，选择“历史记录”选项，弹出如图 6-13 所示“历史记录”窗口，其中包含最近几天或几周前访问过的 Web 站点的链接，单击某个文件夹或网页就可以显示网页。

4）使用和设置收藏夹

为了帮助用户记忆和管理网址，Edge 专门为用户提供了“收藏夹”功能。收藏夹是一个文件夹，其中存放的文件都是用户经常访问的网站或网页的快捷方式（其网址）。在收藏夹中添加网页地址的具体步骤如下。

首先打开需要添加到收藏夹的目标网页。

接着在地址栏的右侧单击 ☆ 按钮，弹出“已添加到收藏夹”对话框，如图 6-14 所示，确认网页的“名称”（也可以是用户自己输入的新名称）和“文件夹”（默认位置是收藏夹栏，收藏夹栏是收藏夹下的一个文件夹，也是用来收藏目标地址的，该文件夹收藏的目标网页可以直接呈现在窗口的收藏夹栏上。用户可以通过该组合框中的下拉按钮选择要存放这一网页的文件夹，也可以通过“新建文件夹”按钮新建一个文件夹）。

图 6-13　查看历史记录

图 6-14　“已添加到收藏夹”对话框

最后单击“完成”按钮。此时，按钮变成按钮，表示该页面已经被添加到收藏夹中。

随着时间的推移，用户收藏的网站或网页会越来越多，如果将它们都直接放在收藏夹下，使用起来会很不方便。为了有效地管理用户的收藏，Edge 浏览器还提供了整理文件夹的功能。单击页面窗口右上角的“…”（设置及其他）按钮，选择“收藏夹”选项，弹出“收藏夹”窗口，如图 6-15 所示。用户可以通过窗口右上角的工具，根据自己的实际情况对收藏进行调整和分类。另外，可以通过“收藏夹”窗口右上角的“...”按钮打开收藏夹的更多设置，选择“在工具栏中显示收藏夹按钮”，此时“收藏夹栏”中的网页按钮会显示在工具栏中，如图 6-16 所示。

图 6-15　“收藏夹”窗口

图 6-16　工具栏中的收藏夹按钮

以上只介绍了 Edge 浏览器最基本、最常用的功能及其使用方法。目前，Edge 浏览器的功能仍在不断地开发与完善中。

6.4.6　搜索引擎

搜索引擎是 Internet 上具有查询功能的网页的统称，是获取网络知识信息的工具。随着网络技术的飞速发展，搜索技术的日臻完善，中外搜索引擎已广为人们熟知和使用，如全球最大的中文搜索引擎——百度。

1. 搜索引擎的工作原理

任何搜索引擎的设计都有其特定的数据库索引范围、独特的功能和使用方法，以及预期的用户指向。搜索引擎是一些服务商为网络用户提供的检索站点，它收集了网上的各种资源，然后根据某种固定的规律进行分类，提供给用户进行检索。

搜索引擎的工作过程如下。

（1）获取网页。每个独立的搜索引擎都有自己的网页获取程序。获取程序顺着网页中的超链接连续地获取网页。被获取的网页称为网页快照。由于互联网中超链接的应用很普遍，理论上说，从一定范围的网页出发，就能搜集到绝大多数的网页。

（2）处理网页。搜索引擎获取网页后，还要做大量的预处理工作，才能提供检索服务。其中，最重要的就是提取关键词，建立索引文件，还有去除重复网页、分词（中文）、判断网页类型、分析超链接、计算网页的重要度 / 丰富度等。

（3）提供检索服务。用户输入关键词进行检索后，搜索引擎从索引数据库中找到匹配该关键词的网页。为了便于用户判断，除了网页标题和 URL，还会提供一段来自网页的摘要及其他信息。

2. 搜索引擎功能简介

搜索引擎一般具有以下功能。

简单搜索：指输入一个关键字，提交搜索引擎查询，这是最基本的搜索方式。

词组搜索：指输入两个以上的词组（短语）作为关键字，提交搜索引擎查询，现有搜索引擎一般都约定把词组或短语放在引号“ ”内表示。

语句搜索：指输入一个多词的任意语句，提交搜索引擎查询，这种方式也叫任意查询。不同搜索引擎对语句中词与词之间的关系的处理方式不同。

目录搜索：指按搜索引擎提供的分类目录逐级查询，用户一般不需要输入查询词，而是按照查询系统提供的分类项目选择类别进行搜索，因此也被称为分类搜索。

高级搜索：指用布尔逻辑组配方式查询。

在所有的搜索方式中都可以使用通配符，通配符用于指代一串字符，不过每个搜索引擎使用的通配符不完全相同。

3. 搜索引擎的类型

按照信息搜索方法和服务提供方式的不同，搜索引擎主要分为以下几种类型。

1）检索式搜索引擎

检索式搜索引擎由检索器根据用户的查询输入，按照关键词检索索引数据库。这种方式其实是大多数搜索引擎最主要的功能。在主页上有一个检索框，在检索框中输入要查询的关键词，单击“检索”（或者“搜索”“search”“go”等）按钮，如果输入的是多个关键词，搜索引擎就会在自己的信息库中搜索含有关键字的信息条目。用户可以通过分析选择需要的网页链接，直接访问要找的网页，如 Lycos 搜索引擎。

2）目录式搜索引擎

目录式搜索引擎按照目录分类的网站链接列表搜索。用户完全可以按照分类目录找到需要的信息，不依靠关键词进行查询。

3）元搜索引擎

检索时，元搜索引擎接受用户查询请求后，同时在多个搜索引擎上搜索，对搜索结果进行汇集、筛选等优化处理后，以统一的格式在统一界面集中显示。

4）智能搜索引擎

此类搜索引擎除了提供传统的全网快速检索、相关度排序等功能，还提供用户等级、内容的语义理解、智能信息化过滤等功能，为用户提供了一个真正个性化、智能化的网络工具，如全球最大的中文搜索引擎——百度。

4. 使用搜索引擎的注意事项

为了提高检索效率，使用搜索引擎时应注意以下几点。

（1）阅读引擎的帮助信息。

（2）选择适当的搜索引擎。

（3）检索关键词要恰当，选择搜索关键词时要做到“精”和“准”，同时还要具有代表性，不要输入错别字，不使用过于频繁的词。

6.5 信息检索

信息检索有广义和狭义之分。广义的信息检索全称为“信息存储与检索”，是指将信息按一定的方式组织和存储起来，并根据用户的需要找出有关信息的过程。狭义的信息检索通常指“信息查找”或“信息搜索”，是指从信息集合中找出用户需要的有关信息的过程。

6.5.1 信息检索分类

1. 按存储与检索对象划分

按存储与检索对象划分，信息检索可以分为文献检索、数据检索和事实检索。文献检索是指根据学习和工作的需求获取文献的过程，文献是指具有历史价值的文章和图书或与某一学科有关的重要图书资料。数据检索即把数据库中存储的数据根据用户的需求提取出来。数据检索的结果会生成一个数据表，既可以将其放回数据库，也可以将其作为进一步处理的对象。事实检索是情报检索的一种类型。广义的事实检索既包括数值数据的检索、算术运算、比较和数学推导，也包括非数值数据（如事实、概念、思想、知识等）的检索、比较、演绎和逻辑推理。

2. 按存储的载体和实现查找的技术手段划分

按存储的载体和实现查找的技术手段划分，信息检索可以分为手工检索、机械检索和计算机检索。发展比较迅速的计算机检索也称为“网络信息检索”，是指互联网用户在网络终端，通过特定的网络搜索工具或通过浏览的方式，查找并获取信息的行为。

3. 按检索途径划分

按检索途径划分，信息检索可以分为直接检索和间接检索。直接检索与间接检索相对，间接检索通过检索工具或者利用二次文献查找文献资料，是文献检索的一种方式，而且是一种比较科学的检索方式。

本节主要介绍在中国知识发现网络平台（简称“中国知网”）上进行文献检索。

6.5.2 中国知网使用

中国知网面向海内外读者，并提供中国学术文献、外文文献、学位论文、报纸、会议、年鉴、工具书等各类资源的统一检索、统一导航、在线阅读和下载服务，涵盖基础科学、文史哲、工程科技、社会科学、农业、经济与管理科学、医药卫生、信息科技等十大领域。

1. 访问中国知网

访问中国知网有以下两种方式。

1）校内访问

方法一（推荐）：打开学校图书馆主页，找到中文数据库，在列表中找到中国知网，单击进入。

方法二：直接搜索中国知网。

打开浏览器，在地址栏输入中国知网地址 https://www.cnki.net/，或者使用搜索引擎输入关键字“中国知网”，在搜索结果中单击“中国知网官网”进入。中国知网主页如图 6-17 所示。

2）校外访问

使用图书馆提供给各部门的漫游账号登录。

图 6-17　中国知网主页

2. 检索方法

进入中国知网主页后，页面中间有一个检索框，如图 6-18 所示。这种检索一共分为三类，分别是文献检索、知识元检索和引文检索，大家可以根据需求进行选择。

图 6-18　检索框区域

1）一框式检索

一框式检索即选择检索字段 + 输入检索词搜索。

具体方法：先选择主题、关键词、全文、作者、单位等（推荐“主题”检索）检索字段，然后在检索框下方进行单个或多个数据库（检索框下方）的选择，最后在检索框中直接输入检索词，单击搜索按钮 。例如：搜索主题为“裂缝检测”的学术期刊，先在检索框中输入“裂缝检测”，再在下方的数据库列表中勾选“学术期刊”，单击搜索按钮 。搜索结果如图 6-19 所示。

检索入口：中国知网首页文献检索框。

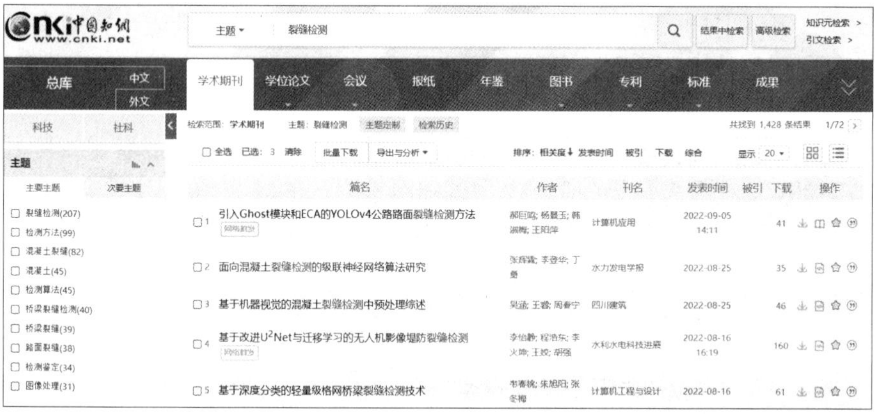

图 6-19　搜索结果

这种检索方法的优点是非常便捷，能够获取全面而海量的文献资源，但如果想要更加精准查找所需的文献资源，可以选择高级检索方法。

2）高级检索

中国知网的高级检索页面如图 6-20 所示，可以同时设定多个检索字段，输入多个检索词，内容不得超过 120 个字符。根据布尔逻辑（OR、AND、NOT 三种关系）在更多检索词之间进行关系限定——或含、并含、不含三种关系，就会获取更精准、更小范围的检索结果。

具体方法：选择多个检索字段 + 输入检索词 + 选择逻辑关系词（并且、或者、不含）。同时，可以在检索框的左侧和右上方（上方）进行文献分类和跨库选择（检索设置）。

检索入口：在中国知网首页的一框式检索的右侧选择“高级检索”。

使用高级检索，可以将关键词进行拆分，对检索词的模糊词、同义词等也进行检索。除了关键词，还可以对作者、发表时间、文献来源与支持基金这些限定条件进行同一层次的筛选，确保检索结果符合要求。

例如：精确搜索主题为“深度学习”，并且关键词为“裂缝检测”，或者作者单位为“长江大学”的北大核心和 CSCD 期刊。搜索方法如图 6-21 所示。

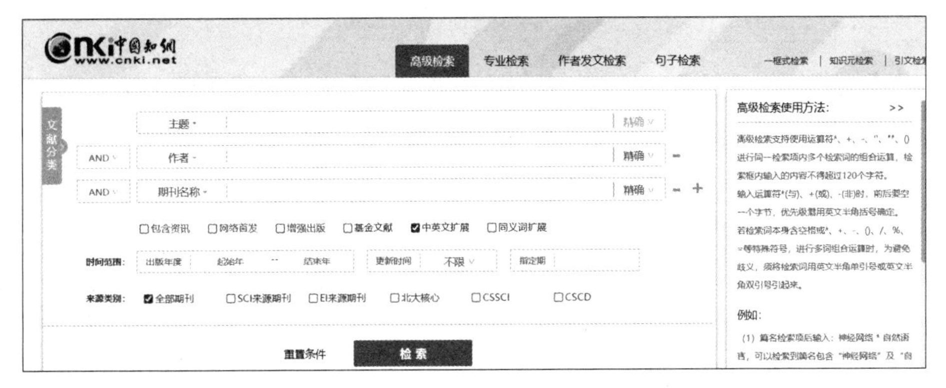

图 6-20　高级检索页面

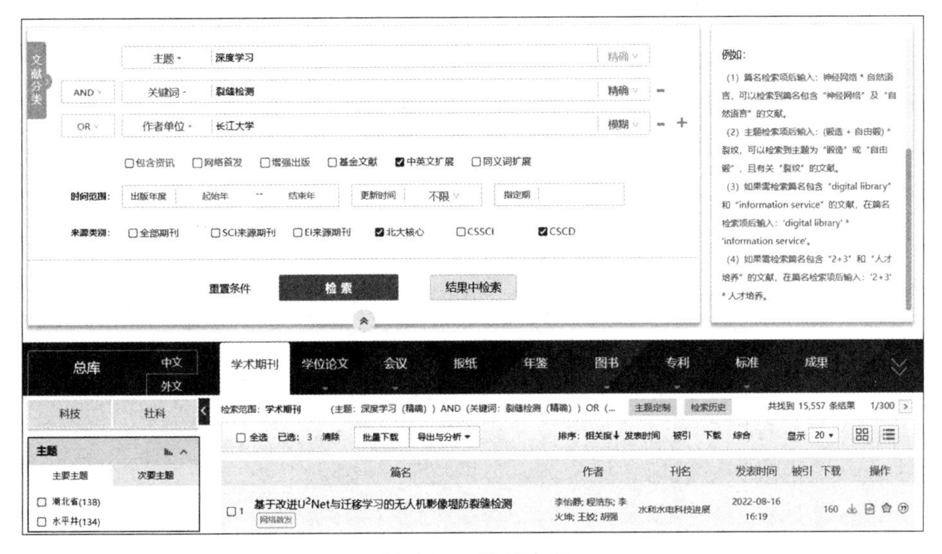

图 6-21　示例检索

以上两种方法是文献检索最常用的检索方法，为了更快速地筛选所需文献资源，在检索文献之前，先明确要查找的文献类型和范围，明确从期刊、博硕士论文、会议论文、报纸、年鉴等哪种数据库中选择，这样可以避免大量其他不需要的数据库中的数据混淆视线。在获取检索结果后，可以利用系统提供的“分组浏览”（在搜索结果列表左侧，如图 6-21 所示的方框标记）对检索结果进行主题、时间、研究领域等限定和分类，筛选并选择更契合检索的主题，限定发表时间以获取需要的文献资源。

6.6　网络安全

随着计算机网络的发展，网络中的安全问题也日趋严重。网络用户来自社会的各个阶层和部门，大量的在网络中存储和传输的数据需要被保护。下面对计算机网络安全问题的基本内容进行简单介绍。

6.6.1 网络安全概述

网络安全是指网络系统的硬件、软件及其数据受到保护，不因偶然的或恶意的原因而遭受破坏、更改、泄露，系统连续、可靠、正常地运行，网络服务不中断。网络安全的特点包括：保密性、完整性、可用性、可控性、可审查性。

从网络运行和管理者的角度来说，他们希望本地网络信息的访问、读写等操作受到保护和控制，避免出现“缺陷门”、病毒、非法存取、拒绝服务、网络资源非法占用和非法控制等威胁，制止和防御网络黑客（利用系统安全漏洞对网络进行攻击，破坏或窃取资料的人）的攻击；对安全保密部门来说，他们希望对非法的、有害的或涉及国家机密的信息进行过滤和防堵，避免机要信息泄露，避免对社会产生危害，对国家造成巨大损失；从社会教育和意识形态角度来讲，网络上不健康的内容会给社会的稳定和人类的发展造成阻碍，必须对其进行控制。

网络不安全的原因是多方面的，主要有以下几方面。

（1）来自外部的不安全因素，即网络上存在的攻击。

（2）来自网络系统本身的不安全因素，如网络中存在着硬件、软件、通信、操作系统和其他方面的缺陷和漏洞，给网络攻击者以可乘之机。

（3）网络应用安全管理方面的原因。网络管理者缺乏网络安全的警惕性，忽视网络安全并对网络安全技术缺乏了解，没有制定切实可行的网络安全策略和措施。

（4）网络安全协议的原因。IPv4在设计之初没有考虑网络安全问题，在根本上缺乏安全机制，这是互联网存在安全威胁的主要原因。

针对这些不安全因素，计算机网络上的安全主要面临以下四种威胁。

（1）截取：非授权用户通过某种手段获得对系统资源的访问。

（2）中断：攻击者有意破坏系统资源，使网络服务中断。

（3）修改：非授权用户不仅获得访问且对数据进行修改。

（4）伪造：非授权用户将伪造的数据在网络上传送。

这四种威胁可以归纳成两类：被动攻击和主动攻击。截取信息的攻击被称为被动攻击，而更改信息和拒绝用户使用资源的攻击被称为主动攻击，即包括中断、修改、伪造。一种比较特殊的主动攻击就是恶意程序的攻击，这种恶意程序即我们常说的病毒等。

6.6.2 网络安全措施与防范

1. 网络安全措施

计算机网络安全措施主要包括保护网络安全、保护应用服务安全和保护系统安全三方面，各方面都要结合考虑安全防护的物理安全、防火墙、信息安全、Web安全。全方位的、整体的网络安全防范体系也是分层次的，不同层次反映了不同的安全问题。根据网络的应用现状和网络结构，我们将安全防范体系的层次划分为物理层安全、系统层安全、网络层安全、应用层安全和安全管理。

1）物理环境的安全性（物理层安全）

该层次的安全包括通信线路的安全、物理设备的安全、机房的安全等。物理层安全主要体现在通信线路（线路备份、网管软件、传输介质）的可靠性，软硬件设备（替换设备、拆卸设备、增加设备）的安全性，设备的备份，防灾害能力，防干扰能力，设备的运行环境（温度、湿度、烟尘），不间断电源保障，等等。

2）操作系统的安全性（系统层安全）

该层次的安全问题来自网络内使用的操作系统的安全。系统层安全主要体现在三方面：一是操作系统本身的缺陷带来的不安全因素，主要包括身份认证、访问控制、系统漏洞等；二是对操作系统的安全配置问题；三是病毒对操作系统的威胁。

3）网络的安全性（网络层安全）

该层次的安全问题主要体现在网络方面的安全性，包括网络层身份认证、网络资源的访问控制、数据传输的保密与完整性、远程接入的安全、域名系统的安全、路由系统的安全、入侵检测的手段、网络设施防病毒等。

4）应用的安全性（应用层安全）

该层次的安全问题主要由提供服务所采用的应用软件和数据的安全性产生，包括 Web 服务、电子邮件系统、DNS 等，还包括病毒对系统的威胁。

5）管理的安全性（安全管理）

安全管理包括安全技术和设备的管理、安全管理制度、部门与人员的组织规则等。管理的制度化极大程度地影响着整个网络的安全，严格的安全管理制度、明确的部门安全职责划分、合理的人员角色配置都可以在很大程度上降低其他层次的安全漏洞。

2. 网络安全防范

正确设置和使用网络可以使网络处于安全的运行状态中。下面对网络安全防范的五个基本方面进行阐述。

1）操作系统安全使用

操作系统是网络管理和控制的系统软件，是使用网络的入口，因此操作系统的安全使用对于网络安全至关重要。网络的漏洞大多数是由操作系统引起的，网络安全问题大多数也是由操作系统没有正确地配置和使用引起的。

正确使用操作系统应该注意以下几点。

①设置好超级用户 administrator 的密码，密码字符个数不少于 6 个，采用大小写字母、数字与符号混合的方式设置密码，并且要保护好密码。

②服务器采用 NTFS（New Technology File System，新技术文件系统），通过设置 NTFS 权限和共享文件夹双重权限对资源进行访问。

③关闭不需要的服务程序、端口等。

④尽量不使用操作系统的新版本。

⑤关闭 Guest 用户。

⑥降低 Everyone 的权限。

⑦正确设置文件夹、文件等资源访问的权限。

另外，Windows 操作系统在刚刚发布时存在许多漏洞。因此在使用操作系统的时候，应经常进行安全检测、查找漏洞，及时下载补丁程序。

2）防火墙技术

在汽车中，可以利用防火墙把乘客和引擎隔开，如果引擎着火，防火墙不但能保护乘客安全，还能让司机继续控制引擎。在计算机网络中，借用这个概念可以防止网络受到外界的攻击。防火墙是内部网络在与不安全的外部网络进行连接时，在内部网络与外部网络之间设置的一种用于保证内部网络安全的、由硬件或软件设施组成的系统。它实际上是一种隔离技术，在某个机构的网络和不安全的网络（如 Internet）之间设置屏障，阻止对信息资源的非法访问，也可以使用防火墙阻止重要信息从企业的网络上被非法输出。

防火墙有以下五个基本功能。

① 过滤进出网络的数据包。

② 管理进出网络的访问行为。

③ 禁止某些网络的访问行为。

④ 对网络攻击进行检测并警告。

⑤ 对通过防火墙的受限信息进行记录。

在具体应用防火墙技术时，还要考虑到两方面：一是防火墙是不能防病毒的，尽管有不少的防火墙产品声称其具有这个功能。二是数据在防火墙之间的更新是一个难题，如果延迟太长将无法支持实时服务请求。

总之，使用防火墙是解决企业网安全问题的流行方案，即把公共数据和服务置于防火墙外，使其对防火墙内部资源的访问受到限制。作为一种网络安全技术，防火墙具有简单实用的特点，并且透明度高，可以在不修改原有网络应用系统的情况下达到一定的安全要求。作为 Internet 的安全性保护软件，防火墙已经得到广泛应用。

3）安全路由器

路由器是连接两个或多个网络的硬件设备，在网络间起网关的作用，是读取每个数据包中的地址并决定如何传送的专用智能性网络设备。它能够理解不同的协议，例如，某个局域网使用的以太网协议，Internet 使用的 TCP/IP。这样，路由器可以先分析各种不同类型的网络传来的数据包的目的地址，把非 TCP/IP 地址转换成 TCP/IP 地址，或者反之；再根据选定的路由算法把各数据包按最佳路线传送到指定位置。安全路由器是具有防火墙、加密 VPN、带宽管理及 URL 过滤等安全功能的新型路由器。现在大多数路由器都具备了健壮的防火墙功能、一些有用的 IDS/IPS 功能和 VPN 数据加密等功能，使网络安全状况得到了很大改善。

4）WPA

WPA 是安全加密协议，有 WPA、WPA2 和 WPA3 三种标准，是保护无线网络安全的系统，可以防止无线路由器和联网设备被黑客入侵，是一种广泛应用在网络传播过程中的安全防护机制。WPA2 加密协议几乎是所有路由器的默认安全加密手段，它的安全系数比较高，保护了用户的所有隐私数据。WPA3 缓解由弱密码造成的安全问题。对于无线连接设备，采用适合的 WPA 标准可以提高无线网络的安全性。

5）Web 安全

基于 Web 环境的互联网应用越来越广泛，在企业信息化的过程中，各种应用都架设在 Web 平台上，Web 业务的迅速发展也引起黑客们的强烈关注，接踵而至的就是 Web 安全威胁的凸显，黑客利用网站操作系统的漏洞和 Web 服务程序的 SQL 注入漏洞等得到 Web 服务器的控制权限，轻则篡改网页内容，重则窃取重要内部数据，更为严重的则是在网页中植入恶意代码，使网站访问者受到侵害。多年来，我们一直在使用简单的 URL 过滤，这种办法的确是 Web 安全的一项核心内容，但是 Web 安全还远不止 URL 过滤这么简单，它还需要有注入 AV 扫描、恶意软件扫描、IP 信誉识别、动态 URL 分类技巧和数据泄密防范等功能。攻击者们正在以惊人的速度侵袭很多高知名度的网站，假如我们只依靠 URL 黑白名单来过滤，那可能只剩下白名单的 URL 可供访问了。任何 Web 安全解决方案都必须能够动态地扫描 Web 流量，以便决定该流量是否合法。Web 安全是处在安全技术发展最前沿的，也是需要花费最多的。目前，我们访问白名单的 URL 可以提高 Web 访问的安全性。

除了以上几种有效防范，为用户提供安全可靠的保密通信也是计算机网络安全极为重要的内容。因此除了对网络进行安全防护，对网络传送的信息本身进行安全防护也是有必要的。信息安全主要包括五方面内容，即保证信息的保密性、真实性、完整性、未授权拷贝和寄生系统的安全性。信息安全本身包括的范围很大，包括防范商业企业机密泄露，防范青少年对不良信息的浏览，防范个人信息的泄露等。网络环境下的信息安全体系是保证信息安全的关键，包括计算机安全操作系统，各种安全协议，安全机制（如数字签名、消息认证、数据加密等），直至安全系统（如 UniNAC、DLP）等。只要存在安全漏洞，便可能威胁全局安全。

信息安全行业中的主流技术有病毒检测与清除技术、安全防护技术、安全审计技术、安全检测与监控技术、解密加密技术、身份认证技术等。例如，接入控制台登录密码的设计、安全通信协议的设计及数字签名的设计等，都离不开密码机制。信息安全常用的手段有公开密钥、数字签名、报文鉴别等。密码体制是一个较复杂的技术，本章不做具体介绍。

6.6.3 计算机病毒

计算机病毒指编制者在计算机程序中插入的破坏计算机功能或数据，影响计算机使用，并且能够自我复制的一组计算机指令或程序代码。它能通过某种途径潜伏在计算机的存储介质（或程序）里，当达到某种条件时即被激活，通过修改其他程序的方法将自己的精确拷贝或可能演化的形式放入其他程序中。从而感染其他程序，对计算机资源进行破坏。所谓的计算机病毒就是人为造成的，对其他用户的危害很大。计算机病毒具有以下几种特性。

（1）繁殖性：当正常程序运行的时候，计算机病毒也进行自身复制，是否具有繁殖性、感染性是判断某段程序是否为计算机病毒的首要条件。

（2）破坏性：通常表现为增、删、改、移。

（3）传染性：这是计算机病毒的基本特性。计算机病毒可以通过各种可能的渠道，如硬盘、移动硬盘、计算机网络等传染给其他计算机。

（4）潜伏性：触发条件一旦得到满足，有的计算机病毒在屏幕上显示信息、图形或特殊标识，有的计算机病毒则执行破坏系统的操作，如格式化磁盘、删除磁盘文件、对数据文件加密、锁死键盘及使系统锁死等。

（5）隐蔽性：有的计算机病毒可以通过病毒检测软件检查出来，有的根本就检查不出来；有的计算机病毒时隐时现，变化无常，这类计算机病毒处理起来通常很困难。

（6）可触发性：指计算机病毒因某个事件或数值的出现，诱使计算机病毒实施感染或进行攻击的特性。这些条件可能是时间、日期、文件类型或某些特定数据等。

常见的计算机病毒有蠕虫病毒、木马等。

例如，2017 年 5 月 12 日，WannaCry 蠕虫通过 MS17-010 漏洞在全球范围大爆发，感染了大量的计算机。该蠕虫感染计算机后会向计算机中植入敲诈者病毒，导致计算机中的大量文件被加密。受害者的计算机被黑客锁定后，计算机病毒会提示支付价值相当于300美元（约合人民币2069元）的比特币才可解锁。

在计算机网络应用过程中，如何预防计算机病毒也是人们不得不考虑的问题。提高系统的安全性是预防计算机病毒的一个重要方面，但完美的系统是不存在的，过于强调提高系统的安全性将使系统多数时间用于病毒检查，系统失去了可用性、实用性和易用性。另一方面，信息保密的要求让人们在泄密和查杀病毒之间无法选择。加强内部网络管理人员及使用人员的安全意识，很多计算机系统常使用密码来控制对系统资源的访问，这是预防病毒进程中最容易和最经济的方法之一。另外，安装杀毒软件并定期更新也是预防病毒的重中之重。

习题六

1. 单选题

（1）计算机网络的安全是指（　　）。

A．网络中设备设置环境的安全　　B．网络中信息的安全

C．网络中使用者的安全　　D．网络中财产的安全

（2）以下哪种方法是针对互联网安全最有效的方法。（　　）

A．严格机房管理制度　　B．使用防火墙

C．安装防病毒软件　　D．实行内部网和互联网之间的物理隔离

（3）如果杀毒时发现内存中有病毒，恰当的做法是（　　）。

A．格式化硬盘，重装系统　　B．立即运行硬盘上的杀毒软件

C．再杀一次毒　　D．重新启动，用杀毒软盘引导并杀毒

（4）防止计算机病毒传染的方法是（　　）。

A．不使用有病毒的软盘　　B．在机房中喷洒药品

C．使用UPS　　D．联机操作

（5）网页病毒多是利用操作系统和浏览器的漏洞，使用（　　）技术来实现的。

A．Java和HTML　　B．Activex和Java

C．ActiveX和JavaScript　　D．JavaScript和HTML

（6）下面关于个人防火墙特点的说法中，错误的是（　　）。

A．个人防火墙可以抵挡外部攻击

B．个人防火墙能够隐藏个人计算机的IP地址等信息

C．个人防火墙既可以对单机提供保护，也可以对网络提供保护

D．个人防火墙占用一定的系统资源

（7）对防火墙的描述，请问下述哪个不正确？（　　）

A．使用防火墙后，内部网主机则无法被外部网访问

B．使用防火墙可以限制对Internet特殊站点的访问

C．使用防火墙可以为监视Internet安全提供方便

D．使用防火墙可以过滤不安全的服务

（8）信息的保密性是指（　　）。

A．信息不被他人接收

B．信息内容不被指定以外的人知悉

C．信息不被篡改、不延迟和不遗漏

D．信息在传递过程中不被中转

（9）你是一名公司的网络管理员，经常在远程不同的地点管理你的网络（如家里），你的公司使用 Windows 10 操作系统，为了方便远程管理，你在一台服务器上安装并启用了终端服务。最近，你发现服务器有被控制的迹象，经过检查，发现服务器上多了一个不熟悉的账户，你将其删除，但第二天该账户又出现了，你应该如何解决这个问题？（　　）

A．停用终端服务

B．添加防火墙规则，除了你自己家里的 IP 地址，拒绝所有 3389 的端口连入

C．打安全补丁 sp4

D．启用账户审核事件，查其来源，予以追究

（10）假如你想向一台远程主机发送特定的数据包，却不想它响应你的数据包。这时你使用哪种类型的进攻手段？（　　）

A．缓冲区溢出　　B．地址欺骗

C．拒绝服务　　D．暴力攻击

（11）当在计算机上发现病毒时，最彻底的清除方法为（　　）。

A．格式化硬盘　　B．用防病毒软件清除病毒

C．删除感染病毒的文件　　D．删除磁盘上的所有文件

（12）木马与病毒的最大区别是（　　）。

A．木马不破坏文件，而病毒会破坏文件

B．木马无法自我复制，而病毒能够自我复制

C．木马无法使数据丢失，而病毒会使数据丢失

D．木马不具有潜伏性，而病毒具有潜伏性

（13）经常与黑客软件配合使用的是（　　）。

A．病毒　　B．蠕虫　　C．木马　　D．间谍软件

（14）目前使用的防杀病毒软件的作用是（　　）。

A．检查计算机是否感染病毒，并消除已感染的任何病毒

B．杜绝病毒对计算机的侵害

C．检查计算机是否感染病毒，并清除部分已感染的病毒

D．查出已感染的任何病毒，清除部分已感染的病毒

（15）病毒的运行特征和过程是（　　）。

A．入侵、运行、驻留、传播、激活、破坏

B．传播、运行、驻留、激活、破坏、自毁

C．入侵、运行、传播、扫描、窃取、破坏

D．复制、运行、撤退、检查、记录、破坏

2．填空题

（1）保证计算机网络的安全，就是要保护网络信息在存储和传输过程中的________、

__________、__________、________和_________。

（2）信息安全的大致内容包括三部分：__________、________和__________。

（3）防火墙一般部署在________和__________之间。

（4）物理层安全在整个计算机网络安全中占有重要地位，主要包括机房环境安全、通信线路安全和_________。

（5）一份好的计算机网络安全解决方案，不仅要考虑到技术，还要考虑的是________________。

（6）防范计算机病毒主要从管理和________两方面着手。

（7）包过滤防火墙工作在安全防范体系的层次的________。

（8）防火墙对进出网络的数据进行过滤，主要考虑的是__________。

（9）用户通过 Web 地址访问网站时看到的第一个页面是__________，而 Edge 浏览器主页则是用户启动 Edge 浏览器时看到的第一个页面。

（10）用户经常访问的网站或网页的快捷方式（其网址）存放在__________中。

3. 简单题

（1）简述计算机网络的分类及特点。

（2）试将 TCP/IP 和 OSI 的体系结构进行比较，讨论其异同之处。

（3）计算机网络由哪几部分组成？

（4）自定义浏览器主页的方法是什么？

（5）怎样清除上网记录信息，从而保护自己的隐私？

（6）简述下一代互联网的概念和特点。

（7）简述网络安全的主要威胁和基本防范。

（8）描述利用 Google 搜索下列资料的过程。

①检索有关“计算机网络安全基础”的 PDF 文档。

②检索有关“世博会”的资料。

（9）描述怎样利用中国知网检索出荆州学院杜松江老师近五年的所有学术期刊，写出检索的过程并截图。

第7章 新一代信息技术概述

素质目标

1. 提高数字化合作与探究能力，发展创新思维。
2. 养成良好的学习习惯、实践意识、创新意识和实事求是的科学态度。

本章主要内容

- 云计算技术。
- 大数据技术。
- 物联网技术。
- 人工智能技术。

7.1 云计算技术

7.1.1 云计算的概念

1. 概念

云计算是一种计算模式，该概念是在2006年的搜索引擎会议上首次正式提出的。“云”概念是指计算机、手机等电子产品能够通过互联网进行一系列的资源分享和应用的一种模式，其本质是一种网络，用户可以按自己的需求从“云”下载资源，或者上传资源至“云”，如图7-1所示。云计算则会将用户上传的数据进行处理、计算、分析，并将结果返回给用户。

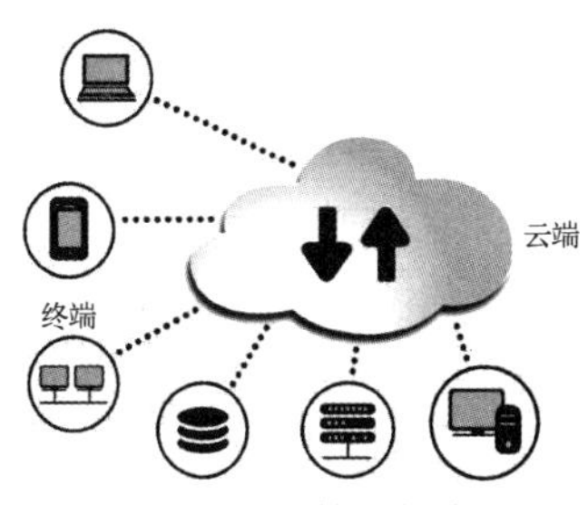

图7-1 云计算的概念图

现阶段的云计算则更接近一种服务，提供包括除了资源的各类计算机资源，如存储器、CPU等硬件资源及相关的应用程序等软件资源。用户通过本地计算机上传需求信息，云端便能及时提供数据存储或云计算等服务。具体来说，用户可以通过网络上的各类服务器进行数据的存储，或者通过相应的网站进行特定软件的使用，以此来替代在其计算机上执行这些操作。

2. 数据库技术的发展

随着计算机软硬件技术的发展，数据管理技术经历了由低级到高级的三个发展阶段，即人工管理阶段、文件管理阶段和数据库管理阶段。

3. 常见的数据库简介

目前有许多数据库产品，如甲骨文公司的Oracle、微软公司的SQL Server和Access数据库等，它们以特有的功能在数据库市场上占有一席之地。

1）Oracle

Oracle是一种关系型数据库管理系统，支持多种不同的硬件和操作系统平台，覆盖了大、中、小型机等机型。Oracle作为一个通用的数据库管理系统，不仅具有完整的数据管理功能，还是一个分布式数据库系统，支持各种分布式功能。Oracle数据库是使用最广泛的关系型数据库管理系统之一。

2）SQL Server

SQL Server是一种典型的关系型数据库管理系统，可以在许多操作系统上运行，使用Transact-SQL语言完成数据操作。目前，SQL Server也是使用最广泛的关系型数据库管理系统之一。

7.1.2 云计算的特点

作为信息化技术企业发展的方向，云计算具备很多特点。与传统的网络应用模式相比，云计算的主要特点有以下三方面。

1. 高性价比

云计算可以通过互联网将主机、手机等移动设备整合为一体，形成虚拟资源池进行管理，这样的管理方式打破了传统手段在物理资源上的限制。例如，为了满足在数据存储、处理方面的要求，中小企业往往需要在服务器的建设与运营上投入大量成本进行维护。而云计算则使企业可以利用廉价的计算机，通过“云”的方式进行资源管理，不但节省成本，而且计算性能远远超过传统主机。

2. 高灵活性

云计算能打破传统条件的限制，当前市场上的绝大部分软件和硬件都对网络虚拟化有一定的支持作用。各类IT资源，如操作系统、软硬件、存储网络等都可以通过虚拟化技术进行云计算的统一管理，这样可以解决不同厂家硬件兼容的问题，还能以低配置的机器达到高性能的运行效果。

3. 高可靠性

云计算技术是移动终端通过互联网实现的。因此，当某台连接的机器出现问题时，用户在使用过程中不会产生任何存储或计算方面的影响。云计算技术保证用户的计算或应用始终分布在不同的服务器之上，从而保证单一服务器的问题不会影响任务的正常执行。

7.1.3 云计算的分类

通常来说，云计算分为三类，分别是：基础设施即服务（Infrastructure as a Service，IaaS），平台即服务（Platform as a Service，PaaS）和软件即服务（Software as a Service，SaaS）。

IaaS 是云计算中最基本的类别，使用此服务时，用户无须购买运行应用所需的硬件，如服务器等硬件设备，IaaS 公司会提供场外服务器、存储和网络硬件。

PaaS 与 IaaS 颇为相似。对于公司企业来说，所有的开发都可以在 PaaS 层进行。PaaS 供货商会提供各类开发和分发应用的解决方案，如虚拟服务器与操作系统和应用设计等工具。总的来说，PaaS 会将一个完整应用的开发环境提供给用户，用户可以利用此平台进行创建、测试和部署应用。

SaaS 是日常使用计算机时最常接触的一种服务。SaaS 大多是通过网页浏览器进行接入的，任何一个远程服务器上的应用都可以通过网络来运行。例如，网页上的各类云端存储应用。

7.1.4 云计算的应用

1. 存储云

存储云是最常见的一种云应用，又被称为云存储。存储云是一个以数据存储和管理为核心的云计算系统。用户可以将本地的资源上传至云端，也可以在任何连入互联网的地方从云端进行资源下载。目前，大型的互联网公司皆有存储云服务，如谷歌、微软等，而国内则由百度云和微云占据绝大部分市场。

2. 医疗云

医疗云是指在云计算、移动技术、多媒体、5G 通信、大数据和物联网等新技术的基础上，结合医疗技术，使用云计算来创建医疗健康服务云平台，实现了医疗资源的共享和医疗范围的扩大。因为云计算技术的运用与结合，医疗云可以提高医疗机构的工作效率，方便人们就医。例如，现在医院的预约挂号、电子病历、医保等都是云计算与医疗领域结合的产物。医疗云还具有数据安全、信息共享、动态扩展、布局全国的优势。

3. 交通云

交通行业具有服务对象数量多、安全可靠性要求极高、信息化系统生命周期长等特点。交通云整合了海量的交通信息进行处理、分析，具有强大的计算能力、动态资源调度能力，在交通行业具有高可用性、高稳定性、高安全性等特点。国内已有许多地区投入使用交通云，例如，南京地铁实现地铁生产系统、开发测试环境、便民系统全部上云；中航信建设了远程、跨区域、高效兼容并自主可控的业务云平台。

4. 教育云

教育云实质上是一类教育信息化的发展。具体来说，教育者，如教师，可以将教学资源上传至相关网络教学平台，使用者则可连入互联网，从平台上获取资源。教育云提供给教育者和使用者一个更方便、快捷的平台。现在流行的慕课就是教育云的一种应用。

云计算还随着“数字城市”的转型而不断发展。在中国信息通信研究院2019年7月发布的《云计算发展白皮书（2019年）》中，不仅提到了上述交通云的应用，还提到了政务云、金融云、能源云等应用。目前，云计算还处在快速发展阶段，将来会有更多的技术产业涌现。

7.2 大数据技术

7.2.1 大数据的概念

大数据是指一类海量的、高增长率的、多样化的信息资产，其规模大到在获取、存储、管理、分析等方面已经超出了传统数据库软件工具的处理能力。大数据具有海量的数据规模、快速的数据流转、多样的数据类型和价值密度低四大特征。

大数据的意义不在于掌握庞大的数据信息，而在于对这些含有意义的庞大数据进行专业化处理加工，并提取所需信息。从技术上看，大数据与云计算的关系就像一枚硬币的正反面一样密不可分。大数据必然无法用单台的计算机进行处理，必须采用分布式架构。大数据的特色在于对海量的数据进行分布式数据挖掘，但它必须依托云计算的分布式处理、分布式数据库、云存储和虚拟化技术。

7.2.2 大数据的发展背景

在计算机科学中，描述容量大小的单位从小到大依次为bit、B、KB、MB、GB、TB、PB、EB、ZB、YB、BB、NB、DB等，在日常生活中最常接触的计算机或手机的存储单位为GB。随着物联网、社交网络、云计算等技术的不断更新与应用，人类在互联网、通信、金融、商业等不同方面的数据每天都呈现海量式增长。

早在2011年时，全球数据存储量便达到1.8ZB，在2015年时全球数据存储量更是增长了近四倍，2020年全球数据存储量更是达到60ZB，预计2025年全球数据存储量将达到175ZB。在如此背景下，人们意识到如何有效地解决海量数据的利用问题十分具有研究价值和经济利益。

面向大数据的数据挖掘具有两个最重要的特性。一是实时性，如此海量的数据规模需要实时分析并迅速反馈结果。二是准确性，需要我们从海量的数据中精准提取出隐含在其中，并且是用户需要的有价值信息，再将挖掘得到的信息转化成有组织的知识，并以模型等方式表示出来，从而将分析模型应用到现实生活中，以提高生产效率、优化营销方案等。

7.2.3　大数据的发展趋势

1. 数据资源化

数据资源化是指大数据作为企业和社会关注的重要战略资源，已成为大家争相抢夺的新焦点。因此，企业必须要提前制订大数据营销战略计划，抢占市场先机。

2. 与云计算的深度结合

大数据离不开云计算，云计算为大数据提供了弹性可拓展的基础设备，是产生大数据的平台之一。大数据技术早已开始和云计算技术紧密结合，预计未来两者的关系将更密切。除此之外，物联网、移动互联网等新兴计算形态也将一起助力大数据革命，让大数据营销发挥更大的影响力。

3. 科学理论的突破

随着大数据的快速发展，就像计算机和互联网一样，大数据很有可能带来新一轮的技术革命。随之兴起的数据挖掘、机器学习和人工智能等相关技术，可能会改变数据世界里的很多算法和基础理论，实现科学技术上的突破。

4. 数据科学和数据联盟的成立

未来，数据科学将成为一门独立的学科，被越来越多的人认知。各大高校将设立专门的数据科学类专业，将催生一批与之相关的新就业岗位。与此同时，基于数据这个基础平台，也将建立起跨领域的数据共享平台。以后，数据共享将扩展到企业层面，并且成为未来产业的核心一环。

5. 数据生态系统复合化程度加强

大数据的世界不只是一个单一的、巨大的计算机网络，而是一个由大量活动构件与多元参与者元素构成的生态系统，是由终端设备提供商、基础设施提供商、网络服务提供商、网络接入服务提供商、数据服务使能者、数据服务提供商、触点服务、数据服务零售商等一系列参与者共同构建的生态系统。接下来的发展将趋向于系统内部角色的细分，也就是市场的细分；系统机制的调整，也就是商业模式的创新；系统结构的调整，也就是竞争环境的调整等，从而使得数据生态系统复合化程度逐渐增强。

7.2.4　大数据的特点

大数据具有五个特点，分别是大量（Volume）、多样（Variety）、高速（Velocity）、价值（Value）、真实（Veracity），因其英文首字母皆为 V，也被称为 5V。

1. 大量

大量是大数据的基本特征。大数据中数据的产生、采集和存储计算的量庞大，随着信息时代的发展，大型企业的存储单位从过去的 GB 或 TB 至现在的 PB、EB，乃至更大。以沃尔玛为例，沃尔玛每小时约有 100 万笔交易产生，其大数据生态系统每天要处理 TB 级的新数据及 PB 级的历史数据。

2. 多样

大数据的种类与来源十分多样化，包括结构化、半结构化和非结构化数据。随着信息技术的发展，大数据已扩展到网页、社交媒体、感知数据，涵盖音频、图片、视频等。例如，一些手机应用产生的日志数据便为结构化数据，图片、视频等为半结构化数据。

3. 高速

高速描述的是大数据的产生与处理。现阶段数据的产生十分迅速，每个人每天都在产生大量的数据，而这些数据需要进行及时处理。例如，搜索引擎要求几分钟前的新闻能及时被用户搜索到，社交媒体内的信息需要进行及时的分析处理等。这种对大数据处理的速度要求保证了大数据的时效性，也保证了其价值。

4. 价值

获取大数据中的价值便是处理大数据的主要目的。大数据因其数据信息庞大导致其中的数据价值密度低，如何通过强大的算法从中挖掘有价值的数据是大数据时代最需要解决的问题。

5. 真实

真实是大数据信息的准确性与可信赖度的保障。大数据中的信息是从真实生活中产生的，因此对大数据进行处理后得到的解释或预测是可信赖的，其真实性恰恰也是其价值性的保证。

7.2.5 大数据的应用

大数据目前已经应用在金融、餐饮、能源、娱乐等许多行业，并且还在不断发展中。

1. 电商行业

电商行业是最早将大数据用于精准营销的行业。它会利用大数据技术对消费者在消费过程中留下的海量数据进行分析，并且会根据消费者的购买习惯或某一时间段商品的购买量进行商品推荐，如图 7-2 所示。大数据的高精准度极大地提高了电商行业的营销效率。

图 7-2 网购商品推荐

2. 娱乐行业

目前手机短视频应用十分火爆，视频推送功能便是大数据的一种应用。在分析用户的喜好、习惯后，大数据会对用户进行有针对性的推送。

3. 金融行业

大数据在金融行业的应用十分广泛，大数据风控便是一个主要的应用场景。银行会通过收集历史数据进行统计分析，以及通过大数据建模建立风控体系，从而进行个人信用的评分与风险的控制。证券公司会利用大数据技术进行潜在客户的挖掘、存量客户的经营和优质客户的流失预警。随着金融改革进程的加快，建立多元化、安全、诚信的运作系统是未来金融行业发展的必然趋势。

随着云计算的发展，大数据实际上已经融入人类社会的方方面面，每个人都享受到了大数据带来的便利。但是，大数据在泄露个人隐私方面的问题还需要进一步地探讨与改进，总之，大数据在不断改善着我们的生活。

7.3　物联网技术

7.3.1　物联网的概念

物联网即“万物相连的互联网”，是在互联网基础上延伸和扩展的网络。它通过信息传感器、射频识别技术、红外感应器等装置与技术实时采集任何诸如声、光、热等信息。物联网的核心和基础仍然是互联网，它更进一步地将用户端扩展到物品与物品之间，将物品与互联网相连，以此进行信息的交换与通信，以实现对物品的智能化识别、定位、管理等功能，如图 7-3 所示。

图 7-3　物联网的概念图

7.3.2 物联网的结构与特点

物联网可以分为三层，分别为感知层、网络层和应用层。每层都有相应的特点。

1. 感知层整体感知

感知层由各类传感器构成，如摄像头、温湿度传感器、红外线、GPS等，是物联网识别、采集信息的来源。它将现实世界的各类信息通过技术转化为可处理的数据或数据信息。整体感知为各种感知技术的广泛应用。每个传感器都是一个信息源，不同种类的传感器捕获的数据内容与数据格式也大不相同，并且采集的数据具有实时性。

2. 网络层可靠传输

网络层由各种网络，如互联网、光电网、云计算平台等构成，是物联网的中枢，负责处理和传递从感知层获取的信息。由于采集的数据信息数量庞大，因此在数据传输过程中，为了保证其准确性与实时性，网络层必须适应各种异构网络与协议，实现可靠传输。

3. 应用层智能处理

应用层是用户与互联网的接口，用户由此接口实现物联网的智能应用。应用层是物联网体系结构的最高层，它与各类行业结合，从而实现行业的智能化，对采集的信息进行智能分析、加工和处理，为用户提供丰富的服务。

7.3.3 物联网的关键技术

1. 射频识别技术

射频识别技术（Radio Frequency Identification， RFID）是一种简单的无线系统，由一个询问器或阅读器和很多应答器或标签组成。标签由耦合元件及芯片组成，每个标签具有扩展词条唯一的电子编码，附着在物体上标识目标对象，它通过天线将射频信息传递给阅读器，阅读器就是读取信息的设备。RFID依靠电磁波，能够无视尘、雾、塑料、纸张等障碍物，同时读写速度极快，高频段的RFID阅读器甚至可以同时识别多个标签。随着NFC技术在智能手机上的普及，每个用户的手机都可成为最简单的RFID阅读器。

2. 传感网

传统的传感器正逐步实现微型化、智能化、信息化、网络化。微机—电系统（Micro-Electro-Mechanical System，MEMS）将微传感器、微执行器、信号处理和控制电路、通信接口和电源等部件组成一体化微型器件系统，并且将信息的获取、处理、执行集成在一起，使系统有了存储功能、操作系统和应用程序。而其他技术，如片上系统（SOC，System on Chip）、无线通信和低功耗嵌入式技术的飞速发展，使无线传感网络（Wireless Sensor Networks，WSN）技术应运而生，并以其低功耗、低成本、分布式和自组织的特点带来了信息感知的一场变革，成为当前所有领域的新热点。

无线传感器网络是一种跨学科技术，是由部署在监测区域内的大量廉价微型传感器节点组成的，通过无线通信方式形成的一个多跳自组织网络。基于MEMS的微传感技术和无线联网技术为无线传感器网络赋予了广阔的应用前景。这些潜在的应用领域可以归纳为军事、航空、反恐、防爆、救灾、环境、医疗、保健、家居、工业、商业等，如图7-4所示。

图7-4　传感网的概念图

3. M2M系统框架

M2M（Machine-to-Machine）是一种以机器终端智能交互为核心的、网络化的应用与服务。M2M技术涉及五个重要的技术部分：机器、M2M硬件、通信网络、中间件、应用。M2M系统框架在机器内部嵌入无线通信模块，以无线通信等为接入手段，可以为客户提供综合的信息化解决方案，以满足客户对监控、指挥调度、数据采集和测量等方面的信息化需求，并且将数据信息从一台终端传递至另一台终端，使业务流程、工业流程更趋于自动化。

7.3.4　物联网的应用

1. 智能交通

物联网技术在交通方面有着十分广泛的应用。随着社会车辆的普及，交通已经成为城市发展的一大问题。智能交通通过各个传感器，如摄像头、GPS等设备对交通数据进行采集，再由相应技术进行处理分析，其结果可以应用于机场、车站的客流疏导系统、城市交通的智能调度系统、机动车自动控制系统等。智能交通系统有效地提高了交通运输效率，缓解了交通阻塞，同时减少了交通事故的发生。运用RFID的自动感知车道如图7-5所示。

图7-5　运用RFID的自动感知车道

智能交通中最常见的便是监控摄像头，如图7-6所示，单单一个十字路口就能安装几十个摄像头进行不间断的全天监控。这些摄像头不仅能识别车辆牌照信息，还能对人群进行监控，对某个人进行人脸识别并与终端信息进行对比，得出身份信息。

图7-6 监控摄像头

2. 智能家居

智能家居以住宅为平台，利用物联网技术将住宅内的电子设备进行集成，构建成一个管理系统。目前许多家庭设备都可以与其他相关设备相连，形成一个家庭网络，再由每个程序内部设置的程序或管理端的应用进行控制。例如，用户可以通过呼叫智能音箱来控制相关电子设备，或者使用手机端的应用进行电子设备管理。

3. 公共安全

物联网在预防、预警各类自然灾害和应对公共安全事故方面同样提供了有效帮助。将相应的感知装置置于海下，可以监测海洋状况，为海洋污染、海底资源的探测甚至预防海啸等提供可靠的信息。利用物联网技术还能监测大气、土壤、森林等各方面指标，对可能到来的情况采取相应措施，台风预警也是其中一类情况。物联网也对除了自然灾害的事故产生巨大影响，例如，物联网的传感器可以对建筑物的信息进行采集和监测，预防可能出现的事故；智能交通功能能缩短警务人员、医务人员的响应时间，更快到达目的地；摄像头等传感器能采集人脸数据，对在逃人员进行追踪等。

7.4 人工智能技术

7.4.1 人工智能的概念

人工智能（Artificial Intelligence，AI）是计算机科学的一个分支，它试图了解智能的实质。人工智能涉及的领域除了计算机科学，还包括心理学、哲学、语言学等其他学科。它可以对人的意识、思维的信息过程进行模拟，以产生一种与人类智能相似的计算机智能，如图7-7所示。因此，人工智能的一个主要目标便是使机器胜任一些需要人类智能才能胜任的工作。

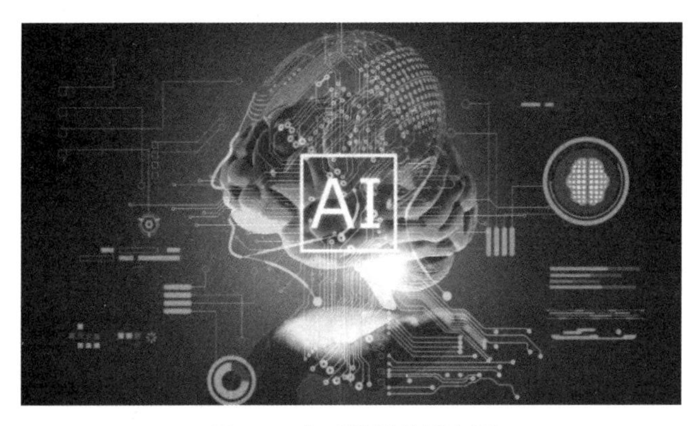

图 7-7　人工智能的概念图

人工智能是一门极富挑战的学科，该领域的研究包括机器人、语言识别、图像识别、自然语言处理、专家系统等。自人工智能诞生以来，理论和技术日益成熟，应用领域也在不断扩大。

7.4.2　人工智能的研究方法

在 1956 年，人工智能学科被正式提出，发展至今它已经成为一门广泛的交叉和前沿科学。总的来说，人工智能的目的就是让一台计算机能够像人类一样进行思考。人类的大脑是由数十亿个神经细胞组成的，人类本身对其的了解也是有限的，更别说使用计算机进行模仿。如今没有统一的原理或范式指导人工智能研究，因此研究者始终在研究方法上存在争论。

1. 符号主义学派

符号主义学派认为智能活动的理论基础来源于物理符号系统，认知基元是符号，认知过程是符号模式的操作处理过程。它以符号处理为核心，对人脑功能进行模拟，把问题或知识表示为某种逻辑结构，运用符号演算，实现表示、推理和学习等功能，从宏观上模拟人脑思维，实现人工智能功能。符号主义是最早采用“人工智能”这个术语的学派，它的研究方法也是最早产生和应用最广泛的研究方法。

符号主义方法虽然能模拟人脑的高级智能，但也存在不足之处。在使用符号表示知识的概念时，其有效性在很大程度上取决于符号表示的正确性和准确性。当把这些知识概念转换成推理机构能够处理的符号时，可能丢失一些重要信息。

2. 联结主义学派

联结主义学派认为思维基元不是符号而是神经元，认知过程也不是符号处理过程。不同于符号主义学派，联结主义从结构上对大脑进行模拟，即根据人脑的生理结构和工作机理来模拟人脑的智能，属于非符号处理范畴。

联结主义方法通过对神经网络的训练学习，也成功地应用到许多方面。但其只能对人脑进行局部模拟，并且不适合模拟人的逻辑思维过程，受到大规模人工神经网络制造的制约。

3. 行为主义学派

行为主义学派源于“控制论”，他们认为智能取决于“感知—行动”模式，人工智能要想建立感知、注重模拟生物智能行为，需要在现实世界与周围环境进行交互，从而实现自己学习、进化。

行为主义在 20 世纪末才受到广泛关注，最具有代表性的六足行走机器虫被看作新一代“控制论动物”，但机器虫模拟的只是底层智能行为，并不能代表高级智能控制行为。

7.4.3 人工智能的特点

不管哪类研究方法，其目的始终是让计算机完成对人类思维的模拟。目前，人工智能领域的观点可以大致分为两类：强人工智能与弱人工智能。

强人工智能观点认为，在未来有可能制造出真正能够进行推理、思考、解决问题的人工智能机器。这样的机器是被认为有知觉的、有自我意识的，并且具有自己的价值观与世界观，这从某种方面来说也被认为是一种文明。

弱人工智能则认为不能制造出真正能够进行推理、思考、解决问题的人工智能机器。制造出来的智能机器只是看上去有一定的推理和逻辑能力，并不能拥有真正的智能。因此弱人工智能的目的是利用现有的智能化技术对人类的生活进行改善，发展。

一些人工智能学家还提出了“超人工智能”的概念。在超人工智能阶段，人工智能会跨越某个“奇点”，在计算与思维方面的能力远远超过人脑，从而达到人类无法理解的程度。实际上，许多科幻电影内出现的能力夸张的机器人都可以算作超人工智能。

7.4.4 人工智能的应用

人工智能目前具备的功能繁多，如机器视觉、指纹识别、人脸识别、虹膜识别、语音识别、自动规划、智能搜索、智能控制、图像理解、自然语言处理等。这些功能使人工智能的应用十分广泛，包括计算机领域、金融领域、医学领域、工业领域、教育领域等。

1. 医学领域

临床医学可以使用人工智能系统组织病床计划，提供医学信息；图像识别功能可以帮助医生识别医学图像，发现潜在病变；辅助决策系统可以搜集大量数据信息，对医生的临床诊断提供帮助，智能医疗系统如图 7-8 所示。

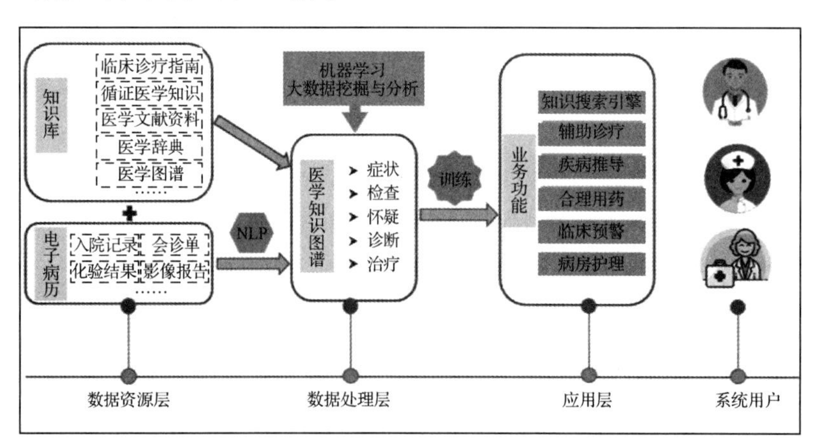

图 7-8　智能医疗系统

2. 智能安防

人工智能应用在安防方面有着十分显著的成效。随着物联网的普及，监控领域的数据量呈现爆炸式增长。计算机视觉、人脸识别功能可以在海量的数据中进行数据的处理分析，从而保证在事故发生前进行预防。除此之外，人脸识别功能进行的人像识别与人脸对比还能为打击犯罪提供有效帮助。

火车站检票口通常会安装人脸识别系统，对乘客进行查验，如图 7-9 所示。整个人脸识别过程大概分为四个步骤：人脸图像采集与检测；人脸图像预处理；人脸图像特征提取；人脸图像匹配与识别。

图 7-9 人脸识别门禁系统

首先，摄像头会自动搜索并采集出现在设备拍摄范围内的人脸图像。然后对图像进行人脸检测，在图像内准确地标识出人脸的位置与大小。

采集与检测完成后的图像由于受到环境等各种条件的干扰和限制，往往不能直接使用，因此需要对图像进行预处理。对于人脸图像而言，预处理过程主要包括人脸图像的光线补偿、灰度变换、直方图均衡化等。

预处理完的人脸图像便可以进行人脸图像特征提取，可以根据人脸器官的形状描述和它们之间的距离特性提取有利于人脸分类的特征数据，也可以根据人脸五官之间的几何结构关系进行特征提取。

在提取完人脸特征后，系统将其特征数据与数据库内已存在的数据进行搜索匹配。系统通常会设定一个阈值，当相似度超过这个阈值时，便把匹配到的结果输出，即乘客检票是否成功。

3. 语言翻译

人工智能中的自然语言处理的一个主要应用便是语言翻译。但目前常见的翻译软件或网页在精准翻译上始终存在一定的障碍，这是因为自然语言处理仍然在发展。

4. 智能服务

根据自然语言处理、语音识别等技术生产的 AI 助手现在存在于许多领域。AI 机器人可以对用户的文字、语音进行分析，理解用户意图。常见的线上 AI 客服便是以文字对话的方式提供线上服务，而 AI 音箱则通过语音识别执行动作。

AI 音箱是音箱的升级产物，它在音箱内加入简单的人工智能系统，以实现一定程度的智能控制，如图 7-10 所示。用户可以通过语音的方式对其下达指令，例如，“播放 ×××歌曲。”“明天的天气如何？”“怎么去附近的商场？”等。AI 音箱可以通过语音识别，对用户的命令进行分析，再返回相应的回答。现阶段的 AI 音箱已经能与许多智能家居设备相连，用户可以通过智能音箱，使用语音控制其他智能家居设备。

图 7-10　AI 音箱

人工智能在交通、金融、移动通信等领域同样有着极广泛的应用，可以预见，人工智能在今后会成为人类社会生活的重要组成部分。

1. 单选题

（1）人工智能是研究、开发用于（　　）、延伸和扩展人类智能的理论、方法、技术及应用系统的一门新的技术科学。

A．演示　　B．模拟　　C．训练　　D．推演

（2）量子信息是通过（　　）系统的各种相干特性，进行计算、编码和信息传输的全新信息方式。

A．量子　　B．信息　　C．电子　　D．计算机

（3）移动通信是进行无线通信的现代化技术，目前，已经开始（　　）移动通信技术研发。

A．第四代　　B．第五代　　C．第六代　　D．第七代

（4）云计算是一种（　　）计算。

A．分布式　　B．空间　　C．量子　　D．高性能计算机

（5）物联网即（　　）相连的互联网。

A．计算机　　B．服务器　　C．万物　　D．物理

（6）区块链是一个（　　）的共享账本和数据库。

A．分布式　　B．空间　　C．量子　　D．高性能计算机

（7）大力推进（　　）与制造业融合发展，是我国做出的一项长期性、战略性部署。

A．云计算　　B．大数据

C．新一代信息技术　　D．物联网

（8）移动通信是进行（　　）通信的现代化技术。

A．无线　　B．有线　　C．以太网　　D．互联网

（9）云计算以互联网为中心，在网站上提供快速且安全的云计算服务与（　　）。

A．数据分析　　B．数据存储　　C．数据分享　　D．文件下载

（10）人工智能是研究使计算机模拟人类的某些思维过程和（　　）的学科。

A．思维方式　　B．过程控制　　C．智能行为　　D．情绪表达

2．多选题

（1）新一代信息技术是以（　　）等为代表的新兴技术。

A．物联网　　B．云计算　　C．大数据　　D．人工智能

（2）21 世纪三大尖端技术是指（　　）。

A．基因工程　　B．纳米科学　　C．人工智能　　D．空间技术

（3）大数据具有（　　）等特征。

A．海量的数据规模　　B．快速的数据流转

C．多样的数据类型　　D．价值密度低

（4）物联网的技术包括（　　）。

A．射频识别技术　　B．传感网

C．M2M 系统框架　　D．云计算

（5）区块链的一般类型包括（　　）区块链。

A．区域　　B．公有　　C．行业　　D．私有

3．判断题

（1）量子通信是利用量子叠加态和纠缠效应进行信息传递的新型通信方式。（　　）

（2）物联网是物理上直接连接的网络。（　　）

（3）大数据是最贴近数据的技术，负责组织海量数据。（　　）

（4）物联网是最贴近生产环境的技术，通过物理设备收集数据，实现智能化识别、定位、跟踪、监控和管理。（　　）

（5）人工智能是最贴近物理机器的技术，通过封装物理机器，提供虚拟计算、存储、网络等资源。（　　）

实验指导

A.1　计算机硬件系统的认识与计算机基本操作

一、实验目的

1. 熟悉计算机的基本结构、主板的组成、接口的连接及各大部件的功能。
2. 熟悉计算机键盘的分区及主要键的功能。
3. 认识微型计算机的前面板与后面板的组成，学会对微型计算机的基本操作。

二、实验内容及步骤

1. 主机前面板的认识

主机分为立式主机与卧式主机两种，在它们的前面板上通常有电源开关、电源指示灯及光盘驱动器等。

（1）电源开关。当按下该开关时，主机接通电源并开始运行。

（2）电源指示灯。接通电源后该指示灯亮。

（3）复位按钮。当计算机在运行过程中由于某种原因造成死机后，可以通过按下该按钮使计算机在不断开电源的情况下重新启动。

（4）硬盘指示灯。当硬盘正在被读写访问时，该指示灯闪烁。

（5）光盘驱动器。有些主机的前面板上装有一个5英寸光盘驱动器，在其正面有一个按钮，当按下该按钮后，光盘驱动器的托架被弹出，可以将光盘放在托架上，再按下该按钮，光盘被送入光盘驱动器的内部。

2. 显示器控制面板的认识与操作

显示器按工作原理可以分为许多类型，比较常见的是液晶显示器（LCD）。显示器上一般都有电源开关、亮度调节按钮、色度调节按钮及对比度调节按钮。

3. 主机后面板的认识

（1）PS/2 键盘接口，一般为圆形紫色 7 孔插座。
（2）PS/2 鼠标接口，一般为圆形绿色 7 孔插座。
（3）USB 装置连接接口，为长方形 4 芯插座。
（4）RS-232 串行通信接口，一般为 9 针插座。
（5）RJ-45 网络接口，为标准 8 芯插座。
（6）打印机接口（也称为“并行接口”），为 25 孔插座，一般用于连接打印机。
（7）音频输出接口，用于连接喇叭（音箱）或耳机。
（8）显示器接口，一般为 15 孔插座。

4. 计算机的打开与关闭

1）一般开机过程

首先按下显示器的电源按钮，然后按下计算机主机的电源开关，计算机会自动启动并进行开机自检，显示器屏幕上会显示计算机主板、内存、显卡、显存等信息（注意：有些品牌计算机此处仅显示品牌商的 Logo）。自检成功后会进入启动界面，在其中显示计算机启动进度。如果设有密码，则在文本框中输入登录密码，按 Enter 键确认，屏幕上出现操作系统的桌面。

2）正常关机

单击“开始”按钮，在“开始”菜单常规功能区域“电源”功能中选择“关机”命令。

3）非正常关机

用户在使用计算机的过程中可能会遇到非正常情况，包括蓝屏、花屏和死机等现象。这时用户不能通过“开始”按钮关闭计算机，而是要长按主机机箱上的电源开关（笔记本电脑则要长按开关键），直到关机为止，此种操作属于非正常关机。

直接拔下主机的电源也是非正常关机的一种方式（笔记本电脑则是先切断外部电源，再抠掉电池）。另外，突然停电造成主机直接断电，这也属于非正常关机。非正常关机是极其不可取的，千万不可频繁使用，因为计算机的部件在高速运转状态下突然停止运转，可能会造成软件及硬件损坏。

5. 用鼠标操控计算机

鼠标作为计算机的标准输入设备，用于确定鼠标指针在屏幕上的位置，在应用软件的支持下，可以快速、方便地完成大部分操作，因此鼠标操作是最常用的计算机控制技术。当前有一些计算机使用了触摸屏技术，尤其是平板电脑，使用时用手指操作代替了鼠标操作，但原理是一样的。

1）认识鼠标

从外形来看，标准鼠标好像一只卧着的老鼠；从结构上讲，鼠标包括鼠标右键、鼠标左键、鼠标滚轮、鼠标线和鼠标接口这几部分。

鼠标按连接方式可以分为USB接口鼠标、PS/2接口鼠标及无线鼠标。如图A-1所示为USB接口鼠标，如图A-2所示为PS/2接口鼠标，如图A-3所示为无线鼠标。

2）鼠标的握法

正确的鼠标握法是手腕自然放在桌面上，用右手拇指和无名指轻轻夹住鼠标的两侧，食指和中指分别对准鼠标的左键和右键，手掌心不要紧贴在鼠标上，这样有利于鼠标的移动操作，如图A-4所示。

图A-1　USB接口鼠标

图A-2　PS/2接口鼠标

图A-3　无线鼠标

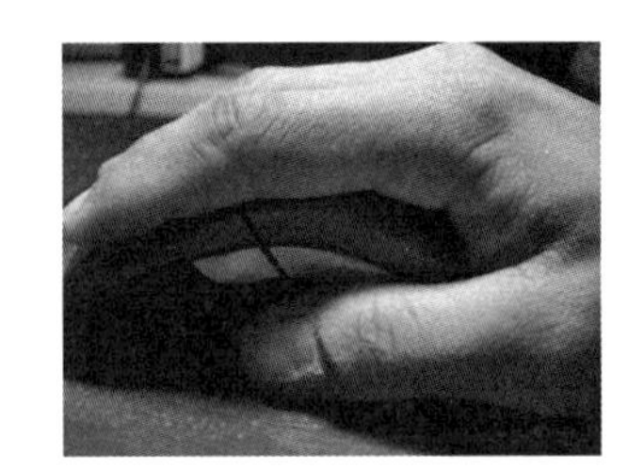

图A-4　正确的鼠标握法

6. 键盘的使用

键盘是计算机系统中最基本的输入设备，用户的各种命令、程序和数据都可以通过键盘输入计算机中。尽管现在鼠标已经代替了键盘的一部分工作，但是像文字输入和数据输入这样的工作还是要通过键盘来完成的。按照工作原理划分，键盘主要分为机械式键盘和电容式键盘两类，现在的键盘大多属于电容式键盘。键盘按其外形可以分为普通标准键盘和人体工程学键盘两类。

1）键盘的布局

整个键盘可以分为五个区域，如图A-5所示。

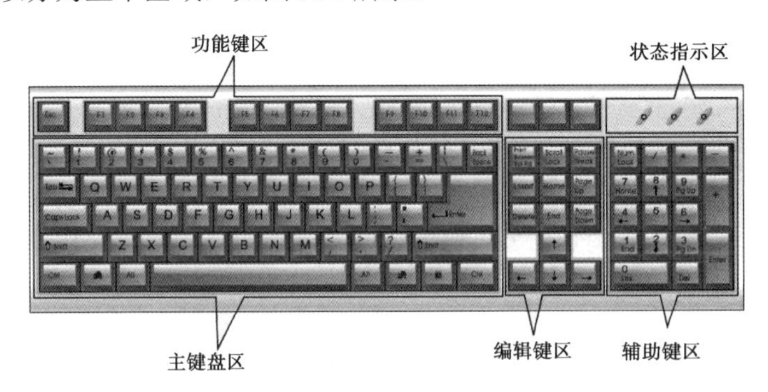

图A-5　键盘分区

（1）功能键区。

功能键区位于键盘的上方，由 Esc 键、F1 ～ F12 键及其他几个功能键组成，这些键在不同的环境中有不同的作用。功能键区如图 A-6 所示。

图 A-6　功能键区

功能键区各个键的作用如下。

Esc 键：也称为强行退出键，用来撤销某项操作、退出当前环境或返回原菜单。

F1 ～ F12 键：用户可以根据自己的需要定义它们的功能，在不同的程序中可能有不同的预设操作功能定义。

PrtSc/SysRq 键：在 Windows 环境下，按 PrtSc/SysRq 键可以将当前屏幕上的内容复制到剪贴板中，按 Alt+PrtSc/SysRq 组合键可以将当前屏幕上活动窗口中的内容复制到剪贴板中，这样剪贴板中的内容就可以作为图片被粘贴（按 Ctrl+V 组合键）到其他应用程序中。另外，按 Shift+PrtSc/SysRq 组合键，可以将屏幕上的内容打印出来；按 Ctrl+PrtSc/SysRq 组合键，可以同时打印屏幕上的内容及通过键盘输入的内容。

Scroll Lock 键：用来锁定屏幕，按下此键后屏幕停止滚动，再次按下该键则解除锁定。

Pause/Break 键：暂停键。用户直接按该键时，暂停正在进行的操作；若用户在按 Ctrl 键的同时按下该键，则强行中止当前程序的运行。

（2）主键盘区。

主键盘区位于键盘的左下部分，是键盘最大的区域。主键盘区既是键盘的主体部分，也是用户经常操作的部分，不仅包含数字和字母按键，还包括下列辅助按键。

Tab 键：制表定位键。在通常情况下，按此键可以使鼠标光标向右移动 8 个字符的位置。

Caps Lock 键：锁定字母的输入为大写状态。

Shift 键：换挡键。在字符键区域，很多键位上有两个字符，按 Shift 键的同时按下这些键，可以输入键位上第一行的字符。

Ctrl 键：控制键。与其他键同时使用，用来实现应用程序中定义的功能。

Alt 键：转换键。与其他键同时使用，组成各种组合控制键。

空格键：键盘上最长的一个键，用来输入一个空格，并使鼠标光标向右移动一个字符的位置。

Enter 键：回车键。确认将命令或数据输入计算机时按此键。输入文字时，按回车键可以将鼠标光标移到下一行的行首。

Backspace 键：退格键。按一次该键，屏幕上的鼠标光标在现有位置退回一格（一格为一个字符的位置），并删除退回的那一格内容（一个字符）。

：Windows 图标键。在 Windows 环境下，按此键可以打开“开始”菜单，以选择需要的菜单命令。

：Application 键。在 Windows 环境下，按此键可以打开当前所选对象的快捷菜单。

（3）编辑键区。

编辑键区位于键盘的中间部分，包括上、下、左、右四个方向键和六个控制键，如图 A-7 所示。

Insert 键：切换插入与改写的输入状态。

Delete 键：删除键。删除当前鼠标光标处的字符。

Home 键：将鼠标光标移动到当前行的行首。

End 键：将鼠标光标移动到当前行最后一个字符的右边。

Page Up 键：将鼠标光标翻到上一页。

Page Down 键：将鼠标光标翻到下一页。

↑、↓、←、→键：鼠标光标移动键。将鼠标光标向上、下、左、右移动一个字符。

（4）辅助键区。

辅助键区位于键盘的右下部分，集中了输入数据时使用的快捷键和一些常用功能键，其中一些按键的功能也可以用其他区中的按键实现，如图 A-8 所示。

图 A-7　编辑键区

图 A-8　辅助键区

（5）状态指示区。

键盘上除了按键，还有三个指示灯。它们位于键盘的右上角，从左到右依次为 Num Lock 指示灯、Caps Lock 指示灯、Scroll Lock 指示灯，分别与键盘上的 Num Lock 键、Caps Lock 键及 Scroll Lock 键对应。

2）打字的指法与击键要领

准备打字时，左右两手的拇指应放在空格键上，其余的八个手指分别放在基本键上，这样使十指分工明确，“包键到指”，更有利于打字，如图 A-9 所示。

每个手指除了负责指定的基本键，还负责一些其他键，这些键被称为该手指的范围键。开始输入时，左手的小指、无名指、中指和食指分别虚放在 A、S、D、F 键上，右手的食指、中指、无名指和小指分别虚放在 J、K、L、；键上。基本键是输入时手指所处的基准位置，击打其他任何键，手指都从这里出发，击键之后须立即返回基本键的位置，如图 A-9 所示。

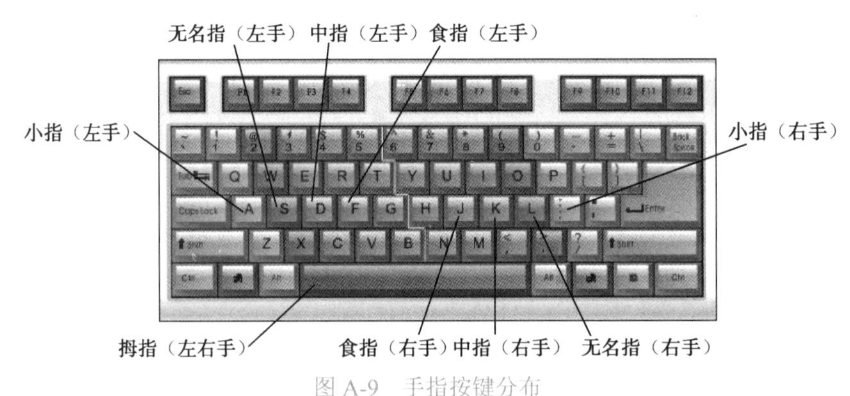

图 A-9　手指按键分布

键盘的打字键区域上方及右边有一些特殊的按键，在它们的标示中都有两个符号，位于上方的符号是无法直接输入的，它们就是上挡键。只有在按住 Shift 键的同时按一下所需的符号键，才能输入这个符号。例如，输入一个感叹号（!）的指法是右手小指按住右边的 Shift 键，左手小指击 ! 键。

7. 主要按键的使用方法

初次上机时，首先打开主机电源，等待进入 Windows 操作系统后，可以进入“写字板”或 Microsoft Word 文档编辑与排版系统练习打字输入。

这里选用“写字板”练习打字输入：打开 Windows 界面中的“开始”菜单，在“Windows 附件”中单击“写字板”，打开“写字板”窗口，如图 A-10 所示。在此窗口中，连续输入 A、S、D、F 四个字母，两个空格键，J、K、L 三个字母及冒号。

图 A-10 “写字板”窗口

借助计算机“写字板”窗口，通过输入字符和数字，就可以练习打字的姿态、打字要领及基本方法。

1）基本键的使用

基本键是指 A、S、D、F、J、K、L、；这八个键。平常左手的小指、无名指、中指及食指分别虚放在 A 键键位、S 键键位、D 键键位、F 键键位上，而右手的小指、无名指、中指及食指分别虚放在；键键位、L 键键位、K 键键位、J 键键位上，等待输入字符。由于每个手指要管理四排字符，为了提高盲打的速度，在击键后手指应该快速回到基本键的位置。

练习要求：反复输入 26 个英文字母。

注意，每输入一行字符后，按回车键换行，使鼠标光标下移一行，继续输入；输入错误的字符后，可以按 Backspace 键或退格键消除输入的字符；按大小写切换键（Caps Lock 键），分别输入大、小写英文字母。

2）空格键的击法

当使用左手输入字符时，要输入空格应该如何操作呢？用左手的拇指敲击条形的空格键即可。当使用右手输入字符时，要输入空格则用右手的拇指敲击条形的空格键。

练习要求：每输入四个英文字母后就输入一个空格。

3）Shift 键的击法

Shift 键也称为换挡键，用于选择双功能键的上下两种功能。在英文字母键的上面有一排双功能键。例如，键盘的左上方有一个“1”和“！”共用的键，只敲击该键输入数字 1，如果按住 Shift 键不放并用另一手指敲击该键，则输入标点符号！。

由于键盘左右分别有一个 Shift 键，要使用双功能键的上挡键功能时，一般有两种操作方式。第一，用右手的小指先按住键盘右边的 Shift 键不放，用左手相应的手指去敲击双功能键后，右手的小指再离开 Shift 键；第二，用左手的小指先按住键盘左边的 Shift 键不放，用右手相应的手指去敲击双功能键后，左手的小指再离开 Shift 键。

练习要求：分别对所有双功能键实现上挡键的操作。

4）数字键的击法

由于在主键盘区和辅助键区都有数字键，辅助键区的数字键一般适用于专门输入数据的操作，因此数字键的击法一般可以分为以下几种情况。

第一，主键盘区与 26 个英文字母相邻，把 A、S、D、F、J、K、L、；这八个键作为基本键，如前所述，主键盘区数字键的击法与 26 个英文字母键的击法一致。

第二，采用基本式击键方式敲击主键盘区数字键，把主键盘区的数字 1、2、3、4 及 7、8、9、0 作为基本键，取代 A、S、D、F、J、K、L、；这八个键，每击一个键后，手指回到基本数字键的位置，这种方式适用于输入大量数字的情况。

第三，辅助键区数字键的使用，也特别适用于专门输入数字的工作，根据个人习惯，可以只用右手操作。

5）其他字符键的击法

功能键 F1、F2、F3、…、F12 共计 12 个，以及双功能键的下挡键，如 -、=、[、]、；、，等，也可以分配给相应的手指负责。

三、实验总结

1. 总结前面板的使用方法。
2. 总结后面板的连接法。
3. 归纳键盘键位的分区及使用。
4. 总结计算机硬件系统的组成。

A.2 Windows 10 的使用

一、实验目的

1. 了解窗口的基本概念。

2．掌握鼠标的使用方式。

3．了解 Windows 10 文件资源管理器的界面。

4．掌握 Windows 10 文件资源管理器的使用方法。

二、实验内容及步骤

1．鼠标的基本操作

鼠标操作是所有 Windows 系统中最重要的操作方式之一。一般来说，鼠标有左、右两个按键和一个滚轮，滚轮也具有按键功能，通常只在浏览文件时使用。在控制面板的鼠标选项中可以交换左、右按键的功能。用户控制鼠标在平面上移动时，计算机屏幕上会有一个图标随着用户拖动鼠标的方向和快慢在屏幕上移动，这个图标也称为鼠标指针，鼠标指针完全受鼠标的控制。

鼠标指向：在不按任何鼠标键的情况下移动鼠标，使鼠标指针位于备选对象所在的区域，备选对象的图标和名称所在位置都属于这个区域，因而不需要用户的动作非常精细。当准备对某个对象进行操作时，首先要让鼠标指针指向这个对象。

单击：在当前指向的对象上按下鼠标左键，并立即释放。需要注意的是，在没有特别注明的情况下，“单击”通常都是指鼠标左键的单击。通常情况下，单击对象可以执行一个命令或选择一个对象。单击一个文件或文件夹后，这个文件或文件夹的背景颜色会发生变化，用这种醒目的方式表示选中文件或文件夹。选中对象后，即使鼠标指针移开对象所在区域，该选中状态也不会消失，只是底色会变为浅色，当窗口重新被激活时，底色又会转为深色。

双击：使鼠标指针指向一个对象，快速地单击两次鼠标左键，而且两次单击的时间间隔不能太长，大概在半秒内。间隔时间过长会被认为是两次单击操作，而不是双击。

拖曳：此操作可用于选中一组对象（多个文件或文件夹），将鼠标指针移动到备选对象所在区域，在按住鼠标左键的同时移动鼠标，此时鼠标指针的箭头上会出现一个方框，释放鼠标键后，框中的所有对象被选中。此操作也可以把对象从一个地方移动到另一个地方，在要移动的对象上按下鼠标左键并移动，当鼠标指针移动到目标位置时，释放鼠标键即可完成移动对象的操作。

右击：在对象或窗口中按一次鼠标右键后立即释放。右击时通常会出现一个快捷菜单，根据对象的不同，快捷菜单内会出现不同的常用命令，这种操作是执行命令的一种便捷方式。

滚轮滚动：在内容比较多的窗口中，一整屏幕都不能显示全所有内容，这时候窗口的右侧或底部会出现滚动条，右侧的滚动条叫作垂直滚动条，底部的滚动条叫作水平滚动条。向下拨动滚轮界面内容会向后翻动，反之则向前翻动。界面内容翻动的速度与滚轮的拨动快慢相关，滚轮拨动越快，界面内容翻动越快，反之亦然。

2．窗口的基本操作

当用户打开一个文件或应用程序的时候一般会出现一个窗口，使用 Windows 系统的过程实际上就是使用各种窗口的过程。

1）窗口的组成

在 Windows 10 中有许多种窗口，其中绝大部分窗口都包括相同的组成部分，几乎所有窗口都有标题栏、工作区域和边框，还有些窗口具备菜单栏、工具栏、任务栏等。

标题栏：位于窗口的上部，左侧为控制菜单按钮，接着是窗体名称，右侧是“最小化”、“最大化”（或“还原”）和“关闭”按钮。

工作区域：在窗口中所占的比例最大，显示了应用程序界面或文件中的全部内容，不同的应用程序有不同的工作区域。

滚动条：当前工作区域的内容太多不能全部显示时，窗口将自动出现滚动条，用户可以通过拖动水平滚动条或垂直滚动条来查看内容。滚动条的区域内有一个滑块，滚动鼠标滚轮时，窗口中的内容发生变化，同时滑块的位置也会随之变化。如果要快速浏览内容，可以用鼠标指针拖动滑块。单击滑块前面或后面的空白区域也能进行快速翻动，如果翻动的距离比较长，可以长按鼠标左键，滑块会快速移动，最终停留在鼠标指针所在位置。当窗口中的内容非常多时，滑块会变得非常窄。对于前面几种操作方式，滑块的移动速度太快，很难精确定位到需要的位置，这时候可以单击滚动条两端的方向按钮，单击一次，滑块只会移动一小段距离，如果希望速度稍快一点，则可以用鼠标长按方向按钮。

边框：窗口的周边都有四个边框和四个边角，将鼠标指针移动到相应位置，鼠标指针会变成双向箭头，按住鼠标左键并在相应方向上拖动可以调整窗口大小。

2）窗口的操作

（1）移动窗口。

当窗口不是最大化或最小化状态时，将鼠标指针指向窗口的标题栏，按下左键，拖动鼠标，此时屏幕上会出现一个虚线框，将虚线框拖动到需要放置的位置，释放鼠标键，窗口就被移动到该位置。

（2） 改变窗口的大小。

将鼠标指针移动到窗口的边框或拐角，鼠标指针自动变成双向箭头，这时按下鼠标左键并拖动鼠标，就可以改变窗口的大小。垂直调整窗口的大小时，只能上下移动鼠标，改变的是窗口的高度；水平调整窗口的大小时，只能左右移动鼠标，改变的是窗口的宽度；沿对角线移动鼠标时，向各个方向移动鼠标都可以，能同时改变窗口的宽度和高度，如图 A-11 所示。当然，也有一些窗口的大小是不可改变的，如 QQ 登录界面。

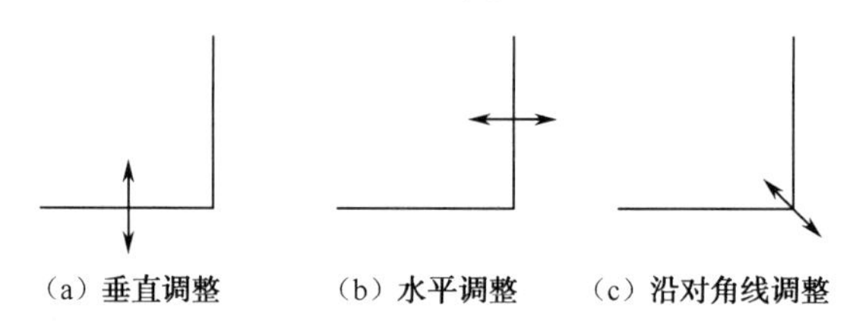

图 A-11　调整窗口大小

（3）窗口的最小化、最大化、还原和关闭。

在窗口的右上角有“最小化”、“最大化”（或“还原”）和“关闭”三个按钮。例如，－　□　× 依次是“最小化”、“最大化”和“关闭”按钮；－　⧉　× 依次是“最小化”、“还原”和“关闭”按钮。

“最小化”按钮：单击“最小化”按钮，窗口在桌面上消失，同时在任务栏上会出现一个处于未选中状态的代表该程序的图标，但是程序并没有停止运行，如果要恢复原来的窗口，单击任务栏中的对应图标即可把窗口还原到原来的状态。

“最大化”按钮：单击“最大化”按钮，窗口扩大到充满整个桌面，此时“最大化”按钮变成“还原”按钮，这时拖动标题栏窗口不会移动。此外，双击标题栏也能实现窗口的最大化。

“还原”按钮：当窗口处于最大化状态时才显示此按钮，单击它可以使窗口恢复原来的大小和位置。此外，窗口处于最大化状态时，双击标题栏也能实现窗口的还原。

“关闭”按钮：单击“关闭”按钮，窗口在屏幕上消失，对应图标也从任务栏上消失，程序被关闭。

3. 打开文件资源管理器

文件资源管理器可以按分层的方式显示计算机内所有文件的图标。使用文件资源管理器可以方便地实现浏览、查看、移动和复制文件或文件夹等操作，用户不必打开多个窗口，只在一个窗口中就可以浏览所有的磁盘和文件夹。文件资源管理器是管理计算机资源的重要工具。

在 Windows 10 中打开文件资源管理器的方法主要有以下三种。

（1）使用 +E 组合键进入文件资源管理器。

（2）右击“开始”按钮，在弹出的快捷菜单中执行“文件资源管理器”命令。

（3）双击桌面上的“此电脑”快捷方式图标。

（4）选择“开始”→“Windows 系统”→“文件资源管理器”命令。

笔者建议使用前两种方法，这两种方法都比较便捷，而且不会影响桌面正在执行的操作。打开后的“文件资源管理器”窗口如图 A-12 所示。

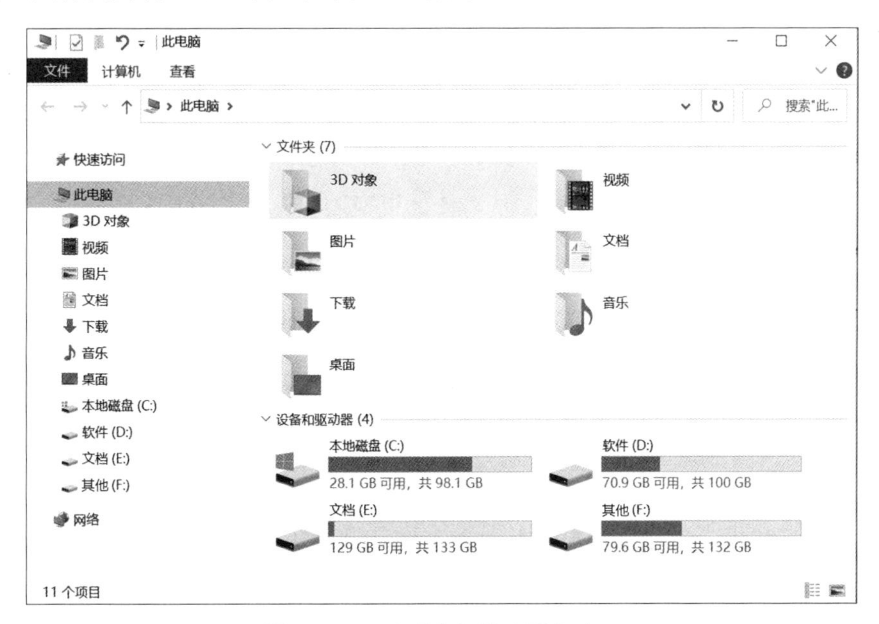

图 A-12　“文件资源管理器”窗口

4. 文件资源管理器的左、右窗格

在如图 A-12 所示的“文件资源管理器”窗口中可以看出，文件资源管理器被分为左、右两部分。左侧的窗口被称为“左窗格”，以树状结构显示计算机中的各种资源；右侧的窗口被称为“右窗格”，用于显示被选中资源的具体内容。

从如图A-12所示的界面可以看到，文件资源管理器中显示了“快速访问”、“此电脑”和“网络”这三类资源。

“快速访问”中会保存常用的“库”文件夹及用户最近访问过的文件夹，便于用户快速回到工作过的位置或打开编辑过的文件。用户也可以将需要经常访问的文件夹固定到“快速访问”中。

“此电脑”整合了早期Windows版本中的“库”和“计算机”这两个功能。“库”是计算机中视频、图片、文档、音乐等特定文档的默认存储地址。“计算机”中包含的是系统中的所有逻辑磁盘，包括硬盘分区、U盘、移动硬盘、光驱等，根据加载的先后次序会自动依次用字母C～Z表示。

“网络”中包含计算机当前所在局域网中的所有其他计算机。如果其他计算机共享了资源，就可以从这里访问、使用。

在这几类资源中，使用最频繁的是“此电脑”。

在“此电脑”节点中，拥有子文件夹的资源或文件夹选项的左侧有 › 或 ⌄ 状态标志，› 和 ⌄ 的显示状态可以相互转换。› 表示资源节点处于折叠状态，在树状结构中不直接显示其子文件夹，单击 › 即可将节点展开，显示其子文件夹，状态变为 ⌄；⌄ 表示资源节点处于展开状态，在树状结构中显示该节点拥有的所有子文件夹；单击 ⌄ 即可将展开的节点折叠起来，节点中的子文件夹全部隐藏，状态变为 › 。

文件资源管理器的右窗格是一个浏览窗口，在该窗口中显示当前被选中文件夹的详细内容，其中包括子文件夹和所有文件。

左窗格中的树状结构只需要单击即可打开，并且可以同时查看不同位置的多个文件夹内的文件结构；在右窗格中需要双击才能打开文件夹，而且只能看到当前文件夹内的内容。因此，通常是在左窗格的树状结构中单击浏览文件夹，选中后再在右窗格中操作该文件夹中的详细内容。

下面以将文件夹“D:\计算机基础\原文件夹”中的所有文件复制到文件夹“E:\计算机基础\目标文件夹”中为例来说明文件资源管理器的应用。

（1）分别在D盘和E盘新建文件夹“D:\计算机基础\原文件夹”和“E:\计算机基础\目标文件夹”，并在文件夹“D:\计算机基础\原文件夹”中放置若干个文件。

（2）依次单击左窗格中D盘根目录左侧的 › 和“计算机基础”文件夹，右窗格中的内容变为该路径下的具体内容，如图A-13所示。可以看到，该路径下包含一个名为“原文件夹”的文件夹，这就是需要复制的文件夹。

（3）在左窗格中展开E盘根目录，再展开名为“计算机基础”的文件夹，可以看到其中有一个“目标文件夹”文件夹，这是复制的目的地址。操作左窗格中的 › 展开文件夹时，右窗格中的内容不会发生变化，依然为上一次选中的文件夹。

（4）在右窗格中用鼠标圈选“原文件夹”中的所有文件，并将其拖动到左窗格中“目标文件夹”文件夹的位置，松开鼠标键，即可完成文件复制操作。

从以上操作中可以看到，使用左窗格来定位、转移文件或文件夹非常高效、方便，尤其是在文档路径比较深的情况下，使用文件资源管理器可以显著提高操作效率。此外，Windows也支持多个“文件资源管理器”窗口间的相互拖曳操作。

图 A-13 显示选定目标的内容

5. 文件资源管理器界面的设置

“文件资源管理器”窗口由左、右窗格组成，左窗格的大小并不是固定不变的，可以通过拖动分隔条来调整其宽度，以方便浏览目录结构较深的文件夹。

将鼠标指针在左、右窗格的分隔线附近移动，当鼠标指针由变为时，按住鼠标左键不放，左右移动鼠标就可以看到左、右窗格的宽度发生了变化，当松开鼠标左键时，窗口的宽度就固定在拖动到的位置。

6. 与浏览有关的设置

在默认情况下，Windows 10 系统不显示具有隐藏属性和系统属性的文件或文件夹（如系统启动配置文件、虚拟内存文件等）。并且，对于那些在系统中已经注册的文件类型，在显示文件名时不显示其扩展名（如 Word 文档、Excel 文档、文本文档等）。通过设定“文件夹选项”可以更改这些默认设置，以便更好地维护磁盘、管理磁盘文件。具体设置如下。

（1）打开“文件资源管理器”窗口，选择“查看”→“选项”命令，打开“文件夹选项”对话框。

（2）单击“查看”选项卡，拖动滚动条找到“显示隐藏的文件、文件夹和驱动器”和“隐藏已知文件类型的扩展名”两个选项，如图 A-14 所示。前者默认为未选中状态，即不显示属性为隐藏的文件和文件夹；后者默认为选中状态，在文件资源管理器中看不到可以被识别的文件的扩展名。例如，安装过 Office 软件的系统中不会显示“.doc”“.docx”“.xls”“.xlsx”等扩展名，如图 A-15 所示，乍一看同名同类型的文件居然出现了多个，我们只能通过 Word 和 Exlce 文件图标等细微差别来区分。

（3）如果要显示所有文件的扩展名，只需取消“隐藏已知文件类型的扩展名”选项的勾选，这样便于我们直观地了解文件的真实扩展名。

（4）如果要显示磁盘中的隐藏文件，只需将“隐藏文件和文件夹”选项改为“显示隐藏的文件、文件夹和驱动器”，在浏览时能够看到磁盘中被隐藏的文件夹（不包含系统文件）。

修改后所有具有隐藏属性的文件或文件夹的图标在文件资源管理器中以较浅的颜色显示，以区别于常规文件或文件夹，如图 A-16 所示。

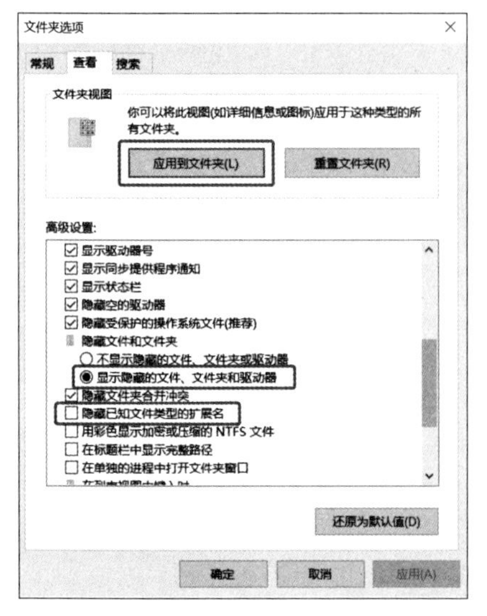

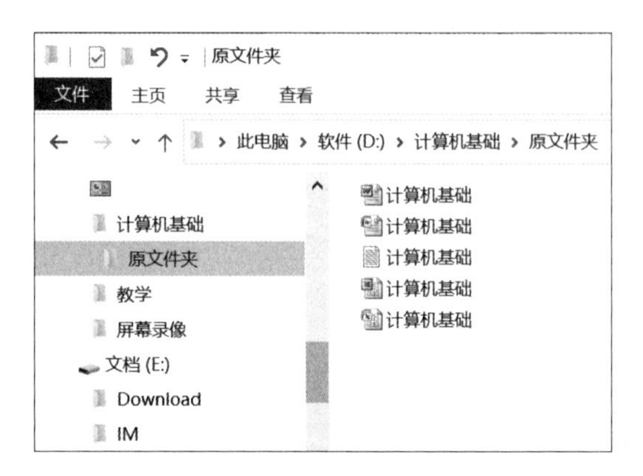

图 A-14　在“文件夹选项”对话框中查看配置

图 A-15　隐藏已知文件类型的扩展名的显示效果

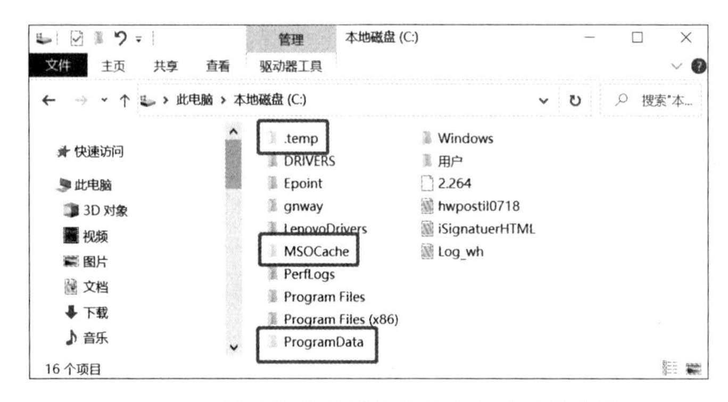

图 A-16　显示隐藏的系统文件和文件夹的效果

7. 查看文件或文件夹方式的设置

为了能够方便地浏览文件或文件夹，可以设置文件和文件夹的显示方式。

在窗口中浏览文件或文件夹时，有八种显示方式，即超大图标、大图标、中图标、列表、详细信息、平铺和内容等。这八种方式显示的文件或文件夹是完全相同的，只是在右窗格中的显示形式不同。要改变文件或文件夹的查看方式，经常使用以下三种方法。

（1）使用文件资源管理器功能区的“查看”菜单，在展开的选项卡的“布局”组中选择需要的查看方式，如图 A-17 所示。选择查看方式时可以先预览，再确定。

（2）使用状态栏右侧的“更改视图”快捷按钮，单击前一个按钮显示“详细信息”效果，单击后一个按钮显示“大图标”效果。

（3）在窗口的空白处右击，在弹出的快捷菜单中选择“查看”命令，打开其子菜单，从中选择需要的查看方式，如图 A-18 所示。Windows 10 操作系统默认文件和文件夹的查看方式为“大图标”。

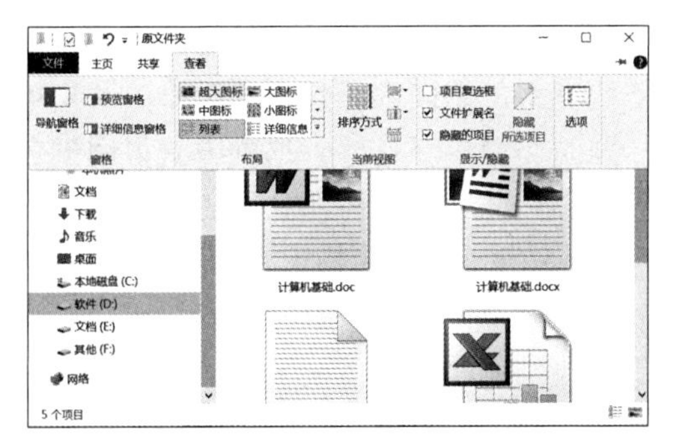

图 A-17　文件布局预览效果

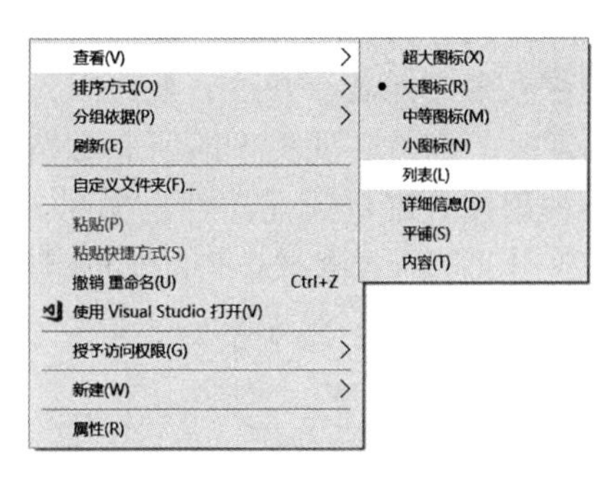

图 A-18　右键菜单

在这八种查看方式中，“超大图标”查看方式下的图标的尺寸最大、最清晰，但最多只能完整显示几个文档部件，查看文档的时候需要频繁操作滚动条，“大图标”、“中图标”和“小图标”查看方式下的文档部件的显示尺寸依次变小，清晰度依次降低，但能在一个页面中浏览更多的文档。图 A-19 所示为在“超大图标”和“小图标”查看方式下显示同一文件夹内容的对比。

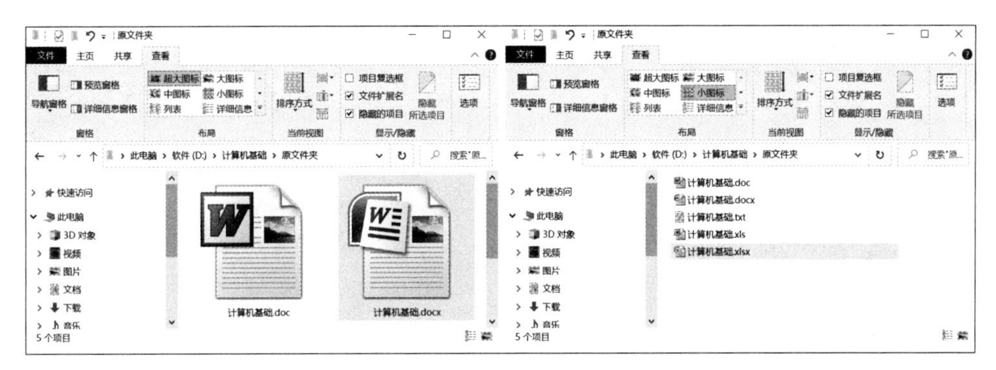

图 A-19　“超大图标”和“小图标”查看方式下显示同一文件夹内容的对比

“列表”查看方式和“小图标”查看方式下显示的文档部件的内容和尺寸都相同，只是文档的排列顺序不同。所有的图标查看方式的显示次序都是先从左往右，再换行从上往下；“列表”查看方式依照先从上往下，再换列从左往右的次序显示，如图 A-20 所示。

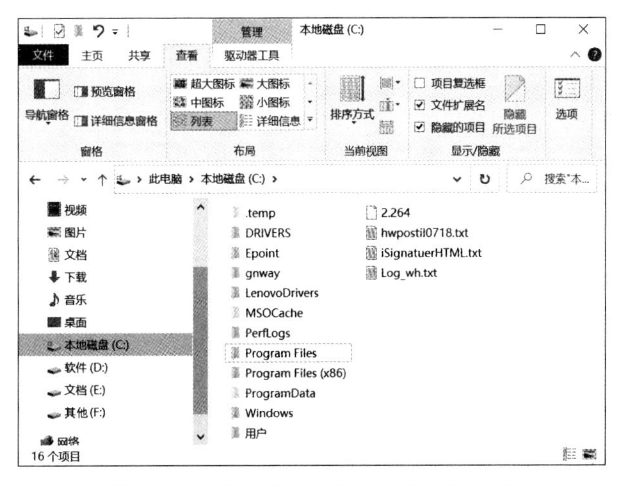

图 A-20　“列表”查看方式显示的文档

“详细信息”查看方式是以一个没有网格线的表格的形式显示文档，第一列显示文档图标和名称，第二列显示修改日期，第三列显示文档类型，第四列显示文档大小……当单击某个列标题时，当前文件夹下的所有文档按照列标题的类型重新排序。这种方式多用于在大量文件中根据属性筛选所需文件，如图 A-21 所示，图中的排序规则为名称的升序，可以看到标题上“名称”的右侧有一个向上的箭头标记，如果是向下的箭头标记则为按属性降序排列。

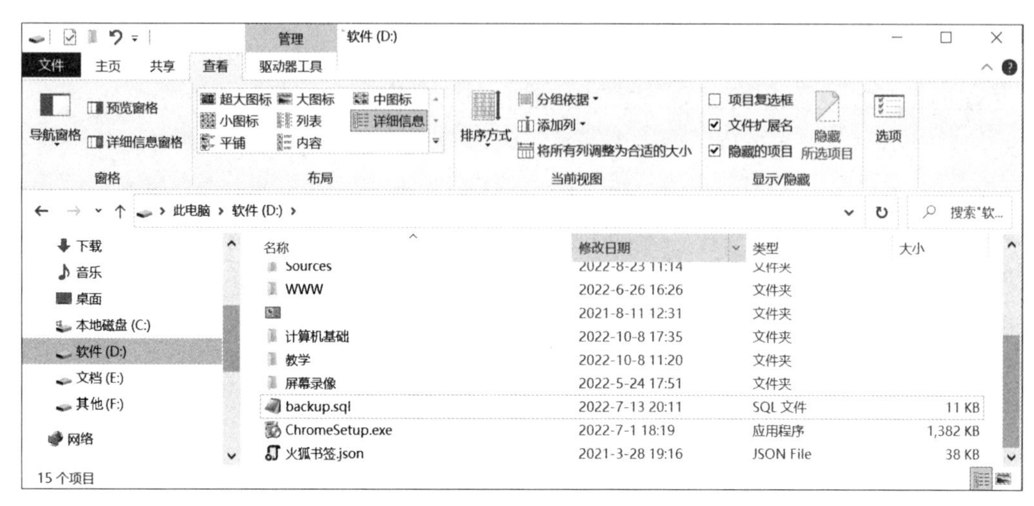

图 A-21　“详细信息”查看方式显示的文件

“平铺”查看方式显示的文档与“中图标”查看方式的大小一致，不同之处在于“平铺”查看方式中文件名的下方增加了文件类型和大小，如图 A-22 所示。

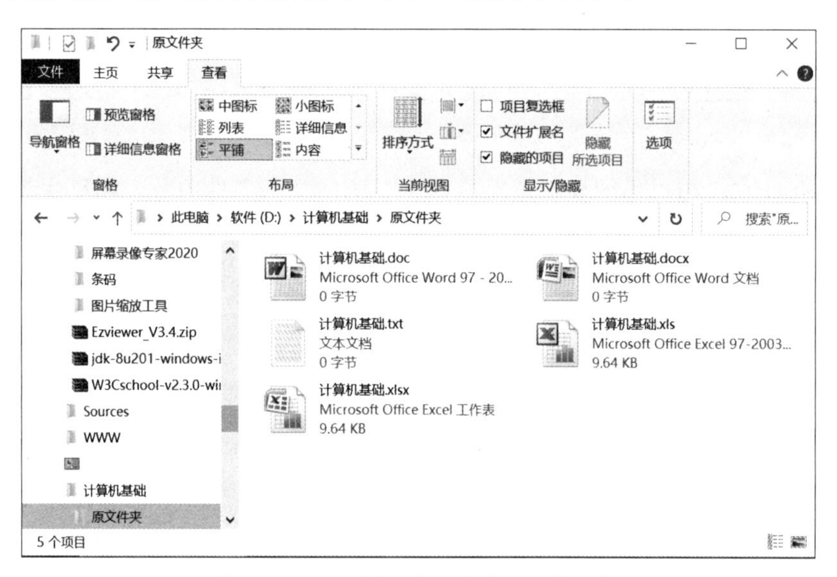

图 A-22　“平铺”查看方式显示的文件

“内容”查看方式显示的文档与“详细信息”查看方式相似，但没有标题栏，不能直接排序，如图 A-23 所示。

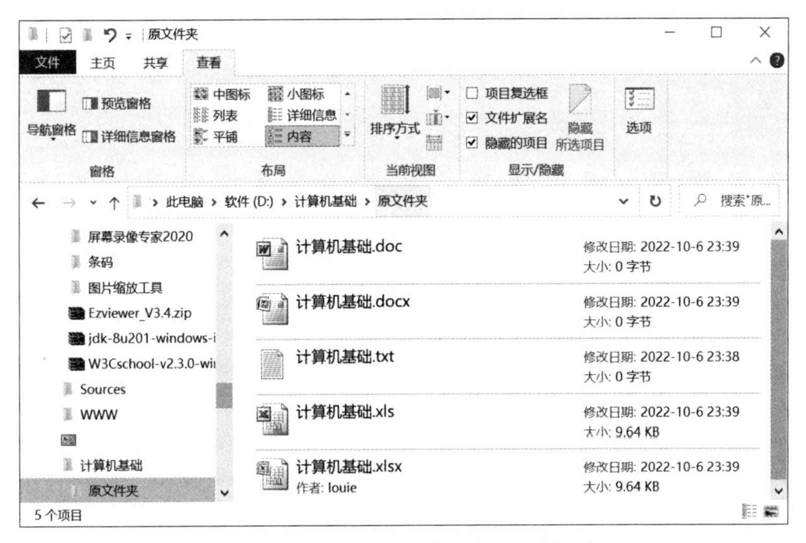

图 A-23　“内容”查看方式显示的文档

8. 文件或文件夹排列顺序的设置

可以通过以下步骤改变文件或文件夹的排列顺序。

（1）单击“查看”菜单中的“排序方式”按钮，或者在右键菜单中选择“排序方式”命令，在打开的子菜单中选择“名称”、“修改日期”、“大小”或“类型”命令，即可按相应方式对文件或文件夹进行排序，如图 A-24 所示。

图 A-24　用菜单命令排序

（2）在“详细信息”查看方式下，单击列表上方的“名称”、“大小”、“类型”或“修改日期”等列标题，可以分别按名称、大小、类型和修改日期的升序排列方式显示文件和文件夹，再次单击列标题则按降序方式显示。

（3）在右窗格的空白区域右击，也能在快捷菜单中打开如图 A-24 所示的“排序方式”选项。

9. 文件预览

文件预览能让我们不打开文件就直观地了解文件内容。文件预览功能位于文件资源管理器“查看”菜单的左侧，单击“预览窗格”按钮，文件资源管理器的右窗格被分为左、右两部分，右边就是预览区。选中一个要预览的文件后，该文件的内容就在预览区内显示，如图 A-25 所示。要关闭预览功能，只要再次单击“预览窗格”按钮即可。

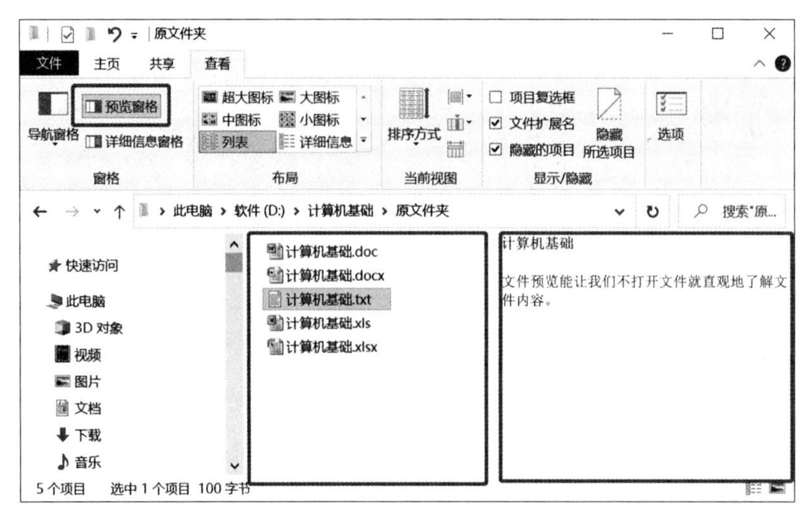

图 A-25　文件预览

三、思考题

1．显示文件或文件夹的方式有哪些？
2．如何设置文件或文件夹的排列顺序？

A.3　Word 2019 的基本操作

一、实验目的

1．掌握 Word 2019 的启动和退出。
2．熟悉 Word 2019 的工作界面。
3．掌握 Word 2019 文档的建立、保存、打开和关闭等基本操作。

二、实验内容及步骤

1．启动和退出 Word 2019

（1）可以使用以下方法之一启动 Word 2019。

方法一：单击计算机桌面左下角的“开始”按钮，从弹出的程序列表中选择“Word”命令，如图 A-26 所示。

方法二：双击桌面上的 Word 2019 快捷方式图标。

桌面快捷方式的创建方法：单击计算机桌面左下角的“开始”按钮，从弹出的程序列表中找到“Word”命令，按下鼠标左键，将 Word 图标拖动到桌面空白处，释放鼠标键，即可在桌面上建立一个 Word 2019 快捷方式图标。

方法三：双击本计算机中的 Word 2019 文档。

（2）可以使用以下方法之一退出 Word 2019。

方法一：单击 Word 2019 窗口右上角的“关闭”按钮。

方法二：右击文档标题栏，从弹出的快捷菜单中选择“关闭”命令。

方法三：单击“文件”按钮，从弹出的下拉菜单中选择“关闭”命令。此时，当前文档被关闭，但并未退出 Word 程序，还需单击 Word 2019 窗口右上角的“关闭”按钮，才能退出整个 Word 程序。

方法四：按组合键 Alt+F4。

方法五：双击 Word 2019 窗口的左上角。

说明：在关闭 Word 应用程序的过程中，通常会弹出如图 A-27 所示对话框。

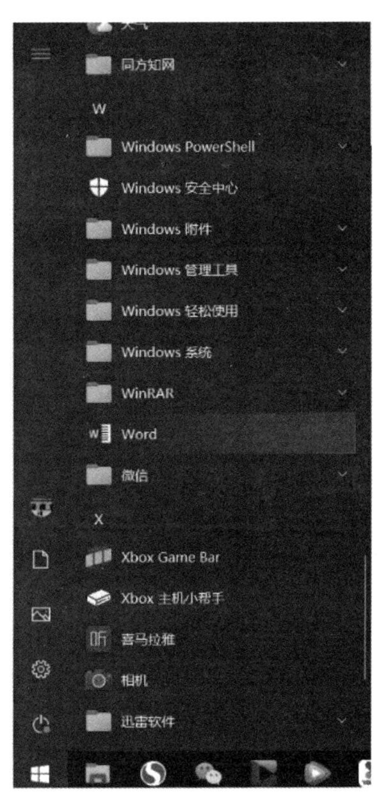

图 A-26　启动 Word 2019

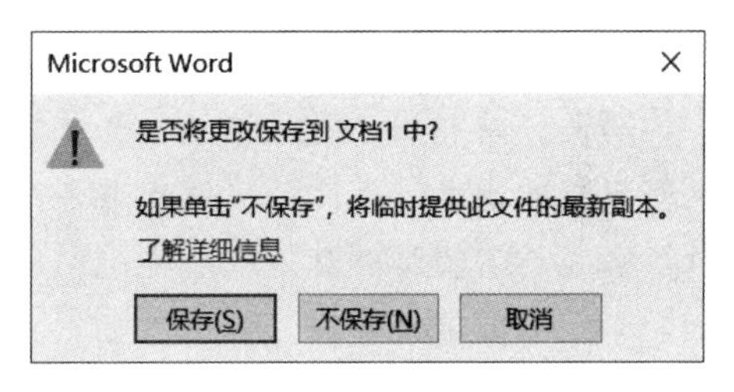

图 A-27　询问是否保存文档的对话框

- 单击“保存”按钮：保存当前文档，并退出 Word 应用程序。
- 单击“不保存”按钮：不保存当前文档，并退出 Word 应用程序。
- 单击“取消”按钮：返回当前文档窗口，且不退出 Word 应用程序。

2. Word 2019 的工作界面

启动 Word 2019 后，显示的工作界面如图 A-28 所示，包括快速访问工具栏、标题栏、“文件”按钮、功能选项卡和功能区、编辑区、状态栏及滚动条等。

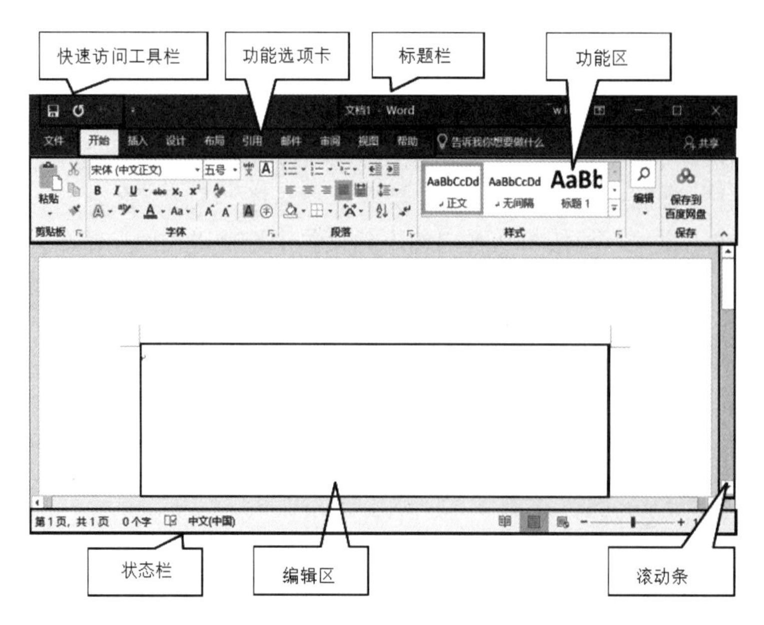

图 A-28　Word 2019 的工作界面

3. 创建新文档

单击“文件”按钮，选择“新建”命令，打开“新建”面板，单击“空白文档”即可创建新文档，也可以使用组合键 Ctrl+N 创建新文档。

在打开的空白文档中输入以下文字。

月亮传说

农历八月十五，中秋节。这是被人们一直喻为最有人情味、最诗情画意的一个节日。有人说，每逢佳节倍思亲。中秋节，这一份思念当然会更深切，尤其是一轮明月高高挂的时刻。

中秋之所以是中秋，是因为农历八月十五这一天是在三秋之中。这一天天上的圆月分外明亮，特别大，特别圆，因此这一天也被视为撮合姻缘的大好日子。

说起中秋的来源，民间一直流传着多个不同的传说和神话故事。其中就有嫦娥奔月、朱元璋月饼起义、唐明皇游月宫等故事。

最为人熟悉的当然是嫦娥奔月，嫦娥偷了丈夫后羿的不死仙丹，飞奔到月宫的故事也有多个版本。在较早的记载中，嫦娥偷吃了仙药，变成了癞蛤蟆，被叫做月精。

奔月后，嫦娥住的月宫其实是一个寂寞的地方，除了一棵桂树和一只兔子，就别无他物。可是又有另一个说法是，在月宫里还有一个叫吴刚的人。

4. 保存文档

单击快速访问工具栏中的“保存”按钮，或者单击“文件”按钮，在弹出的下拉菜单中选择“保存”命令，再单击“浏览”按钮，在打开的“另存为”对话框中，设置保存位置、文件名及保存类型等，单击“保存”按钮即可。如图 A-29 所示，将上面创建的新文档以 Word 文档类型保存到 D 盘中，文件名为“月亮传说”。

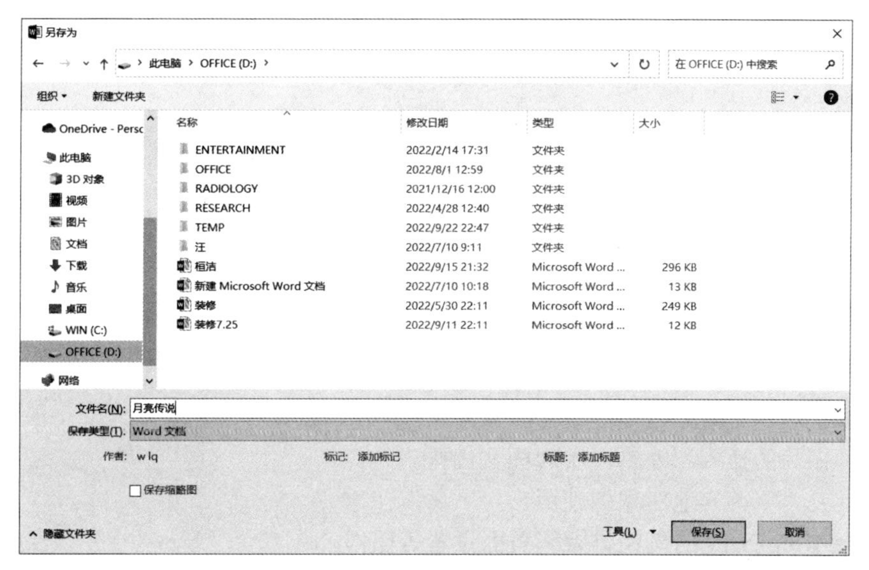

图 A-29　设置“另存为”对话框

5. 打开文档

单击“文件”按钮，在弹出的下拉菜单中选择“打开”命令。在弹出的“打开”面板中，单击“浏览”按钮，在弹出的“打开”对话框中，设置文件的查找范围，选择需要的文件，然后单击“打开”按钮即可打开文档，如图 A-30 所示。

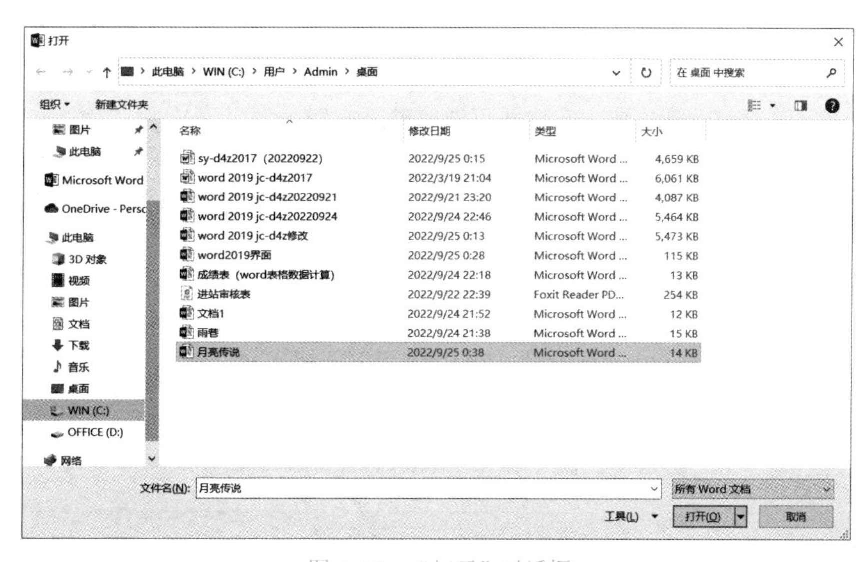

图 A-30　“打开”对话框

三、思考题

1. 如何启动和退出 Word 2019？
2. 总结创建新文档的几种方式。
3. 如何保存已经创建的文档？

A.4 Word 2019 文档的编辑与排版

一、实验目的

1．掌握文本内容的选定和编辑方法。
2．掌握查找和替换功能的使用。
3．掌握字体、段落等格式的设置。
4．掌握图片的插入和编辑，实现图文混排。
5．掌握艺术字等其他对象的使用。
6．学会 Word 2019 的文档排版和页面设置等操作。

二、实验内容及步骤

1．文本内容的选取

1）使用鼠标选取

在要开始选取文本的位置单击，按住鼠标左键，然后在要选取的文本上移动鼠标指针，到目标位置释放鼠标键，即可选取任意长度的文本。

将鼠标指针移动到行的左侧空白处，在鼠标指针变为右向箭头后，单击即可选取整行文本，双击即可选取当前段落，连击三次即可选取整篇文档。

2）使用键盘选取

使用键盘上相应的组合键也可以选取文本，常用的组合键及其功能如表 A-1 所示。

表 A-1　常用的组合键及其功能

组 合 键	功　能
Shift ＋→	选取鼠标光标右侧的一个字符
Shift ＋←	选取鼠标光标左侧的一个字符
Shift ＋↑	选取鼠标光标位置至上一行相同位置的文本
Shift ＋↓	选取鼠标光标位置至下一行相同位置的文本
Shift ＋ Home	选取鼠标光标位置至行首的文本
Shift ＋ End	选取鼠标光标位置至行尾的文本
Shift ＋ PageDown	选取鼠标光标位置至下一屏之间的文本
Shift ＋ PageUp	选取鼠标光标位置至上一屏之间的文本
Ctrl ＋ Shift ＋ Home	选取鼠标光标位置至文档开始之间的文本
Ctrl ＋ Shift ＋ End	选取鼠标光标位置至文档结尾之间的文本
Ctrl ＋ A	选取整篇文档

2. 复制、移动和删除文本

1）复制文本

方法一：选取需要复制的文本，按 Ctrl+C 组合键执行复制操作，将鼠标光标定位到目标位置，按 Ctrl+V 组合键即可实现粘贴操作。

方法二：选取需要复制的文本，在“开始”选项卡的“剪贴板”组中单击“复制”按钮，在目标位置单击“粘贴”按钮。

方法三：选取需要复制的文本，按下鼠标右键并拖动至目标位置，释放鼠标键后，在弹出的快捷菜单中选择“复制到此位置”命令。

方法四：选取需要复制的文本，右击，从弹出的快捷菜单中选择“复制”命令，在目标位置再次右击，从弹出的快捷菜单中选择“粘贴选项”中的“保留原格式”命令。

2）移动文本

移动文本就是使用剪贴板将文本从一个地方移动到另一个地方，与复制操作类似。

方法一：选取需要移动的文本，按 Ctrl+X 组合键执行剪切操作，将鼠标光标定位到目标位置，按 Ctrl+V 组合键执行粘贴操作，文本就被移动到了指定位置。

方法二：选取需要移动的文本，在“开始”选项卡的“剪贴板”组中单击“剪切”按钮，在目标位置单击“粘贴”按钮。

方法三：选取需要移动的文本，按下鼠标右键并拖动至目标位置，释放鼠标键后，在弹出的快捷菜单中选择“移动到此位置”命令。

方法四：选取需要移动的文本，右击，从弹出的快捷菜单中选择“剪切”命令，在目标位置再次右击，从弹出的快捷菜单中选择“粘贴选项”→“保留原格式”命令。

3）删除文本

方法一：按 Backspace 键删除鼠标光标左侧的文本。

方法二：按 Delete 键删除鼠标光标右侧的文本。

方法三：选取需要删除的文本，在“开始”选项卡的“剪贴板”组中单击“剪切”按钮。

方法四：选取需要删除的文本，右击，从弹出的快捷菜单中选择“剪切”命令。

请读者对照以上方法在“月亮传说”文档中进行相应练习。

3. 查找与替换

将“月亮传说”文档中的“八月十五”全部替换为“8 月 15”。

具体操作：单击“开始”选项卡，在“编辑”组中单击“替换”按钮。弹出“查找和替换”对话框，在“查找内容”文本框中输入“八月十五”，在“替换为”文本框中输入“8 月 15”，单击“全部替换”按钮（或多次单击“替换”和“查找下一处”按钮，直至替换完毕），如图 A-31 所示。

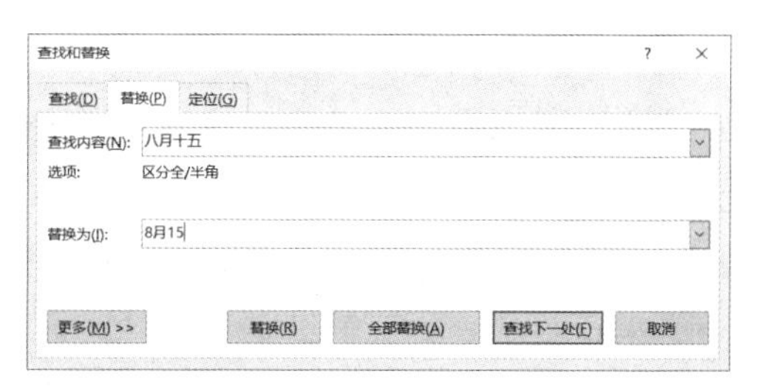

图 A-31 查找与替换文本

4. 设置字体格式

（1）将“月亮传说”文档的标题设置为：隶书、二号、加粗、居中、蓝色。

具体操作：在文档标题“月亮传说”的左侧空白处单击，按住鼠标左键，然后在“月亮传说”上拖动鼠标指针，释放鼠标键，即可选中文档标题。

单击“开始”选项卡，在“字体”组中设置字体为隶书；字号为二号；单击“加粗”按钮；单击“字体颜色”按钮，在“标准色”选项中选择蓝色；在“段落”组单击“居中”按钮，如图 A-32 所示。

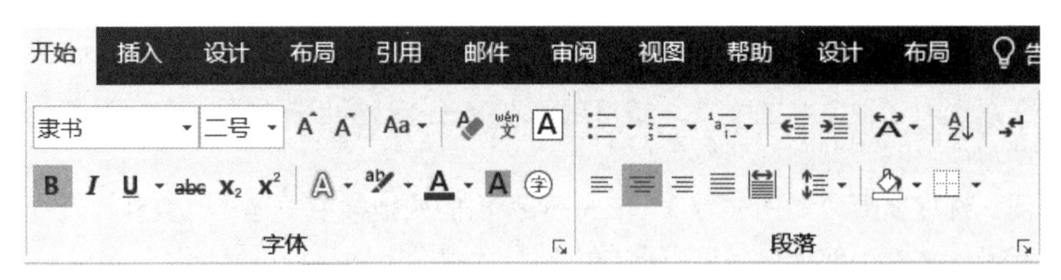

图 A-32　设置界面

显示效果如图 A-33 所示。

月亮传说

图 A-33　显示效果

（2）将“月亮传说”文档的正文设置为：楷体、五号。

具体操作：选定文档正文，在“字体”组中设置字体为楷体，字号为五号。

5. 设置段落格式

将正文设置为：文本左对齐、首行缩进 2.2 字符、行间距为固定值 15 磅、段间距为段后 1 行。

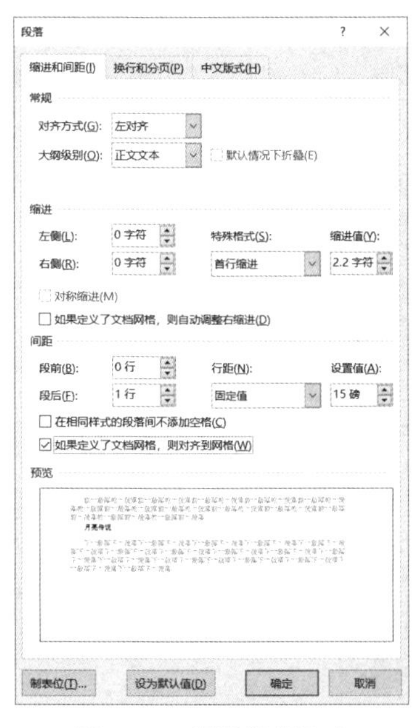

图 A-34　设置段落格式

具体操作：选定文档正文，单击“开始”选项卡“段落”组右下角的“段落设置”对话框启动器按钮，弹出“段落”对话框。在“常规”栏中设置对齐方式为“左对齐”；在“缩进”栏中设置特殊格式为“首行缩进”，缩进值为“2.2 字符”；在“间距”栏中设置段后为“1 行”，行距为“固定值”，设置值为“15 磅”，单击“确定”按钮即可，如图 A-34 所示。

6. 设置正文分栏

将正文第二、三、四段设置为两栏、栏宽相等、两栏相距 2 字符宽度、加分隔线。

具体操作：选定文本，单击“布局”选项卡“页面设置”组中的“栏”按钮，在展开的下拉列表中选择“更多栏”命令，打开“栏”对话框，进行相应的设置，单击“确定”按钮即可，如图 A-35 所示。

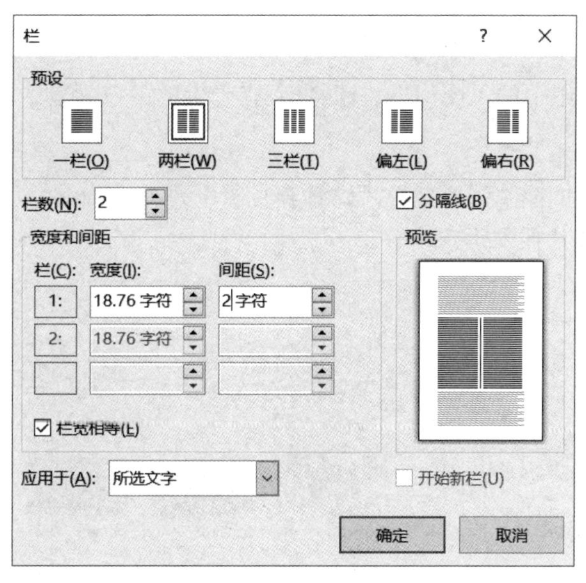

图 A-35　设置分栏

分栏后的文本效果如图 A-36 所示。

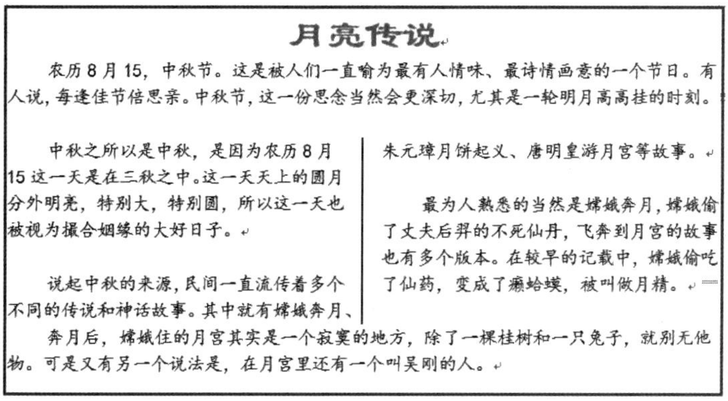

月亮传说

农历 8 月 15，中秋节。这是被人们一直喻为最有人情味、最诗情画意的一个节日。有人说，每逢佳节倍思亲。中秋节，这一份思念当然会更深切，尤其是一轮明月高高挂的时刻。

中秋之所以是中秋，是因为农历 8 月 15 这一天是在三秋之中。这一天天上的圆月分外明亮，特别大，特别圆，所以这一天也被视为撮合姻缘的大好日子。

说起中秋的来源，民间一直流传着多个不同的传说和神话故事。其中就有嫦娥奔月、朱元璋月饼起义、唐明皇游月宫等故事。

最为人熟悉的当然是嫦娥奔月，嫦娥偷了丈夫后羿的不死仙丹，飞奔到月宫的故事也有多个版本。在较早的记载中，嫦娥偷吃了仙药，变成了癞蛤蟆，被叫做月精。

奔月后，嫦娥住的月宫其实是一个寂寞的地方，除了一棵桂树和一只兔子，就别无他物。可是又有另一个说法是，在月宫里还有一个叫吴刚的人。

图 A-36　分栏后的文本效果图

7. 设置首字下沉

将鼠标光标置于正文第二段段首，单击“插入”选项卡“文本”组中的“首字下沉”按钮，在下拉列表中选择“首字下沉选项”命令。在弹出的“首字下沉”对话框中将位置设置为“下沉”，将下沉行数设置为“3”，单击“确定”按钮即可，如图 A-37 所示。

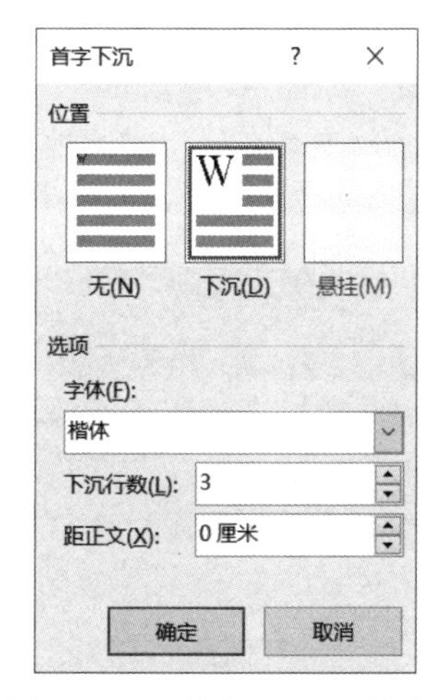

图 A-37　“首字下沉”对话框

8. 插入和编辑图片，实现图文混排

可以在文档中插入和编辑来自文件的图片，具体步骤如下。

（1）将鼠标光标定位到需要插入图片的位置，选择“插入”选项卡。

（2）单击“插图”组中的“图片”按钮，在弹出的下拉列表中选择“此设备”命令，打开“插入图片”对话框。

（3）选择需要插入的图片（以插入“嫦娥奔月图”为例），如图 A-38 所示，单击“插入”按钮，即可将选择的图片插入指定位置。

图 A-38　择选插入的图片

（4）图片工具“格式”选项卡被激活，如图 A-39 所示。用户可以使用它对图片的亮度、对比度、样式等进行编辑。

（5）在图片工具“格式”选项卡中，单击“大小”组右下角的对话框启动器按钮，在弹出的“布局”对话框中，选择“大小”选项卡，可以对图片的高度、宽度、旋转和缩放等进行设置，如图 A-40 所示。

（6）在“布局”对话框中，单击“文字环绕”选项卡，对环绕方式进行设定，本实验选择“紧密型”环绕方式，如图 A-41 所示。

图 A-39　图片工具“格式”选项卡和功能区

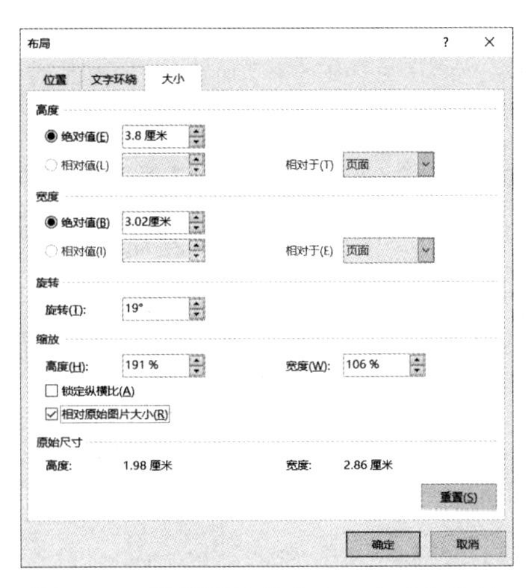

图 A-40 设置图片的高度、宽度和旋转

图 A-41 设置文字环绕方式

（7）在图片工具“格式”选项卡中，单击“图片样式”组中的“矩形投影”样式。

（8）可以使用“调整”组中的“校正”“颜色”等按钮修改图片属性。

9. 插入艺术字

可以在文本中插入艺术字，具体步骤如下。

（1）将鼠标光标定位到需要插入艺术字的位置，选择“插入”选项卡。

（2）单击“文本”组中的“艺术字”按钮（艺术字），弹出“艺术字样式”列表，如图 A-42 所示。

（3）在“艺术字样式”列表中选择需要的样式。

（4）在插入点出现一个文本框，在文本框中输入要显示的文字，如“海上生明月，天涯共此时”。同时，绘图工具“格式”选项卡被激活，用户可以在“艺术字样式”组中选择相关命令，为艺术字设置各种效果。

实验文档在设置首字下沉、插入图片和艺术字后的效果如图 A-43 所示。

图 A-42 “艺术字样式”列表

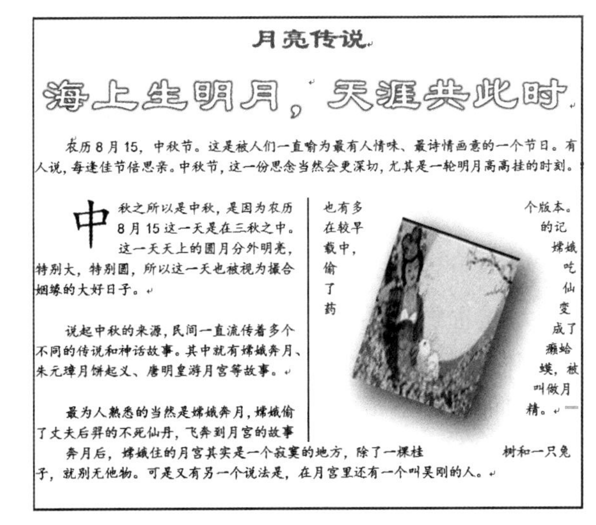

月亮传说

海上生明月，天涯共此时

农历 8 月 15，中秋节。这是被人们一直喻为最有人情味、最诗情画意的一个节日。有人说，每逢佳节倍思亲。中秋节，这一份思念当然会更深切，尤其是一轮明月高高挂的时刻。

中秋之所以是中秋，是因为农历 8 月 15 这一天是在三秋之中。这一天天上的圆月分外明亮，特别大，特别圆，所以这一天也被视为撮合姻缘的大好日子。

说起中秋的来源，民间一直流传着多个不同的传说和神话故事。其中就有嫦娥奔月、朱元璋月饼起义、唐明皇游月宫等故事。

最为人熟悉的当然是嫦娥奔月，嫦娥偷了丈夫后羿的不死仙丹，飞奔到月宫的故事也有多个版本。在较早的记载中，嫦娥偷吃了仙药变成了癞蛤蟆，被叫做月精。

奔月后，嫦娥住的月宫其实是一个寂寞的地方，除了一棵桂树和一只兔子，就别无他物。可是又有另一个说法是，在月宫里还有一个叫吴刚的人。

图 A-43 设置首字下沉、插入图片和艺术字后的效果

10. 设置页面格式

1）设置页边距和纸张方向

打开需要设置页边距的文档，单击“布局”选项卡，在“页面设置”组中单击“页边距”按钮，在打开的“页边距”下拉列表中单击需要的页边距类型，整个文本就会变为选择的页边距类型，如图A-44所示。如果“页边距”下拉列表中没有用户满意的类型，可以选择“自定义页边距”命令，打开“页面设置”对话框对页边距进行设置，分别在“上”“下”“左”“右”“装订线”等数值框中输入新的页边距值，还可以在“纸张方向”选项区设置纸张方向等。本实验的设置如图A-45所示。

图A-44 “页边距”下拉列表

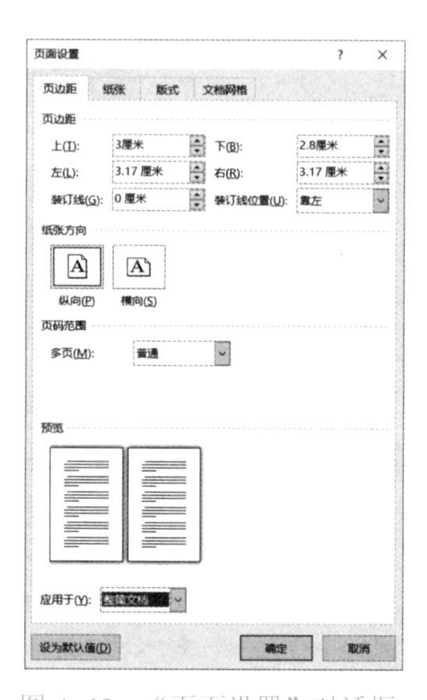

图A-45 “页面设置”对话框

2）设置纸张大小

打开需要设置纸张大小的文档，单击“布局”选项卡“页面设置”组中的“纸张大小”按钮，在打开的下拉列表中选择需要的纸张大小，本实验将纸张大小设置为A3。如果没有满意的纸张大小，则可以选择“其他纸张大小”命令，在弹出的“页面设置”对话框的“纸张”选项卡中进行设置，如图A-46所示。

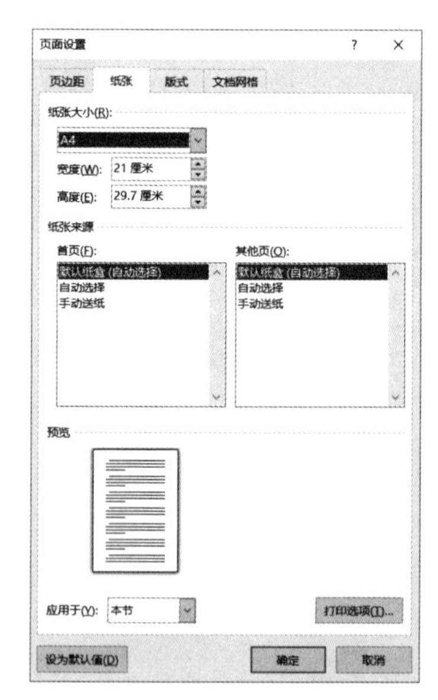

图A-46 设置纸张大小

11. 设置页眉和页脚

为文档设置页眉和页脚的具体步骤如下。

（1）打开需要设置页眉和页脚的文档。

（2）在“插入”选项卡中选择“页眉和页脚”组，单击“页眉”按钮。

（3）在下拉列表中选择“编辑页眉”命令，就可以进入页眉编辑状态。此时页眉和页脚工具的“设计”选项卡被激活，如图A-47所示。

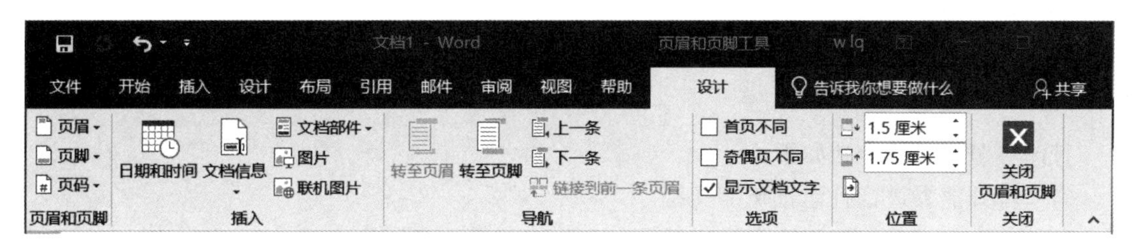

图 A-47 页眉和页脚工具的“设计”选项卡和功能区

（4）在页眉中输入需要的文字，本实验在页眉中间处输入“散文欣赏”。另外，还可以进行以下设置。

① 在“插入”组中单击“日期和时间”或“图片”按钮，将日期和时间或图片插入页眉中。

②在“选项”组中选择“首页不同”或“奇偶页不同”等选项为首页设置不同的页眉和页脚，或者为奇偶页设置不同的页眉和页脚等。

③ 打开“导航”组中的“链接到前一条页眉”功能，可以链接到前一条页眉或页脚，以继续使用相同的页眉或页脚；关闭“链接到前一条页眉”功能（单击“链接到前一条页眉”按钮，使其变成灰色），则可以创建与前一条页眉或页脚不同的页眉或页脚。

若在 Word 文档中为不同的章节设置不同的页眉或页脚，有两个关键操作步骤一定要正确设置：（1）在每个章节结尾处插入“分节符”；（2）单击“导航”组中的“链接到前一条页眉”按钮，关闭“链接到前一条页眉”功能。

④ 通过“位置”组来设置页眉和页脚在页面中的位置与对齐方式。本实验将“顶端页眉位置”设置为 2.2 厘米，“底端页脚位置”设置为 2 厘米。

（5）在“导航”组中单击“转至页脚”按钮，或者在“页眉和页脚”组中单击“页脚”按钮，在下拉列表中选择“编辑页脚”选项，进入页脚编辑状态。

（6）单击“页眉和页脚”组中的“页码”按钮，在下拉列表中选择“页面底端”选项，单击“加粗显示的数字 3”样式，如图 A-48 所示。

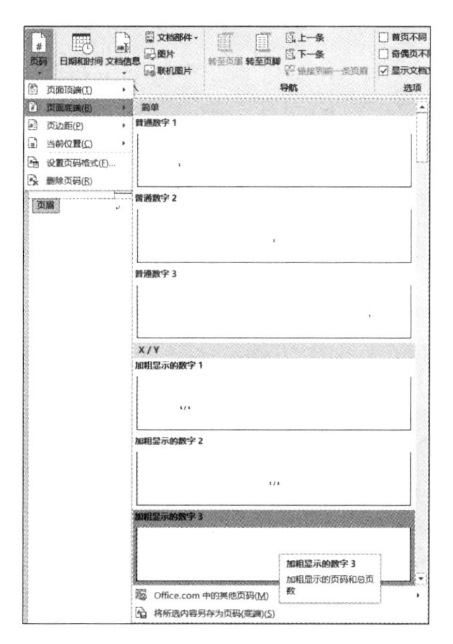

图 A-48 在页脚中插入页码

（7）单击“关闭页眉和页脚”按钮，退出页眉 / 页脚编辑状态。

12. 打印预览

打印预览的具体步骤如下。

（1）打开需要进行打印预览的文档。

（2）单击“文件”按钮，在弹出的下拉列表中选择“打印”命令。

（3）在弹出的“打印”面板中可以看到文档的打印预览效果，如图 A-49 所示。

散文欣赏

月亮传说

海上生明月，天涯共此时

农历8月15，中秋节。这是被人们一直喻为最有人情味、最诗情画意的一个节日。有人说，每逢佳节倍思亲。中秋节，这一份思念当然会更深切，尤其是一轮明月高高挂的时刻。

中秋之所以是中秋，是因为农历8月15这一天是在三秋之中。这一天天上的圆月分外明亮，特别大，特别圆，所以这一天也被视为撮合姻缘的大好日子。

说起中秋的来源，民间一直流传着多个不同的传说和神话故事。其中就有嫦娥奔月、朱元璋月饼起义、唐明皇游月宫等故事。

最为人熟悉的当然是嫦娥奔月，嫦娥偷了丈夫后羿的不死仙丹，飞奔到月宫的故事也有多个版本。在较早的记载中，嫦娥偷吃了仙药，变成了癞蛤蟆，被叫做月精。

奔月后，嫦娥住的月宫其实是一个寂寞的地方，除了一棵桂树和一只兔子，就别无他物。可是又有另一个说法是，在月宫里还有一个叫吴刚的人。

1 / 1

图 A-49　打印预览效果

练习：

（1）新建一个 Word 2019 文档，输入文字，并按要求排版。

① 设置标题为艺术字，设置文字的字体、字号与颜色，在标题两边插入小图片。

② 自行设计正文字体、字号与颜色，在文中插入相关的图片。要求整体设计合理、美观。参考样文如图 A-50 所示。

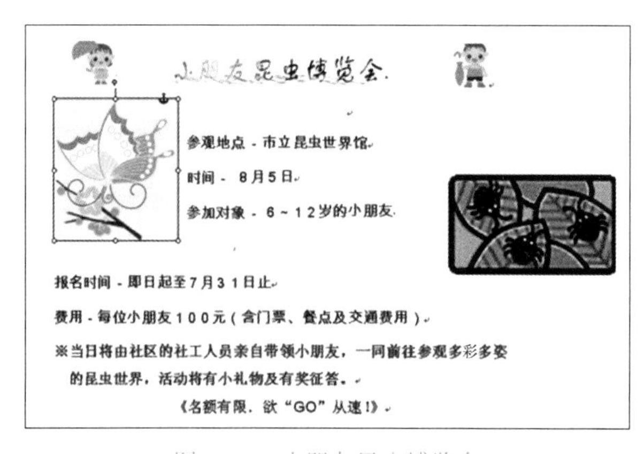

小朋友昆虫博览会

参观地点 - 市立昆虫世界馆

时间 - 8月5日

参加对象 - 6～12岁的小朋友

报名时间 - 即日起至7月31日止

费用 - 每位小朋友100元（含门票、餐点及交通费用）

※当日将由社区的社工人员亲自带领小朋友，一同前往参观多彩多姿的昆虫世界，活动将有小礼物及有奖征答。

《名额有限，欲“GO”从速！》

图 A-50　小朋友昆虫博览会

（2）新建 Word 2019 文档，输入以下内容，并按要求排版。

只有一个地球

据有幸飞上太空的宇航员介绍，他们在天际遨游时遥望地球，映入眼帘的是一个晶莹的球体，上面蓝色和白色的纹痕相互交错，周围裹着一层薄薄的水蓝色“纱衣”。地球，这位人类的母亲，这个生命的摇篮，是那样美丽壮观，和蔼可亲。

但是，在群星璀璨的宇宙中，地球是一个半径约为 6400 千米的星球。同茫茫宇宙相比，地球是渺小的。它只有这么大，不会再长大。

地球拥有的自然资源也是有限的。拿矿产资源来说，它不是谁的恩赐，而是经过几百万年，甚至几亿年的地质变化才形成的。地球是无私的，它向人类慷慨地提供矿产资源。但是，如果没有节制地开采，必将加速地球上矿产资源的枯竭。

人类生活需要的水资源、土地资源、生物资源等，本来是可以不断再生，长期给人类做贡献的。但是，因为人们随意毁坏自然资源，不顾后果地滥用化学品，不但使它们不能再生，还造成了一系列生态灾难，给人类生存带来了严重的威胁。

有人会说，宇宙空间不是大得很吗，那里有数不清的星球，在地球资源枯竭的时候，我们不能移居到别的星球上去吗？

科学家已经证明，至少在以地球为中心的 40 万亿千米的范围内，没有适合人类居住的第二个星球。人类不能指望地球被破坏以后再移居到别的星球上去。

不错，科学家们提出了许多设想，例如，在火星或月球上建造移民基地。但是，即使这些设想能实现，也是遥远的事情。再说，又有多少人能够去居住呢？

“我们这个地球太可爱了，同时又太容易破碎了！”这是宇航员遨游太空目睹地球时发出的感叹。

如果地球上的各种资源都枯竭了，我们很难从别的地方得到补充。只有一个地球，如果它被破坏了，我们别无去处。我们要精心地保护地球，保护地球的生态环境，让地球更好地造福我们的子孙后代吧！

信息工程学院王乐西排版

将文章第九段的第一句话与第二句话进行对换。

标题字体为华文新魏，字号为小一号，颜色自定并居中。

为第三、四段文字设置项目符号■。

将第三段文字设置为倾斜，并加上红色的波浪下画线。

将第四段文字的字体设置为楷体，字号设置为小四号，颜色设置为紫色，加粗。

对文章第九段的文字进行字符间距设置：字符间距为加宽，磅值为 3 磅。

对全文进行“拼写和语法”检查。

插入页眉，页眉内容为“班级：计科 202201　学号：20220128　姓名：王乐西”。

将“信息工程学院王乐西排版”设置为中文版式中的“双行合一”，并将该行文字的字体设置为方正舒体，字号设置为一号，颜色自定，文本右对齐。

效果如图 A-51 所示。

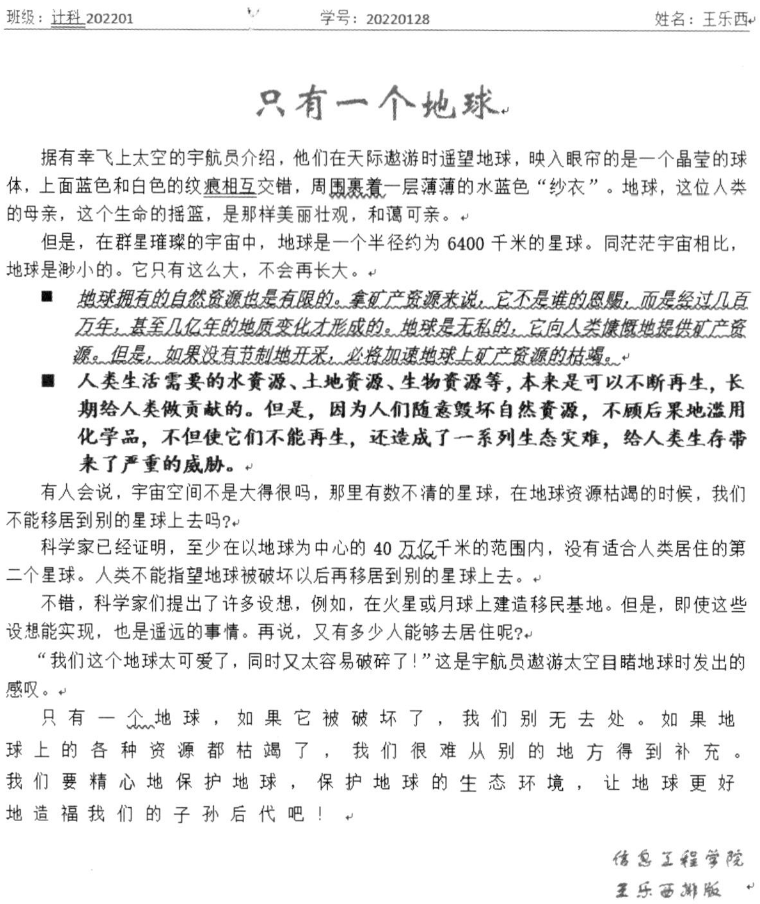

班级：计科202201　　学号：20220128　　姓名：王乐西

只有一个地球

据有幸飞上太空的宇航员介绍，他们在天际遨游时遥望地球，映入眼帘的是一个晶莹的球体，上面蓝色和白色的纹痕相互交错，周围裹着一层薄薄的水蓝色“纱衣”。地球，这位人类的母亲，这个生命的摇篮，是那样美丽壮观，和蔼可亲。

但是，在群星璀璨的宇宙中，地球是一个半径约为6400千米的星球。同茫茫宇宙相比，地球是渺小的。它只有这么大，不会再长大。

- *地球拥有的自然资源也是有限的。拿矿产资源来说，它不是谁的恩赐，而是经过几百万年，甚至几亿年的地质变化才形成的。地球是无私的，它向人类慷慨地提供矿产资源。但是，如果没有节制地开采，必将加速地球上矿产资源的枯竭。*
- **人类生活需要的水资源、土地资源、生物资源等，本来是可以不断再生，长期给人类做贡献的。但是，因为人们随意毁坏自然资源，不顾后果地滥用化学品，不但使它们不能再生，还造成了一系列生态灾难，给人类生存带来了严重的威胁。**

有人会说，宇宙空间不是大得很吗，那里有数不清的星球，在地球资源枯竭的时候，我们不能移居到别的星球上去吗？

科学家已经证明，至少在以地球为中心的40万亿千米的范围内，没有适合人类居住的第二个星球。人类不能指望地球被破坏以后再移居到别的星球上去。

不错，科学家们提出了许多设想，例如，在火星或月球上建造移民基地。但是，即使这些设想能实现，也是遥远的事情。再说，又有多少人能够去居住呢？

“我们这个地球太可爱了，同时又太容易破碎了！”这是宇航员遨游太空目睹地球时发出的感叹。

只有一个地球，如果它被破坏了，我们别无去处。如果地球上的各种资源都枯竭了，我们很难从别的地方得到补充。我们要精心地保护地球，保护地球的生态环境，让地球更好地造福我们的子孙后代吧！

信息工程学院
王乐西制版

图A-51　“只有一个地球”排版效果

三、思考题

1. 在Word 2019文档中，如何插入图片、编辑图片，并实现图文混排？
2. 在Word 2019文档中，如何插入艺术字，并对艺术字进行编辑？
3. 总结在Word 2019文档中，查找和替换功能的使用方法。
4. 总结字体、段落等格式设置的方法。

A.5　Word 2019表格设计

一、实验目的

1. 掌握Word 2019表格的建立和单元格内容的输入。

2．掌握 Word 2019 表格的编辑。

二、实验内容及步骤

新建一个文档，制作一张如表 A-2 所示的学生期中成绩表。

表 A-2 学生期中成绩表

学生期中成绩表					
科目 姓名	语文	数学	英语	物理	化学
李诗	76	67	76	89	96
张婷	87	65	86	56	79
吴宇	83	93	75	76	93
王力	70	87	79	56	73

1．创建表格

1）使用“表格”按钮创建表格

① 将插入点定位在需要创建表格的位置。

② 单击“插入”选项卡“表格”组中的“表格”按钮。

③ 先在弹出的下拉列表的“插入表格”栏中按住鼠标左键并拖动，选择所需的表格的行数和列数，然后释放鼠标键即可。如图 A-52 所示，创建一个 5 行 6 列的表格。

2）使用“插入表格”对话框创建表格

① 将插入点定位在需要创建表格的位置。

② 单击“插入”选项卡“表格”组中的“表格”按钮。

③ 在弹出的下拉列表中选择“插入表格”命令。

④ 在弹出的“插入表格”对话框中可以设置表格的列数和行数，也可以调整列宽等，如图 A-53 所示。

⑤ 单击“确定”按钮即可将一个 5 行 6 列的表格创建到文档的指定位置。

图 A-52 使用“表格”按钮创建表格

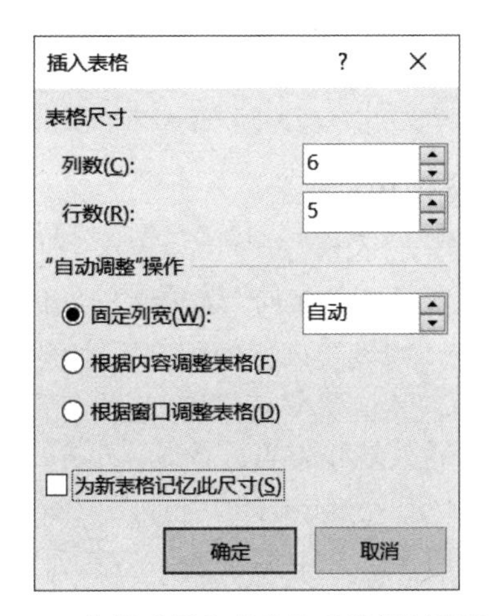

图 A-53 使用“插入表格”对话框创建表格

3）通过手工绘制的方法创建不规则的表格

① 将插入点定位在需要创建表格的位置。

② 单击“插入”选项卡“表格”组中的“表格”按钮。

③ 在弹出的下拉列表中选择“绘制表格”命令。

④ 鼠标指针变成笔形，此时按下鼠标左键，即可像使用画笔一样在文档中绘制如表 A-3 所示的表格。

表 A-3　5 行 6 列的表格

2. 表格的编辑

选定表格的第一个单元格，进入表格编辑状态。此时表格工具“设计”和“布局”选项卡被激活，如图 A-54 和图 A-55 所示。

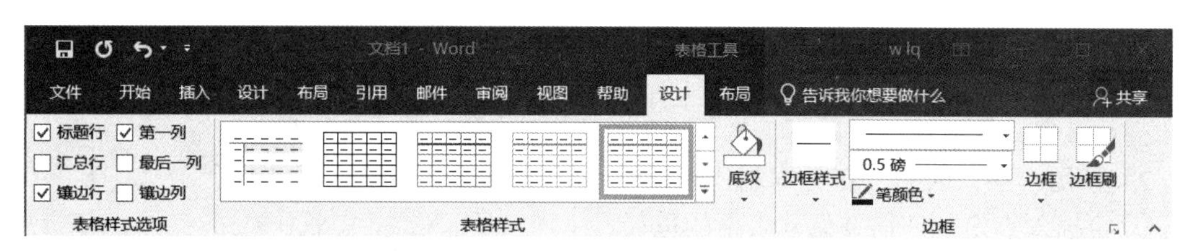

图 A-54　表格工具“设计”选项卡和功能区

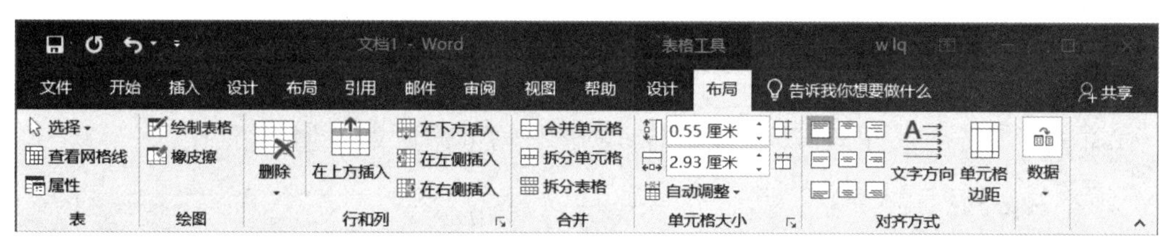

图 A-55　表格工具“布局”选项卡和功能区

1）调整行高和列宽

① 选定整个表格。

② 在表格工具“布局”选项卡的“单元格大小”组中，单击“分布行”按钮，在“表格行高”框 0.7 厘米 中设置表格的行高，本例设置为 0.7 厘米。

③ 选中表格的第一行，在“表格行高”框 0.7 厘米 中将第一行的行高设置为 1 厘米（因为第一行要插入斜线表头）。

④ 采用②、③的方法，通过“分布列”按钮和“表格列宽”框 2 厘米 ，将表格列宽设置为 2 厘米。选中第一列，将其列宽设置为 2.5 厘米。

2）绘制斜线表头

选中表格的第一个单元格，在表格工具“设计”选项卡中，选择“边框”组，单击“边框”按钮，在弹出的下拉列表中选择“斜下框线”命令，如图A-56所示，即可为表格绘制斜线表头。插入斜线表头后的表格如表A-4所示。

表A-4　插入斜线表头后的表格

3）添加行（或列）

方法一：将插入点定位在表格中，右击，在弹出的快捷菜单中选择“插入”→“在上方插入行”命令，可以在插入点的上方插入一行；选择“在下方插入行”命令，可以在插入点的下方插入一行；选择“在左侧插入列”命令，可以在插入点的左侧插入一列；选择“在右侧插入列”命令，可以在插入点的右侧插入一列。

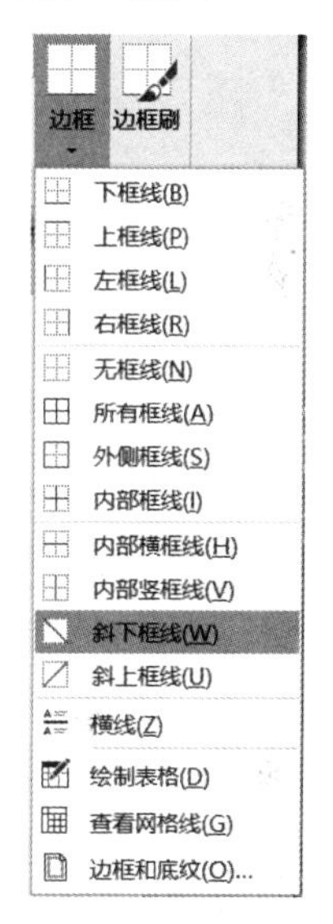

图A-56　选择“斜下框线”命令

方法二：将插入点定位在表格中，单击“布局”选项卡，在“行和列”组的“在上方插入”、“在下方插入”、“在左侧插入”和“在右侧插入”四个按钮中选择合适的进行单击。

在本实验中，我们要在原表格的第一行上方添加一行。操作步骤如下：把鼠标光标定位在表格第一行的最后一个单元格，右击，在弹出的快捷菜单中选择“插入”→“在上方插入行”命令。或者，把鼠标光标定位在表格第一行的最后一个单元格，进入表格编辑状态。选择表格工具的“布局”选项卡，单击“行和列”组中的“在上方插入”按钮。

插入新行后的表格如表A-5所示。

表A-5　插入新行后的表格

续表

4）合并单元格

拖动鼠标选定表格的第一行，右击，在弹出的快捷菜单中选择“合并单元格”命令，即可将其合并为一个单元格。

本实验中的表格在进行合并单元格操作后还留有一条斜线。此时，需要选中表格的第一行，在表格工具“设计”选项卡中，单击“边框”组中的“边框”按钮，在弹出的下拉列表中选择“斜下框线”命令，对其进行反操作，即删除表格第一行的斜线表头，得到如表A-6所示的表格。

表A-6 合并单元格后的表格

<table>
<tr><td colspan="6"></td></tr>
<tr><td></td><td></td><td></td><td></td><td></td><td></td></tr>
<tr><td></td><td></td><td></td><td></td><td></td><td></td></tr>
<tr><td></td><td></td><td></td><td></td><td></td><td></td></tr>
<tr><td></td><td></td><td></td><td></td><td></td><td></td></tr>
<tr><td></td><td></td><td></td><td></td><td></td><td></td></tr>
</table>

5）设置边框

选中表格，在表格工具“设计”选项卡中，单击“边框”组中“边框”按钮下方的下拉按钮，在弹出的边框线下拉列表中选择“边框和底纹”命令。

在打开的“边框和底纹”对话框中，如图A-57所示，选择“边框”选项卡，在“设置”区域中选择“虚框选项”；在“样式”列表框中选择所需样式；在“颜色”下拉列表框中选择所需颜色；在“宽度”下拉列表框中选择“1.5磅”选项；在“应用于”下拉列表框中选择“表格”选项，单击“确定”按钮。

设置边框后的表格如表A-7所示。

6）输入表格内容，进行编辑

① 参照实验样表，在表格中输入数据。

② 选中表格中的数据，设置字体为宋体，字号为五号。

③ 在表格工具“布局”选项卡中单击“对齐方式”组中的“水平居中”按钮，如图A-58所示。

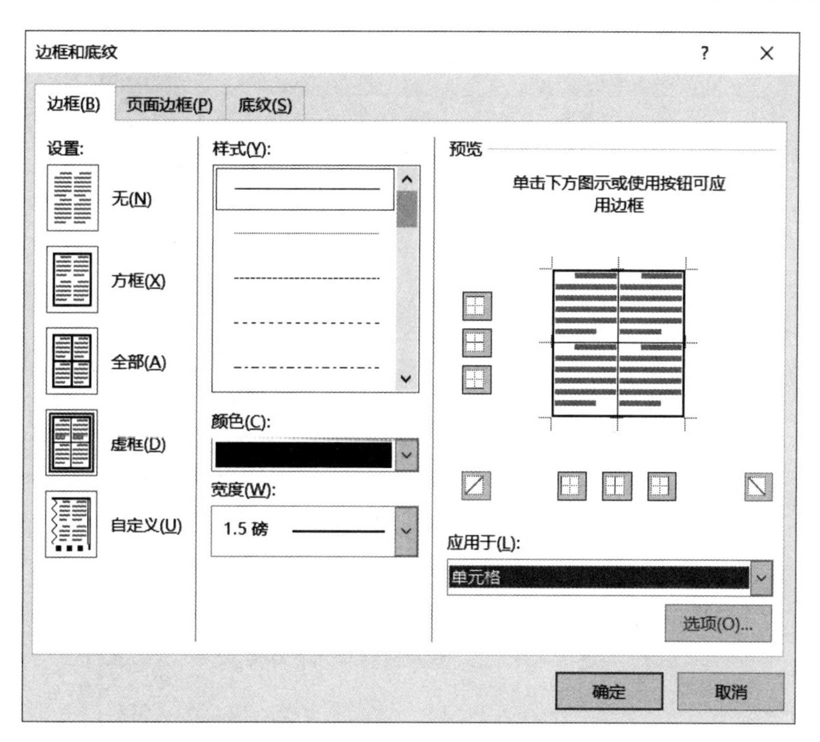

图 A-57　“边框和底纹”对话框

表 A-7　设置边框后的表格

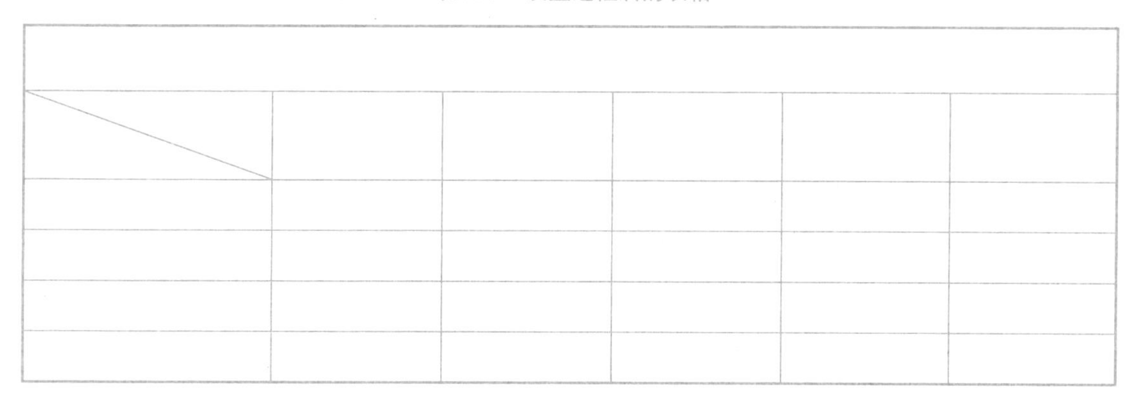

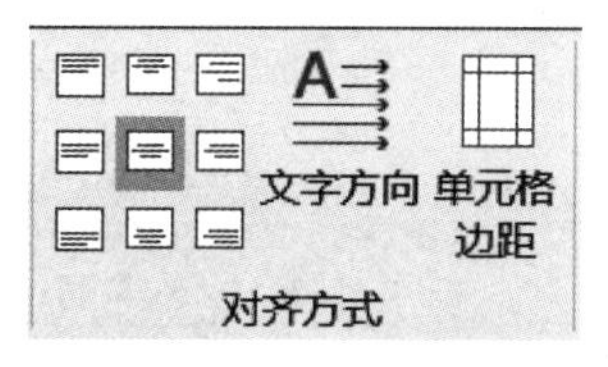

图 A-58　对齐方式设置

④ 选中表格第一行中的文字，将其字形设置为“加粗”。

至此，表格已按要求制作成功。保存好文档，即可退出 Word 2019。

练习：

在 Word 2019 文档中创建如图 A-59 所示个人简历。

个人基本简历				
姓　名：	王丽丽	民　族：	汉族	
学　历：	本科	身高体重：	161 cm　55 kg	
户 籍 地：	广西	年　龄：	26岁	
婚姻状况：	未婚	政治面貌：	中共党员	
求职意向及工作经历				
人才类型：	普通求职			
应聘职位：	教师、行政管理、数据库开发			
工作经历：	2010年7月至2012年10月　在华为，从事应用系统方面的开发工作 2012年10月至2014年6月　从事IT教育培训工作			
教育背景				
毕业院校：	长江大学			
所学专业：	计算机科学与技术	第二专业：	文学	
培训经历：	2013年8月至2013年10月 在微软公司参加“数据库开发”培训			
语言能力				
外　语：	英语　六级	中文水平：	良好	
工作能力及其他专长				
	☆ 专业技能：熟悉 .NET平台的开发，精通 SQL Server 2005数据库 熟悉 Windows、Linux 操作系统，具有良好的教育教学能力 ☆ 爱好特长：运动、读书 ☆自我评价 专业知识扎实，分析决策、管理能力和接受新事物能力较强； 善于辩证地分析和思考问题，具有较强的组织协调能力			
详细个人介绍				
	良好的学校教育，让我用科学的理论知识和熟练的专业技能干好每一件事；坦诚、踏实的性格，让我在工作中与领导、同事相处融洽，很好地完成了各项任务。 我期望：有一个合适的平台，用我的所有热情和智慧全力去开拓、耕耘。 我坚信：只要不断地在社会这个大熔炉中学习，用“心”去面对一切，必然能不断战胜自己、超越自己，逐步走向成功！			

图 A-59　个人简历表

三、思考题

1．表格的创建有哪几种方法？分别如何创建？
2．编辑表格常用的方式有哪几种？
3．如何添加表格的边框？

A.6　Excel 2019 的基本操作及公式应用

一、实验目的

1．掌握 Excel 文档的新建、打开、编辑、关闭、保存等操作。
2．掌握工作表的插入、删除、移动、复制和重命名等操作。

3. 掌握单元格的插入、删除、移动、复制、清除、合并等操作。
4. 掌握单元格的格式设置，包括单元格字体、对齐方式、边框、填充效果等。
5. 掌握数据的填充方法及常用函数和公式的使用方法。

二、实验内容及步骤

1. 启动 Excel 2019

常用下面三种方法启动 Excel 2019。
（1）打开 Windows 10 中的“开始”菜单，选择程序列表→“Excel”命令。
（2）双击由 Excel 2019 生成的文档。
（3）双击桌面上 Excel 2019 的快捷方式图标。

2. 认识 Excel 2019 窗口的组成

Excel 2019 窗口的组成如图 A-60 所示。

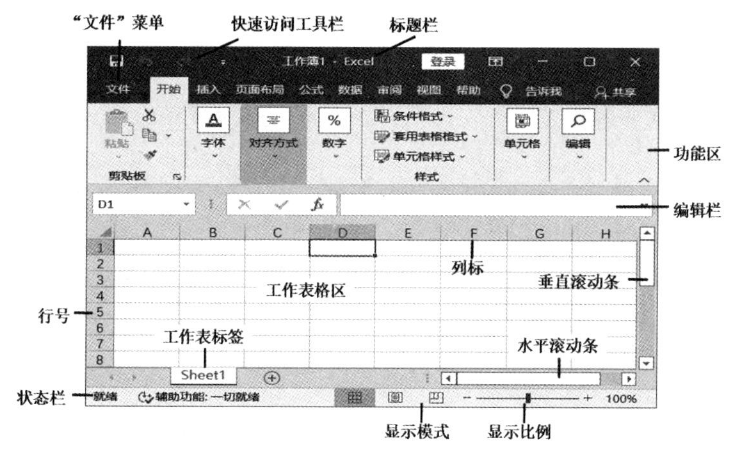

图 A-60 Excel 2019 窗口的组成

3. 创建工作表

在新建工作簿“工作簿 1”默认的工作表 Sheet1 中，从单元格 A1 开始，输入如表 A-8 所示数据。

表 A-8 电脑销售记录数据

编 号	产品名称	单 价	数 量
1	台式电脑	4899	1
2	笔记本电脑	4399	2
3	笔记本电脑	5450	2
4	笔记本电脑	6499	1
5	台式电脑	4500	2
6	台式电脑	3000	1

4. 保存工作簿

方法一：单击快速访问工具栏中的“保存”按钮。

方法二：单击“文件”菜单，选择“保存”命令或“另存为”命令。

在如图 A-61 所示“另存为”对话框中，指定文件要保存的位置，输入文件名“销售记录.xlsx”后，单击对话框中的“保存”按钮，即可保存文档。

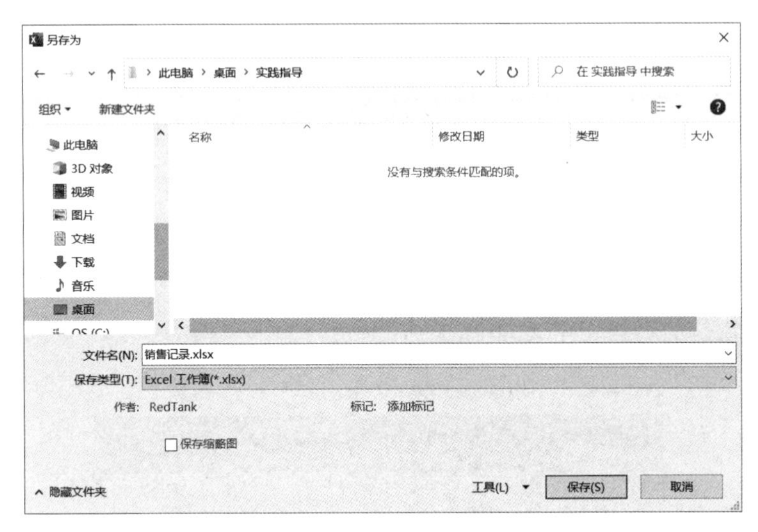

图 A-61 “另存为”对话框

5. 重命名工作表

双击工作表标签“Sheet1”，这时工作表标签以反白显示，在其中输入“电脑销售统计”，确认后即可完成重命名。

6. 插入新工作表

直接单击工作表标签右边的⊕按钮，可以完成插入新工作表操作，将插入的工作表重命名为“销售明细”。

7. 在同一个工作簿中移动工作表

单击“销售明细”工作表标签，用鼠标左键按住该工作表标签，沿着标签行将其拖动到“电脑销售统计”工作表之前。

8. 在同一个工作簿中复制工作表

选择“销售明细”工作表，按下 Ctrl 键，同时使用鼠标左键按住该工作表标签，沿着标签行将其拖动到“电脑销售统计”工作表之后。复制后的工作表自动命名为“销售明细 (2)”。

9. 删除工作表

单击工作表标签“销售明细 (2)”，选择“开始”→“单元格”→“删除”→“删除工作表”命令，即可删除该工作表。

10. 插入单元格、行和列

（1）打开“电脑销售统计”工作表。

（2）单击选定 A1 单元格，或单击行号 1 选定第 1 行。

（3）选择“开始”→“单元格”→“插入”→“插入工作表行”命令，即在第 1 行的上方插入新的一行，原有的行将自动下移。

（4）选定单元格 D2，或单击列号 D 选定 D 列。

（5）选择“开始”→“单元格”→“插入”→“插入工作表列”命令，即在 D 列的左侧插入新的一列，原有的列将自动右移。

（6）选定单元格 A2。

（7）选择“开始”→“单元格”→“插入”→“插入单元格”命令，打开“插入”对话框，如图 A-62 所示。

（8）选中“活动单元格下移”单选按钮。

（9）单击“确定”按钮，即在单元格 A2 处插入一个空白单元格，原单元格的数据自动下移。

经过以上操作后的结果如图 A-63 所示。

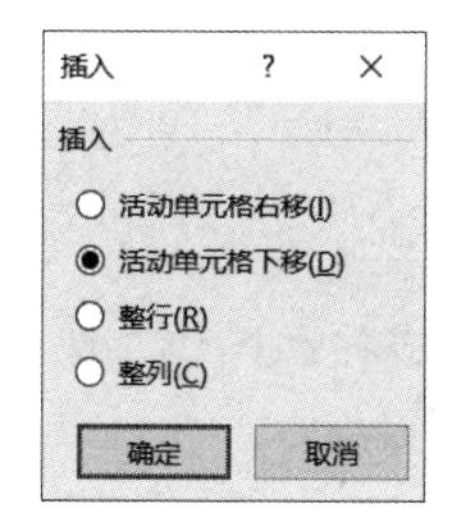

图 A-62　“插入”对话框

	A	B	C	D	E
1					
2		产品名称	单价		数量
3	编号	台式电脑	4899		1
4	1	笔记本电脑	4399		2
5	2	笔记本电脑	5450		2
6	3	笔记本电脑	6499		1
7	4	台式电脑	4500		2
8	5	台式电脑	3000		1
9	6				

图 A-63　插入行、列和单元格后的结果

11. 删除单元格、行和列

（1）打开“电脑销售统计”工作表。

（2）单击列号 D 选定 D 列。

（3）选择“开始”→“单元格”→“删除”→“删除工作表列”命令。

（4）选定单元格 A2。

（5）选择“开始”→“单元格”→“删除”→“删除单元格”命令。

（6）弹出“删除文档”对话框，如图 A-64 所示，选中“下方单元格上移”单选按钮。

（7）单击“确定”按钮，在单元格 A2 处删除一个空白单元格，原单元格下方的数据自动上移。经过上述操作后的结果如图 A-65 所示。

删除文档　?
删除文档
右侧单元格左移(L)
下方单元格上移(U)
整行(R)
整列(C)
确定　取消

图 A-64　“删除文档”对话框

	A	B	C	D
1				
2	编号	产品名称	单价	数量
3	1	台式电脑	4899	1
4	2	笔记本电脑	4399	2
5	3	笔记本电脑	5450	2
6	4	笔记本电脑	6499	1
7	5	台式电脑	4500	2
8	6	台式电脑	3000	1

图 A-65　执行删除操作后的结果

12. 选定单元格

1）选定一个单元格

单击目标单元格即可完成单元格选定。

2）选定多个连续单元格

例如，选定 A2:D8 区域的单元格。

方法一：在选定区域第一个单元格 A2 上按住鼠标左键，一直拖动到最后一个单元格 D8。

方法二：单击选定区域中第一个单元格 A2，按住 Shift 键，再单击选定区域中最后一个单元格 D8。

3）选定多个不连续单元格

例如，同时选定 A4、C3、D6、D8 单元格。

单击待选定的第一个单元格 A4，按住 Ctrl 键，再依次单击待选定的其他单元格。

13. 单元格数据的复制、移动和清除

1）将 B3:B8 单元格区域的数据移动或复制到 H11:H16 单元格区域

方法一：拖曳鼠标完成移动或复制。

① 选定 B3:B8 单元格区域。

② 鼠标指针指向选定区域的外框处，此时鼠标指针呈四向箭头状。

③ 按下鼠标左键并拖曳到 H11:H16 单元格区域，即可完成移动操作。按住 Ctrl 键，同时按下鼠标左键并拖曳到 H11:H16 单元格区域，即可完成复制操作。

方法二：使用剪贴板完成移动或复制。

① 选定 B3:B8 单元格区域。

② 选择“开始”→“剪贴板”→“剪切”命令。

③ 单击选中 H11 单元格，选择“开始”→“剪贴板”→“粘贴”命令，即可完成移动操作。

如果要完成复制操作，将上面第②步的“剪切”命令改成“复制”命令即可。

2）清除 H11:H16 单元格区域的数据

方法一：选定 H11:H16 单元格区域，选择“开始”→“编辑”→“清除”→“清除内容”命令。

方法二：选定 H11:H16 单元格区域，按键盘上的 Delete 键清除内容。

14. 设置单元格格式

1）设置标题

① 选定 A1:D1 单元格区域。

② 选择“开始”→“单元格”→“格式”→“设置单元格格式”命令。

③ 在打开的对话框中选择“对齐”选项卡，如图 A-66 所示。将“水平对齐”和“垂直对齐”分别设置为“居中”。将“合并单元格”复选框选中后，单击“确定”按钮。

④在 A1 单元格中输入“4 月电脑销售情况”。

⑤ 单击 A1 单元格，选择“开始”→“单元格”→“格式”→“设置单元格格式”命令，选择“字体”选项卡。按如图 A-67 所示设置字体格式后，单击“确定”按钮。

2）设置其余部分字体样式

设置其余部分字体样式为宋体、12 号，对齐方式为水平居中、靠下对齐。

3）设置外边框为红色双线，内边框为蓝色单线

① 选定 A1:D8 单元格区域。

② 选择“开始”→“单元格”→“格式”→“设置单元格格式”命令，打开“边框”选项卡，如图 A-68 所示。

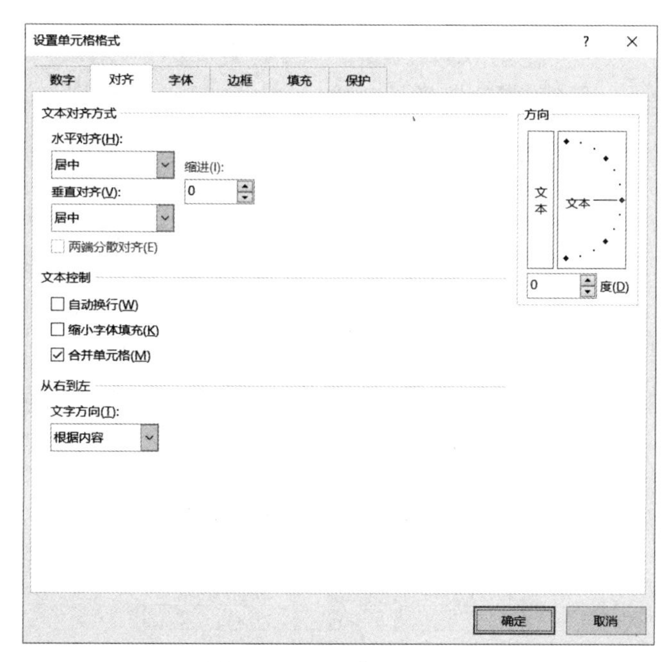

图 A-66　“对齐”选项卡

图 A-67　“字体”选项卡

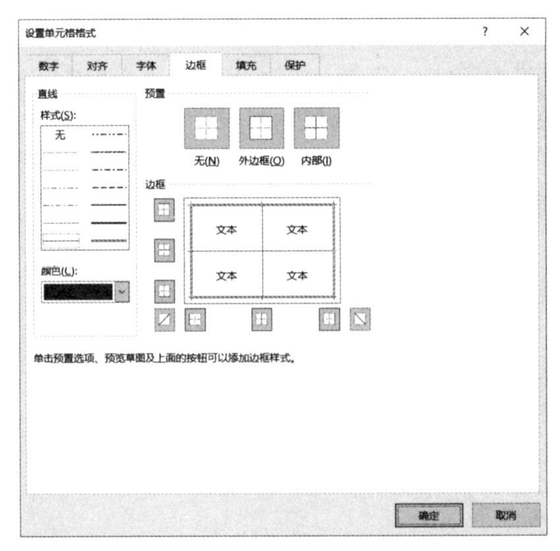

图 A-68 “边框”选项卡

③ 在该选项卡中依次设置线条“样式”、“颜色”、“预置”和“边框”等内容。先依次选择双线、红色、外边框，再依次选择单线、蓝色、内部，单击“确定”按钮。

完成全部设置后，得到的效果如图 A-69 所示。

	A	B	C	D
1	4月电脑销售情况			
2	编号	产品名称	单价	数量
3	1	台式电脑	4899	1
4	2	笔记本电脑	4399	2
5	3	笔记本电脑	5450	2
6	4	笔记本电脑	6499	1
7	5	台式电脑	4500	2
8	6	台式电脑	3000	1

图 A-69 设置单元格格式后的效果

在“销售记录 . xlsx”的“销售明细”工作表中，输入如图 A-70 所示数据。

	A	B	C	D	E	F	G	H
1	编号	类型	单价	出厂月份	2022年5月	2022年6月	2022年7月	2022年8月
2	1	液晶电视	4790	Jan-2022	7	3	2	4
3	2	液晶电视	6490	Feb-2022	2	2	1	3
4	3	液晶电视	4990	Mar-2022	8	3	2	5
5	4	液晶电视	5480	Apr-2022	6	4	2	5
6	5	冰箱	2200	Jan-2022	2	1	1	1
7	6	冰箱	4488	Feb-2022	1	0	0	1
8	7	冰箱	2660	Mar-2022	2	0	1	1
9	8	洗衣机	3280	Jan-2022	5	4	6	4
10	9	洗衣机	3690	Feb-2022	6	3	5	2
11	10	洗衣机	3160	Mar-2022	8	6	6	7

图 A-70 家电销售记录数据

15. 使用鼠标拖动完成自动填充

1）在“编号”列实现数值型数据的填充

① 在 A2 单元格中输入该数据列的第一个数值“1”。

② 选定A2单元格，将鼠标指针指向填充柄，按下鼠标左键并同时按住Ctrl键向下拖动至A11单元格。

2）在“类型”列实现文本型数据的填充

① 在B2单元格中输入该数据列的第一个文本“液晶电视”。

② 选定B2单元格，将鼠标指针指向填充柄，按下鼠标左键并向下拖动至B5单元格。

③ 使用同样的方法输入B6:B8单元格区域的数据及B9:B11单元格区域的数据。

16. 使用“序列”对话框完成自动填充

可以采用以下方法实现列标题“2022年5月”、“2022年6月”、“2022年7月”和“2022年8月”的填充。

① 在E1单元格中输入该数据行的第一个数据“2022-5”。

② 选定要填充的单元格区域E1:H1。

③ 选择“开始”→“编辑”→“填充”→“序列”命令，打开如图A-71所示“序列”对话框。

④ 在“序列产生在”栏内选中“行”单选按钮。

⑤ 在“类型”栏内选中“日期”单选按钮。

⑥ 在“日期单位”栏内选中“月”单选按钮。

⑦ 在“步长值”文本框内输入“1”。

⑧ 单击“确定”按钮，完成填充。

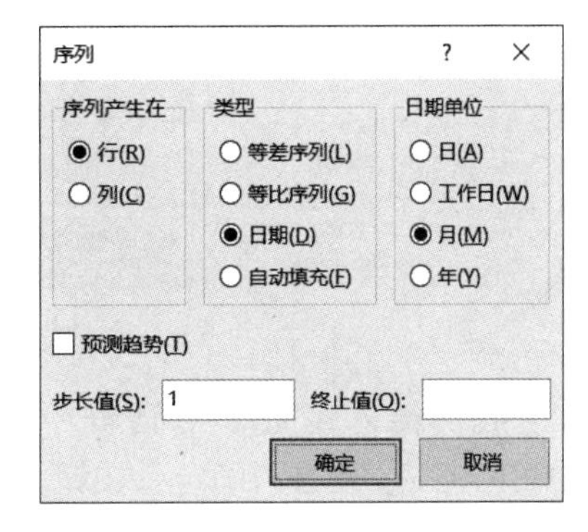

图A-71 “序列”对话框

填充完毕后，需要设置E1:H1单元格区域的格式：选定单元格区域E1:H1，在右键菜单中选择“设置单元格格式”命令，弹出“设置单元格格式”对话框，选择“数字”→“自定义”→“yyyy"年"m"月""”选项，单击“确定”按钮。采用类似的方法，设置“出厂月份”数据列的日期格式。

17. 公式的使用

1）“销售总量”列数据的计算

① 单击I1单元格，输入文本“销售总量”。

② 选定I2单元格，单击“开始”→“编辑”中的“自动求和”按钮Σ。当I2单元格中显示“=SUM(E2:H2)”公式时，按Enter键求出结果。

③ 选定I2单元格，用鼠标左键拖动I2单元格的填充柄，向下自动填充I3到I11单元格中的数据。

2）“销售总额”列数据的计算

① 单击J1单元格，输入文本“销售总额”。

② 选定J2单元格，输入公式“=I2*C2”，按Enter键求出结果。

③ 选定J2单元格，用鼠标左键拖动J2单元格的填充柄，向下自动填充J3到J11单元格中的数据。

18. 函数的使用

1）“平均月销量”列数据的计算

① 单击K1单元格，输入文本“平均月销量”。

② 选定 K2 单元格，选择“公式”→“函数库”→“插入函数”命令，或者直接单击编辑栏中的 *fx* 按钮，打开如图 A-72 所示“插入函数”对话框。

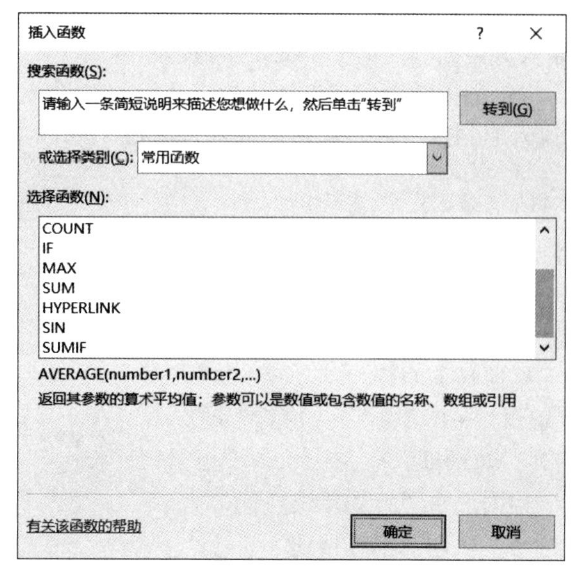

图 A-72 “插入函数”对话框

在“插入函数”对话框中，选择“或选择类别”为“常用函数”，“选择函数”为 AVERAGE，单击“确定”按钮，弹出如图 A-73 所示“函数参数”对话框。

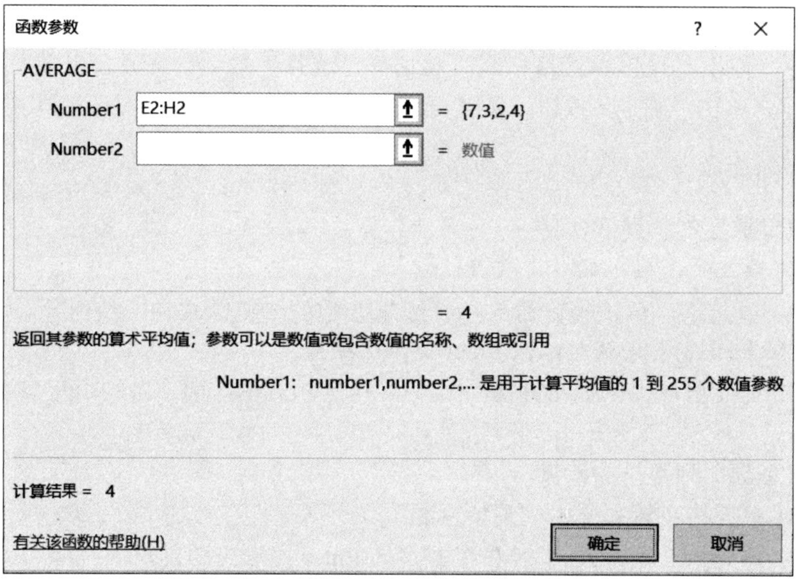

图 A-73 “函数参数”对话框

③ 单击“Number1”后面的折叠按钮，选择需要求取平均值的单元格区域 E2:H2，单击“确定”按钮。

④ 选定 K2 单元格，使用鼠标左键拖动 K2 单元格的填充柄，向下自动填充 K3 到 K11 单元格中的数据。

2）“月最高销量”列数据的计算

① 单击 L1 单元格，输入文本“月最高销量”。

② 在 L2 单元格中插入函数 MAX，单击折叠按钮，设置参数并完成计算。利用填充柄完成 L3 到 L11 单元格中数据的填充。

三、思考题

1. 工作簿和工作表有什么区别和联系？
2. 如何输入文本数字串？如何输入日期和时间？
3. 利用功能区选项完成单元格数据的移动和复制操作时，它们之间的区别是什么？
4. 如何使用“序列”对话框填充一年中的 12 个月？

A.7 数据分析与管理

一、实验目的

1. 掌握条件格式的使用方法。
2. 掌握简单排序和复杂排序的操作方法。
3. 掌握自动筛选和高级筛选的操作方法。
4. 掌握分类汇总的相关操作。
5. 掌握创建数据透视表的操作。
6. 掌握创建图表的相关操作。

二、实验内容及步骤

新建文件“工资表 .xlsx”，在 Sheet1 工作表中输入如图 A-74 所示数据。

	A	B	C	D	E	F	G
1	部门	姓名	性别	出生日期	职称	基本工资	附加工资
2	开发部	曹雨声	男	2001-06-26	初级	3556.00	529.00
3	人事部	李芳	女	1997-08-01	中级	4756.00	461.00
4	开发部	李晓利	男	1987-08-27	高级	5896.00	548.00
5	市场部	刘冰冰	女	2000-10-05	初级	3586.00	437.00
6	人事部	刘明	男	1986-05-04	高级	5875.00	541.00
7	市场部	罗成明	男	1998-05-06	初级	3705.00	418.00
8	开发部	文强	男	1987-01-15	高级	5985.00	559.00
9	财务部	许志华	女	1992-09-30	中级	4742.00	403.00
10	开发部	张红华	女	1994-11-28	中级	4677.00	467.00
11	市场部	张林	女	1999-08-15	初级	3581.00	486.00

图 A-74 工资表数据

1. 条件格式

复制工作表Sheet1，并将新工作表更名为“条件格式”。

将“基本工资”高于4600元的单元格中的文字颜色设置为“红色”，字形设置为“倾斜”。

① 选中F2:F11单元格区域，选择“开始”→“样式”→“条件格式”→“突出显示单元格规则”→“其他规则”命令，打开如图A-75所示“新建格式规则”对话框。

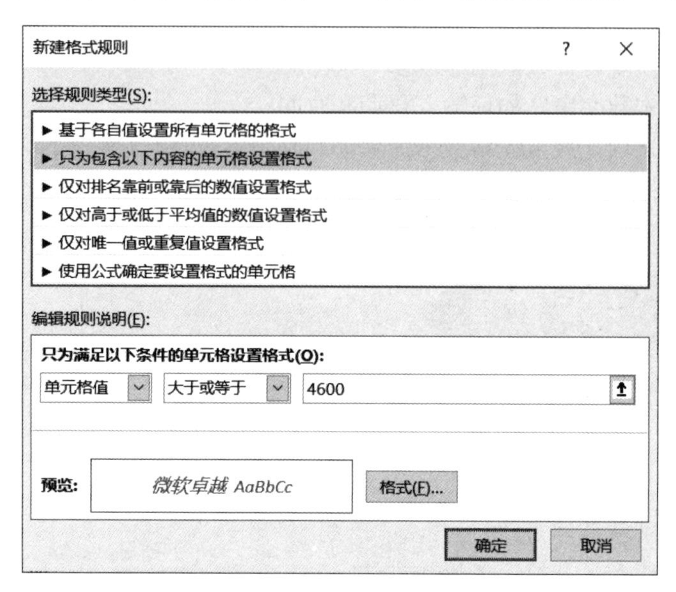

图A-75 “新建格式规则”对话框

② 将“编辑规则说明”下方的条件设置为“单元格值大于或等于4600”。单击“格式”按钮，将文本颜色设置为“红色”，字形设置为“倾斜”，单击“确定”按钮完成设置。

2. 简单排序

复制工作表Sheet1，并将新工作表更名为“排序”。

（1）将表中数据按照“基本工资”降序排列。

① 选定排序字段“基本工资”数据列中的任意单元格。

② 选择“开始”→“编辑”→“排序和筛选”→“降序”命令。

（2）将表中数据按照“姓名”升序排列。

① 选定排序字段“姓名”数据列中的任意单元格。

② 选择“开始”→“编辑”→“排序和筛选”→“升序”命令。

注意：仔细观察文本型数据“姓名”列的排列顺序，找出排序依据。

3. 复杂排序

对上述操作后的结果再次进行排序：“部门”为主要关键字，次序为“升序”；“姓名”为次要关键字，次序为“降序”。

① 选定数据区域中的任意单元格。

② 选择“数据”→“排序和筛选”→“排序”命令。在打开的“排序”对话框中设置主要关键字为“部门”，次序为“升序”。

③ 单击“添加条件”按钮。设置次要关键字为“姓名”，次序为“降序”，如图 A-76 所示。

④ 单击“确定”按钮完成排序。

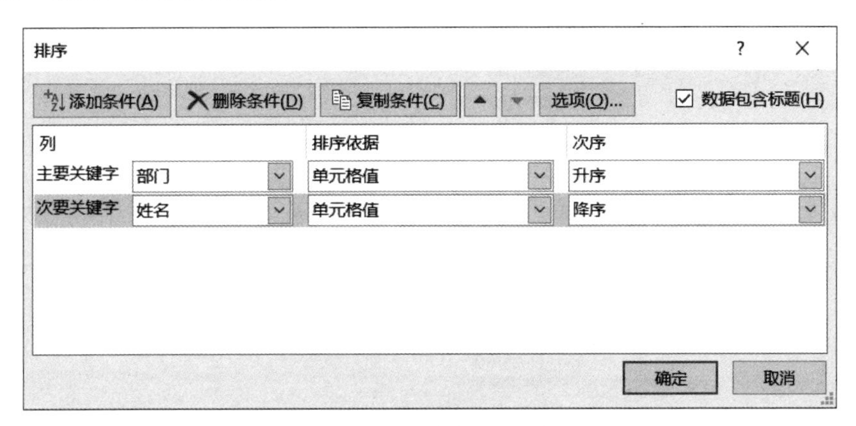

图 A-76 “排序”对话框

4. 自动筛选

复制工作表 Sheet1，并将新工作表更名为“自动筛选”。

（1）在“自动筛选”表中筛选出市场部的人员。

① 选定数据区域中的任意单元格。

② 选择“数据”→“排序和筛选”→“筛选”命令，如图 A-77 所示，字段名称将变成下拉列表的形式。

	A	B	C	D	E	F	G
1	部门	姓名	性别	出生日期	职称	基本工资	附加工资
2	开发部	曹雨声	男	2001-06-26	初级	3556.00	529.00
3	人事部	李芳	女	1997-08-01	中级	4756.00	461.00
4	开发部	李晓利	男	1987-08-27	高级	5896.00	548.00
5	市场部	刘冰冰	女	2000-10-05	初级	3586.00	437.00
6	人事部	刘明	男	1986-05-04	高级	5875.00	541.00
7	市场部	罗成明	男	1998-05-06	初级	3705.00	418.00
8	开发部	文强	男	1987-01-15	高级	5985.00	559.00
9	财务部	许志华	女	1992-09-30	中级	4742.00	403.00
10	开发部	张红华	女	1994-11-28	中级	4677.00	467.00
11	市场部	张林	女	1999-08-15	初级	3581.00	486.00

图 A-77 自动筛选表

③ 单击“部门”单元格右侧的▼按钮，在下拉列表中选中“市场部”复选框，如图 A-78 所示，单击“确定”按钮，则数据表中只显示市场部的记录。

在如图 A-78 所示的下拉列表中选中“全选”复选框，单击“确定”按钮，则可以显示所有的数据记录，如图 A-79 所示。

再次选择“数据”→“排序和筛选”→“筛选”命令，则可以取消对“自动筛选”表的筛选操作。

（2）在“自动筛选”表中筛选出基本工资大于或等于 5500 元及小于 4000 元的人员。

① 选择“筛选”命令后，在如图 A-77 所示的结果中，单击“基本工资”单元格右侧的▼按钮，在下拉列表中选择“数字筛选”→“自定义筛选”命令，如图 A-80 所示。

② 在弹出的如图 A-81 所示对话框中，依次设置基本工资“大于或等于 5500”及“小于 4000”，设置完成后单击“确定”按钮。

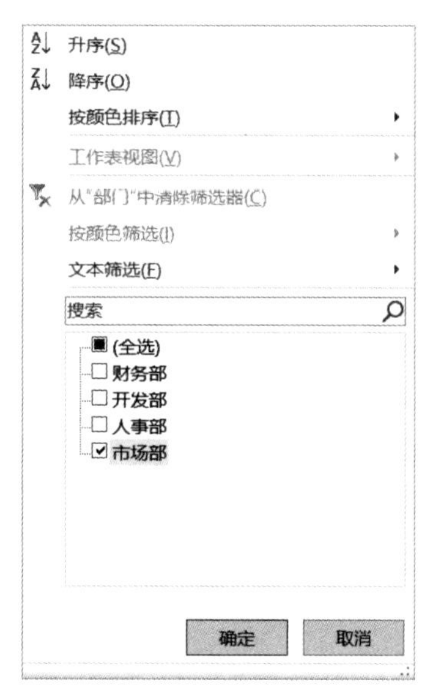

图 A-78　设置筛选条件

	A	B	C	D	E	F	G
1	部门	姓名	性别	出生日期	职称	基本工资	附加工资
5	市场部	刘冰冰	女	2000-10-05	初级	3586.00	437.00
7	市场部	罗成明	男	1998-05-06	初级	3705.00	418.00
11	市场部	张林	女	1999-08-15	初级	3581.00	486.00

图 A-79　自动筛选结果 1

图 A-80　设置自定义筛选

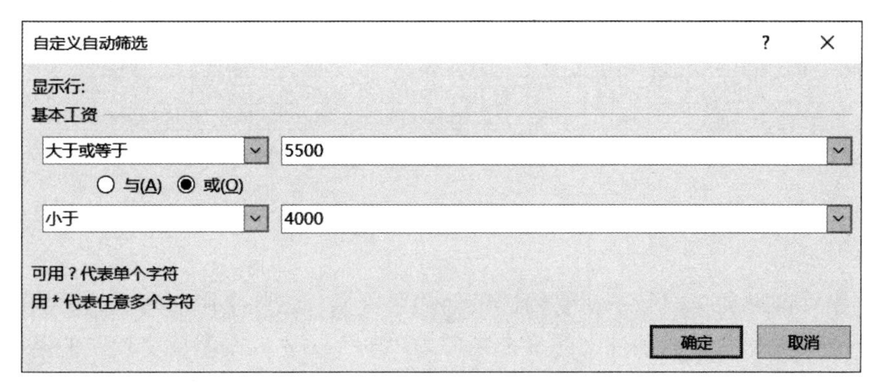

图 A-81 “自定义自动筛选”对话框

完成操作后，将显示如图 A-82 所示筛选结果。

	A	B	C	D	E	F	G
1	部门	姓名	性别	出生日期	职称	基本工资	附加工资
2	开发部	曹雨声	男	2001-06-26	初级	3556.00	529.00
4	开发部	李晓利	男	1987-08-27	高级	5896.00	548.00
5	市场部	刘冰冰	女	2000-10-05	初级	3586.00	437.00
6	人事部	刘明	男	1986-05-04	高级	5875.00	541.00
7	市场部	罗成明	男	1998-05-06	初级	3705.00	418.00
8	开发部	文强	男	1987-01-15	高级	5985.00	559.00
11	市场部	张林	女	1999-08-15	初级	3581.00	486.00

图 A-82 自动筛选结果 2

5. 高级筛选

复制工作表 Sheet1，并将新工作表更名为“高级筛选”。

（1）在“高级筛选”表中筛选出基本工资大于或等于 4700 元的男性数据记录，并将筛选结果保存到 A16 单元格开始的位置上。

① 选中 F13:G14 单元格区域，输入如图 A-83 所示筛选条件。

② 选择“数据”→“排序和筛选”→“高级”命令，打开“高级筛选”对话框，选中“将筛选结果复制到其他位置”单选按钮。利用折叠按钮，分别设置“列表区域”、“条件区域”和“复制到”的值为原始数据区域、筛选条件区域和表格下方空白区域，如图 A-84 所示，单击“确定”按钮，即可完成筛选操作。筛选后的结果如图 A-85 所示。

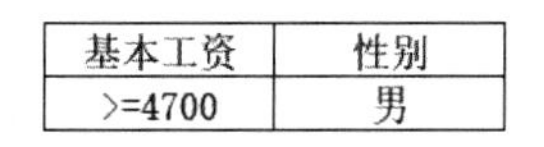

基本工资	性别
>=4700	男

图 A-83 筛选条件

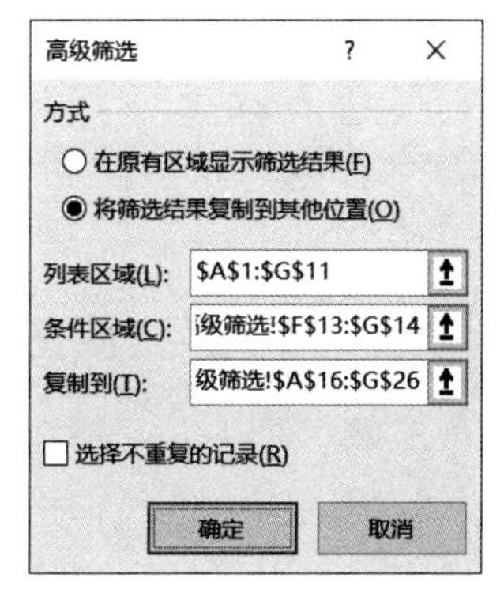

图 A-84 “高级筛选”对话框

16	部门	姓名	性别	出生日期	职称	基本工资	附加工资
17	开发部	李晓利	男	1987-08-27	高级	5896.00	548.00
18	人事部	刘明	男	1986-05-04	高级	5875.00	541.00
19	开发部	文强	男	1987-01-15	高级	5985.00	559.00

图 A-85　高级筛选结果

（2）参考上述步骤，在“高级筛选”表中筛选出基本工资大于 5000 元或开发部的人员的数据记录。

提示：条件区域的第一行是所有筛选条件的字段名，这些字段名与原始数据表中的字段名必须完全一致。如果筛选条件中的多个条件为“与”关系，则需要将指定的条件值写在同一行中。如果筛选条件中的多个条件为“或”关系，则需要将指定的条件值分别写在不同的行中。

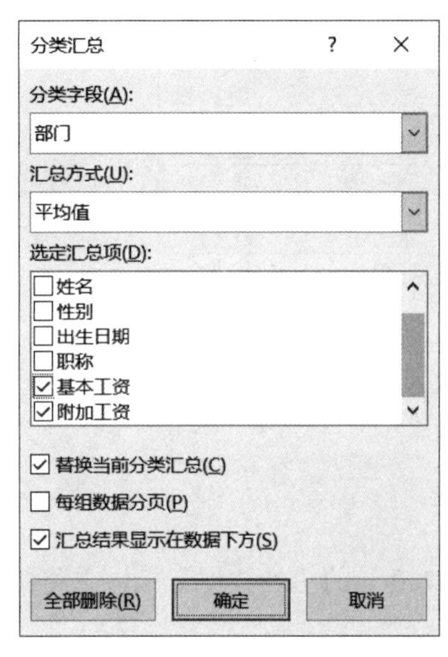

图 A-86　“分类汇总”对话框

6. 分类汇总

复制工作表 Sheet1，并将新工作表更名为“分类汇总”。

将“分类汇总”表中的数据按“部门”分别计算出“基本工资”和“附加工资”的平均值。

① 先按“部门”字段进行升序排列。

② 选定数据区域中的任意单元格。

③ 选择“数据”→“分级显示”→“分类汇总”命令，打开“分类汇总”对话框，如图 A-86 所示。

④ 在“分类字段”下拉列表框中选择“部门”选项。

⑤ 在“汇总方式”下拉列表框中选择“平均值”选项。

⑥ 在“选定汇总项”列表框中选择“基本工资”和“附加工资”复选框。

⑦ 单击“确定”按钮，分类汇总结果如图 A-87 所示。

	A	B	C	D	E	F	G
1	部门	姓名	性别	出生日期	职称	基本工资	附加工资
2	财务部	许志华	女	1992-09-30	中级	4742.00	403.00
3	**财务部 平均值**					4742.00	403.00
4	开发部	曹雨声	男	2001-06-26	初级	3556.00	529.00
5	开发部	李晓利	男	1987-08-27	高级	5896.00	548.00
6	开发部	文强	男	1987-01-15	高级	5985.00	559.00
7	开发部	张红华	女	1994-11-28	中级	4677.00	467.00
8	**开发部 平均值**					5028.50	525.75
9	人事部	李芳	女	1997-08-01	中级	4756.00	461.00
10	人事部	刘明	男	1986-05-04	高级	5875.00	541.00
11	**人事部 平均值**					5315.50	501.00
12	市场部	刘冰冰	女	2000-10-05	初级	3586.00	437.00
13	市场部	罗成明	男	1998-05-06	初级	3705.00	418.00
14	市场部	张林	女	1999-08-15	初级	3581.00	486.00
15	**市场部 平均值**					3624.00	447.00
16	**总计平均值**					4635.90	484.90

图 A-87　分类汇总结果

提示：如果要取消分类汇总，可以在打开如图 A-86 所示“分类汇总”对话框后，单击“全部删除”按钮。

7. 数据透视表

复制工作表 Sheet1，并将新工作表更名为“数据透视表”。

根据“数据透视表”内容建立数据透视表。具体要求如下：

① 报表筛选：“部门”作为筛选字段。

② 分类字段：“姓名”作为行标签，“性别”作为列标签。

③ 汇总数值：“基本工资”和“附加工资”的平均值。

④ 透视表位置：从当前工作表的 A15 单元格开始。

具体操作步骤如下。

① 选定数据区域中的任意单元格。

② 选择“插入”→“表格”→“数据透视表”→“表格和区域”命令，打开“来自表格或区域的数据透视表”对话框，如图 A-88 所示。在“选择表格或区域”栏中，利用折叠按钮设置“表 / 区域”的内容为整个数据区域 A1:G11。在“选择放置数据透视表的位置”栏中，选中“现有工作表”单选按钮，并利用折叠按钮指定“位置”为工作表中的空白区域 A15:G30。设置完成后单击“确定”按钮。

③ 弹出“数据透视表字段”对话框，如图 A-89 所示，在“选择要添加到报表的字段”下拉列表框中选择所需字段。将“部门”字段选中并拖放至“筛选”列表框中，将“姓名”字段选中并拖放至“行”列表框中，将“性别”字段选中并拖放至“列”列表框中，将“基本工资”和“附加工资”字段选中并拖放至“值”列表框中，分别单击下拉箭头，将“值字段设置”中的“计算类型”设置为“平均值”。

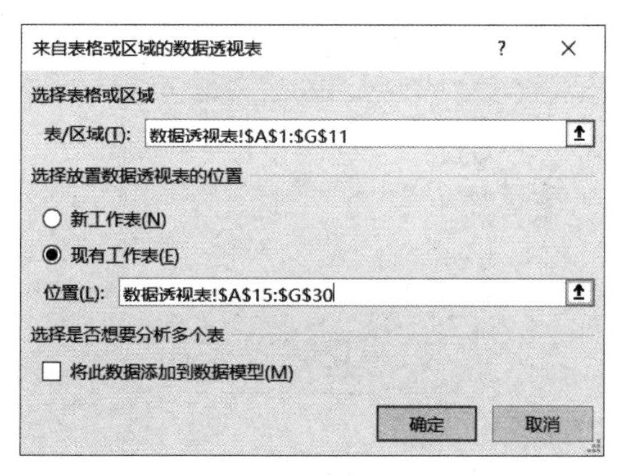

图 A-88 “来自表格或区域的数据透视表”对话框

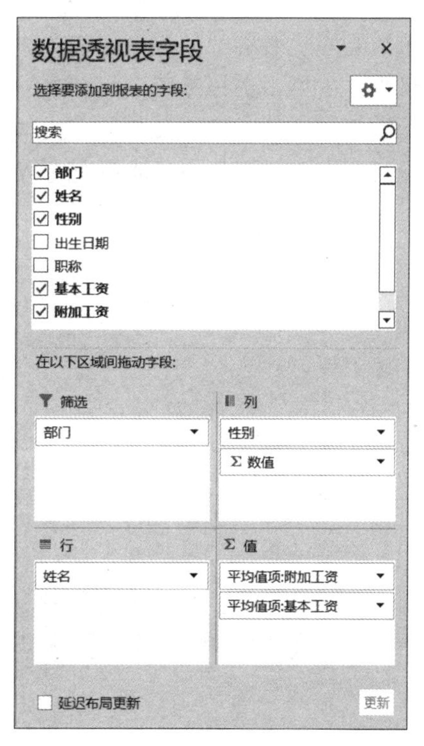

图 A-89 “数据透视表字段”对话框

④ 设置完成后，在“部门”中选择“开发部”，显示如图 A-90 所示透视表。

	A	B	C	D	E	F	G
13	部门	开发部					
14							
15		列标签					
16		男		女		平均值项:附加工资汇总	平均值项:基本工资汇总
17	行标签	平均值项:附加工资	平均值项:基本工资	平均值项:附加工资	平均值项:基本工资		
18	曹雨声	529	3556			529	3556
19	李晓利	548	5896			548	5896
20	文强	559	5985			559	5985
21	张红华			467	4677	467	4677
22	总计	545.3333333	5145.666667	467	4677	525.75	5028.5

图 A-90　数据透视表的显示结果

8. 创建图表

复制工作表 Sheet1，并将新工作表更名为“图表”。

在“图表”表中，根据“姓名”、“基本工资”和“附加工资”三列数据，创建一个二维柱形图表。创建图表的具体要求如下。

（1）图表标题为“个人工资统计”；X 轴的标题为“姓名”，Y 轴的标题为“工资”。

（2）图例在图表靠右的位置。

（3）图表的数据源为“姓名”、“基本工资”和“附加工资”。

（4）图表的位置为原工作表数据的下方。

完成上述要求的具体操作步骤如下。

① 选择“插入”选项卡，在“图表”组中选择“柱形图”，单击下三角按钮，选择“二维柱形图”的第一个样式（簇状柱形图）。

② 单击空白图表，在新增的“图表工具”功能选项卡中，选择“图表设计”→“数据”→“选择数据”命令，打开“选择数据源”对话框，如图 A-91 所示。利用折叠按钮，在“图表数据区域”文本框中选择需要生成图表的数据列，如本表中的“姓名”、“基本工资”和“附加工资”三列。实现多列选择时，进行鼠标操作的同时按住 Ctrl 键。在“图例项（系列）”和“水平（分类）轴标签”中将自动填充内容。

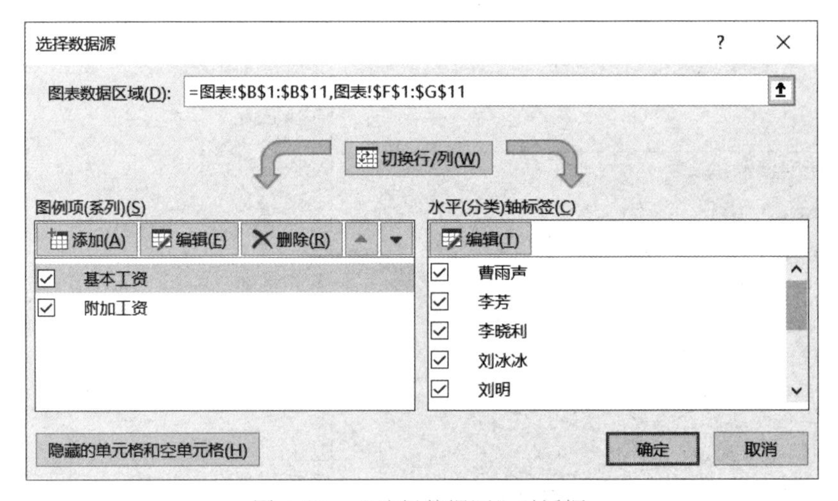

图 A-91　“选择数据源”对话框

③ 在“图表设计”→“图表样式”中选择“样式 1”。将图表区的“图表标题”修改为“个人工资统计”。

④ 选择“图表设计”→“图表布局”→“添加图表元素”→“坐标轴标题”→“主要横坐标轴”命令，将图表区的“坐标轴标题”修改为“姓名”。使用同样的方法将纵坐标的标题设置为“工资”。

⑤ 选择“图表设计”→“图表布局”→“添加图表元素”→“图例”→“右侧”命令。

⑥ 将图表拖动到原数据区域下方的合适位置。图表显示结果如图 A-92 所示。

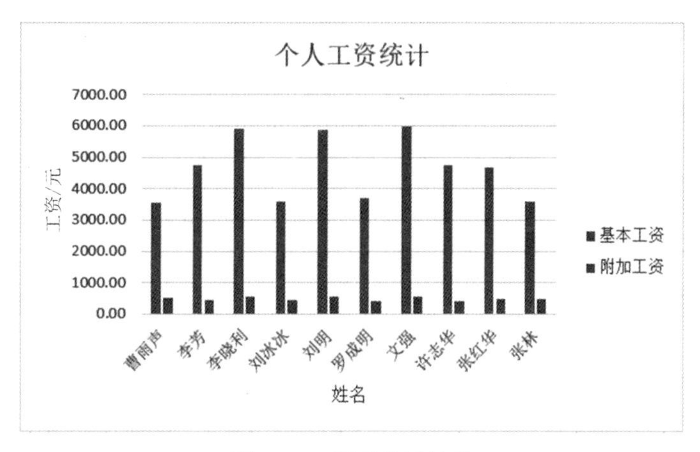

图 A-92　图表显示结果

三、思考题

1. 在复杂排序中，“主要关键字”和“次要关键字”的作用是什么？
2. 在高级筛选条件单元格区域中，“与”和“或”选项的不同之处是什么？
3. 分类汇总的前提操作是什么？
4. 简述“数据透视表”和“分类汇总”的区别。
5. 创建图表时，如何创建一个单独的图表工作表？

A.8　PowerPoint 2019 演示文稿的制作

一、实验目的

1. 掌握演示文稿的创建、保存及打开等基本操作。
2. 掌握输入文本和编辑文本的方法。
3. 掌握插入表格的方法。
4. 掌握艺术字、音频、视频的使用。
5. 熟练掌握幻灯片的动画设计、演示文稿的放映。

二、实验内容及步骤

1. 启动和退出 PowerPoint 2019

1）启动 PowerPoint 2019

方法一：打开 Windows 左下角的“开始”菜单，单击程序列表中的 PowerPoint 2019。

方法二：双击桌面上的 PowerPoint 2019 快捷方式图标。

首先要在桌面上创建一个 PowerPoint 2019 快捷方式图标。

桌面快捷方式的创建方法：右击 PowerPoint 2019 程序菜单，在弹出的快捷菜单中选择“更多”→“打开文件位置”命令，找到 PowerPoint 2019 快捷方式图标，将其复制并粘贴到桌面，即可在桌面创建一个 PowerPoint 2019 快捷方式图标。

2）退出 PowerPoint 2019

方法一：单击 PowerPoint 窗口右上角的“关闭”按钮☒。

方法二：单击 PowerPoint 窗口左上角，即快速访问工具栏的左侧空白处，在打开的下拉菜单中选择“关闭”命令。

方法三：双击 PowerPoint 窗口左上角。

方法四：使用组合键 Alt+F4。

2. PowerPoint 2019 主界面

PowerPoint 2019 主界面如图 A-93 所示。

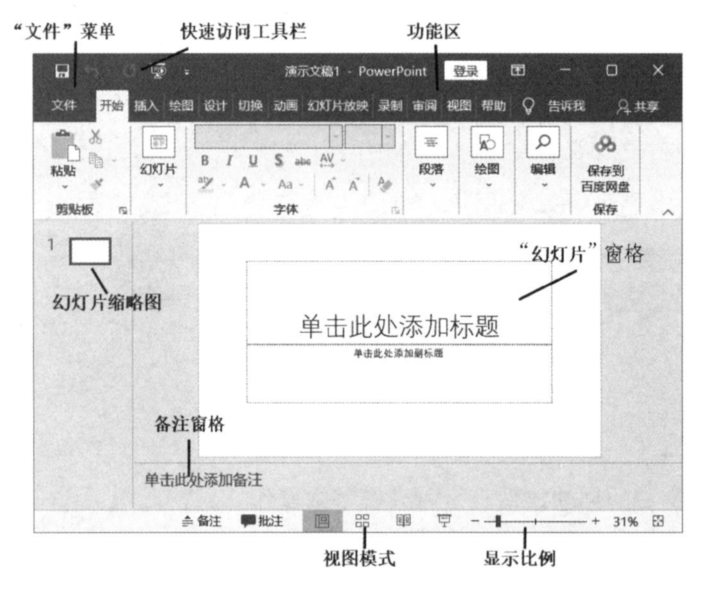

图 A-93　PowerPoint 2019 主界面

3. 创建、保存及打开演示文稿

1）创建演示文稿

打开 PowerPoint 2019 后会默认创建一个名为“演示文稿 1”的空白演示文稿，还可以通过以下方式新建演示文稿。

方法一：单击“文件”菜单，选择“新建”命令，打开如图 A-94 所示新建演示文稿界面，根据要求选择需要的模板，单击“创建”按钮下载模板，即可完成新建操作。

图 A-94　新建演示文稿界面

方法二：进入 PowerPoint 2019 工作界面，使用组合键 Ctrl+N 新建演示文稿。

2）保存演示文稿

在任何文档的编辑过程中都要注意随时存盘，以防止断电、死机等意外情况发生。保存演示文稿通常采用以下方式。

方法一：使用“文件”菜单中的“保存”命令。单击“文件”菜单并选择“保存”命令，弹出“另存为”设置界面，选择本机的保存位置后，弹出如图 A-95 所示“另存为”对话框。在此对话框中可以选择具体保存路径。演示文稿的默认文件名为“演示文稿 1.pptx”，可以根据需要修改合适的名称。

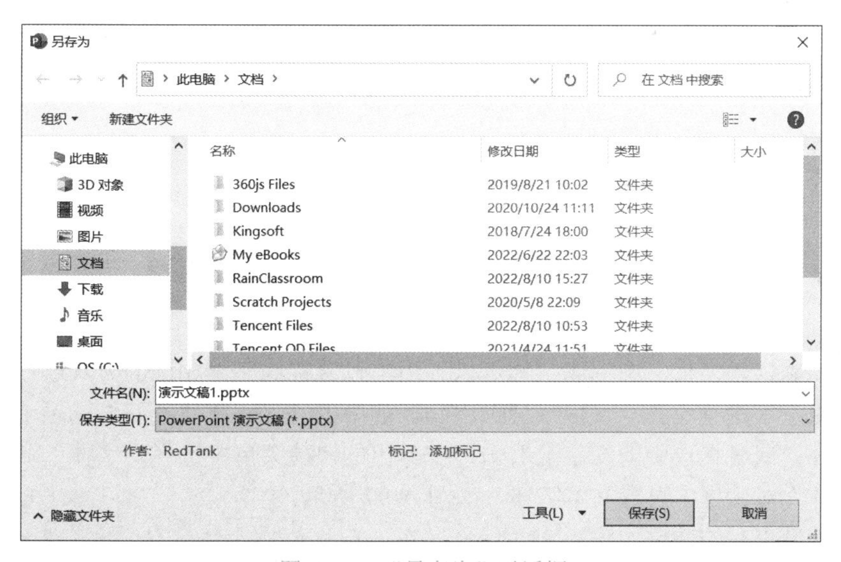

图 A-95　“另存为”对话框

方法二：使用组合键 Ctrl+S。

方法三：使用“文件”菜单中的“另存为”命令。单击“文件”菜单并选择“另存为”命令。该方法一般用于将当前演示文稿另存为一个新的副本或保存为非 .pptx 格式的文件。

3）打开演示文稿

单击“文件”菜单并选择“打开”命令，在弹出的对话框中查找并打开已有的演示文稿。也可以先在文件资源管理器中定位到需要打开的演示文稿的位置，再双击演示文稿图标来打开该文件。

4. 输入文本和编辑文本

在演示文稿中输入七律诗《早发白帝城》：朝辞白帝彩云间，千里江陵一日还。两岸猿声啼不住，轻舟已过万重山。要求设置标题为黑体、加粗、60号字、居中，设置正文为楷体、36号、居中。

（1）新建一个演示文稿。空演示文稿中有一张幻灯片，幻灯片中有标题文本框和副标题文本框，分别在其中输入七律诗的标题和正文。

（2）设置标题字体。单击标题文字，标题周围出现虚线框，单击虚线框的边框，虚线框变为实线框，表示文本框被选中。打开“开始”选项卡，在“字体”组中设置字体为黑体，字号为60，加粗，水平居中，如图 A-96 所示。

图 A-96　设置标题字体

（3）设置副标题字体。副标题字体可以采用与设置标题字体相同的方式进行统一设置，也可以仅针对文字进行设置。使用鼠标选中副标题中的文字，在“开始”选项卡的“字体”组中设置字体；或者在选中的文字上右击，在弹出的快捷菜单中选择“字体”命令，然后在出现的“字体”对话框中设置文本字体，如图 A-97 所示。

字体设置结束后的效果如图 A-98 所示。

图 A-97　“字体”对话框

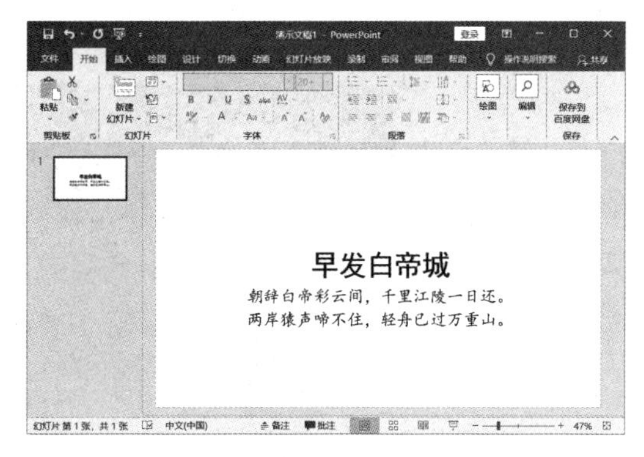

图 A-98　字体设置结束后的效果

5. 文本框的使用

在演示文稿中添加一张空白幻灯片，添加标题“古诗欣赏”，再输入两首古诗，古诗文字纵向排列。

（1）添加一张空白幻灯片。打开“开始”选项卡，单击“新建幻灯片”下拉按钮，在“Office 主题”中选择“空白”，如图 A-99 所示。

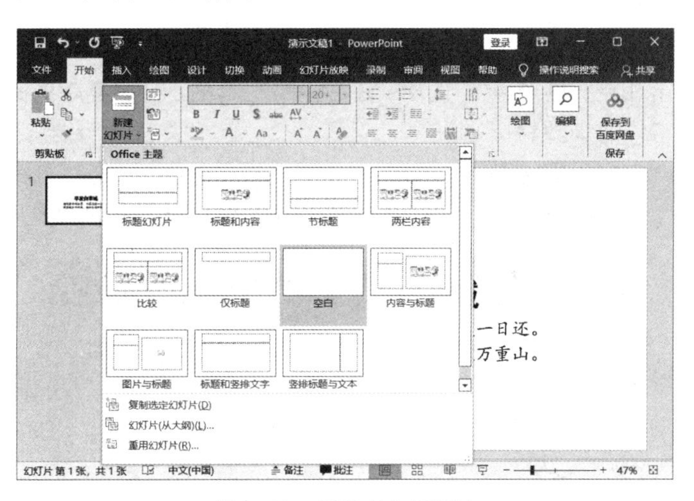

图 A-99　新建空白幻灯片

（2）添加标题。文字内容不能直接输入空白幻灯片中，必须使用文本框。先单击“插入”选项卡“文本”组中的“文本框”按钮，鼠标指针变为“十”字形状，在幻灯片工作区中单击或按下鼠标左键进行拖动后释放，就可以插入一个文本框。在文本框中输入标题文字“古诗欣赏”，设置文字为黑体、加粗、60 号、居中。设置文本框在幻灯片中水平居中。

（3）输入第一首古诗。古诗正文文字方向为纵向，需要在竖排文本框中输入内容，因此先添加一个竖排文本框。单击“插入”选项卡“文本”组中的“文本框”下拉按钮，选择“竖排文本框”选项，添加竖排文本框到幻灯片中，如图 A-100 所示。在文本框中输入以下内容。

题西林壁

宋　苏轼

横看成岭侧成峰，远近高低各不同。

不识庐山真面目，只缘身在此山中。

图 A-100　添加竖排文本框

设置古诗标题居中，字体为仿宋、加粗，字号为40号；设置作者信息为居中，字体为楷体，字号为20号；设置正文为宋体，字号为32号。选中文本框，设置段落缩进格式为“无”。

（4）输入第二首古诗。文字格式要求与第一首相同，诗词内容如下。

登鹳雀楼

唐　王之涣

白日依山尽，黄河入海流。

欲穷千里目，更上一层楼。

输入第二首古诗时，可以先新建一个竖排文本框输入古诗文本，再逐一设置字体，操作方式与第（3）步完全相同。也可以复制第一首古诗的文本框，再在复制的文本框中修改文字，这样可以省略设置字体的步骤。

（5）简单布局。文字设置完毕后，适当移动文本框的位置，以获得比较好的整体效果。移动文本框时，只需要选中它后拖动到适当位置释放即可。调整后的效果如图A-101所示。

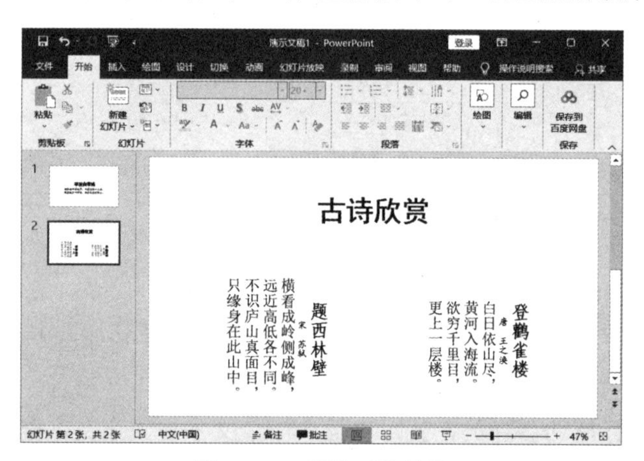

图 A-101　调整后的效果

如果在编辑过程中多插入了文本框，则选择要删除的文本框后按Delete键，就可以删除文本框和其中的文字了。

除了以上描述的基本文字编辑功能，文本框还支持特效，用户可以使用特效美化界面。

为文本框添加特效需要使用“开始”选项卡中的“绘图”组，如图 A-102 所示。

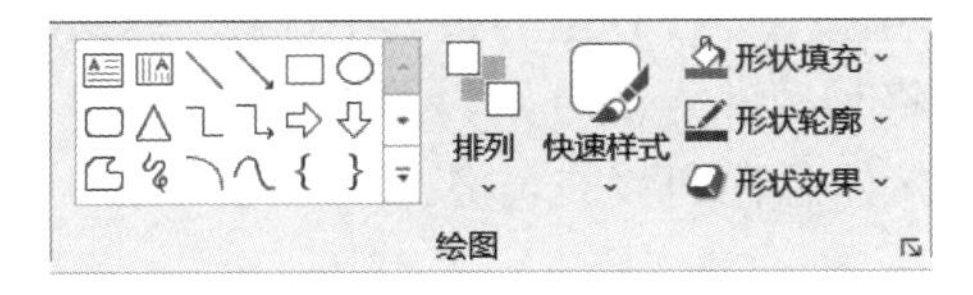

图 A-102　“绘图”组

（1）为标题文本框添加快速样式。选中标题后单击“快速样式”下拉按钮，将鼠标指针移动到样式列表上，略作停留，预览效果就自动显示到幻灯片中。在此，单击选用样式“强烈效果—蓝色，强调颜色 5”，标题文本框就被加上了底色和 3D 效果。

（2）为标题设置形状效果。单击“形状效果”下拉按钮，在效果选项中先选择“映像”，再选择“半映像，接触”，标题文本框就被加上了倒影效果。

（3）设置完标题的显示效果后，还可以继续为两首诗设置效果。将左侧文本框的“形状效果”设置为“三维旋转”→“离轴 1 右”，右侧文本框设置为“离轴 2 左”，得到如图 A-103 所示整体效果。

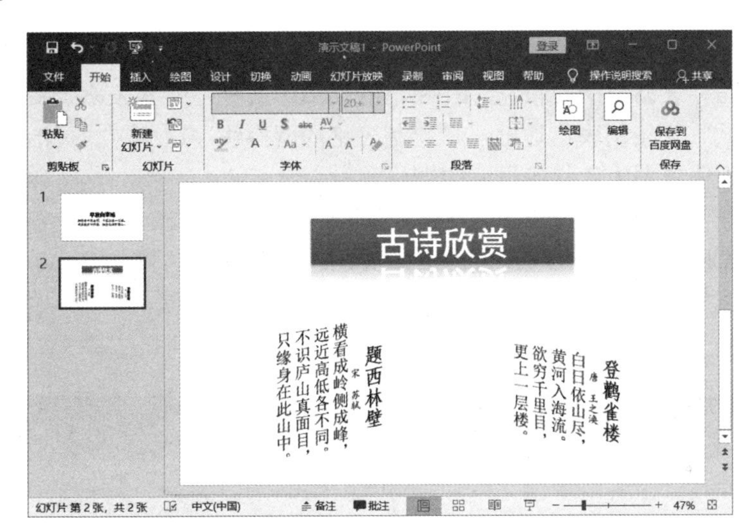

图 A-103　添加 3D 效果后的整体效果

6. 插入表格

在演示文稿中经常用到表格，简单的表格可以直接在 PowerPoint 中制作，复杂的或有较多数据的表格可以借用已经制作好的 Word 中的表格或 Excel 表格。

1）在演示文稿中制作表格

先在演示文稿中添加一张空白幻灯片。在 PowerPoint 2019 中插入表格的方式有多种，现以插入一个 3 行 4 列的表格为例进行说明。

方法一：打开“插入”选项卡，单击“表格”下拉按钮，在弹出的菜单的方格间移动鼠标，随着鼠标指针的移动，左上角的部分方格的边框变为橙色，表示将要插入的表格的行列数。如图 A-104 所示，方格的上方出现“4×3 表格”字样，同时幻灯片中出现表格的预览效果。移动到合适位置后单击，一个 3 行 4 列的表格就被插入幻灯片中。

受菜单空间大小的限制，这种直观的插入方式最多只能插入 8 行 10 列的表格，如果希望插入更大的表格，则需要采用其他方法。

方法二：单击“表格”下拉按钮，在弹出的菜单中选择“插入表格”命令，弹出如图 A-105 所示“插入表格”对话框，将列数和行数分别设置为 4 和 3，单击“确定”按钮。这种方式没有预览效果，但是可以插入任意行列数的表格。

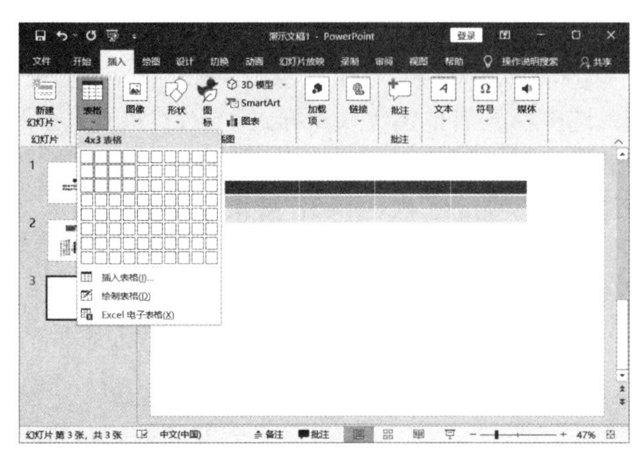

图 A-104 插入表格

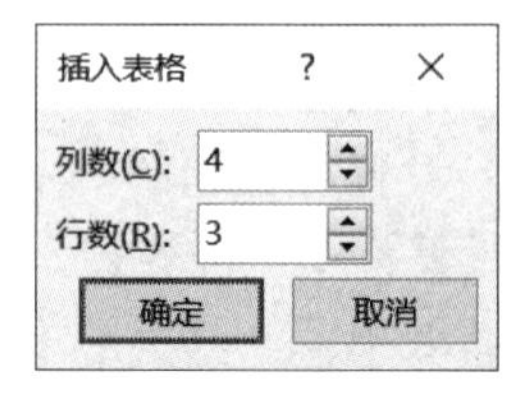

图 A-105 “插入表格”对话框

方法三：单击“表格”下拉按钮，在弹出的菜单中选择“绘制表格”命令，鼠标指针变为一支铅笔的样式，先绘制表格边框，再绘制表格的网格线。这种方式灵活度大，适合绘制不规则的表格，但需要使用者具备足够的细心和耐心。

方法四：单击“表格”下拉按钮，在弹出的菜单中选择“Excel 电子表格”命令，一张 Excel 表格就被插入幻灯片中。该表格的编辑界面、编辑方式与操作 Excel 时完全一致，而且系统功能区也发生了变化，变成了与 Excel 2019 相同的选项卡，如图 A-106 所示。

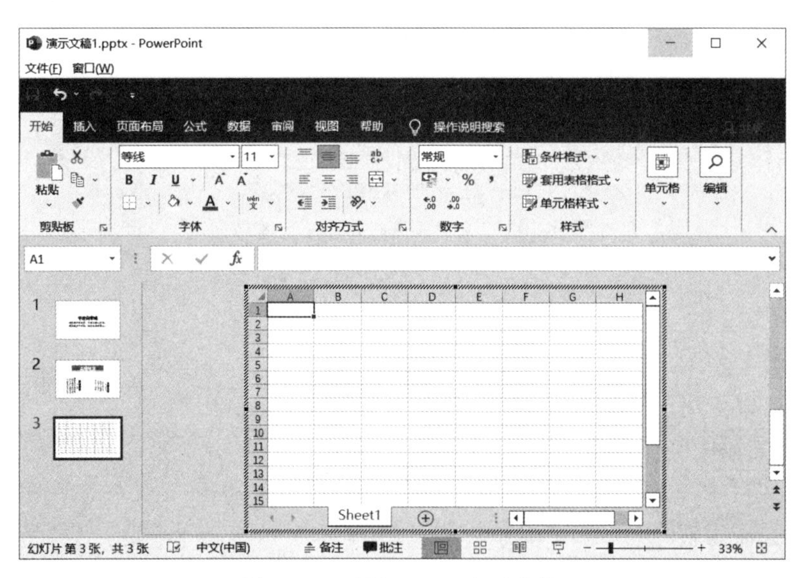

图 A-106 插入 Excel 电子表格

单击幻灯片的其他区域，Excel 电子表格失去焦点时，将显示为普通 PowerPoint 表格，不再具备 Excel 表格的编辑功能，系统功能区也恢复到 PowerPoint 选项卡的状态。如果想继续以 Excel 格式编辑表格，只需要双击该表格，即可进入 Excel 编辑模式。

2）将表格粘贴到演示文稿

对于行列数较多、输入量较大的表格，最好的方式是使用在 Word 或 Excel 中已经编辑好的表格。直接复制 Word 或 Excel 中的表格到演示文稿中，再调整表格宽度和高度、文字大小即可。

7. 插入艺术字、音频和视频

1）插入艺术字

打开“插入”选项卡，在“文本”组中单击“艺术字”下拉按钮，从打开的下拉列表中选择需要的样式。选择“填充：橙色，主题色 2；边框：橙色，主题色 2”样式，如图 A-107 所示。在新生成的文本框中输入文字“多彩的艺术字”，设置字体为楷体。选择“形状格式”→“艺术字样式”→“文本效果”→“转换”命令，选择“朝鲜鼓”效果，如图 A-108 所示。

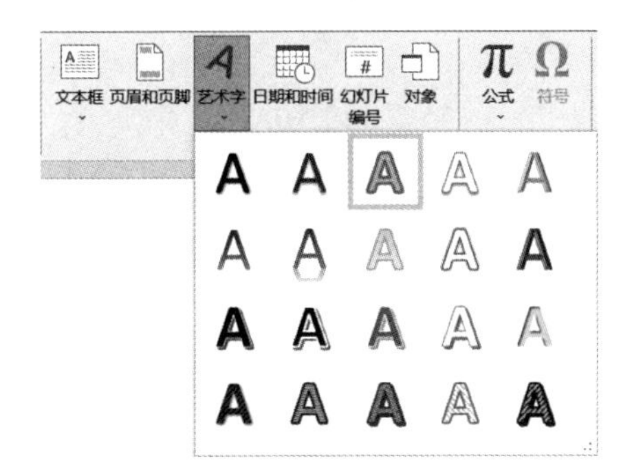

图 A-107　插入艺术字

图 A-108　为艺术字添加文本效果

PowerPoint 2019 支持直接将普通文字转换为艺术字。只需将文字选中，在“形状格式”选项卡的“艺术字样式”组中选择一种快速样式并单击即可。

选中前一个步骤中设置的艺术字，较之普通的文本框而言，“朝鲜鼓”效果的文本框中间多了一个黄色的圆形部件，按住这个部件并拖动，可以调整文字的渐变弧度，如图 A-109 所示。

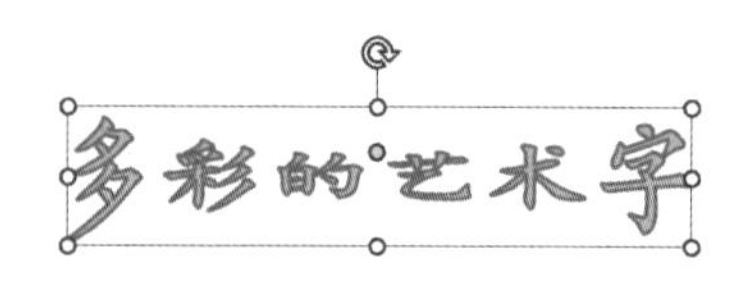

图 A-109　调整艺术字的渐变弧度

2）插入音频

插入本地音频的方法如下。

① 打开“插入”选项卡，在“媒体”组中单击“音频”下拉按钮，选择“PC 上的音频”。

② 在打开的“插入音频”对话框中指定一个硬盘上存储的 .mp3、.wav 或 .wma 等格式的音频文件，确认后会在当前幻灯片中添加一个喇叭图标，如图 A-110 所示。单击该图标，可以在下方显示音频播放控制菜单。

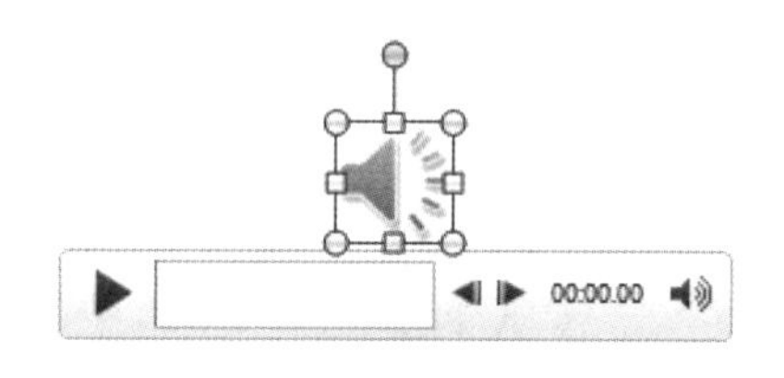

图 A-110　音频图标

通过对“音频工具”进行设置可以满足不同的播放要求。选中添加的音频图标，选择“音频工具”→“播放”→“音频选项”命令，如图 A-111 所示。

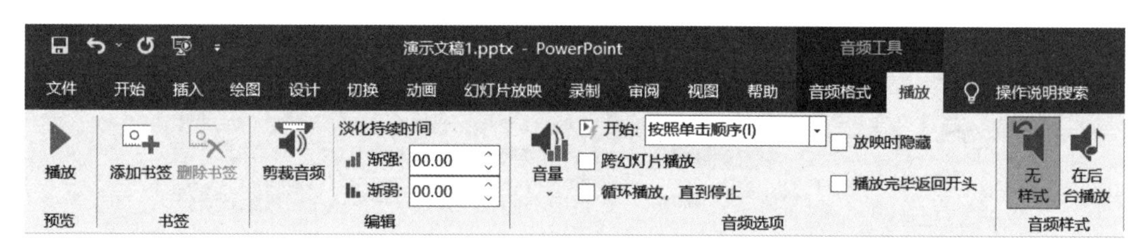

图 A-111　“音频选项”设置

- 放映时隐藏：放映时不显示喇叭图标。
- 循环播放，直到停止：音频循环播放，直到演示文稿播放结束。
- 开始（自动）：按照幻灯片中的动画顺序依次播放，遇到音频时，无须任何操作，自动播放音频。
- 开始（单击时）：按照幻灯片中的动画顺序依次播放，遇到音频时，鼠标指针指向音频图标，单击播放按钮，手动播放音频。
- 开始（按照单击顺序）：与普通动画播放操作一样，即按照顺序通过单击来播放音频。

3）插入视频

视频的插入和设置基本与音频类似，参考插入音频的方法插入视频即可。

8. 设置动画

演示文稿的动画效果分为幻灯片切换动画和自定义对象动画两种，前一种动画效果用于整张幻灯片，后一种动画效果用于幻灯片中的一个对象，如文本框、图片、表格等。

1）幻灯片切换动画

选中一张需要设置切换动画效果的幻灯片，在“切换”选项卡的“切换到此幻灯片”组中单击右下角的下拉按钮，在菜单中选取一种效果，如图 A-112 所示。

图 A-112　设置幻灯片切换动画

2）自定义对象动画

以“古诗欣赏”幻灯片为例，在设置对象动画时，首先选中一个要添加动画的对象。选中左侧“题西林壁”文本框，在“动画”选项卡“动画”组中单击右下角的下拉按钮，会出现如图 A-113 所示动画列表，选择“更多进入效果”→“温和”→“上浮”命令；也可以单击“动画”选项卡“高级动画”组中的“添加动画”下三角按钮。

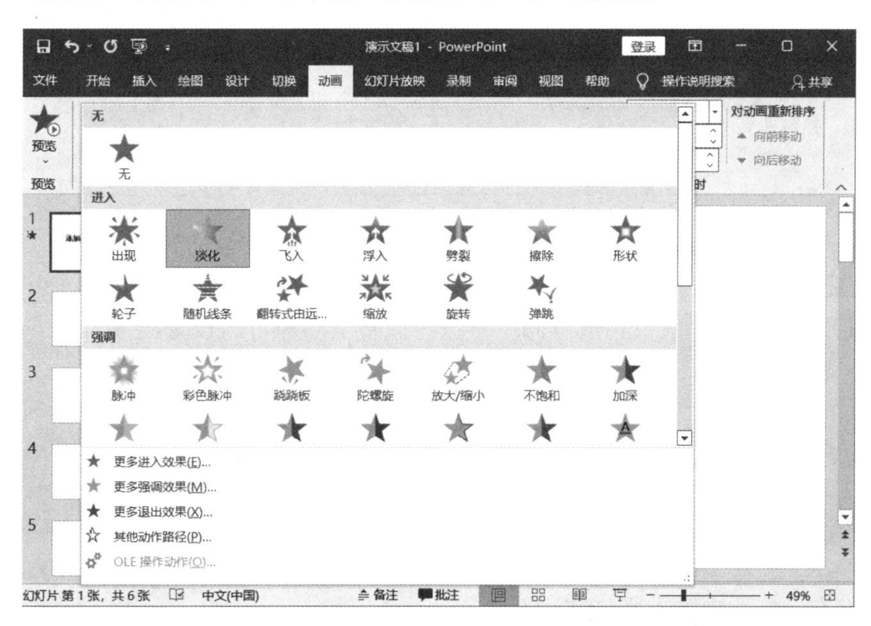

图 A-113　动画列表

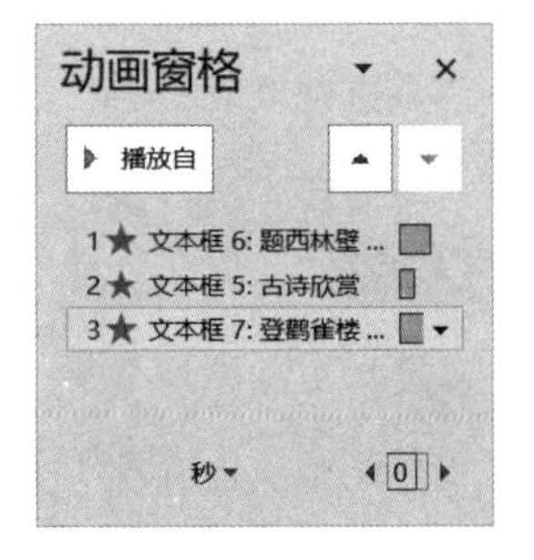

图 A-114 “动画窗格”窗口

在幻灯片标题上添加“淡化”动画效果，在右侧文本框添加与左侧对称的效果，也设置为“上浮”效果。

接着需要对动画播放次序进行调整。

单击“动画”选项卡“高级动画”组中的“动画窗格”按钮，观察如图 A-114 所示“动画窗格”窗口，其中列出了已经添加的三个动画效果。选中标题的效果，即第二个，单击“重新排序”中的▲按钮，将次序上移一格。或者，选中左侧文本框的效果，即第一个，单击“重新排序”中的▼按钮，将次序下移一格，也能达到同样的效果。

9. 放映演示文稿

用户在放映演示文稿时，有可能希望播放其中的部分幻灯片或临时调整幻灯片的播放次序，但又不想破坏整个演示文稿的原有次序。这种需求可以使用“自定义幻灯片放映”功能来实现。

（1）打开“幻灯片放映”选项卡，单击“开始放映幻灯片”组“自定义幻灯片放映”选项下的“自定义放映”按钮，在弹出的“自定义放映”窗口中单击“新建”按钮，弹出“定义自定义放映”对话框，如图 A-115 所示。

（2）输入幻灯片放映名称“临时播放”，依次在左侧的列表中选择需要播放的幻灯片，单击“添加”按钮，原演示文稿中的幻灯片即被添加到自定义放映幻灯片中，即右侧的列表中。如果需要删除已添加的幻灯片，在右侧的列表中选中幻灯片，再单击“删除”按钮即可。

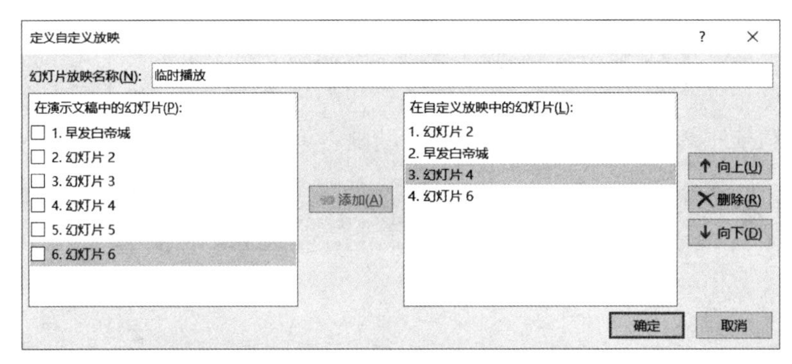

图 A-115 “定义自定义放映”对话框

（3）需要播放的幻灯片添加完毕后，还可以改变其播放次序。在右侧的列表中选中要调整次序的幻灯片，单击“向上”或“向下”按钮调整次序即可。设置结束后单击“确定”按钮保存自定义放映。

（4）单击“开始放映幻灯片”组中的“自定义幻灯片放映”按钮时，会出现一个下拉菜单，单击“临时播放”命令即可播放幻灯片。

三、思考题

1. 如何在幻灯片中输入竖排文字？

2. 如何在 PowerPoint 2019 中插入一个 5 行 6 列的表格？

3．如何为演示文稿添加全程播放时的背景音乐？
4．如何使幻灯片中的图片在播放时以心形轨迹出现？
5．如何使演示文稿在播放时只播放奇数页？

A.9　PowerPoint 2019 综合应用实例

一、实验目的

1．熟练掌握创建和编辑幻灯片的方法。
2．熟练掌握插入艺术字、音频和视频文件的方法。
3．熟练掌握超链接及动画技术。
4．熟练掌握演示文稿的放映。

二、实验内容及步骤

（1）根据个人准备的图片风格选择恰当的主题。打开“设计”选项卡，在“主题”组中挑选主题“顶峰”，并新建若干空白幻灯片。

（2）设计首页。在首页上将标题设置为艺术字体，旋转效果为“透视：右向对比”，添加一张标志性的长江三峡图片，插入音乐文件“我和我的祖国.mp3”。首页效果如图 A-116 所示。

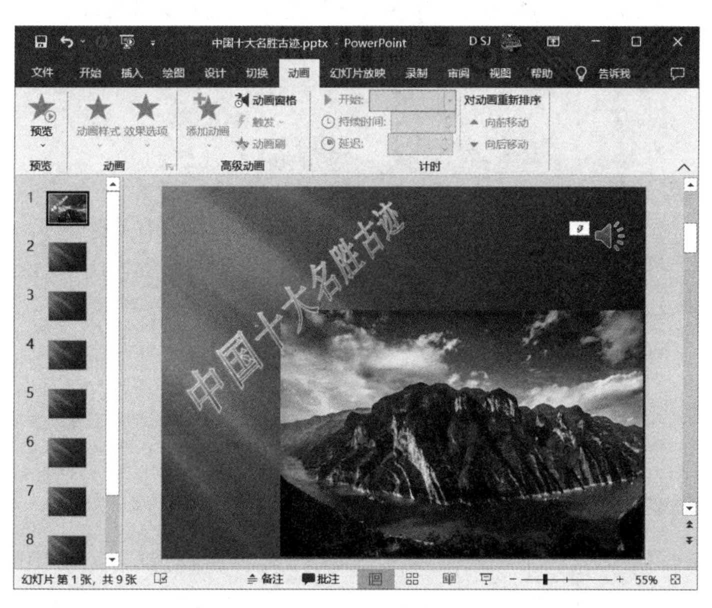

图 A-116　首页效果

（3）设计第二张幻灯片。此页作为演示文稿的目录。将一张黄山的风景图片放在幻灯片左侧，将景点名称列在幻灯片右侧。设置图片进入动画效果为“淡化”，设置标题进入动画效果为“出现”，设置文本框进入动画效果为右侧“飞入”。第二张幻灯片效果如图 A-117 所示。

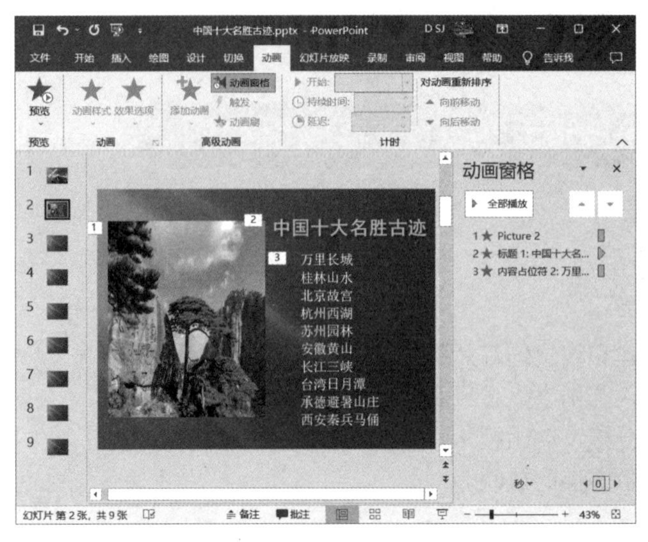

图 A-117　第二张幻灯片效果

（4）设计第三张幻灯片。第三张幻灯片为万里长城的介绍页面，在此页面中插入两张万里长城的图片，分别位于左下方和右上方，在左上角放置景点名称，在右下角放置景点简介。同时选中两张图片，设置图片进入动画为“棋盘”，设置简介文本框进入效果为“翻转式由远及近”。第三张幻灯片效果如图 A-118 所示。

图 A-118　第三张幻灯片效果

（5）设置链接。第三张幻灯片需要与目录页关联。返回目录页，选中文本框中的“万里长城”，打开“插入”选项卡，单击“链接”组中的“链接”按钮。文字“万里长城”需要链接到当前演示文稿中的第三张幻灯片，因而选中左侧“链接到”列表中的“本文档中的位置”，如图 A-119 所示。在对话框中间的“请选择文档中的位置”列表中选择“3. 万里长城”，右侧出现该幻灯片的预览效果，单击“确定”按钮，链接即被插入。

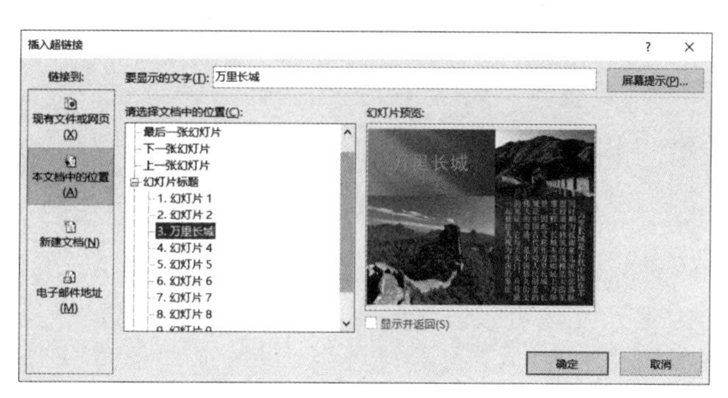

图 A-119　插入超链接

（6）参照第三张幻灯片的设计方式，继续新建其他景点的幻灯片，并设置动画效果。第四张幻灯片效果如图 A-120 所示。

图 A-120　第四张幻灯片效果

（7）参照第（5）步的设置方式，在目录页为新增的景点介绍幻灯片添加链接，效果如图 A-121 所示。

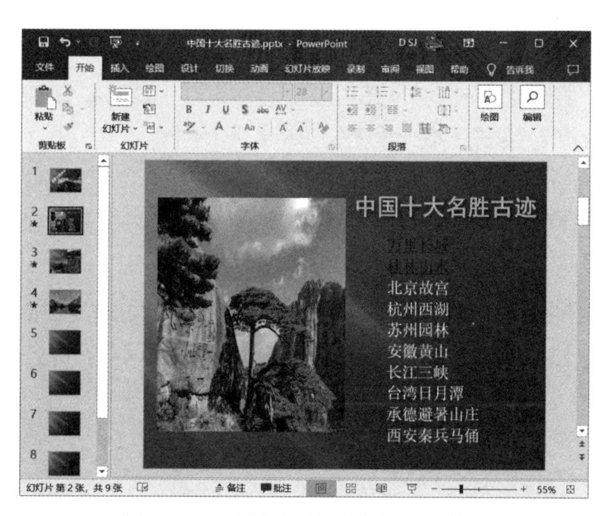

图 A-121　添加链接后的目录页效果

（8）重复操作，直至完成所有的景点介绍。
（9）播放演示文稿，预览整体效果，进行适当调整。
（10）保存演示文稿。

三、思考题

1．PowerPoint 2019 演示文稿可以链接到哪些地方？如何设置？
2．如何在幻灯片中插入图片？

A.10 Internet 接入

一、实验目的

1．了解 Modem 的作用。
2．掌握使用 ADSL 方式连接网络。

二、实验内容及步骤

目前，上网的方式有很多种，下面主要介绍常用的接入方式——ADSL 宽带上网。

1．开通宽带

一般情况下，用户可以通过以下两种途径申请开通宽带上网。

（1）携带有效证件（个人用户携带电话机主身份证，单位用户携带公章）直接到受理 ADSL 业务的当地电信局申请。

（2）登录当地电信局推出的办理 ADSL 业务的网站进行在线申请。

2．设置客户端

用户申请过 ADSL 服务后，当地的 ISP 员工会主动上门安装 ADSL Modem，并配置好上网设置。当然还需要用户安装网络拨号程序，并设置上网客户端。

ADSL 的拨号软件有很多，使用最多的是 Windows 系统自带的拨号程序。下面详细介绍安装与配置客户端的具体操作步骤。

（1）打开“网络和共享中心”窗口。

方式一：在桌面右下角单击网络连接状态图标，如，双击“网络和 Internet 设置”选项，打开设置窗口，在左侧列表中选择要设置的网络，如图 A-122 所示，选择“以太网”，单击右侧的“网络和共享中心”链接。

方式二：单击“开始”按钮，在弹出的“开始”菜单中选择“控制面板”命令，打开“控制面板”→“网络和共享中心”窗口。

单击“更改网络设置”中的“设置新的连接或网络”，弹出“设置连接或网络”对话框，如图 A-123 所示，选择“连接到 Internet”，单击“下一步”按钮。

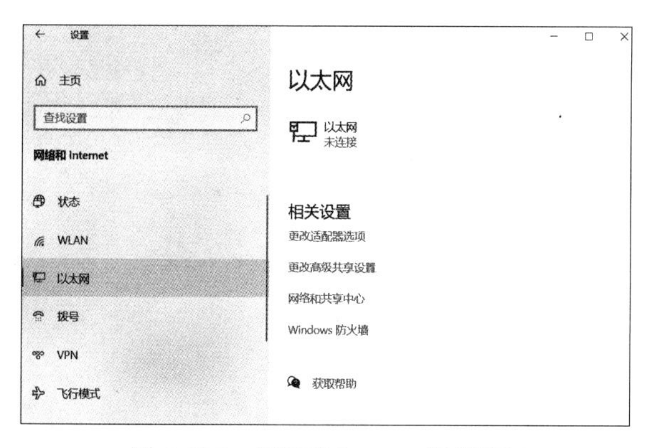

图 A-122 网络和 Internet 设置窗口

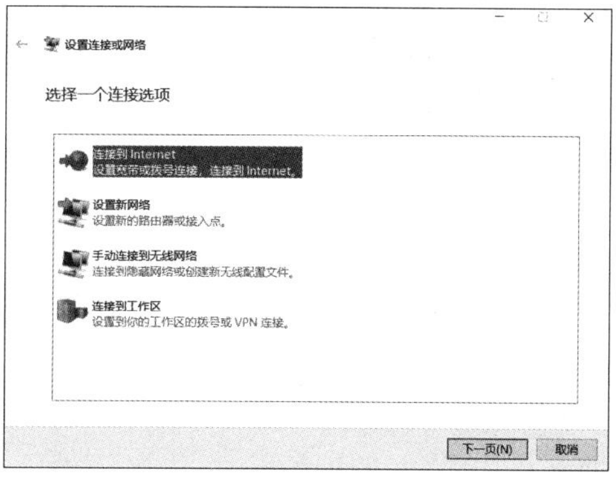

图 A-123 “设置连接或网络”对话框

（2）弹出如图 A-124 所示“连接到 Internet”对话框。

（3）双击“宽带 (PPPoE)”选项，弹出如图 A-125 所示对话框。

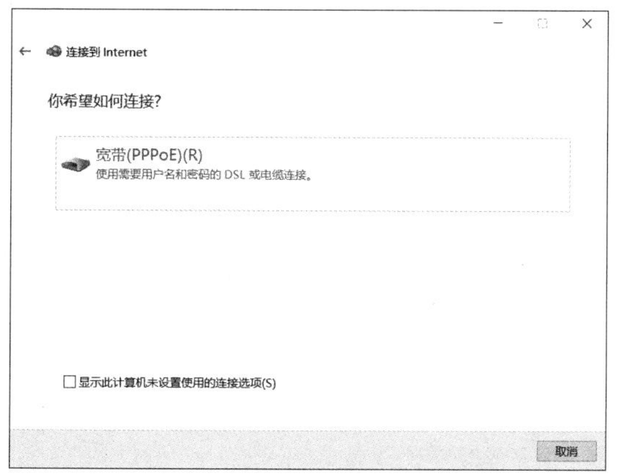

图 A-124 “连接到 Internet”对话框

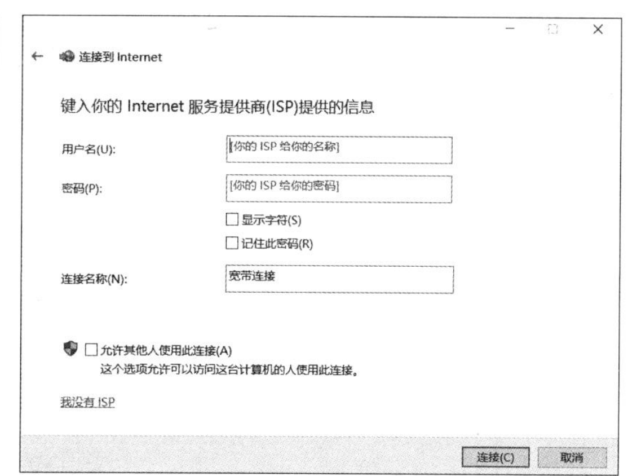

图 A-125 Internet 服务提供商信息对话框

（4）将服务提供商提供的用户名和密码依次输入文本框中，单击“连接”按钮。

（5）单击“完成”按钮完成设置。

（6）在“网络和共享中心”对话框，在“查看活动网络”中双击“本地连接”，根据服务提供商提供的 IP、子网掩码、默认网关、DNS 进行设置。目前，对于拨号连接方式，服务提供商会提供连接服务，用户可以直接使用。

3. 实验总结

要求熟练使用网络连接向导连接网络。

三、思考题

如果使用无线连接方式连接网络，那么如何设置客户端？

A.11　电子邮箱的使用

一、实验目的

1．了解应用电子邮箱的相关常识。

2．掌握电子邮箱注册和使用（包括添加附件）的方法。

二、实验内容及步骤

1．注册邮箱

要接收电子邮件，首先要有一个电子邮箱。一般情况下，如果你对电子邮件的安全或容量没有特别高的要求，那么可以申请一个免费的电子邮箱。如果你对邮件的安全或容量要求很高，那么请使用各个邮箱服务提供商的付费邮箱。这里我们以通过网易提供的电子邮箱服务申请一个免费邮箱为例。

（1）首先打开浏览器 Edge，在地址栏输入网址 www.163.com，打开网易主页，如图 A-126 所示。在浏览窗口的上方会看到链接文本“注册免费邮箱”。

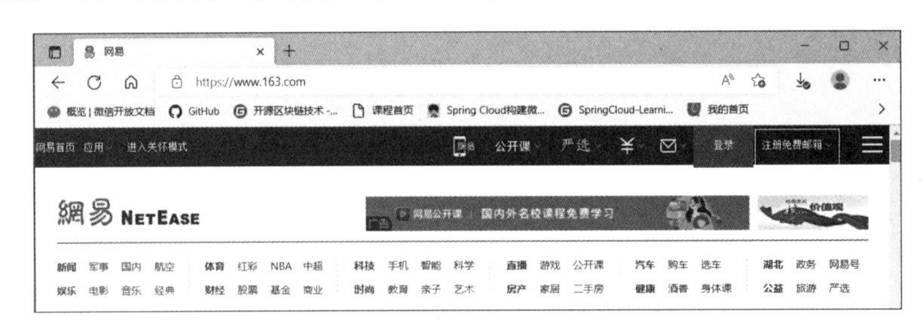

图 A-126　网易主页

（2）单击链接“注册免费邮箱”，进入注册网易免费邮箱页面，如图 A-127 所示。在“创建您的账号”区域，填写相关信息（在输入用户名后，页面会自动检验用户名是否可用；在“@”后会弹出网易提供的三类免费邮箱选项，此处以 163 邮箱为例）。

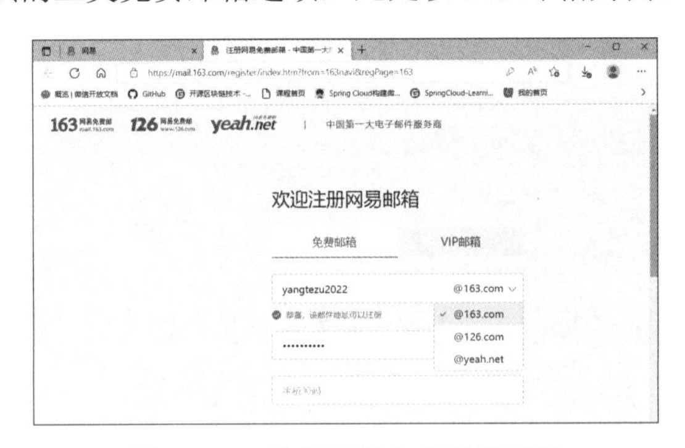

图 A-127　注册网易免费邮箱页面

（3）按注册向导输入必须填写的用户信息、密码、生日、性别等，阅读完“注意条款”后，单击“同意条款”按钮。如果以上信息填写符合规则，将顺利完成邮箱注册，服务器就会返回一个注册成功的页面，如图 A-128 所示是该页面的部分截图。

图 A-128　注册成功的页面的部分截图

至此，恭喜你，你已经拥有了自己的电子邮箱地址了，可以利用它随时发送邮件和接收邮件了。

QQ 邮箱也为免费邮箱，QQ 软件提供 QQ 邮件服务，拥有一个 QQ 账号就拥有了一个免费邮箱。此邮箱也是当今比较流行的邮箱。

2. 写邮件

（1）登录邮箱（以注册的邮箱为例）。

进入网易主页后，单击“登录”链接，会弹出一个下拉对话框，分别在对应的文本框中输入用户名和密码，如图 A-129 所示，用户可以根据自己的需要选择是否记住用户名等。

图 A-129　输入用户名和密码

（2）单击“登录”按钮，进入邮箱主界面。如图 A-130 所示为用户操作区的局部截图。

（3）单击“写信”按钮，网站就会跳转到写信界面，依次填写“收件人”和“主题”，并开始书写信件的正文，还可以选择信纸等，如图 A-131 所示。

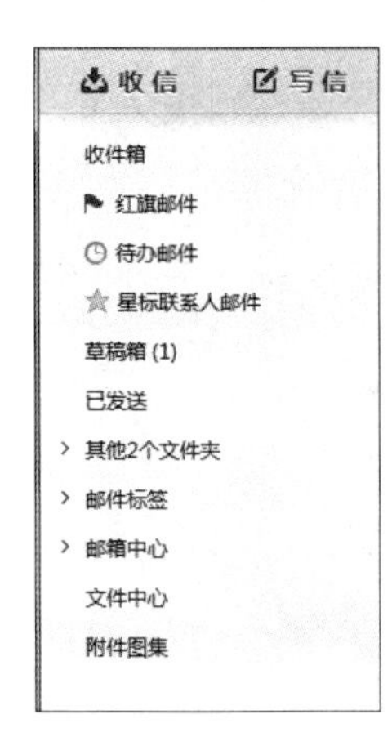

图 A-130　用户操作区的局部截图

图 A-131　书写信件

还可以通过添加附件的方式发送本地文件，过程如下：单击“主题”框下的“添加附件”按钮，弹出“打开”文件对话框，选择要发送的文件，单击“打开”按钮，该附件就被添加到信件中，在“添加附件”下就会显示添加的文件的名称，如图 A-132 所示。可以使用相同的方法添加多个附件。

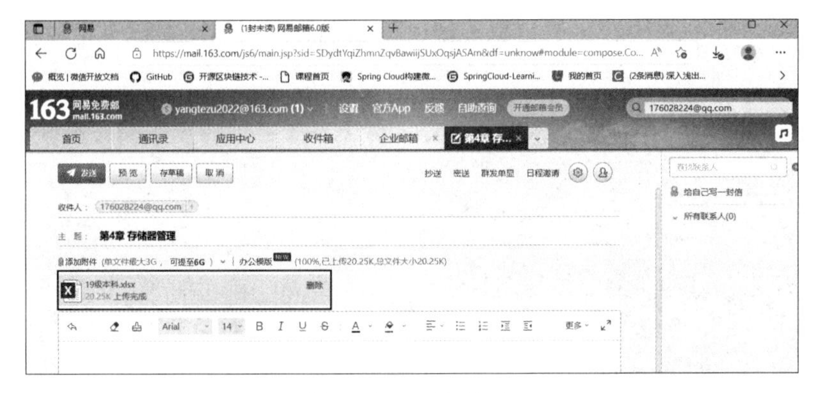

图 A-132　添加附件

3. 发送邮件

单击“发送”按钮，如果邮箱地址无误，邮件发送成功后将得到反馈，如图 A-133 所示。

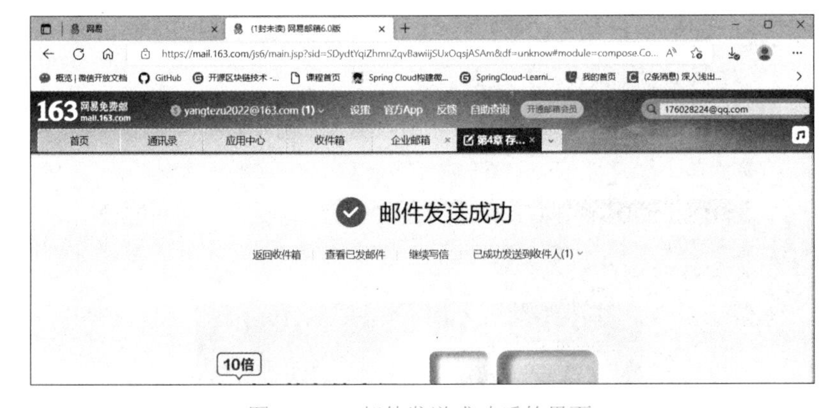

图 A-133　邮件发送成功后的界面

4. 接收并查看邮件

根据以上方法登录邮箱，进入邮箱的主界面，在用户操作区查看收件箱，便可查看邮件，如需下载附件，直接单击附件下载即可。

5. 实验总结

要求注册一个免费电子邮箱，并掌握邮箱的基本使用方法。

三、思考题

1．电子邮箱不仅可以发送普通邮件，还可以发送设计精美的贺卡、音乐等，那么如何使用电子邮箱发送一张贺卡？

2．如果需要向班上的每位同学都发送一封邮件，那么应该怎样操作？

A.12　学生成绩管理数据库的设计

一、实验目的

1．了解数据库的概念。
2．掌握在 Access 2019 中创建数据库和表的方法。
3．掌握在 Access 2019 中进行表字段设计及主键设置的方法。
4．掌握在 Access 2019 中创建表关系的方法。
5．掌握在 Access 2019 中创建查询的方法。
6．掌握在 Access 2019 中创建报表的方法。

二、实验内容及步骤

1. 数据库的分析与设计

学生成绩管理系统可以用来管理学生信息、课程信息及成绩信息。本实验的任务是创建一个学生成绩管理数据库，用来对学生成绩管理系统中的数据进行存储。

利用关系数据库的特征，可以将学生成绩管理设计为一个数据库，包含三张数据表。

1）学生基本信息表

学生基本信息表主要描述学生的基本信息，结构如表 A-9 所示。

表 A-9　学生基本信息表

字 段 名	字段类型	字段长度	说　明
学号	文本	10	主键

续表

字 段 名	字段类型	字段长度	说 明
姓名	文本	10	
性别	文本	2	
出生日期	日期	8	
政治面貌	文本	10	
班级	文本	20	
系部	文本	20	

2）课程信息表

课程信息表主要描述课程的相关信息，结构如表A-10所示。

表A-10 课程信息表

字 段 名	字段类型	字段长度	说 明
课程ID	文本	6	主键
课程名称	文本	20	
学时	数字	3	
学分	数字	2	

3）成绩表

成绩表主要记录学生各门课程的成绩，结构如表A-11所示。

表A-11 成绩表

字 段 名	字段类型	字段长度	说 明
学号	文本	10	复合主键
课程ID	文本	6	复合主键
成绩	数字	6	两位小数

2. 创建数据库

（1）启动Access 2019，在“文件”选项卡中选择“新建”命令，窗口中会出现“空白数据库”界面，如图A-134所示。

在“空白数据库”界面中，将新数据库命名为“学生成绩管理数据库”，并选择相应的存储位置。

（2）单击“创建”按钮，完成新数据库的创建。

3. 创建数据表

（1）创建完数据库之后，自动打开数据库工作界面，功能区显示的是数据表视图，如图A-135所示。

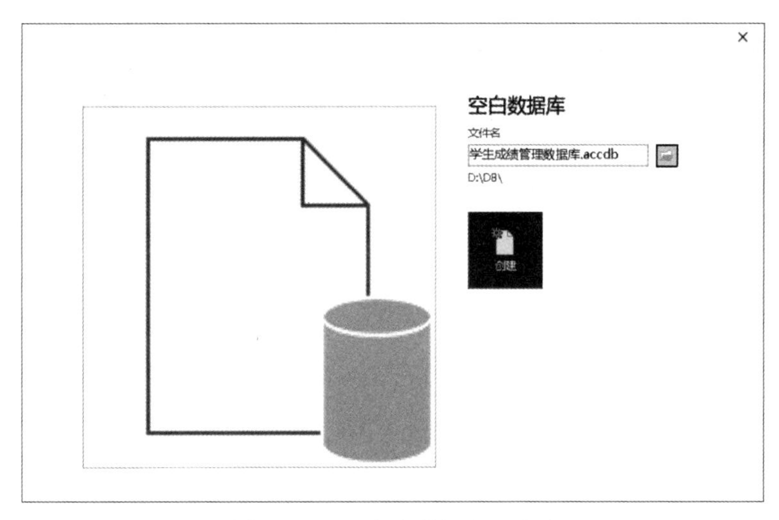

图 A-134　“空白数据库”界面

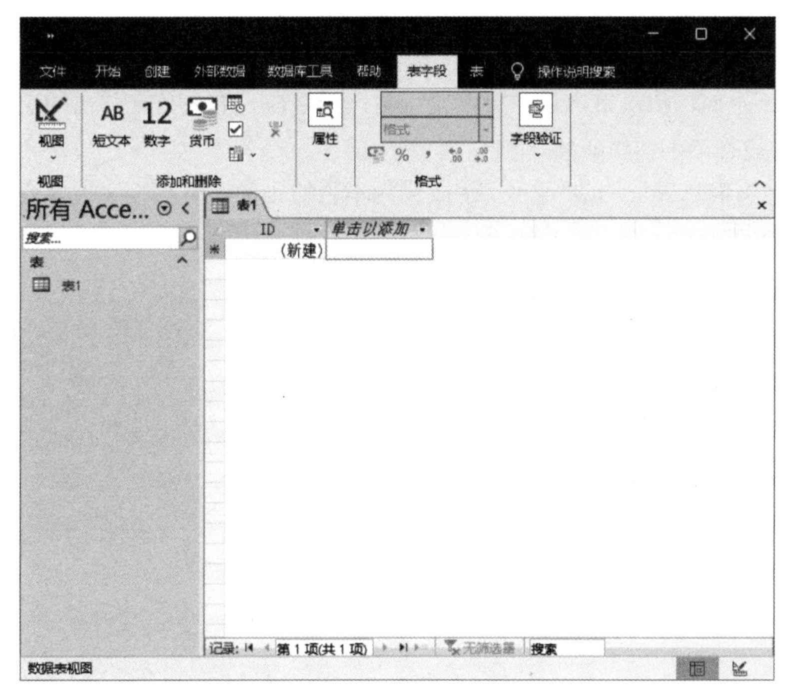

图 A-135　数据表视图

（2）切换到表的设计视图。在“开始”选项卡“视图”组中单击“视图”下拉按钮，在弹出的下拉菜单中选择“设计视图”命令。

若是第一次使用设计视图来创建表，则当选择“设计视图”命令时，弹出“另存为”对话框，如图 A-136 所示，此时需要输入表名“学生基本信息表”，单击“确定”按钮后才能打开设计视图界面。

（3）进入设计视图后，为“学生基本信息表”添加相应的字段，设置字段属性，如图 A-137 所示。

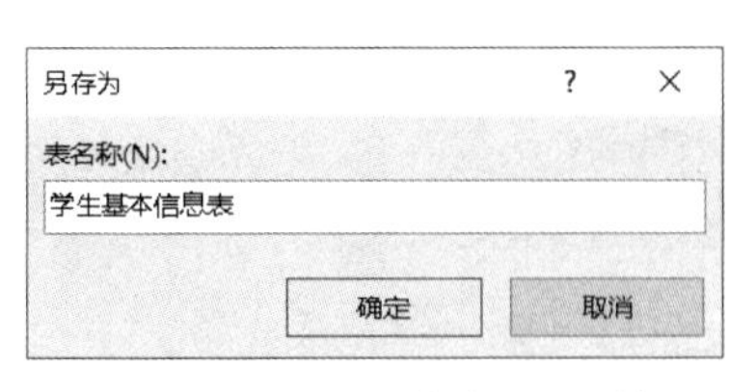

图 A-136 “另存为”对话框

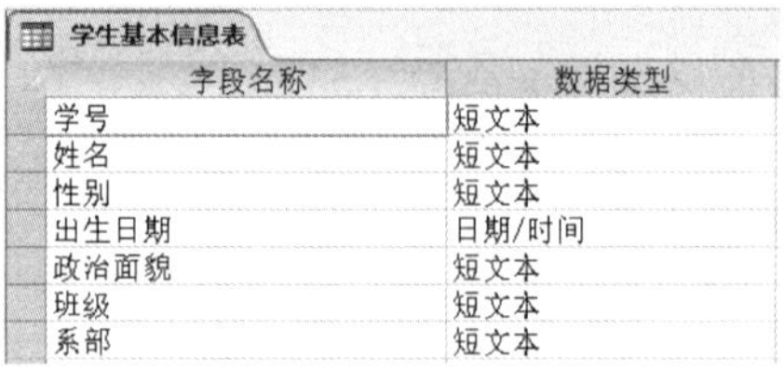

学生基本信息表

字段名称	数据类型
学号	短文本
姓名	短文本
性别	短文本
出生日期	日期/时间
政治面貌	短文本
班级	短文本
系部	短文本

图 A-137 设置字段属性

（4）单击快速访问工具栏中的“保存”按钮，完成“学生基本信息表”的设计。

4. 设置表的主键

为“学生基本信息表”设置相应的主键。设置主键的方式如下。

1）单一字段的主键设置（主键只包括一个字段）

方法一：在表的设计视图中，将鼠标指针移动到需要设置为主键的字段的左边，右击，在弹出的快捷菜单中选择“主键”命令。

方法二：先单击选中需要设置为主键的字段，然后单击功能区的 主键 图标。

2）多字段的主键设置（主键包括多个字段）

按住 Ctrl 键不放，依次单击选中要设置为主键的字段，右击，在弹出的快捷菜单中选择“主键”命令，或者单击功能区的 主键 图标。

将“学生基本信息表”中的“学号”字段设为本表的主键，“学号”字段前会出现一个 图标，如图 A-138 所示。

学生基本信息表

字段名称	数据类型
学号	短文本
姓名	短文本
性别	短文本
出生日期	日期/时间
政治面貌	短文本
班级	短文本
系部	短文本

图 A-138 主键设置成功界面

设置完成后单击快速访问工具栏中的“保存”按钮保存设置。

5. 创建其他两个表

（1）创建好第一个表后，打开“创建”选项卡，在“表格”组单击“表”按钮，如图 A-139 所示，创建一个新表。

（2）按照同样的方法完成“课程信息表”的设计，如图 A-140 所示，并为其课程 ID 设置相应的主键。

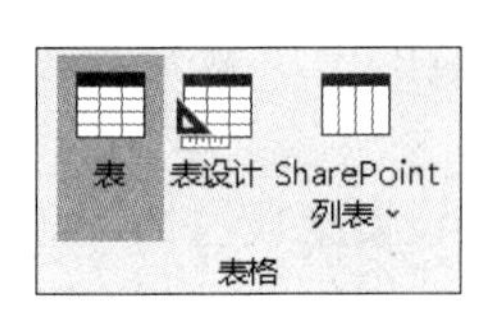

图 A-139 “表格”组

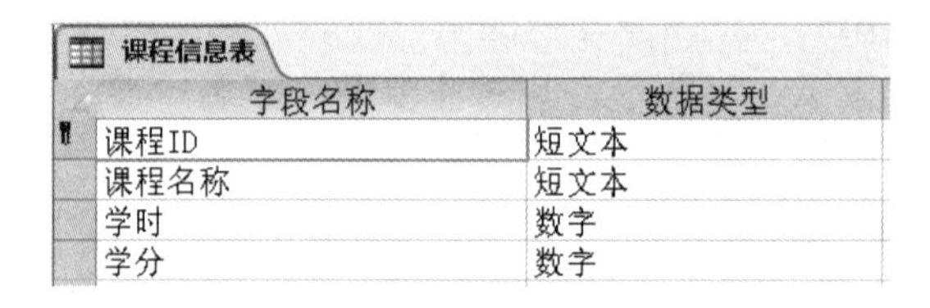
课程信息表

字段名称	数据类型
课程ID	短文本
课程名称	短文本
学时	数字
学分	数字

图 A-140 “课程信息表”的设计

（3）按照同样的方法完成“成绩表”的设计，如图 A-141 所示，并为其设置相应的主键。

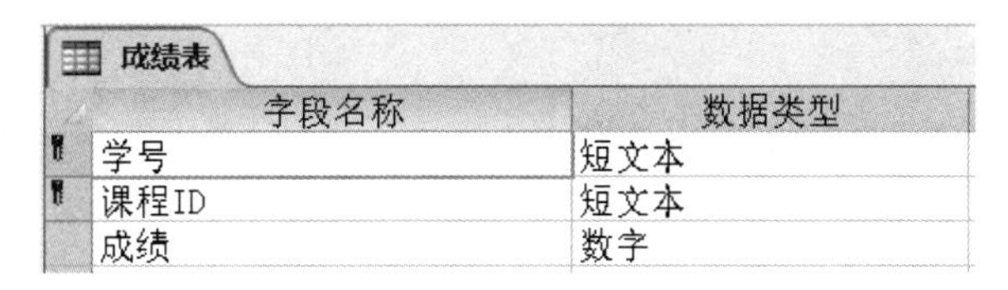

成绩表

字段名称	数据类型
学号	短文本
课程ID	短文本
成绩	数字

图 A-141 “成绩表”的设计

6. 为表添加相应的记录

（1）Access 2019 界面的左侧有导航窗格，如图 A-142 所示，在导航窗格中的“所有 Access 对象”栏中双击“学生基本信息表”，打开“学生基本信息表”。

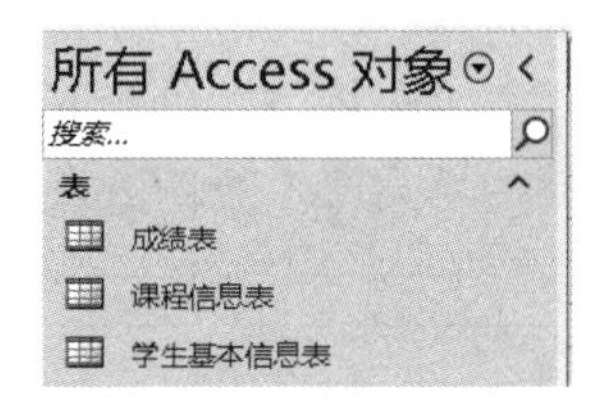

图 A-142 导航窗格

（2）在界面的右侧会出现“学生基本信息表”的数据表视图，为该表添加相应的数据，如图 A-143 所示。添加完数据后单击快速访问工具栏中的“保存”按钮保存数据。

学生基本信息表

学号	姓名	性别	出生日期	政治面貌	班级	系部
20220001	陈明	男	2004/5/1	团员	计科2201	信息系
20220002	邓锐	男	2004/3/2	团员	计科2201	信息系
20220003	范思强	男	2003/11/23	团员	计科2201	信息系
20220004	胡力	男	2003/12/12	团员	计科2201	信息系
20220005	黄晶	女	2004/6/14	团员	计科2201	信息系
20220006	林鑫	男	2004/1/9	团员	软工2201	信息系
20220007	刘罗来	男	2004/12/11	团员	软工2201	信息系
20220008	罗思琪	女	2003/9/8	团员	计科2201	信息系
20220009	王涛	男	2004/5/4	团员	软工2201	信息系
20220010	王宇	女	2004/6/23	团员	软工2201	信息系

图 A-143 为“学生基本信息表”添加相应的数据

（3）使用同样的方法为其他两个表添加相应的数据，如图 A-144 和图 A-145 所示。

课程信息表

课程ID	课程名称	学时	学分
61002	计算机基础	48	3
62003	高等数学	64	4
62004	大学英语	64	4
62006	大学体育	48	3

图 A-144 为“课程信息表”添加相应的数据

成绩表

学号	课程ID	成绩	单击以添加
20220001	61002	89	
20220001	62003	78	
20220001	62004	78	
20220001	62006	80	
20220002	61002	75	
20220002	62003	83	
20220002	62004	85	
20220002	62006	80	
20220003	61002	86	
20220003	62003	81	

图 A-145 为“成绩表”添加相应的数据

（4）单击快速访问工具栏中的“保存”按钮保存设置。

7. 创建表之间的关系

（1）打开“数据库工具”选项卡，在“关系”组中单击“关系”按钮，如图 A-146 所示，打开“关系”窗格，并弹出“关系设计”选项卡。

（2）单击“关系设计”选项卡“关系”组的“添加表”按钮，如图 A-147 所示。

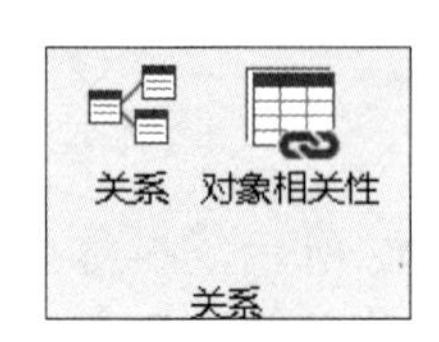

图 A-146 “关系”按钮

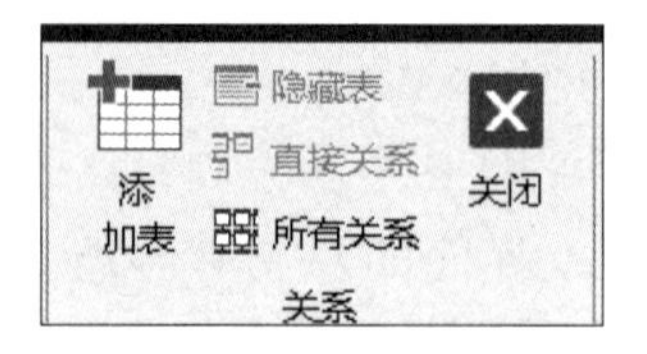

图 A-147 “添加表”按钮

（3）这时会弹出“显示表”对话框，如图 A-148 所示，把需要添加关系的表选中，这里将三个表全部选中（按住 Ctrl 键的同时单击三个表的表名），单击“添加”按钮。

图 A-148 “显示表”对话框

（4）单击“关闭”按钮，这时三个表会出现在“关系”窗格中。

（5）单击“设计”选项卡“工具”组的“编辑关系”按钮，如图 A-149 所示，弹出“编辑关系”对话框，如图 A-150 所示。

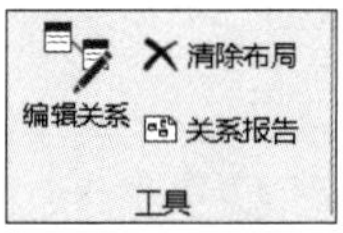

图 A-149 “编辑关系”按钮

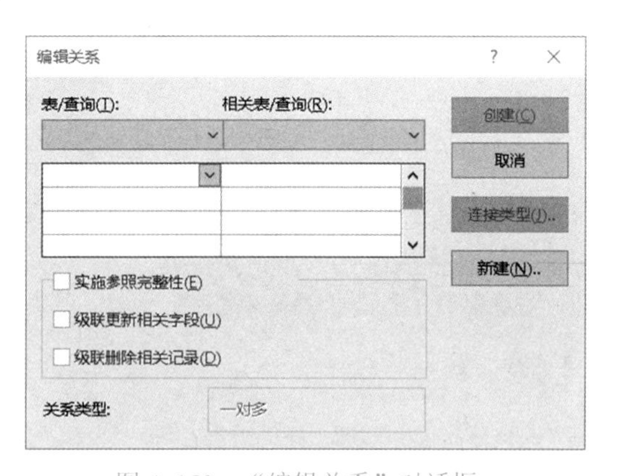

图 A-150 “编辑关系”对话框

（6）单击“新建”按钮，在弹出的“新建”对话框中通过下拉列表选择需要的选项，再单击“确定”按钮即可。

为三个表添加以下两种关系。

①关系一。

主表（左表）“学生基本信息表”，主键为“学号”。

从表（右表）“成绩表”，外键为“学号”。

具体如图A-151和图A-152所示。

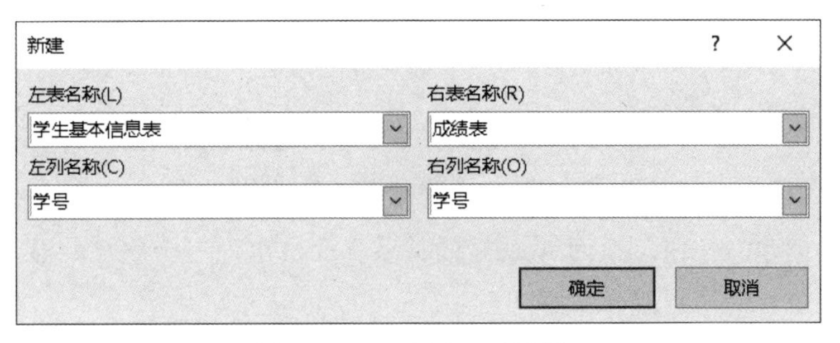

图A-151 “新建”对话框1

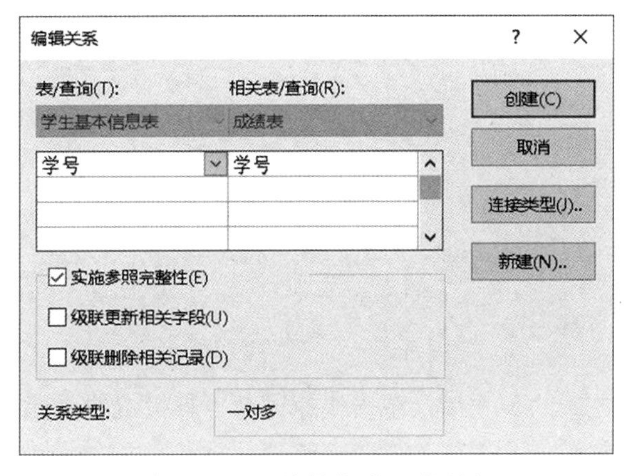

图A-152 “编辑关系”对话框1

② 关系二。

主表（左表）“课程信息表”，主键为“课程ID”。

从表（右表）“成绩表”，外键为“课程ID”。

具体如图A-153和图A-154所示。

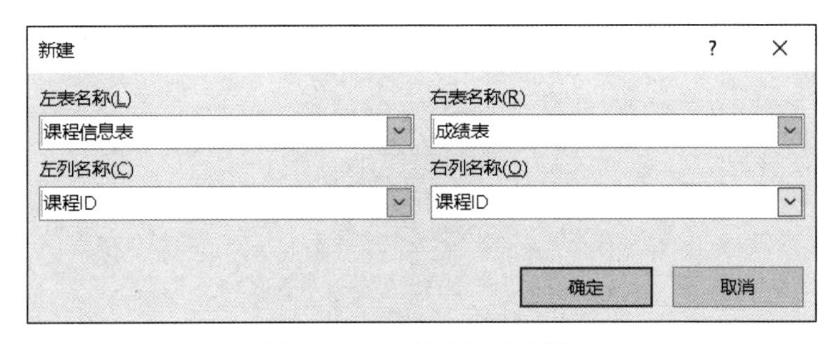

图A-153 “新建”对话框2

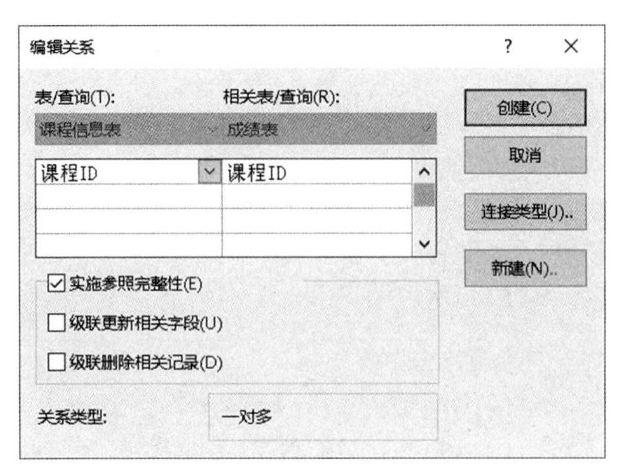

图 A-154　“编辑关系”对话框 2

（7）单击“创建”按钮，返回 Access 的关系界面，出现三个表，并显示它们的关系，如图 A-155 所示。

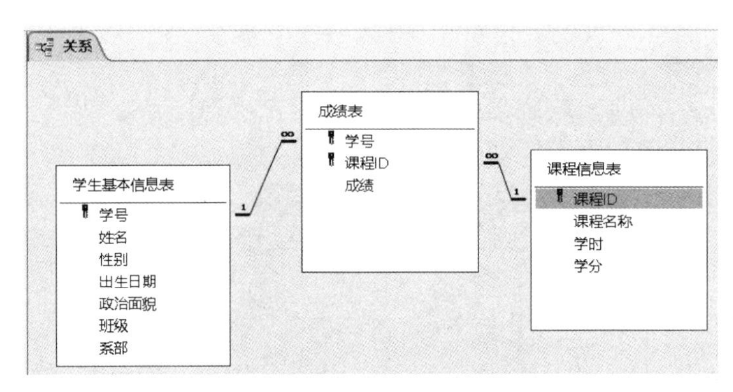

图 A-155　三个表的关系

（8）设置好表与表之间的关系后，单击快速访问工具栏中的“保存”按钮进行保存。

相关表的“数据表视图”会发生如图 A-156 所示变化，每条记录可显示与之相关联的表中的数据。

学生基本信息表

学号	姓名	性别	出生日期	政治面貌	班级	系部
20220001	陈明	男	2004/5/1	团员	计科2201	信息系

课程ID	成绩	单击以添加
61002	89	
62003	78	
62004	78	
62006	80	
*	0	

学号	姓名	性别	出生日期	政治面貌	班级	系部
20220002	邓锐	男	2004/3/2	团员	计科2201	信息系
20220003	范思强	男	2003/11/23	团员	计科2201	信息系
20220004	胡力	男	2003/12/12	团员	计科2201	信息系
20220005	黄晶	女	2004/6/14	团员	计科2201	信息系
20220006	林鑫	男	2004/1/9	团员	软工2201	信息系
20220007	刘罗来	男	2004/12/11	团员	软工2201	信息系
20220008	罗思琪	女	2003/9/8	团员	计科2201	信息系
20220009	王涛	男	2004/5/4	团员	软工2201	信息系
20220010	王宇	女	2004/6/23	团员	软工2201	信息系

图 A-156　增加关系后的数据表视图

8. 修改与删除表关系

在要修改或删除的关系线上右击，在弹出的快捷菜单中选择相应命令，如图A-157所示。

9. 创建查询

已有的成绩表中显示的是学生学号和课程ID，如果用户希望在成绩表中显示学生的姓名和课程名称，那么需要创建多表的交叉查询。在“创建”选项卡的“查询”组中选择“查询向导”，在弹出的对话框中选择“学生基本信息表”、“成绩表”和“课程信息表”，如图A-158所示，单击“添加”按钮后关闭对话框。

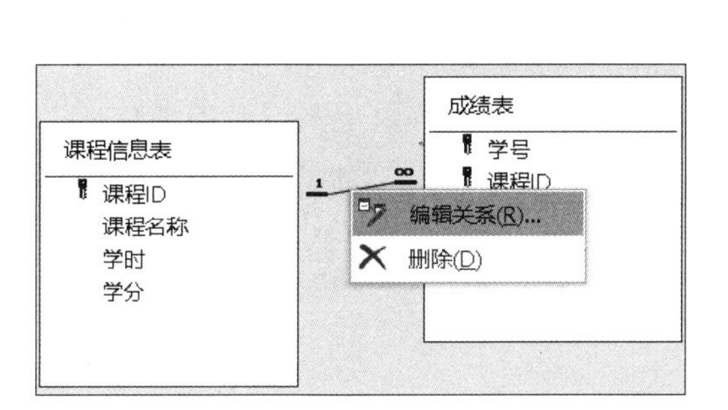

图A-157　编辑表关系快捷菜单

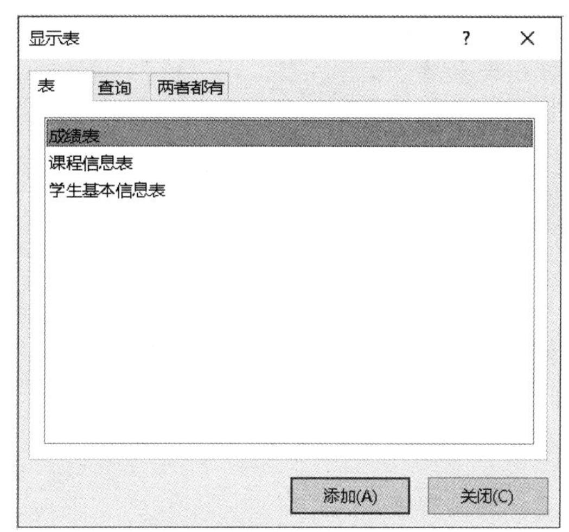

图A-158　选择查询关联的三个数据表

在查询设计窗口的下方，如图A-159所示，从三个数据表中选择相应字段。

将查询保存为“成绩查询”即可。

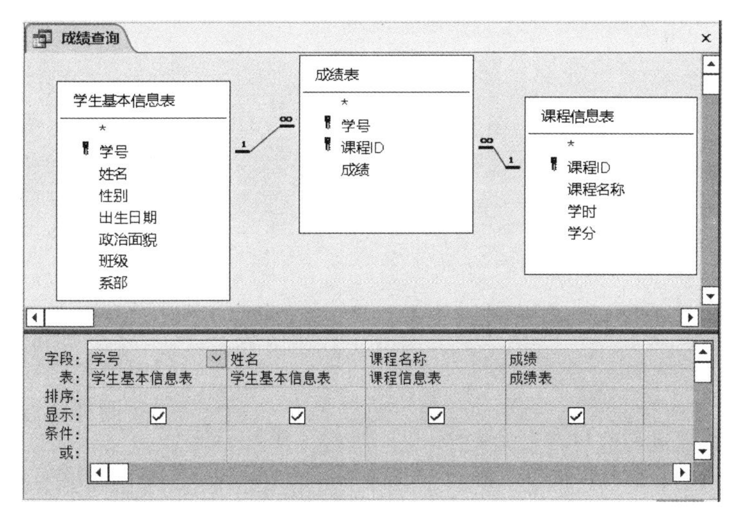

图A-159　查询设计窗口

10. 创建报表

首先在左侧对象列表中选择“成绩查询”，然后在“创建”选项卡的“报表”组中选择“报表”，显示报表的布局窗口，如图 A-160 所示。

成绩查询　2022年5月30日 13:43:16

学号	姓名	课程名称	成绩
20220001	陈明	计算机基础	89
20220002	邓锐	计算机基础	75
20220003	范思强	计算机基础	86
20220004	胡力	计算机基础	82
20220005	黄晶	计算机基础	89
20220006	林鑫	计算机基础	77
20220007	刘罗来	计算机基础	82
20220008	罗思琪	计算机基础	88
20220009	王涛	计算机基础	82
20220010	王宇	计算机基础	84
20220001	陈明	高等数学	78
20220002	邓锐	高等数学	83
20220003	范思强	高等数学	81
20220004	胡力	高等数学	89
20220005	黄晶	高等数学	86
20220006	林鑫	高等数学	74

图 A-160　报表的布局窗口

三、思考题

1. 学生成绩管理数据库的数据表之间是什么关系？
2. 如何查询各门课程的平均分？